新工科·高质量教材建设计划

# 工业工程专业导论

周晓辉　曹宜英　主编

电子科技大学出版社

University of Electronic Science and Technology of China Press

·成都·

**图书在版编目（CIP）数据**

工业工程专业导论 / 周晓辉，曹宜英主编. -- 成都：成都电子科大出版社，2024.9. -- ISBN 978-7-5770-1080-9

Ⅰ. TB

中国国家版本馆 CIP 数据核字第 2024GV1735 号

**工业工程专业导论**

GONGYE GONGCHENG ZHUANYE DAOLUN

**周晓辉　曹宜英　主编**

策划编辑　刘　凡
责任编辑　刘　凡
责任校对　魏　彬
责任印制　段晓静

出版发行　电子科技大学出版社
　　　　　成都市一环路东一段 159 号电子信息产业大厦九楼　邮编　610051
主　页　www.uestcp.com.cn
服务电话　028-83203399
邮购电话　028-83201495

印　刷　成都市火炬印务有限公司
成品尺寸　185mm×260mm
印　张　20.5
字　数　550 千字
版　次　2024 年 9 月第 1 版
印　次　2024 年 9 月第 1 次印刷
书　号　ISBN 978-7-5770-1080-9
定　价　80.00 元

# >>> 前 言
## Foreword

　　本书是为了让工业工程专业学生和社会人士了解工业工程专业的内涵特点、专业与社会经济发展的关系、专业涉及的主要学科知识和课程体系、专业人才培养基本要求等，帮助高校学生形成较系统的专业认知，了解专业内涵和发展趋势而编写的。

　　目前，"工业工程专业导论"课程相关教材非常少。本书在注重提高学生专业知识阅读能力的同时，还注重培养学生的发散思维。每一章都有大量案例、知识链接、趣谈等，以此来扩大学生的阅读量。这些资料的引入，既拓展了学生的思维，也锻炼了学生的逻辑分析能力、语言表达能力和对专业知识的运用能力。

　　本书编写的过程中参阅并引用了国内外工业工程专业相关教材、网络文献、报刊资料及各高校工业工程专业培养计划等，因而内容丰富，资料翔实，具有很强的时效性、实用性、前瞻性和代表性。本书把引用的主要参考资料列在参考文献中，在此向相关资料的作者表示感谢。

　　本书由西安邮电大学周晓辉、曹宜英主编，全书由周晓辉统稿。其中，第1～8章由周晓辉编写，第9～12章由曹宜英编写。西安邮电大学工业工程专业在校学生参与了部分文字和图片处理等工作，在此一并表示感谢！

　　本书可作为普通高等院校工业工程专业本科生的教材使用。

　　限于编者水平，书中难免存在不足之处，恳请读者批评指正。

编　者

2024年6月1日

# >>> 目 录
## Contents

# 第 *1* 章

# 工业工程概述

 **本章学习目标**

　　**1. 知识目标**：了解工业工程的产生和发展过程；认识现代工业工程发展迅速的特点和发展趋势；了解关于工业工程的各种定义，并掌握工业工程的内涵；熟悉和深入理解相关定义的内容，明确工业工程的目标和功能，为学好工业工程相关知识打好基础。

　　**2. 能力目标**：了解工业工程的内容体系和学科特点；了解工业工程学科涉及的知识领域，认识该学科涉及范围广的特点和边缘学科的性质，理解工业工程与相关学科的关系，尤其是与管理的关系；了解工业工程人才的素质结构和知识结构；掌握反映工业工程学科实质的基本特点，树立工业工程意识。

　　**3. 价值目标**：培养学生探索未知、追求真理、勇攀科学高峰的责任感和使命感；引导学生树立赤诚奉献的坚定理想，立志肩负起民族复兴的时代重任，努力成为社会主义建设者和接班人；引导学生树立明确的专业目标，培养学生的专业志趣，不断激发学生的报国志向和行业情怀。

**开篇案例**　**"工业工程之父"的效率传奇**

　　弗雷德里克·温斯洛·泰勒（Frederick Winslow Taylor，1856—1915）在1881年担任米德威尔钢铁厂的总工程师，研究了如何更好地完成工作任务，创造性地提出效率原则。泰勒的一生极具传奇性，他是在死后被尊称为"科学管理学之父"的人，是一个影响了流水线生产方式产生的人、一个影响了人类工业化进程的人。

　　1898年，泰勒从伯利恒钢铁厂开始了他的实验。这个工厂的原材料是由一组记日工搬运的，工人每天挣1.15美元，这在当时是标准工资。工人每天搬运的铁块重量有12～13吨，而对工人的奖励和惩罚的方法就是找工人谈话或者开除，有时也可以选拔一些较好的工人到车间里做等级工，这些工人可得到略高的工资。后来泰勒观察研究了75名工人，从中挑出4个人，又对这4个人进行了研究，调查了他们的背景习惯和抱负，最后挑选了一个叫施密特的人，这个人非常爱财并且很小气。泰勒要求他按照新的要求工作，每天付给他1.85美元的报酬。泰勒通过仔细研究，转换各种工作因素，来观察这些因素对工人生产效率的影响。例如，有时工人弯腰搬运，有时他们又直腰搬运。后来泰勒又观察工人行走的速度、握据的位置和其他变量。经过长时间的观察试验，并把劳动时间和休息时间很好地搭配起来，工人每天的工作量可以提高到47吨，同时并不会感到太疲劳。泰勒还采用了计件工资制，工人每天搬运量达到47吨后，工资也能涨到1.85美元。这样施密特可以每天早早搬完47吨原材料，拿到1.85美元的工资。后来其他工人也开始按照这种方法来搬运了，劳动生产率提高了很多。

泰勒把这项试验的成功归结为四个方面的因素：

（1）精心挑选工人。

（2）让工人了解到这样做的好处，让他们接受新方法。

（3）对他们进行训练和帮助，使他们获得足够的技能。

（3）采用科学的方法工作能节省体力。

泰勒相信，即使是搬运铁块这样的工作也是一门科学，可以用科学的方法来管理。

---

### ✎ 案例研讨

1. 泰勒的主要成就有哪些？

2. 早期工业工程的主要分析方法有哪些？

3. 你能否初步分析出早期的科学管理方法的科学性体现在哪些方面？

4. 泰勒的科学管理方法对于提高或改进我们个人的学习和工作过程方法有什么重要的意义？

# 1.1 工业工程的基本概念

## 1.1.1 工业工程的定义

工业工程（Industrial Engineering，IE），是从科学管理的基础上发展起来的一门应用性工程专业技术。工业工程已有百年历史，是影响相当广泛、反映技术与管理相结合的综合性、交叉型学科，并且它的内涵与外延仍然在不断发展。在IE发展的不同时期，不同背景、不同国家的学者对其的定义也不尽相同。

最早的工业工程定义是由美国工业工程师学会（American Institute of Industrial Engineers，AIIE）于1955年提出的：工业工程是综合运用数学、物理学和社会科学的基础知识及工程分析的方法，将人力、物资、装备、能量和信息组成一个集成系统，并对这样的系统进行规划、设计、评价和改进的活动。

1982年，美国工业工程师学会对工业工程的定义进行了修订，修订后的定义是目前受到最广泛认可的定义：工业工程是对人、物料、设备、能源和信息等所组成的集成系统，进行设计、改善和实施的一门学科，它综合运用数学、物理、和社会科学的专门知识和技术，结合工程分析和设计的原理与方法，对该系统所取得的成果进行确认、预测和评价。该定义被美国国家标准学会（ANSI）作为标准术语，收入《工业工程术语》(Industrial Engineering Terminology，ANSI Z94，1982)。

《美国大百科全书》（1982年版）认为："工业工程是对一个组织中人、物料和设备的使用及其费用做详细分析研究，这种工作由工业工程师完成，目的是使组织能够提高生产率、利润率和效率。"

著名工业工程专家希克斯（Philip E. Hicks）认为："工业工程的目标就是设计一个生产系统及该系统的控制方法，使它以最低的成本生产具有特定质量水平的某种或几种产品，并且这种生产必须是在保证工人和最终用户的健康和安全的条件下进行的。"

日本IE协会（JIIE）成立于1959年。当时该协会对IE的定义是在美国AIIE于1955年的定义的基础上略加修改而制定的。其定义如下："IE是对人、材料、设备所集成的系统进行设计、改善和实施。为了对系统的成果进行确定、预测和评价，在利用数学、自然科学、社会科学中的专门知识和技术的同时，还采用工程上的分析和设计的原理和方法。"

后来JIIE深感过去的定义已不适合现代的要求，故对IE重新定义。其定义如下："IE是这样一种活动，它以科学的方法，有效地利用人、财、物、信息、时间等经营资源，优质、廉价并及时地提供市场所需要的商品和服务，同时探求各种方法给从事这些工作的人们带来满足和幸福。"

这个定义简明、通俗、易懂，不仅清楚地说明了IE的性质、目的和方法，而且将对人的关怀也写入定义中，体现了'以人为本'的思想。这也正是IE与其他工程学科的不同之处。

丰田生产方式的实践者、原丰田公司副社长大野耐一，对工业工程有一句简单而精练的定义："直接涉及经营管理的全公司性生产技术。"

随着工业工程在中国的发展和应用，中国工业工程学会（CIIE）针对中国的需求特性和社会文化基础对工业工程作了定义："工业工程（CIE）是一门工程技术与管理技术相结合的综合性工程学科，是将科学技术转化为生产力的科学手段。它以降低成本、提高质量和生产率为导向，采用系统化、专业化和科学化的方法，综合运用多种专业的工程技术，对人员、物料、设备、能源、和信息所组成的集成系统进行设计、改善和配置，使之成为更为有效、更为合理的综合优化系统，并对系统取得的成果进行鉴定、预测和评价。"

该定义在内容上涵盖了美国和日本对工业工程的定义，并结合中国国情给出了清晰的指向，赋予其更深刻的内涵：工业工程是适应所有行业需求的管理技术，通过这套体系对我国各类企业和社会组织进行诊断、设计、改进和创新，建立起适合自身基础、立足于产品、生产与服务质量需求和满足未来一定时期发展的工业工程能力，从而帮助企业建立起应用方法创新和管理模式创新的系统能力。

中国工业工程的定义考虑了中国工业化进程与欧美、日本等发达国家工业化进程的明显差异性，借鉴了经典工业工程定义的内容和方法，但更充分地体现了中国现在和未来发展对综合管理技术的需求特性。CIE概念从四个方面作了表述：第一，CIE是多种专业工程技术与管理相结合，是具有管理属性的工程技术体系；第二，CIE有自身的结构、内容、方法和工具，是系统化、专业化和科学化的知识，自成体系，可以学习和传授；第三，CIE有明确的目的，是以低成本、高质量和高效率的方式提供产品、生产和服务，是将各类科学技术转化为生产力的综合技术；第四，CIE有明确的对象和方向，是对由人员、物料、设备、能源和信息所组成的系统及过程进行分析、设计、运行、控制、评价和优化的体系，覆盖所有行业产品和服务领域，其社会应用价值更高。

中国机械工程学会工业工程分会理事长、天津大学教授齐二石在多年研究和应用的基础上指出："工业工程是运用自然科学、工程学和社会学知识所构成的管理技术体系，是对人员、物料、设备、能源、信息等所构成的生产和服务系统进行规划、设计、评价和创新的学科。"

工业工程虽然有许多不同的定义，但是都在说明工业工程是一种工程方法或者工业工程的系统性，或两者兼而有之。

现代工业工程在原先依存于大规模工业生产的基础上，已经逐步转化为将工业生产系统、社会经济系统和公共服务系统作为研究对象，在制造工程学、管理科学和系统工程学等学科的基础上逐步上升到战略管理、组织设计和面向几乎所有社会组织的一门普适性的工程技术学科。工业工程作为一门交叉的新兴学科所涉及的内容日益增多，几乎涉及企业所有的经营、管理和技术活动，受到社会关注和重视的程度也越来越高。所以，给工业工程下一个确切、固定的定义很难。国内外一些学者和专家比较一致认为，不必拘泥于定义的文字，而应力求简单、明了。

### 1.1.2 工业工程的内涵

要准确把握工业工程的内涵，需要从工业（industry）和工程（engineering）两个基本概念来说明。首先，industry不仅包含中文所说的工业的含义，还包含产业的含义，所以industry包含工业、交通和服务等诸多产业领域。因而，工业工程是起源于工业部门，应用于以工业为主的包括国家与社会多种产业的工程技术。engineering是指人类将自然科学知识、原理应用于工业、农业及多种产业甚至社会科学领域中，为使物质、能源和信息转换为另外一种对人类有用的物质、能量和信息，而有目的地使用各种技术的活动过程。在此过程中，应用分析、设计及实现转换的技术方法与实践经验，经过理论上的加工与概括，形成工程学。工程学还可分为专业工程（学）与一般工程（学），现代工程学比较强调其创新功能。

通过对工业工程定义的分析可知，尽管各种定义的表述方式不同，说明的侧重点不同，但其内涵基本是一致的。各种IE的定义都旨在说明：

（1）从学科性质看，工业工程是一门自然科学、专业工程学、管理学与人文社会学相结合的交叉学科。

（2）从研究对象看，工业工程是由人员、物料、设备、能源和信息组成的各种生产系统、经营管理系统和服务系统。

（3）从研究方法看，工业工程是基于管理学的基本思维，运用数学物理学的基本方法和工程学、计算机科学等专业技术，结合社会学、心理学等特定知识和环境因素，形成独特的系统理论与方法。

（4）从任务方面看，工业工程是将人员、物料、设备、能源和信息等要素整合为一个高效率、集成化的功能系统，并对其进行持续改善、创新，从而具备更强的竞争力。

（5）从目标方面看，工业工程是提高生产率和系统整体效率，降低成本，保证质量和安全，提高环境水平，获取理想综合效益的方法。

（6）从功能方面看，工业工程是对生产系统和服务系统进行分析、规划、设计、控制、评价和创新，以保障目标和任务的实现。

工业工程的体系结构如图1.1所示。

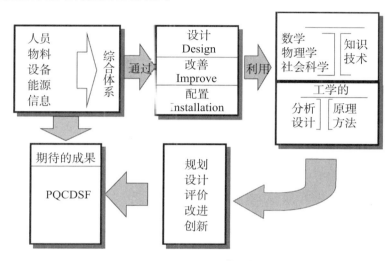

图1.1　工业工程的体系结构

工业工程不仅是在理论上不断发展和扩充的基础学科，也是实践性很强的应用学科。国外工业工程应用和发展的情况表明，各国都根据自己的国情形成了具有本国特色的工业工程体系，甚至名称也不尽相同。美国工业工程突出体现在技术、方法上的优化，理论的成分很高，突出技术创新对组织能力提升的重要性，应用中更强调工业工程的工程性。而日本从美国引进工业工程后，经过半个多世纪的发展，在充分吸收美国工业工程技术方法的基础上，紧密结合本国的资源特征、文化特征和需求特征，将丰富的管理思想和文化理念融入技术体系中，更加注重人的潜能发挥，创新并形成了富有日本特色的工业工程体系。丰田生产方式是其最有代表性的范例。然而，无论哪个国家的工业工程，尽管特色不同，其本质内涵都是一致的。

## 1.2.3　工业工程的特点和意识

### 1. 工业工程的特点

（1）IE的核心是降低成本，提高质量和生产率。

如果要用一句话来表明工业工程的抱负，那就是提高生产率。也就是说，提高生产率是IE的出发点和最终目的，是工业工程师的第一使命。工业工程与其他学科相比，其中一个突出的特点，就是追求效率最高。从泰勒研究炼钢工人的铁锹与吉尔雷斯夫妇的动作研究到今天的计算机集成系统应用，工业工程都是在尽可能地提高工作人员的工作效率。当然。提高效率的目的是提高效益。提高效益的途径有很多，工业工程主要采用提高效率的方法，如动作分析、作业研究、灵捷制造系统、精益生产系统等。效率意识是工业工程专业人员的基本功之一。

**思考 成本、质量与效率的平衡**

甲和乙参加考试，甲的考试成绩是81分，乙的考试成绩是78分，可以肯定甲的成绩比乙要好。但是从效率的角度看，如果甲用时30小时，乙用时3小时，则在效率上肯定是乙比甲要更好，这也是投入与产出的关系。

IE的发展史表明，它的产生就是为了减少浪费、降低成本、提高效率。而只有为社会创造并提供质量合格的产品和服务，才能得到有效的产出。否则，不合格产品生产越多，浪费越大，反而会降低生产率。所以，提高质量是提高生产率的前提和基础。把降低成本、提高质量和生产率联系起来综合研究，追求生产系统的最佳整体效益，这是反映IE内涵的重要特点。

（2）IE是综合性的应用知识体系。

IE的定义清楚地表明，IE是一个包括多种学科知识和技术的庞大体系。企业要提高经济效益，必须运用IE全面研究、解决生产和经营中的各种问题。其中，既有技术问题，又有管理问题；既有物的问题，又有人的问题。因而，必然要用到包括自然科学、工程技术、管理科学、社会科学及人文科学在内的各种知识。这些领域的知识和技术不应是孤立地运用，而要围绕所研究的整个系统（如一条生产线、一个车间、整个企业等）的生产率提高而有选择地、综合地运用，这就是整体性。

IE的综合性集中体现在技术和管理的结合上。通常，人们习惯于把技术称作硬件，把管理称作软件，由于两者的性质和功能不同，容易形成分离的局面。IE从提高生产率的目标出发，不仅要研究和发展硬件部分，即制造技术和工具，而且要提高软件水平，即改善各种管理方法与控制程序，使人和其他各种要素（技术、机器、信息等）协调运作，使硬件部分发挥出最佳效用。所以，简单地说，IE实际是把技术和管理有机地结合起来的学科。

（3）IE应用注重人的因素。

生产系统的各组成要素之中，人是最活跃和不确定性最大的因素。IE为实现其目标，在进行系统设计、实施控制和改善的过程中，都必须充分考虑到人和其他要素之间的关系和相互作用，以人为中心。从操作方式、工作站设计、岗位和职务设计直到整个系统的组织设计，IE都十分重视研究人的因素，如研究人-机关系。

（4）IE是系统优化技术。

IE所强调的优化是系统整体的优化，不单是某个生产要素（人、物料、设备、方法、环境等）或某个局部（工序、生产线、车间等）的优化，后者是以前者为前提的优化，最终追求的是系统整体效益最佳。

### 2. 工业工程的意识

理解工业工程对企业管理的价值，要从工业工程的意识谈起。工业工程在美国经历百年的发展，一直推动它的正是人们追求卓越的原动力，"永远有更好的方法"是工业工程师的座右铭。所以当你了解了工业工程的原理与方法，你会发现以往在企业中司空见惯的现象很可能并不合理，你就会试图去改变它，这时个人和企业就有了成长的动力。所以工业工程的意识非常重要。企业要掌握IE方法和技术，首先要树立IE精神、培养IE意识，具体来讲要培养以下几个方面的意识。

（1）成本和效率意识。IE的宗旨从诞生之日起就是降低成本、保证质量、提高工作效率，这也是工业工程师的第一使命。一切工作要从大处着眼，从小处着手，力求节约，杜绝浪费，追求成本更低、效率更高。邯钢的主要成功经验就是正确运用了成本和效率意识。

（2）问题和改革意识（"5W1H"提问技巧和鱼骨要因图分析技术）。凡事都要找到一种"最好"的工作方法并相信"最好"只属于下一次。树立问题和改革意识，不断使工作方法得到改进和完善。

（3）工作简化和标准化意识（simplification）、专门化（specialization）和标准化（standardization），即所谓的"3S"。标准化是人们在生产活动中，通过对科学实践成果和生产实践的研究总结，形成一定的标准，作为共同遵守的准则。它对促进技术进步、稳定和提高产品质量、合理发展品种、实现专业化生产、提高生产效率等有着重大的作用。

（4）全局和整体意识。现代IE必须从全局和整体需要出发，追求系统整体优化。针对研究对象的具体情况选择适当的IE方法，并注重应用IE的综合性和整体性，才能取得良好的整体效果。各个要素和局部的优化必须与全局协调，为系统的总目标和整体优化服务。

（5）以人为中心的意识。以人为中心，倡导全面合作，充分调动和发挥各类人员的积极性、主动性和创造性，不断改善和建立安全、健康、舒适的工作环境，培养职工的劳动意识、企业发展意识和竞争意识，增强企业凝聚力，共同实现企业目标。

工业工程意识还包括营造一个成功的环境。要在一个企业里获得成功，需要多种努力，包括三个方面：一是战略，定位的战略要很准确；二是作业，作业系统要正确，称为作业改进；三是实现成功的环境。假如目标正确，系统也很好，但是没有人与你同心协力，还是不能成功；或是企业外部环境不好，如公共污染、供应商合作不畅等，还是不能成功。传统的工业工程的作用是第二个方面，即作业改进，这是工业工程最经典的功能。但今天工业工程师要在大系统中发挥作用，就要在三个方面都发挥作用。这里强调一个观点，要"做正确的事"，也要"正确地做事"。工业工程传统的功能是正确地做事，要努力发明更好的办法，做事做得更完美，成本更低。今天工业工程也要注意不要做错误的事情，两个方面都要关注，这是一种辩证意识。

### 知识链接　工业工程（与管理）前世今生

不管是在北美还是在欧洲，经常有人笑话工业工程师说："你们总是讲不清楚到底什么是工业工程。"有一段描述什么是工业工程的话："当你看到一个静止的物体的时候，那就是土木工程；当你看到一个运动的物体的时候，那就是机械工程；当你闻到味道的时候，那就是化学工程；当你看不到东西的时候，那就是电子工程；但当你想都无法想象的时候，那就是工业工程。"

工业工程虽然与机械工程、航空工程、电子工程等并列为世界高等教育的十大支柱，却少有人知。但若提起MBA（工商管理硕士），很多人都会竖起大拇指。其实它们是兄弟，一同诞生于美国：一个在工学院，一个在商学院。它们都源于19世纪末和20世纪初泰勒的"科学管理"；至今它们应用的定量计算方法也都是运筹学、决策论和系统工程的方法；它们追求的目标也都是为企业或其他机构谋求高效率和高效益，只是侧重面不同。MBA着重从行政（administration，人力资源、市场和营销、金融和财务等）角度进行管理，而IE则着重从工程技术（系统设计、计划控制、质量管理、生产运作、资源分配、物料及供应链管理等）角度进行管理。然而MBA从诞生之日起就了一个很贴切的名字，而"工业工程"这一名称却有些令人费解。

在以制造业为主要管理对象的时期，定名为IE也还是恰当的。然而，发展到20世纪70~80年代，IE的内涵已大大扩充，工业工程师的就业部门已经扩展到服务业（如银行业、医院、旅游业等诸多领域）和政府部门，显然，这些远非"工业"一词能涵盖。因此IE在美国发生过一场"名称危机"，许多名称被提出来，试图取代"工业工程"这一名称。1970年美国工业工程师协会举行了一次全体会员投票，但仍有54%的会员反对更名，因为想不出一个更合适的名字，所以工业工程沿用至今。但在美国的一些文献中，开宗明义地指明，这里的"工业"一词泛指一切机构（the overall organization）。一些名牌大学的工业工程系的命名则自由一些，如佐治亚理工学院和弗吉尼亚大学叫工业与系统工程，加州大学伯克利分校和密歇根大学叫工业与运筹工程，西北大学叫工业工程与管理科学，斯坦福大学叫工业工程与工程管理，宾夕法尼亚大学叫工业与制造工程，只有普渡大学和得州大学直接叫工业工程。

## 1.2　工业工程的发展历程

工业工程起源于20世纪初的美国，它以现代工业化生产为背景，在发达国家得到了广泛应用。工业工程形成和发展的演变过程，实际上就是各种用于提高效率、降低成本的知识、原理和方法产生与应用的历史，工业工程技术随着社会和科学技术的发展不断充实新的内容。

产业革命促进了大批革新项目，制造业的规模和复杂性大幅度增加。零件互换性（E.Whitney）和劳动分工（A. Smith），是促使大量生产成为可能的两个重要的IE观念。在德国兴起的标准化同样也是促进大量生产和工业化的重要IE成就。1832年，英国的Charles W. Babbage发表了《机械制造业经济论》（*On the Economy of Machinery Manufactures*），提出了时间研究的重要概念。管理的意识随着氏族的形成就已经产生了。工程的概念直到土木、机械、电气、化学四大技术在18、19世纪先后发展起来之后，才开始萌发。

工业工程作为一门正式的学科应从20世纪初算起。泰勒和吉尔布雷斯（Gilbreth）

等一批学者应被视为IE的创始人。纵观工业工程的发展，大致可分为五个相互交叉的时期，突出表明了不同时期IE的重大发展及特点。

（1）第一阶段：19世纪末至20世纪30年代初，奠基和萌芽时期。

这一时期以劳动专业化分工、时间研究、动作研究、标准化等方法的出现为主要内容。

在人类主要从事小农经济和手工业生产的时代，人们大多是凭着自己的经验去管理生产。到20世纪初，工业开始进入"科学管理时代"，美国工程师泰勒所著的《科学管理的原理》一书是这一时代的代表作和工业工程的经典著作。从1910年前后开始，美国的吉尔布雷斯夫妇从事动作（方法）研究和工作流程研究，还设定了17种动作的基本因素。泰勒则通过著名的"铁铲实验""搬运实验"和"切削实验"，总结了称为"科学管理"的一套思想，其内容涉及制造工艺过程、劳动组织、专业化分工、标准化、工作方法、作业测量、工资激励制度以及生产规划和控制等问题的改进，其科学性和系统性为IE开创了通向今天的道路。

### 📝 知识链接　分工提高效率

"一个人抽铁丝，一个人拉直，一个人切截，一个人削尖铁丝的一端，一个人磨另一端。磨出一个圆头需要两到三种不同的操作，安装上圆头又是一种操作，还有涂色、包装等操作。这样一枚针的制造要经过18道工序。在有的工厂里，每道工序都由不同的人完成，而有的小厂中可能会有工人身兼两三种操作。我曾经访问过一个只有10个工人的小工厂……他们工作努力，所以一天可以制造12磅的针，以平均每磅4 000枚计算，10个人每天就能做出48 000枚针，平均每个工人每天可以制作出4 800枚针。但是如果他们都是独立完成所有工作，他们中没有一个人一天能制作出20枚针，也许一枚都不行。"

（亚当·斯密，《国富论》）

这个时期由于福特公司汽车生产线的产生，生产系统从小规模的作坊式企业变为较大规模生产的工厂制。由于电动机的产生与广泛应用，人们的生产能力大大提高，商品经济发展到资本原始积累结束、将要快速起步的阶段。恰恰在此时发生了两次世界大战，客观上要求工厂提高效率，因而工业工程得以诞生和发展。1910年，吉尔布雷斯夫妇从事动作研究（砌墙实验）和工业心理学研究；1913年，亨利·福特发明流水装配线；1914年，Harry Gantt从事作业进度规划研究和按技能高低与工时付酬的计件工资制的研究；1917年，F. W. Harris研究应用经济批量控制库存量的理论。

从1895年起，泰勒先后发表了《计件工资制》《工厂管理》和《科学管理原理》等论著，系统地阐述了科学管理思想，主要是以时间研究和动作研究为主的工作研究理论。在20世纪初工人运动风起云涌，科学管理既被管理者接受与采用，又被工人阶级视为资本家剥削工人的手段而反对。在当时的形势下，人们提议将"科学管理"更名为"工业工程"。从那时起，工业工程作为一门纯技术型工程学科发展到今天。然而，科学管理并未由此而偏废。到20世纪30年代产生了行为科学，使科学管理与之相结合补充又发展到今天形成了众多的现代管理理论。因而现代管理科学理论体系与现代工业工程都起源于泰勒的科学管理。今天已形成了完全不同的两大学科体系，但又紧密联系，只不过功能不尽相同而已。

（2）第二阶段：20世纪30年代初至40年代中期，工业工程的成长时期。

这个阶段的主要特征是从原来的基于经验到越来越强调基于科学的研究，其标志就是运筹学的广泛应用。运筹研究在50年代被大量应用于工业工程的基本方法中。在这个阶段，人们关注的焦点从作业或作业单元转向作业系统，各种先进的计划与调度理论广泛地运用于制造业、运输仓储业、服务业等各行各业，对社会的发展起到了重要作用。1911年，美国普渡大学机械工程系首先开设了工业工程选修课；1918年，美国宾夕法尼亚州立大学建立了工业工程系；1920年，美国成立了美国工业工程师协会（American Society of Industrial Engineer，ASIE；后又成立 AIIE），工厂中出现专门从事IE的职业；1922年，马肯著《预算控制》，1924年著《会计管理》；1924—1931年，W.A.Shewhart 首创"统计质量管理"；1924—1933年，G.F.Mayo 通过"霍桑实验"首创"人际关系学说"；随着制造业的发展，费希（J.Fish）开创了工程经济分析的研究领域；由于战争的需要，运筹学得到了很大的发展。战后由于经济建设和工业生产发展的需要，工业工程与运筹学结合起来，并为工业工程提供了更为科学的方法基础，工业工程的技术内容得到了极大的丰富和发展。40年代中期，英、美两国研究人员发表了关于运筹学（OR）研究成果的资料，立刻受到 IE 工作者的注意。运筹学包括数学规划、优化理论、排队论、存贮论、博弈论等理论和方法在内的比较系统的学科体系，可以用来描绘、分析和设计多种不同类型的运行系统。例如，对于设施设计，传统的 IE 主要凭借工业的专门知识和经验设计车间、仓库的最佳布置和最优位置，使用的传统方法不外乎流程图、模型板、规范清单等。而现在则可用运筹学的排队分析、数学规划的理论和方法，更系统、更方便、更精确地进行各种设施的设计，而且把 IE 的设施设计范围扩展到其他更复杂、更庞大的设施系统。这个时期生产力得到前所未有的高速发展，特别是由于战后经济建设的恢复需求，生产系统规模越来越大，形成了大量流水生产、成批生产、单件小批生产三种典型的生产系统。同时统计学的广泛应用和运筹学的产生为工业工程解决越来越大的管理与生产系统规划、设计、改造、创新问题提供了有效的手段。市场竞争的焦点以资本、实力竞争为主，工业工程从早期应用工作研究解决现场效率提高问题发展到企业整体的设计、改善，包括工厂设计、物料搬运、人机工程、生产计划、贮存控制、质量控制等。在这一时期工业工程已不仅仅是欧美工业发达国家的"专利"，而且被成功引入亚太地区。例如日本在战后经济恢复期成功地将工业工程引入各行各业，并进行日本式消化和改造，开创出丰田生产方式（toyota production system，TPS）、全面质量管理（total quality control，TQC）等。

（3）第三阶段：20世纪40年代中期至70年代末，工业工程的成熟时期。

二战期间和其后的一段时间内，工作研究（包括时间研究与方法研究）、质量控制、人事评价与选择、工厂布置、生产计划等都已正式成为工业工程的内容。在20年代人们把效率和成本看得最重要。到50～60年代，随着日本产品进入美国，人们才发现质量问题非常重要。在这个时期，质量变成工业工程的一个重要的研究目标，人们发明了诸多重要的方法，这些方法直到今天还是非常行之有效。

第二次世界大战以后，随着自动化、电子化的进一步发展，IE关于人的因素的研究有了新的发展。IE工程师们逐渐认识到必须把人和系统结合起来加以分析和研究，出现了"人机工程"，又称工效学（ergonomics）。IE从战前经验主义发展为战后更讲求定量方法。IE的研究方法随着应用数学所取得的成就以及电子计算机的诞生与发展而产生了巨大的变化。定量化技术成为IE研究的主导和趋势，通过数学模型的建立来分析、设计、描述复杂的工业生产系统，特别是计算机科学、系统科学与工程的产生，使得IE工程师们可以对大规模的经济与社会系统进行分析、实验、多方案对比与决策，以及运行过程的控制与创新。1948年，美国正式成立了工业工程师学会。

到了50～60年代，系统科学（SS）有了长足进展。一种承袭了SS思想和包含自然科学、社会科学知识，并声称也以运筹学为理论基础但很注重工程应用的技术——系统工程（system engineering，SE）脱颖而出。SE重视系统哲学思想的培养和系统分析方法的训练，又包含较丰富的自然科学和社会科学的知识，正是IE所需要的一种"统帅"学科。因此70年代以后，IE的发展出现了一些新动向：早期的IE以提高制造现场作业效率和改进生产管理为主；现代IE则面向企业经营管理全过程。早期的IE单兵独进，现代IE已经成为为企业提供管理集成基础结构的有效工具。

（4）第四阶段：20世纪70年代末到今天，创新期。

这个时期是社会生产力最为活跃的时期。随着国际市场的形成，由于是全面性供大于求的竞争，竞争焦点在于价格、质量、品种、交货期、售后服务等各个方面，企业对管理的依赖性非常强。企业也不仅仅是大型化，而是更加注重多样化、柔性化，生产力发展速度在世界各国很不平衡。然而，由于计算机、系统工程、通信技术、高技术的发展，工业工程所面临的问题既前所未有的复杂，同时也获得了新的技术和手段。因而，当今是工业工程学科最富有创造力的时代，全面应用于生产、服务、行政、文体、卫生、教育的各种产业之中。IE的另一个突出的特点是它已经完全产业化，不仅仅在制造业广泛应用，而且在建筑工程业、服务行业，诸如旅馆、饭店、医疗卫生、体育、教育等领域广泛应用。

与发达国家相比我国的工业工程起步较晚，20世纪80年代初期，工业部门开始对工业工程有所认识，并逐步推广，1991年召开第一次全国性学术会议。

当前我国发展工业工程的一项重要工作是人才培养，我国最早于1993年招收工业工程专业的本科生，目前已有200余所院校设有工业工程专业。从1994年起开始招收工业工程专业硕士生，目前已有80多所院校开设了工业工程专业硕士点。

工业工程在国外与国内发展及应用的实践表明，这门工程与管理有机结合的综合技术对提高企业的生产率和生产系统综合效率及效益，对增强企业在开放经济条件下的国际市场竞争能力和知识经济环境中的综合创新能力，对赢得各类生产系统、管理系统及社会经济系统的高质量、可持续发展等，具有不可替代的重要作用。

尽管工业工程是一门工程学科，但它与机械、电子、化工等工程性学科具有完全不同的特征。它不是研究如何设计开发新产品、新工艺、新设备，而是研究怎样将这些新工艺、新技术、新产品转化为现实生产力并有效利用企业的材料、能源、人力、环境等现有资源的工程技术。可以说它的技术特征最突出表现为着眼于系统性、整体性和技术与管理的有机结合。由于它注重人的因素，所以 IE 的开发与应用必须充分考虑与民族、社会文化背景相结合。可以预见，随着体制改革和社会主义市场经济的发展，工业工程将在国民经济建设中发挥越来越重要的作用。我们应加强 IE 技术与管理的开发、宣导、培训和应用工作，建设有中国特色的工业工程体系，为国家的经济建设和发展服务。

## 1.3　工业工程的内容体系

### 1.3.1　工业工程知识体系

工业工程知识体系有以下分支：生物力学，成本管理，数据处理与系统设计，销售与市场，工程经济，设计规划（含工厂设计、维修保养、物料搬运等），材料加工（工具设计、工艺研究、自动化等），应用数学（运筹学、管理科学、统计质量控制、统计和数学应用等），组织规划与理论，生产计划与控制（库存管理、运输路线等），实用心理学（心理学、社会学、工作评价，人事实务等），人的因素，工资管理，人体测量，安全，职业卫生与医学。

目前我国常用的工业工程知识和技术包括：工作研究，设施规划与设计，生产计划与控制，工程经济，价值工程，质量管理与可靠性，人因工程，组织行为学，管理信息系统，现代制造系统.

工业工程基础（工作研究）：利用方法研究和作业测定（工作衡量）两大技术，分析影响工作效率的各种因素，帮助企业挖潜、革新，消除人力、物力、财力和时间方面的浪费，降低劳动强度，合理安排作业，并制定各作业时间，从而提高工作效率。方法研究的目的是减少工作量，建立更经济的作业方法；作业测定旨在制定相应的时间标准。

设施规划与设计：对系统（工厂、医院、学校、商店等）进行具体的规划设计，包括选址、平面布置、物流分析、物料搬运方法与设备选择等，使各生产要素和各子系统（设计、生产制造、供应、后勤保障、销售等部门）按照 IE 要求得到合理的配置，组成有效的集成系统。涉及 SE、OR、工作研究、成组技术、管理信息系统、工效学、工程经济学、计算机模拟等知识。

生产计划与控制：研究生产过程和资源的组织、计划、调度和控制，保障生产系统有效地运行。包括生产过程的时间与空间上的组织、生产与作业计划、生产线平衡、库存控制等。采用的方法包括：网络计划、计划评审技术（PERT）、关键路线法（CPM）、经济订货量（EOQ）、经济生产批量（EPQ）、物料需求计划（MRP），以及生

产资源计划（MRP-II）和准时制（JIT）。

工程经济：IE必备的经济知识，即投资效益分析与评价的原理与方法。通过对整个生产系统的经济性研究、多种技术方案的成本与利润计算、投资风险评价与比较等，为选择技术先进、效益最高或费用最低的方案提供决策依据。包括：工程经济原理、资金的时间价值、工程项目可靠性研究、技术改造与设备更新的经济分析。

价值工程：寻求高效益、低成本方案，主要用于新产品、新技术开发。

质量管理与可靠性技术：包括为保证产品或工作质量进行质量调查、计划、组织、协调与控制等各项工作，核心是为了到达规定的质量标准，利用科学方法对生产进行严格检查和控制，预防不合格品产生。内容包括传统的质量控制方法，现代质量管理保证、生产保证、全面质量控制（TQC）与全面质量控制（TQM）。可靠性技术是现有系统有效运行的原理与方法，包括可靠性概念、故障及诊断分析、使用可靠性、系统可靠性设计、系统维护与保养策略等。

工效学：又称人类工程学（human engineering）、人因学（human factors）或人机工程（ergonomics）。它是综合运用生理学、心理学、卫生学、人体测量学、社会学和工程技术等知识，研究生产系统中人、机器与环境之间相互作用的一门边缘科学，是IE的一个重要分支与专门知识。其目标是通过对作业中的人体机能、能量消耗、疲劳测定、环境与效率的关系等的研究，在系统设计中科学地进行工作职务设计、设施与工具设计、工作场地布置，确定合理的操作方法等，使作业人员获得安全、健康、舒适、可靠的作业环境，从而提高工作效率。

人力资源开发与管理：研究如何有效地利用人力资源和提高劳动者的素质（承诺感、对组织献身和忠诚、良好的沟通能力、社会责任感、专业技术技能和感受变化的敏感程度）。

管理信息系统：它是为一个企业的经营、管理和决策提供信息支持的用户计算机综合系统，是现代IE应用的重要基础与手段。包括：计算机管理系统、数据库技术、信息系统设计与开发等。

现代制造系统：IE的基础和组成部分，包括成组技术、计算机辅助工艺过程设计、柔性制造单元与系统、计算机集成制造、敏捷制造、虚拟企业、网络制造、虚拟制造、可重组制造系统（re-configurable manufacturing system）、孤岛制造系统（holonic manufacturing system）、基于智能体的制造系统（agent-based manufacturing system）、自组织制造系统等。

以上是工业工程的主要知识体系（如图1-2所示），这些知识和技能可以帮助工业工程师优化制造过程、改进生产效率、提高产品质量及服务水平，从而提高企业的竞争力和市场占有率。

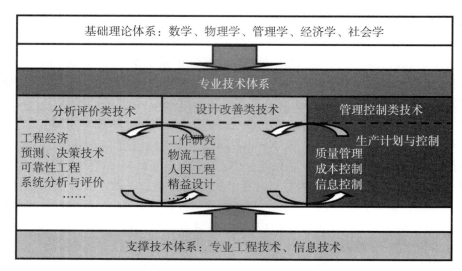

图1-2 工业工程的三大专业技术体系

### 1.3.2 工业工程学科的性质

从工业工程的含义和内容可以看出，它完全符合工程的定义，具有工程学的特征。和其他工程学科一样，工业工程具有利用自然科学知识和其他技术方法进行观察、实验、研究、设计等功能和属性。

工业工程的首要任务是生产系统的设计，即把人员、物料、设备、能源、信息等要素组成一个综合的有效运行的系统。

工业工程与相关学科的关系：工业工程与管理的目的是一致的，都是要把人力、能源、设备、信息和生产技术组成一个更有效、更加富于生产力的综合系统。

### 1.3.3 工业工程基本原理

#### 1. 效益原理

工业工程集自然科学、社会科学、工程学和管理学等于一身，主要目标就是提高效益。目前，世界各国都在推广、应用工业工程，其原因是工业工程已经在许多国家产生了巨大的效益。工业工程师考虑问题，无论是从工程技术角度，还是从管理角度出发，最后着眼的仍然是综合系统的整体效益。提高生产效率、降低生产成本，减轻工人的劳动强度，强调人的因素，最终的目的都提高效益。

#### 2. 效率原理

效率原理指的是工业工程在优化生产和服务过程中，追求最高效率的一种核心理念。效率原理强调通过系统的方法和技术手段，尽可能地提高工作人员的工作效率、生产设备的利用率以及整个系统的运作效率，从而实现资源的最优配置和效益的最大化。

#### 3. 人本原理

传统的管理以任务为中心，把人放在被动的地位，使许多单位的职工在工作时感觉单调、机械，工作积极性不强，影响了工作的效率和质量。工业工程特别强调人的因素，处处以人为中心，以人为本。其策略主要表现在以下几方面。

（1）管理者努力为职工创造适宜的工作环境和工作条件，以满足人们自我实现的需要，并在管理制度方面努力保证职工有能够充分施展自己才能的机会。现代工业工程十分重视人力资源的合理利用。借用物理学的能级概念，工业工程强调组织和人员都存在能量问题。能量有大小之分，可以分级。组织管理部门的任务之一就是要建立一个合理能级，使管理内容动态地处于相应的能级之中。现代工业工程认为，人的才能是动态的，是不断变化的。如有的人停滞不前，能力在不断下降；有的人在不断地学习，能力在不断提高。组织必须按员工才能的变化情况合理地为其安排不同的能级岗位，让人才永远处于合理的能级之中，最大限度地发挥组织的管理效能。

（2）激励方式以内在激励为主，外在激励为辅。内在激励和外在激励是激励的两种方式。其激励原理是激发工作人员的工作动机，使工作人员常常处于积极进取的工作状态，从而有效地实现工作目标。它有两个目的：一是调动工作者的工作积极性；二是发挥工作者的工作潜在能力。工业工程专家的调查表明，按时计酬的工人一般只发挥了20%～30%的能力，一旦受到充分的激励，他们可以发挥80%～90%的能力。

### 4. 简化原理

无论是经典工业工程还是现代工业工程，"简化"始终是一项必不可少的内容。在经典工业工程中，"简化"是四种技巧之一。它既包括将复杂的工作流程加以简化，也包括简化每道工序的内容。现代工业工程的虚拟设计、虚拟制造与虚拟实验等先进生产系统的构思，也都在力争使工作简化。所谓简化，就是简单化。它能够在一定的条件下、在一定的范围内缩减工作对象（事物）的类型数目，达到降低成本、提高效率的目的。工业工程中的"简化"，不仅能降低当前工作的复杂性，而且还能预防将来工作中产生不必要的复杂性。

工业工程中的简化，应严格遵循以下几条原则：

（1）简化应适度。简化时既要控制不必要的繁杂，又要注意避免过分压缩而影响效果。

（2）简化应以确定的时间、空间范围和其他特定条件为前提。

（3）简化不可损害消费者和社会公共利益。

（4）简化不能违背一些基本的科学准则。

### 5. 质量原理

关于质量，ISO最新的定义为："质量是一组固有特性满足要求的程度。"工业工程从诞生的第一天起，就非常重视产品的质量。这里的产品是广义产品，它包括硬件、软件、流程性材料与服务。质量与可靠性属于工业工程自身的范畴。现代生产系统如LAF生产系统都是以保证质量为前提，以顾客满意为原则的。如今的质量要求已经有了较大的变化，其内涵已经更新。它要求企业或其他经济组织，应根据顾客的需要来调整产品的类型、批量和指标，甚至包括外观。ISO 9000族标准与ISO 14000系列标准正在互相协调。现代工业工程要求现代生产系统的质量管理系统应融入环境保护意识。绿色制造、绿色仪器正风靡全球。提高效率的前提是保证质量，以效率促质量，以质量保效率，这已成为现代工业工程的灵魂。

### 6. 标准化原理

"标准化是对实际与潜在的问题做出统一规定，供共同和反复使用，以在预定的领域内获得最佳秩序和效益的活动。"这是 ISO 对于标准化的定义。工业工程离不开标准化，标准化是工业工程一项重要的基础性工作。标准化活动的结果就是标准。ISO 对标准的定义是："标准是由一个公认的机构制定和批准的文件。它对活动或活动的结果规定了规则、准则或特性值，供共同和反复使用，以实现在预定领域内最佳秩序和效益。"依据标准化的对象——"物""事"或"人"，标准一般分为技术标准、管理标准和工作标准三类。工作标准是对标准化领域中需要协调统一的工作事项所制定的标准。它的对象是人的工作、作业、操作或服务的程序和方法。任何组织的活动都是利用一定的工具或设备，通过人的劳动（脑力和体力的）将原材料加工成产品的活动。组织的经济效益、社会财富的增加、扩大再生产的实现、经济的发展、社会的进步都与"人""工具或设备""材料"这三要素（有时还应包括信息和能源）的合理组合和利用有直接关系。在这生产力三要素中，人（劳动者）是首要的、能动的要素。通过这一活跃要素把其他要素结合起来以充分发挥作用。劳动者的状态如何，对三要素的结合程度有直接的影响。就企业管理来说，最重要也是最难管理的要素是人和人所从事的工作。人与其他要素的区别，除了人是有思想的生命体这一点之外，还在于人的生产作业活动与机器设备有着截然不同的特点。这些特点主要体现在个体差别、非固定性、应变性、可靠性等方面。由于人的作业活动有上述特点，因而不难发现，当许多人进行同一项工作时，粗看没什么区别，似乎一切都很协调，但仔细观察就会发现，不仅他们在作业时间上可能有成倍的差别，而且存在着不合理、浪费、不均衡的作业方法或作业动作。只要将这些加以改进和消除，便可立竿见影地提高劳动效率。

20 世纪初，工业工程鼻祖泰勒在总结前人经验的基础上开创的时间观测法以及与他同时代的著名的工业工程专家吉尔布雷斯夫妇创立的动作研究法，为解决劳动者作业动作的研究和制定科学的作业标准开辟了一条道路。他们以此为契机开发的一系列技术方法，不仅同样运用于制定作业标准，而且这些方法本身包含了作业标准的内容。从此，作业标准有了科学的制定方法。这就是 IE 所提供的对人的作业活动和作业时间进行定量观测的技术。上述时间观测和动作研究是早期工业工程的两大支柱，目前称之为"作业研究"。作业研究是用于对人的工作进行分析、设计和管理的一门工程学。它的一整套技术都适用于工作（作业）的标准化。随着科学技术的进步，高速摄像机、数学方法和计算机的普遍应用，时间的测定精度已经达到了 0.01 s 甚至 0.001 s。这样，运用 IE 的方法和技术，实现标准作业法的时间定量化再方便不过了。更确切地说，IE 活动的所有成果都可以成为制定标准（尤其是业标准）的基础资料，而且也必须制定成工作（作业）标准，以便于推广，从而取得更大的经济效益。由此可见，IE 为制定工作标准提供了最适用、最理想的技术和方法，或者也可以说，工作（作业）标准化是建立在 IE 所提供的一系列观测技术和方法的基础之上的，IE 为工作标准化奠定了方法论的基础。直到今天，现代工业工程仍然在强调：操作者应努力掌握标准化的操作方法，使用标准化工具、机器和材料，并努力使作业环境标准化。

### 7. 系统原理

最早的工业工程的定义是美国工业工程师学会（AIIE）于1955年正式提出的："工业工程是对于由人、物资、设备、能源和信息所组成的集成系统进行设计、改进和设置的一门学科。"AIIE于1989年对IE定义又作了修订："工业工程是实践规划、设计、实施与管理生产和服务（保证功能、可靠性、可维修性、日程计划与成本控制）系统的带头职业。这些系统可能是自然界的社会技术，通过产品生命期、服务或程序、人员、信息、原料、设备、工艺和能源的集成，其目的为达到盈利、效率、效益、适宜性、责任、质量、产品与服务的连续改善，所有方法涉及人因和社会科学（包括经济学）、计算机科学、基础科学、管理科学、通信技术、物理学、行为学、数学、统计学、组织学、伦理学。"从对于工业工程的两次定义可以看出，工业工程活动离不开系统。工业工程以生产系统为研究对象，将各种生产要素（人、物料、设备、能源、信息等）组成有效运行的系统而进行设计、改善和控制。传统的IE的应用主要面向车间、工厂的生产过程，属于微观范畴。现代IE则扩展到包括研究开发、设计与销售服务在内的广义生产系统，并进而延伸到整个经营管理系统，从微观、宏观两方面追求系统的整体优化。如何缩短生产系统周期，将产品设计、生产制造、销售管理等多种职能集为一体，是现代工业工程亟须解决的课题。近年来出现的并行工程（CE）、精益生产（LP）、灵捷制造（AM）和精益—灵捷—柔怠（LAF）生产系统都是由现代工业工程研究产生的先进的现代制造系统。

### 8. 最优原理

工业工程的目标是使生产系统投入的所有要素都得到有效利用，最终达到降低成本、保证质量和安全、提高生产率、获得最佳经济效益的目的。工业工程的理论和实践表明，工业工程的宗旨是寻求系统（全局）最优，而不是局部最优。专业人员按照特定的目标，在一定的限制条件下，对标准系统的构成因素及其关系进行选择、设计或调整，使之达到最理想的效果。

### 9. 革新原理

IE的创新是从系统的整体目标和效益出发，对各种相关条件加以综合考虑和平衡，然后确定创新的目标、策略和内容。具备改革意识是工业工程对专门从事工业工程工作的技术人员最基本的素质要求。这是由工业工程的宗旨决定的。工业工程要想取得经济效益，要想获得系统最优，那么就必须对现有的一切进行改革。对于工业工程技术人员来说，没有最好的，只有更好的。任何（作业）工作都可以找到更好的方法，都可以设法改进。革新，永无止境。

### 10. 通用原理

纵观工业工程的发展历史，不难发现，工业工程的基本理论和方法适用于人类几乎所有领域和活动场所。无论是政府机关、企业，还是学校、医院，应用工业工程都能得到令人满意的结果。随着工业工程的进一步发展，这一优势会更加明显。

## 1.4　工业工程的应用领域

### 1.4.1　工业工程在国外的应用

工业工程学是伴随工业发展而发展起来的科学。20世纪以来，大工业的发展，生产规模的不断扩大和复杂，效率的不断提高，技术的日益更新，各行业的渗透和交叉，都相继突破了旧的工业概念，呼唤一种新的科学。于是专门研究工业的规划、工厂的设计、投资决策、生产控制、生产活动管理、生产活动中最活跃因素——人的行为的科学应运而生。它一出现就对现代工业活动产生了重要影响。

第二次世界大战期间，出于发展先进武器系统及充分利用本国资源在战争中获得优势的迫切需要，美国在军事工业和部门中特别强调从综合系统着眼，以最低的代价、最快的速度，换取最优的成果。运筹学的发展和运用使工业工程获得了很大的动力，并且在应用数学、行为科学、概率论和统计学解决与战争有关的难题方面，取得了相当出色的成绩。

第二次世界大战后，大批工程师从军事工业转入工业、商业领域，在战争中形成的运筹学也渗入各个行业。运筹学在战争中的成功应用，早就引起了许多工业企业的注意，因而在全社会工业活动中对工业工程学的研究应用更为迫切和普及。1948年，全美工业工程协会成立，成为一个致力于工业工程的研究和发展的组织，并很快发展到11个研究分会，这标志着工业工程进入了新的活跃时期，并在推广、应用、研究等方面逐步走向高潮。很多理工科大学相继设立了工业工程系，或工业工程与运筹学系，或工业工程与系统工程学系，学校提供硕士学位、博士学位，工业工程获得了更大的声势。其后，由于计算机在美国的推广和使用，过去难以处理的数学模型变为可能和简单，工业工程得到了更大的发展。

20世纪40～70年代，工业工程在美国发展的主要特点是与运筹学密切结合。从70年代起，工业工程在美国发展到工业与系统工程阶段，越来越多的工业工程师感到工业工程与系统设计是密切相关的，特别是大型工业，必须强调整个系统的优化，只使一部分子系统优化而不顾整个系统的方案不是好方案。系统也必须随时处于监控之下，根据反馈信息及时评价、修正、调整。70年代后美国工业中取得了一系列令人瞩目的成就，至少有一部分应归功于工业工程。

如今，工业工程在美国活动相当广泛，除多个学会、协会、各种学术刊物的大力推动外，高等院校既从事教育和研究，也接受委托，从事具体项目的应用开发和评价。在工业企业甚至服务业中到处可见所设立的工业工程部。工业工程既用于微观企业，也用于宏观指导。

### 1.4.2　工业工程在国内的应用

我国在20世纪50～60年代，为提高效率、改善管理，曾开展社会主义劳动竞赛，组织青年突击队，实施"两参一改三结合"以及发动大家提合理化建议等活动，这些都是工业工程技术方法在企业管理中的应用。但是由于缺乏系统理论的指导，这些成功的工作方法未能上升到理论与专业的高度，以致不能持之以恒地应用和推广。

我国对工业工程的系统研究与应用始于20世纪80年代，随着外资企业的进入，人们逐步认识到工业工程对企业发展的重要作用。经过近40年的发展，工业工程在中国的发展取得了巨大的成就，各个领域的企业都在不同程度地应用工业工程。这些应用涉及汽车、钢铁、机械制造、家电、建材、信息等行业，包括一汽、一汽大众、科龙、美的、海尔、华为、成飞等众多企业都已经应用工业工程作为提高企业管理水平的重要手段，并取得了显著效果。如一汽集团变速器厂，从我国国情出发，推广准时化生产方式（JIT），运用多种工业工程技术与现代管理方法，对生产过程的人、机、料、法、环等因素进行有效的优化整合，显著改善了企业的生产能力，在没有增加投资的情况下取得了显著的经济效益。

在国内，企业应用工业工程理论与方法的成功案例众多，其中江南造船厂在智慧工厂建设和数字化转型方面的实践是一个典型的例子。江南造船厂是中国船舶集团旗下的大型现代化造船企业，前身是创建于1365年的江南机器制造总局，被誉为"中国第一厂"。该企业长期致力于技术创新和产业升级，在智慧工厂建设和数字化转型方面取得了显著成效。江南造船厂通过引入物联网、大数据、人工智能等先进技术，实现了生产流程的数字化、自动化和智能化。这些技术的应用不仅提高了生产效率，还降低了生产成本，增强了企业的市场竞争力。江南造船厂借鉴了精益生产的理念和方法，对生产流程进行了持续优化。通过消除浪费、改善作业流程、提高设备利用率等手段，实现了生产效率和产品质量的双重提升。该企业还建立了完善的质量管理体系，对产品质量进行了全面控制，确保产品符合国际标准和客户要求。

加强工业工程应用的具体方法和措施包括：

（1）对工业工程全面普及和大力推广。目前的普及推广力度还远远不够，其改善将有赖于工业界、教育和政府的通力合作。要让更多的企业管理层人员深入了解和熟练掌握工业工程的知识和技能。

（2）根据企业自身特点应用工业工程。我国工业化还处于中期阶段，国内企业大致可分为三个层次，各层次对工业工程的应用方法也各不相同。第一层次是具有高技术装备、高管理水平和高素质人力资源的企业，例如核能供应、航天和航空设备制造企业，系统工程、集成制造、精益生产和完善的供应链将是这些企业面临的主要工作；第二层次是具有常规大流水线的制造型企业，如汽车、白色家电、机床制造业等大规模产品制造业，这是工业工程应用的传统优势领域，工业工程的全面应用将会发挥巨大作用；第三层次是数量巨大、整体水平较低的中小型企业和乡镇企业，如玩具制造厂、成衣生产厂、小五金生产厂等企业，提高其自身的管理水平将是企业当前最重要的任务，经典工业工程中的方法研究和作业测定将发挥主要作用，并有很大的推广和完善空间。

（3）发展生态工业，应用基于循环经济的工业工程，实现现代工业、环境和社会的可持续发展。即放弃过去"资源—生产—消费—废物排放"的低水平经济发展模式，而采用注重环保、注重人的身体健康和社会和谐的"绿色制造""绿色供应"，其核心是产品的生产和管理过程的绿色化、生态化和人性化，讲究"以人为本"，强调用"经济效益"与"生态效益"双重指标的协调去审视和评价生产、管理过程。这对于处于规划中但尚未建成的企业有特别重要的意义，也应是工业界和各地政府发展规划中的重点内容。

### 1.4.3 工业工程的应用重点

（1）敏捷制造：是指制造企业采用现代通信手段，通过快速配置各种资源（包括技术、管理和人员），以有效和协调的方式响应用户需求，实现制造的敏捷性。敏捷制造是在具有创新精神的组织和管理结构、先进制造技术（以信息技术和柔性智能技术为主导）、有技术有知识的管理人员三大类资源支柱支撑下得以实施的，也就是将柔性生产技术、有技术有知识的劳动力与能够促进企业内部和企业之间合作的灵活管理集中在一起，通过所建立的共同基础结构，对迅速改变的市场需求和市场进度作出快速响应。敏捷制造与其他制造方式相比具有更灵敏、更快捷的反应能力。敏捷制造的优点：生产更快，成本更低，劳动生产率更高，机器生产率加快，质量提高，提高生产系统可靠性，减少库存，适用于CAD/CAM操作；缺点：实施费用高。

（2）精益生产：精益生产方式源于丰田生产方式，是由美国麻省理工学院组织专家、学者，以汽车工业这一开创大批量生产方式和精益生产方式的典型工业为例，经理论化后总结出来的。精益生产方式的优越性不仅体现在生产制造系统，同样也体现在产品开发、协作配套、营销网络和经营管理等各个方面，是一种优化的生产组织体系和方式。

精益生产方式的基本思想可以用一句话来概括，即just in time（JIT），翻译为中文是"在需要的时候，按需要的量，生产所需的产品"。因此有些管理专家也称精益生产方式为JIT生产方式、准时制生产方式、适时生产方式或看板生产方式。其核心有以下几点。

①追求零库存。精益生产是一种追求无库存生产，或使库存达到极小的生产系统，为此而开发了包括"看板"在内的一系列具体方式，并逐渐形成了一套独具特色的生产经营体系。

②追求快速反应，即快速应对市场的变化。为了快速应对市场的变化，精益生产者开发出了细胞生产、固定变动生产等布局及生产编程方法。

③企业内外环境的和谐统一。精益生产方式成功的关键是把企业的内部活动和外部的市场（顾客）需求和谐地统一于企业的发展目标。

④人本主义。精益生产强调人力资源的重要性，把员工的智慧和创造力视为企业的宝贵财富和未来发展的原动力。

⑤库存是"祸根"。高库存是大量生产方式的特征之一。由于设备运行的不稳定、工序安排的不合理、较高的废品率和生产的不均衡等原因，企业常常出现供货不及时的现象，而库存被看作是必不可少的"缓冲剂"。但精益生产则认为库存是企业的"祸害"，其主要理由是：库存提高了经营的成本，掩盖了企业的问题。

（3）供应链管理：供应链是由供应商、制造商、仓库、配送中心和渠道商等构成的物流网络。在分工愈细、专业要求愈高的供应链中，不同节点基本上由不同的企业组成。在供应链各成员单位间流动的原材料、在制品库存和产成品等就构成了供应链上的货物流。统计数据表明，企业供应链可以耗费企业高达25%的运营成本。供应链管理、使供应链运作达到最优化，以最低的成本，令供应链从采购开始，到满足最终客户的所有过程，包括工作流、实物流、资金流和信息流等均能高效率地运作，把合适的产品以合理的价格，及时准确地送达消费者手上。

供应链管理是一种集成的管理思想和方法，它执行供应链中从供应商到最终用户的物流的计划和控制等职能。从单一的企业角度来看，它是指企业通过改善上、下游供应链关系，整合和优化供应链中的信息流、物流、资金流，以获得企业的竞争优势。

供应链管理是企业的有效性管理，表现了企业在战略和战术上对企业整个作业流程的优化。它整合并优化了供应商、制造商、零售商的业务效率，使商品以正确的数量、正确的品质，在正确的地点，以正确的时间、最佳的成本进行生产和销售。

（4）六西格玛管理：六西格玛管理是20世纪80年代末在美国摩托罗拉公司发展起来的一种新型管理方式。从开始实施的1986年到1999年，该公司生产率平均每年提高12.3%，不良率只有以前的1/20。推行六西格玛管理就是通过设计和监控过程，将可能的失误减少到最低限度，从而使企业可以做到质量与效率最高，成本最低，过程的周期最短，利润最大，全方位地使顾客满意。

六西格玛管理在20世纪90年代中期被通用电气公司（GE）从一种全面质量管理方法演变成为一项高度有效的企业流程设计、改善和优化的技术，并提供了一系列同样适用于设计、生产和服务的新产品开发工具，继而与GE的全球化、服务化、电子商务等战略齐头并进，成为全世界企业的战略举措。

## 1.4.4 现代工业工程的应用特征

工业工程在发达国家已经应用了几十年，作为一门独立的学科也发展了几十年，它是工业和经济发展的产物。我国应用工业工程不能照搬国外的经验，而应结合我国社会主义市场经济体制、管理模式和发展水平，有选择、有针对性地应用。在实践中，逐步开创中国式的工业工程。

（1）工业工程的研究对象扩大到系统整体。

早期的IE以提高制造现场作业效率和改进生产管理为主，现代IE则面向企业经营管理全过程。传统工业工程首先在制造业中产生和应用，以改进生产方法、建立良好的作业程序和标准、提高效率为目标。现代工业工程应用领域扩大到制造业以外的其他领域，尤其是服务业，如建筑业、交通运输、农场管理、航空、银行、医院、超级市场、军事后勤，以及政府部门（主要是行业管理与规划）等。应用对象是远比过去复杂和庞大的系统，不仅是某项作业方法或生产线的改进，而且强调系统整体优化。

（2）工业工程的应用领域扩大到制造业以外的其他领域。

现代工业工程的应用范围从制造业扩大到服务业和非营利性组织；应用重点从提升现场生产效率到提高系统的集成化综合效益（新型工业化）；特别依赖于信息科学与技术（计算机软硬件、网络与通信技术、数据库支撑环境等）；重点研究生产率和质量的改善。

（3）工业工程以计算机信息系统为手段，与计算机技术紧密结合。

传统工业工程把产品生产看作原材料的一系列物理转换，而现代工业工程认为产品生产是由一系列信息变换完成的。由于市场竞争激烈、产品生命周期缩短，现代生产必须适应瞬息万变的市场需求。在现代生产环境和市场条件下，建立完善的信息网络，是提高生产率必不可少的条件和手段。在生产系统设计中要做到信息传递迅速、反馈及时，就必须以计算机信息系统为手段。

（4）重点转向集成（或综合）生产。现代IE已经成为为企业CIMS，进而为企业发展成为领先企业提供管理集成基础结构的有效工具。

（5）突出研究生产率和质量的改善。

（6）探索有关新理论，发展新方法等。

### 案例分析　IE在日本的应用和新发展

日本最初将工业工程翻译为"生产技术""生产工学""经营生产"。随着日本产业经济国际化，现直接称之为"IE"。了解IE在日本的应用与发展历程，有助于IE在我国的推行应用。

在日本，IE的导入应用可分为四个阶段。1911年星野行则氏翻译出版了泰勒的《科学管理原理》，这是日本导入IE的开端，这之后一直到第一次世界大战结束期间，科学管理方法在日本各大工厂、大学及专科学校得到了一定的宣传，但未取得实质性的效果，所以我们称之为启蒙阶段。第一次世界大战结束后到第二次世界大战结束期间为导入阶段，这一阶段的作用是为日本战后经济发展造就IE推进的氛围、经验和人才。第三阶段是推广应用阶段，一直延续到1973年，这一阶段在日本官方和民间的共同努力下，IE思想、技术和方法系统性地渗透到日本产业界的各个角落，取得了预期效果，它的推广使许多企业（如丰田汽车公司、三菱重工等）得到成长和发展，日本经济也以平均10%的速度发展。其后的几十年是发展创新阶段，通过这段时间的实践探索，以及计算机的出现和发展，日本终于走出了一条具有特色的IE推进之路。

纵观IE在日本的应用，由传统IE发展到现代IE，由大量生产发展为精益生产，创造了许多体现IE技术的新要领和新方法。主要表现如下。

1. 推进方式、思维观念由改善向改革转变

以前推进方式的思维观念是现状分析改善型，一般是对已有系统进行调查分析、发现问题、制定对策，使其合理化、效率化，其特点是原系统的延续。现在则是向理想实施改革型转变，即从企业发展理想的目标出发，抛弃一切旧的价值观念，开发创新价值体系，建立一个全新的系统。追求系统优化，而不是局部优化。生产方式由大量生产向精益生产转变。

2. 从大量生产转变到精益生产

大量生产、大量销售是以生产者为中心的生产，它追求对生产者而言的效益化、合理化、经济化。随着卖方市场向买方市场转变，生产方式必须转向以消费者为中心的精益生产方式上来，许多新的概念也在转化过程中产生。

（1）经济批量不经济，一个流生产是基本。

经济批量是指为了平衡库存维持费和生产转换所需费用总和最少而生产的数量。随着市场需求多样化，产品寿命周期短期化，批量生产过长的生产周期会使企业丧失许多新的销售机会。同时随着生产转换作业改善，生产调整时间缩短，一个流生产、多品种小批量生产取代经济批量概念成为日本生产的主旋律。

（2）生产率水平由顾客决定。

生产率一般定义为投入与产出之比。提高生产率水平的途径是用最少的投入取得最大产出。在大量需求时代，从10人生产200件提高到生产250件，生产率大大提高。但如果顾客只需要200件，多生产的50件就成为无用的浪费。当市场需求一定时，提高生产率必须减少投入，可改为由8人生产200件。因此生产率应定义为投入与顾客需求之比。

（3）抽样检查是不合理的，不生产不合格品是真谛。

抽样检查对生产者来讲是合理的，但对消费者来讲是不合理的，即使生产者的不合格品率仅为0.1%，但对一个顾客来讲买到的就是100%的不合格品，因此必须对消费者负责，即构建不生产不合格品的生产体制，推进质量是制造出来的而不是检查出来的思想。对人规定标准作业程序动作，对机器推进不良判断智能自动化，树立制造的全都是合格品就是成本最低的思想。

3. "干不完的生产"向"不过剩制造的生产"转变，推行准时化生产

大量需求时代，企业生产得越多，销售就越多，就能提高企业产品的市场份额，因此称之为"干不完的生产时代"。而过多过早的制造往往造成库存的浪费、搬运的浪费、管理的浪费。在市场相对固定的情况下，提高市场占有率，要根据用户需要拉动组织生产，由"推"变"拉"，使物品刚好准时、保质保量地送到用户手中，消除过剩生产的浪费，称之为"不过剩制造的时代"。

4. 推进"七零"生产，生产目标由满足顾客的QCD向PICQMDS转变

以前生产以满足顾客需求的质量、成本、交货期为目标，随着市场多样化、个性化，企业间竞争更激烈。生产目标扩展类"七零"目标，具体如下。

（1）生产转换（换模调整）时间为零，追求多品种生产——Products。

市场多样化要求企业生产多品种化。因此追求加工、装配部门换模调整、品种变换时间为零成为主要课题。1995年日本广岛技术公司王码电脑公司软件中心一条生产马自达车门的生产线换模时间仅为47秒。

（2）库存为零，发现问题——Inventory。

库存是万恶之源，导致资金周转减少，掩盖多种问题。库存为零是提高企业管理水平、提升企业竞争力的重要参数。

（3）浪费为零，降低成本——Cost。

广义的浪费包括库存和不合格品的浪费。推进以消除人的作业浪费为中心的活动，是降低成本的关键。

（4）不合格品为零，强化质量保证——Quantity。

从质量保证、产品责任（PL）角度控制捕捉不合格品，把单纯区分合格品与不合格品的检查作业转变成过程质量控制、工序质量保证，建立不生产不合格品的体制，开

展全面质量管理（TQC）活动。

（5）故障损失为零，加强生产保全——Maintenance。

一个流生产是"清流"生产，如果设备发生故障就会造成全厂停产。开展全面生产维护（TPM）活动，把从确保开动率的保全思想向确保可动率的生产保全转变，使设备处于想动就能开动的状态。

（6）拖欠为零，缩短交货期——Delivery。

短交货期化是近年来企业间竞争的一个目标。物流流畅、不合格品、机械设备故障为零、压缩企业的综合生产周期是企业的经营活动的大课题。

（7）伤害为零，追求安全第一——Safety。

企业的安全活动分三类：一是企业职工不受伤害的人身安全；二是企业环境不遭到破坏的环境安全；三是企业生产产品能安全使用的产品安全。三类安全中必须以企业职工人身安全为中心开展安全管理活动。

5. 推行三即三现主义，由桌子上的 IE 到现场的 IE

三即：即时、即座、即应；三现：现场、现物、现策。所以三即三现是指即时到现场，即座看现物，即应制定改善对策（现策）进行改善。目的是使以往的现场调查，回到办公室分析制定改善方案，再到现场实施，转向推进三即三现主义，即由桌子上的 IE 向现场的 IE 转变。

6. 5W2H——由问题意识向疑问意识转变

问题意识是传统 IE 思维方式，5W2H 即 What、Why、Who、Where、When、How、How much，这是定型的工作方法。如今激烈的竞争使企业已无时间分析问题，所以应抛弃问题意识，采用新的 5W2H 工作方法、疑问意识，即 5W（Why）——五个为什么得到革新的原点，2H（How、How much）——最终得到革新智慧，找到改革问题的真谛，而不仅仅是改善的方法。

7. 金无智出，从资金集约型向科研成果集约型转变

充足的资金是 IE 推进的最大障碍。IE 应用的成果要用在社会进步、企业发展、个人发展上。

8. 追求整体效率最高，效率管理由体力作业者向智力作业者延伸

管理部门自身效率化是日本 IE 近年来深化推进的成果。通过对智力劳动者的纯作业时间、工作成功率管理，追求管理部门工作效率化、程序合理化，使企业整体效率大大提高。

9. 推进作业管理，尊重人格、人的价值，实施自主管理

作业管理是日本现场 IE 应用创造出来的一种先进的管理方法。由作业工长、操作工一起制定作业标准，执行标准化作业，让现场作业人员承担相应的管理工作，使工厂的管理水平、技术要素转化为技术与管理的结合体。通过多能工培训、目视管理、作业编成（人机组合）、小集团活动、自主管理等方式，使人的价值得以充分发挥。

10. 由以方法、技术为中心的"IE 术"，发展为以心、技、体为中心的"IE 道"

IE 从美国传到日本时以方法、技术为中心，即以"术"为中心，在日本推广应用

过程中，融入日本人对物品制造的信念和良心，创造了许多新的方法、技术、构成了日本人精神和文化的内涵载体，发展为心、技、体三位一体的"IE道"。

讨论题

了解了日本IE发展历程，你有什么启发？

# 思考题

1. 什么是工业工程？试用简明的语言表述IE的定义。

2. 什么是工业工程意识？

3. 你认为当代工业工程的发展口面临哪些挑战？

# 第2章

# 工业工程专业概述

◉本章学习目标

1. **知识目标**：通过对工业工程专业有关信息的学习，对工业工程专业有一个全面、清晰的认知；了解工业工程专业产生的社会背景和产业背景，熟悉并掌握工业工程专业产生的背景；从就业、工业工程专业人才需求和发展前景三个方面，了解工业工程专业的就业优势；掌握工业工程专业的角色认知。

2. **能力目标**：了解工业工程专业的人才需求，努力成为工业工程方面的高级人才；掌握工业工程专业人才的素质结构，了解专业培养目标和毕业要求；熟悉工业工程专业产生的背景，培养分析和解决问题的思辨能力。

3. **价值目标**：培养学生具有敢为人先的锐气，勇于挑战自我，敢于批判与质疑；培养学生具有改革意识，勇于创新创造，努力走在全社会创新的前列；强化学生的责任担当意识，使其能认真履行职责，爱岗敬业。

## ✍引导案例　工业工程的应用——流水线

在20世纪初，美国出现了很多商业大亨。其中，创办福特汽车公司的亨利·福特是一位真正的企业家，而其他人大多只是成功的生意人。

亨利·福特为制造汽车而生。15岁的时候，福特就在自家的工具间里制造出了一台内燃机。1887年，24岁的福特进入爱迪生的电灯公司成为一名技术员。10年之后，福特辞去工程师的职位，在底特律和别人合伙创立了汽车公司。此后直到1947年去世，福特一直在领导着以自己的名字命名的汽车公司。1936年，福特还成立了以自己名字命名的基金会，慷慨地捐助教育、科学研究和社会改良等事业。

在纪录片《大国崛起》中有这样一段解说词："1913年8月一个炎热的早晨，当工人们第一次把零件安装在缓缓移动的汽车车身上时，标准化、流水线和科学管理融为一体的现代大规模生产就此开始了。犹如第一次工业革命时期诞生了现代意义的工厂，福特的这一创造成为人类生产方式变革进程中的一个里程碑。每一天，都有大量的煤、铁、砂子和橡胶从流水线的一头运进去，有2 500辆T型车从另一头运出来。在这座大工厂里，有多达8万人在这里工作。1924年，第1 000万辆T型汽车正式下线，售价从最初的800美元降到了260美元。汽车开始进入美国的千家万户。"

流水线彻底改变了汽车的生产方式，同时也成为现代工业的基本生产方式。时间过去了一百多年，流水线仍然是小到儿童玩具大到重型卡车的基本生产方式。

流水线之前，汽车工业完全是手工作坊型的，每装配一辆汽车需要728个人工小时。这一速度远不能满足巨大的消费市场的需求，所以汽车成为富人的象征。福特的梦想是让汽车成为大众化的交通工具，于是，提高生产速度和生产效率是关键。只有降低成本，才能降低价格，使普通百姓也能买得起汽车。

1913年，福特应用创新理念和反向思维逻辑提出在汽车组装过程中，汽车底盘在传送带上以一定速度从一端向另一端前行。前行中，逐步装上发动机、操控系统、车厢、方向盘、仪表、车灯、车窗玻璃、车轮，一辆完整的车就组装成了。最终，经过多年努力，流水线使每辆T型汽车的组装时间由原来的12小时28分钟缩短至10秒钟，生产效率提高了4 488倍！

流水线是把一个重复的过程分为若干个子过程，每个子过程可以和其他子过程并行运作。福特的流水线不仅把汽车放在流水线上组装，也花费大量精力研究如何提高劳动生产率。福特把装配汽车的零件装在敞口箱里，放在输送带上，送到工人面前，工人只需站在输送带两边工作，节省了来往取零件的时间。而且装配底盘时，让工人拖着底盘通过预先排列好的一堆零件，负责装配的工人只需安装，这样装配速度自然加快了。福特汽车公司在一年之内生产了几十万辆汽车，使得汽车的价格也下降了一半，降至每辆260美元。在1914年，一个工人工作不到四个月就可以购买一辆T型车。

流水线的意义是使产品的生产工序被分割成一个个环节，工人的分工更加细致，产品的质量和产量大幅度提高，极大促进了生产工艺过程和产品的标准化。工业产品被大量生产出来，尤其是多样化的日用品在流水线上变成了标准化商品。汽车生产流水线以标准化、大批量生产来降低生产成本、提高生产效率的方式适应了美国当时的国情，汽车工业也迅速成为美国的一大支柱产业。

**思考：** 流水线对汽车工业的影响

# 2.1  工业工程专业产生背景

## 2.1.1  工业工程专业概况

工业工程起源于20世纪初的美国。在美国，工业工程与机械工程、电子工程、土木工程、化工工程、计算机、航空工程一起并称为七大工程，可见它的独特性和重要性。

1980年，天津大学等高校创办了工业管理工程专业；1992年，教育部批准了天津大学等高校的工业工程专业本科培养方案并开始招生；1993年，教育部批准在天津大学等高校设立工业工程学科工学硕士并招生；1993年，工业工程专业在重庆大学开办，重庆大学成为仅次于天津大学和西安交通大学的第三所开办工业工程专业的学校。1998年，教育部调整本科专业目录，工业工程被列为管理学学科门类中管理科学与工程一级学科下的二级学科，但是在同年公布的硕士和博士学科目录中，管理科学与工程一级学科下不设二级学科，工业工程只是其中一个方向；1999年，国务院学位办批准天津大学等高校培养工业工程领域的工程硕士，2000年4月开始招生。

目前，全国开设工业工程专业的高校有258所。

2018年3月14日，教育部发布《国务院学位委员会、教育部关于对工程专业学位类别进行调整的通知》（学位〔2018〕7号）。该通知规定，原工程硕士专业学位（类别代码0852）下项目管理、工业工程、物流工程三个领域方向调整到工程管理专业学位（类别代码：1256）。但是为了调整过渡，这个通知并不是当年立即执行的。2019年招生及已入学的学生还是按照以往规定培养和授予学位，新政策从2020年招生开始执行。

2019年7月23日发布的《工程管理硕士（MEM）招生领域设置及要求（试行）》（工程管理教指委〔2019〕1号文件）又对此政策进行了试行实施说明。明确设置MEM分"工程管理"（代码：125601）、"项目管理"（代码：125602）、"工业工程与管理"（代码：125603）和"物流工程与管理"（代码：125604）四个招生领域。原来已具有项目管理、工业工程、物流工程领域授权的高校，2020级也默认可以分别对应设置125602、125603、125604招生领域；原来没有这些领域，想要新增的，需要对照教指委后续制定的有关指导文件所规定的各项条件，经授权单位专家论证，具备该领域充分办学条件的，从2021级及以后开始实施。125603对应于原工业工程领域，自2020级在5年试点期间可以招收应届生（包括推免和全国联考），在复试阶段需要加强对考生工业工程知识和能力的考核，培养要求将另行制定；125604对应于原物流工程领域，自2020级在5年试点期间可以招收应届生（包括推免和全国联考），在复试阶段需要加强对考生物流工程与管理知识和能力的考核，培养要求将另行制定。调整带来如下影响。

（1）自2019年10月后报名专业目录发生变化。以往在专业学位——（0852）工程专业领域下选择相应报考专业，调整后在专业学位——（1256）工程管理 专业领域下选择对应专业。

（2）初试及复试考试科目发生变化。以往根据不同院校不同专业初试考思想政治理论、英语二、数学一或三、专业课四科，调整后初试统一考英语二、管理类联考综合两科。复试对应也会有相应变化，如复试要考政治，其他变化具体要根据高校公布的复试通知而定。

（3）学位授予发生变化。以往工业工程专业毕业获得管理学或工学学位，调整后的工程管理硕士着重综合管理型培养，毕业颁发的学位为工程管理硕士。

## 2.1.2　工业工程专业的社会背景

工业工程是一项具有很强工程背景的管理技术，产生于泰勒的科学管理，发展成熟于工业化大生产时期，至今已有一百多年的历史。美国工业工程师协会于1955年将工业工程定义为："工业工程是对有关人员、物料、设备、能源和信息等组成的整体系统进行规划、设计、改进和实施的一门科学，它从数学、自然科学和社会科学中吸取有关的专门知识和技术，同时运用工程设计与分析的原理与方法，以阐述、预测和评价上述系统所得到的成果。"二战以后，由于运筹学、系统科学的理论与方法的产生和广泛应用，IE的适用领域越来越广，内容与水平也不断发展与提高。

工业工程与人类社会的工业化一起，已经走过了一百多年的历史，对人类，尤其是西方的经济和社会发展产生了巨大的推动作用。世界上工业发达国家，诸如美国、德国、日本、英国等，其经济发展都与其雄厚的工业工程实力分不开。

中国在20世纪90年代初才开始工业工程研究与推广，在理论上、技术上和实际应用上都与国外有一定差距。加入WTO以后，我国企业的发展，迫切需要工业工程的理论与技术支持，以从根本上提高我国企业的素质和竞争力。

面对21世纪经济发展对高等工业工程人才的迫切需要，我们急需学习和总结国内外先进经验，大力发展工业工程专业。

### 2.1.3 工业工程专业的产业背景

21世纪，要发展国民经济，必须调整产业结构，发展新的产业。要进行工业升级、使生产力有所突破，工业工程工作可以说是非常重要的工作，各种企业都必须应用工业工程的技术，将现有不合理的地方合理化，使企业的体质更为强壮，才能在激烈竞争的环境中，走得更长远。

工业工程是诊断工厂、改善企业体质的医生。企业的改善需从根本做起，也就是说要从管理化着手。目前无论是中小型企业还是大型企业的经营，在管理上、制造上、行销上都有很多不符合合理化的要求，这又如何要求工业升级，要求工业脱胎换骨呢？但企业对现存的许多不合理的地方，往往犹如病人不了解自己的病因，甚至拒绝承认自己有问题，工业工程师就要如同医生一般去诊断病因，对症下药。从现代工业工程教育可以看出工业工程师是通才，他对一般工程、自然科学、社会科学、管理科学均应有所涉猎。由于所学具有广泛性，他对企业内每一个部门的工作都有能力去进行客观的了解，掌握每一个部门及其中的利害关系与不合理之处，进一步提出改善的建议。而且就业务特性来说，凡是能够降低成本、改善工作、增进效率、提高士气与效率的业务，都是工业工程师热衷研究评估的范围，只要企业的高层主管会用工业工程师，他就能进行综合客观的了解及评估，进一步求得最佳的改善方案。

## 2.2 工业工程专业的就业优势

### 2.2.1 就业方向

工业工程专业以生产管理作为主要方向，兼顾物流管理和质量管理，培养既掌握现代制造工程技术，又掌握现代管理科学理论的高级复合型应用人才，专业口径宽，就业范围广。

工业工程专业毕业生不仅可在各类机械、电子、汽车等制造型企业中从事工程设计、新产品开发、生产计划与控制、质量工程、设施规划与物流工程、供应链管理、设备管理、制造业信息化等工作，还可在各级政府、服务部门从事组织、协调等以技术为基础的系统管理工作或在科研机构从事相应的研究工作。毕业后的就业岗位包括工业工程师、销售经理、工艺工程师、软件工程师、项目经理、技术支持工程师等。其中在制造业中工业工程主要从事的岗位有传统 IE、生产计划、物流专员、采购专员、供应链管理、制造工程师、资产管控、质量工程师、大客户销售工程师等。

### 2.2.2　工业工程专业人才需求

作为一个将工程、管理、数据、软件等知识高度融合的专业，产业界对工业工程专业人才的需求一直较为旺盛。不仅如此，城市铁路交通建设、枢纽机场建设、物流运输等服务业的提质增效以及互联网环境下新业态的蓬勃发展，也对以质量、效率提升为目标的工业工程专业提出了更多新需求。

■ **现实中有哪些问题需要由工业工程专业的人才解决？**

工业工程的普及应用是新型工业化的必经之路，在全球工业 4.0、"中国制造 2025"的背景下，工业工程是企业实施工业 4.0 的基础与管理保障。当人们对于成本、质量、效率的要求提高时，往往就需要工业工程来解决，例如数字化工厂规划、精益改善。同时，工业工程对于资源的有效利用这一点也将在未来的可持续性发展社会中扮演重要的角色。随着这些年的发展，工业工程已经与信息技术有了更广泛的联系。而工业工程的应用也越来越广泛，从传统的工业生产，如汽车制造、化工制造、航天制造、纺织服装等，到现代的服务业，如物流业、餐饮行业，再到企业的机构设置、医院、政府工作部门的流程优化以及软件产品的开发等，都将看到工业工程的影子。可以说，工业工程的应用无处不在。

工业工程在我国近些年来发展很快，取得了可喜的成就，如宝钢、鞍钢、一汽、富士康、海尔、美的、康佳、海信等企业都设有专门的工业工程部，有工业工程师的岗位。

### 2.2.3　发展前景

工业工程必须随时代的需求变化而变化，未来我国工业的经营形态与经营环境将由传统型工业迈进高科技工业，单一生产方式也会转入多角化生产方式，面对未来的环境，IE 的英文第一个"I"字要变得更有意义。"I"字可以代表：

Integration——将工程技术与管理技术整合。

Information——信息系统的应用。

Intelligence——发挥高度的智能。

Interaction——协调沟通与团队精神的发挥。

Idea——创造力的发展。

International——具有国际观的心胸及视野。

（1）工业工程的研究对象扩大到系统整体。

传统工业工程主要研究生产过程和改善现场管理，重点面向微观管理，这也是工业工程应用最广泛的内容。现代工业工程则扩展到包括研究开发、设计制造和销售服务等的生产系统，并进而延伸到整个经营管理系统，成为研究微观和宏观系统、追求系统综合效益的工具。

（2）工业工程的应用领域扩大到制造业以外的其他领域。

传统工业工程首先在制造业中产生和应用，用于改进生产方法，建立良好的作业程序和标准，提高效率。现代工业工程应用领域扩大到制造业以外的其他领域，尤其是服务业，如建筑业、交通运输、农业、航空、银行、医院、军事后勤，以及政府部门（主要是行业管理与规划）等。应用对象是远比过去复杂和庞大的系统，不仅是某项作业方法或生产线的改进，而且强调系统整体优化。

（3）工业工程以计算机信息系统为手段，与计算机技术紧密结合。

传统工业工程把产品生产看作原材料的一系列物理转换，而现代工业工程认为产品生产是由一系列信息变换完成的。由于市场竞争激烈、产品生命周期缩短，现代生产必须适应瞬息万变的市场需求。在现代生产环境和市场条件下，建立完善的信息网络是提高生产率必不可少的条件和手段。在生产系统设计中要做到信息传递迅速、反馈及时，就必须以计算机信息系统为手段。

## 2.3 工业工程专业培养目标与毕业要求

### 2.3.1 工业工程专业培养目标

在"中国制造2025"的大背景下，工业工程专业是一个兼顾工程与管理特点的专业，具有系统性、交叉性、人本性与创新性等特征。工业工程注重对综合运用工业工程理论、知识与工具，来分析、解决工业与服务系统的效率、质量、成本及环境友好等问题的能力的培养，重视学生的创新实践思维，注重培养学生对生产和服务系统运行逻辑的深刻认识，注重以实际问题为导向强化学生的数据分析、规划设计、运筹优化、改善创新、仿真模拟等方面的能力，使其具备一定的创新创业意识和国际视野，具有人文理念、公共精神和社会责任感，培养能够解决生产及服务系统效率、质量、成本及环境等问题，能在企业从事工业工程师、工艺工程师、质量工程师、项目管理师、管理咨询师等岗位工作的高素质应用型复合人才，着力培养德智体美劳全面发展的社会主义事业合格建设者和可靠接班人。

工业工程专业的核心课程包括：基础工业工程、人因系统工程、运筹学、系统工程、质量管理、生产计划与控制、设施规划与布局等。实验实训课程包括：工业工程综合实训、人因工程实验、运筹学实验、生产仿真、电子电工技术实训、机械设计等。

工业工程的工作需要组织和协调人、财、物、信息等各种资源，工业工程专业的学生应具有全局、统筹、组织管理方面的潜质，有像围棋棋手一样的系统构建大局观和系统实施精细观（系统设计），有像足球运动员一样的团队协作精神（系统运营），还要有像医生一样的忧患意识和责任心（系统改善）。

工业工程专业培养掌握工程技术基础理论，熟悉运筹学理论和生产管理的专业知识，了解新材料、新能源技术，并能将多个学科的知识和方法有机结合起来，能够解决与智能生产、高端制造相关的效率、质量、成本和安全相关的系统问题的工程型、管理型、创新型和国际型的"四型"高端复合人才，能够在现代工业工程领域从事科学研究、管理创新、规划设计等工作，并在工作中传承工业文明的精神，为企业提升效率和质量，能够钻研工程分析的方法，使管理、决策更加科学和敏捷。

结合部分高校培养方案，总结工业专业培养目标如下。

**总体培养目标：**按照"培养德、智、体、美、劳全面发展的社会主义建设者和接班人"的要求，培养自觉践行社会主义核心价值观，具有理想信念、公民素养、人文情怀、批判性思维和创新创业意识，具备扎实的专业基础知识，能够解决实践问题，能适应经济社会发展的需求，具有一定国际视野的复合型、创新型、应用型人才。

**专业培养目标：**本专业培养能够掌握工业工程专业的基本理论方法，能够运用本专业的理论方法对系统实际问题进行分析、规划、设计、实施、评价和改善，具有工程与管理的复合型知识结构，具备创新思维，能胜任工业工程领域相关的技术与管理工作的中高层应用型人才。本专业融合智能制造、管理科学、信息科学等跨领域的集成技术与方法，培养具备扎实的基础理论、系统的专业知识和较强工程分析能力，能够在制造与现代服务等行业从事人、物料、设备、能源和信息等所组成的集成系统的设计、改善和实施相关工作的德、智、体、美、劳全面发展的高级应用型工程技术及管理人才。

**能力培养目标：**能够运用数学、自然科学、管理科学和工程基础知识及工业工程专业知识，分析和解决生产、物流、经营管理领域复杂问题，成为技术骨干或管理人才；具有人文社会科学素养、社会责任感和职业道德，具有效率、质量、成本意识，在实践中理解并遵守本行业的标准和政策法规，具有交流沟通能力和一定的国际视野，能融入多学科团队并发挥有效作用；具有自主学习和终身学习的能力，能够适应技术进步和社会发展需求。

学生在毕业后5年左右预期目标：

（1）具备社会责任感、健康的身心和良好的人文修养，思想积极向上、遵纪守法，理解并坚守工程职业道德规范，在工程实践中能坚持公众利益优先。

（2）具有扎实的数理基础、工程分析和系统的工业工程专业知识，具备健全的专业知识体系，具有扎实与宽广的工业工程知识和分析与管理能力，并用于对工业与服务系统效率与质量的提升及成本的降低。

（3）能够跟踪并适应现代工业工程技术发展，掌握基本的创新方法，具有创新精神和创业意识。能够运用现代工具和多领域的交叉专业知识，如工业工程专业知识与智能制造、大数据及现代化信息技术的融合，具备创新性科学思维和持续改善的基本能力。

（4）具备良好的沟通、协调、计划、组织、控制能力，完全胜任工业工程相关的工作岗位，用"持续改善、精益求精"的IE专业知识解决企业问题，为企业持续输出良好的管理智慧。

（5）具有全球化意识和国际视野，拥有自主的、终身的学习习惯和能力，能够通过自主学习持续提升自己的综合素质和专业能力，不断适应社会发展。

■ **某高校工业工程专业培养目标示例**

本专业毕业生应具备传统文化修养、公民道德素养、社会责任意识和健康的心理和身体素质；掌握工业工程领域的基础理论与知识，熟悉相关工程技术及规范，了解新兴技术；具有综合运用所学知识分析和解决实际问题的基本能力；具备较强的创新精神和实践能力；具有良好的工程素质、人文修养和沟通能力；具备国际视野和终身学习、适应社会的能力。具体包括以下几方面的能力和素养。

1. 人文素养和思想道德

（1）掌握具备一定的文学、历史、哲学、艺术等人文素养。

（2）一定的管理、自然科学、法律知识。

（3）具有正确的世界观、人生观和价值观，具有良好的思想道德品质、高度的社会责任感与良好的职业道德。

2. 专业基础理论和方法

（1）掌握本专业领域的工程技术、经济和信息技术基础知识、现代管理科学与系统工程的基本理论与方法。

（2）掌握各类生产与服务组织（如制造业、服务业等）基本知识与方法。

3. 专业技能

（1）谙熟工业工程专业领域的技术标准、相关行业法规、学科发展现状及前沿动态。

（2）具备利用工业工程知识、系统思想和创新精神对生产和服务系统进行设计、改善、实施和评价的能力。

4. 综合素质

（1）具备基本的英语读、写、听、说、译综合技能，现代信息技术应用能力（计算机基础、文字处理、数据库、互联网，基础的编程能力）。

（2）掌握资料查询、文献检索的基本方法以及较高文案写作和语言表达能力。

（3）具有健康体魄、组织管理能力、表达能力、人际交往能力、团队协作和环境适应能力。

（4）崇尚创新，具有自主学习、终身学习的意识和能力，能适应不断变化的经济社会要求。

## 2.3.2 工业工程人才的素质结构

工业工程是一种技术职业，工业工程技术人员主要的职责是将人员、物料、设备、能源和信息等联系在一起，以实现有效的生产运作。他们致力于生产系统的设计和改善，需要考虑人与物、技术与管理、局部与整体的关系。为了达到工业工程的目标，工业工程师不仅需要有广博的知识，还需要具备将这些知识应用于综合性和整体性的工作中的能力。

根据美国工业工程师学会的定义，"工业工程技术人员是为了实现经营者的目标而提供技术支持的人。这个目标意味着要使企业在冒最小风险的前提下获得最佳利润。"工业工程技术人员应能够帮助上下级管理人员在业务经营的设想、计划、实施和控制方法等方面进行研究和发明，以期更有效地利用人力和经济资源。

工业工程师需要具备广泛的知识和技能，能够为各级经营管理提供方法和充当顾问。他们涉及的领域非常广泛，从基本的动作时间研究到系统的规划、设计和实施控制等方面都需要提供支持。工业工程师必须具备应用各种知识和技术的能力，具有工业工程意识，不断探索新的方法来改善生产系统的结构和运行机制，以求达到更佳的整体效益。总之，工业工程师在企业的各个方面和各个层次都应能够发挥作用。

### 1. 知识结构

工业工程技术人员需要掌握广泛的专业理论知识和相关知识，包括机械工程、电子工程、信息工程或其他工程方面的基础知识，以及工业工程学科基础理论，如管理学、运筹学、系统科学、统计学、行为科学等，还有工业工程的专业知识，如工作研究、工程经济、工效学、管理信息系统、设施规划与物流分析、生产计划与控制、质量管理、成本控制、业绩评审与组织设计、人力资源管理、工业卫生与安全等。此外，还需要掌握现代工程设计、产品开发、生产工艺、企业管理方面的知识，计算机应用、仿真和计算机处理知识，会计、统计、经济和人文科学方面的知识，了解我国经济技术方面的法律、法规，熟悉有关的技术法规、标准和规范。与其他专业工程技术人员相比，工业工程技术人员的基础知识结构要求的广度和深度平均更大，需要具备广泛的技术和管理知识，具有很强的综合应用能力。

### 2. 能力结构

除了必须掌握广泛的专业理论知识和相关知识外，工业工程技术人员还应该具备以下能力。

（1）观察试验能力：能够通过观察和试验发现问题、验证想法或解决问题。

（2）调查研究能力：能够进行调查和研究，了解现有情况、问题和需求，为制定有效的解决方案提供依据。

（3）综合分析/集成能力：能够综合分析多个因素的影响，并将它们集成到一个系统性的解决方案中。

（4）规划设计能力：能够制定计划和设计方案，包括工作流程、生产设备和系统等，为生产活动提供指导。

（5）协调/社交能力：能够与不同的人合作，沟通协调，协同合作，以实现共同的目标。

（6）适应能力：能够适应不同的环境和情况，并快速调整自己的工作方式和方法。

（7）创新能力：能够运用创造性思维，寻找新的解决方案和改进现有方案。

（8）语言和文字表达能力：能够清晰准确地表达自己的想法和解决方案，包括口头表达和书面表达。

（9）计算机应用能力：能够熟练使用计算机软件和工具，包括数据分析、建模、仿真等。

（10）外语阅读能力：能够阅读和理解外文文献和资料，获取国际先进技术和管理经验。

### 3. IE意识

IE意识是指基于IE实践的指导原则和思想方法。IE的意识包括以下几个方面。

（1）成本和效率意识：IE的追求是整体效益最佳，以提高总生产率为目标，必须树立成本和效率意识。一切工作都从整体和总目标出发，同时也从每个环节着手，力求节约和杜绝浪费，寻求以成本更低和效率更高的方法去完成各项工作。

（2）问题和改革意识：IE追求合理性，使各生产要素有效地组合，形成一个有机整体系统。为了使工作方法更加合理，必须树立问题和改革意识，不断发现问题，考察分析，寻求对策，勇于改革和创新。无论是一项作业、一条生产线还是整个生产系统，都可以运用5W1H提问技巧来进行研究和改进。

（3）工作简化和标准化意识：IE追求高效和优质的统一，推行工作简化、专门化和标准化，即所谓"3S"，对降低成本、提高效率起着重要的作用。每一次生产技术改进的成果都以标准化形式确定下来并加以贯彻，是IE的重要方法。

（4）全局和整体意识：现代IE追求系统整体优化，为此必须从全局和整体需要出发，针对研究对象的具体情况选择适当的IE方法，并注重应用IE的综合性和整体性，才能取得良好的整体效果。各个要素和局部的优化必须与全局协调，为系统的总目标和整体优化服务。

（5）以人为中心的意识：人是生产经营活动中最重要的一要素，必须坚持以人为中心来研究生产系统的设计、管理、革新和发展，使每个人都关心和参加改进工作，提高效率。

除了上述方面，随着时代的发展，工业工程人员还需要具备不断改进和创新的意识、快速响应需求意识等。IE涉及的知识和范围广泛，方法很多，而且发展很快，新的方法不断被创造出来。因此，对工业工程技术人员来说，掌握方法和技术是必要的，但更重要的是掌握IE的本质，树立IE意识，学会运用IE考察、分析和解决问题的思想方法，这样才能以不变（IE实质）应万变（各种具体事物），从研究对象的实际情况出发，选择适当的方法和技术处理问题。

■ **在工业工程专业的学习过程中，学生有可能会遇到什么困难？**

本专业属于工学与管理学的交叉学科，在学习过程中，学生需要广泛涉猎各领域的知识。工业工程的核心是对复杂系统的持续改善和优化，需要学生具备创新思维、改善意识、沟通协调及工程实践能力。这些都对学生的学习提出了更高的要求、更多的挑战。但挑战也意味着机遇，学生在工业工程专业学习中培养的素质和能力正是现代社会所迫切需要的，这会让本专业学生具有更强的竞争力。

## 2.3.3 工业工程师的角色认知

未来的工业工程师可扮演的角色有以下几种。

### 1. 整合系统的设计者及管理者

由于未来的企业将变得更精密、更复杂，所以需要能充分运用计算机整合制造系统的工程师，来整合复杂的业务，这种工作最适合由工业工程师来担任，因为工业工程师懂生产、懂财务、懂计算机、懂管理，能够将合理化以后的各项作业设计为自动化操作系统，减少人力作业，解决复杂的问题。由于自动化作业需要依靠人类设计软件，才能按照人类作业计划操作，故人脑仍优于计算机，但计算机作业速度快，可解决复杂的问题，所以我们要让计算机和人脑一样，不但能提供指令，还能交谈、学习和记忆，这种技术就是目前正在发展着的人工智能及专家系统，它可以提供设计、规划、诊断、控制等多项作业。

人工智能和专家系统将是未来制造和管理自动化的主流，新时代的工业工程师必须善加运用，也就是说未来的工业工程师不仅是个注重方法改善的"测量科学家"，而且要做一个兼顾工程设计及管理的系统整合者。

### 2. 长期计划的规划者

在动态的经营环境下，企业必须预测由某些事务的变动所可能发生的问题及影响，也必须建立适当的目标，以及达成目标的方法及手段，这些都依赖事前的长期计划。长期计划必须运用策略规划的学识与专业技术知识，同时还需要就现在或将来可能发生的状况，使用归纳演绎的推理方法完成。长期计划是要对未来的工作提供具体可行的方案，使组织中各单位可以朝共同的目标努力。长期计划要具有连续性，随着企业经营方式与性质而异，工业工程师在企业主管的妥善安排下可掌握企业发展过程中的各种信息与条件，做出有效的规划，使有限的资源发挥最大的功效。

### 3. 多元化经营的构想者

展望未来，企业欲单靠产销单一种产品或业务获得利润将越来越困难。如今世界上经营成功的企业，很少是单靠生产单一产品而生存的。例如美国钢铁公司及奥地利的VOEST 钢厂，其钢厂营收值已降至总营收的 50% 以下。日本各大钢厂纷纷致力于开发高附加价值的新材料，且将其事业重新定位为"原材料综合供货商"，甚至大胆地往电子、信息、生物科技等方向去发展。工业工程师应随着企业的成长变化，分析企业生存及发展的空间，参与多元化经营的评估工作，从技术层面、财务层面、效益层面等方面进行评估，提供具体可行的构想及建议。

### 4. 多专长人力管理的促成者

将来企业所面临的问题，必定会越来越复杂，必须综合多种专业技能才能合理解决，例如欲寻求提高营业额，可能要从组织人力、财务、生产设备与技术、品管、销售、广告等多方面着手研讨，而这些研讨项目均各有不同的专门方法。在人力市场不能满足需求的情况下，企业用人必定会越来越精简，为了达成企业目标，每个人都必须具备各种不同的专长，工业工程师就需要研究如何将各职位的人加以重组，使每个人可以完成几种不同的工作，让企业的人力运用更有弹性，更有效率。

### 5. 高阶层决策的顾问者

政府各级领导面对各种政策或执行方案，企业高层主管面对各种经营决策或执行计划，常涉及好几个彼此制衡或互相冲突或观点各异的单位，必须在各部门各持己见后，明察秋毫而及时地做出决策。但是由于周围环境复杂，又必须兼顾短期和长期的利益，尤其是各部门为了自身的利害关系，往往会站在各自的立场争取利益，更使得领导或主管在做判断时力不从心，个人的才智、经历受到相当的挑战。对于这些问题，高层决策者即可运用工业工程师以公正、忠实、客观的精神发挥调和的功能，提供最佳方案，也就是说要做一个高阶层主管的得力助手。

随着市场竞争的进一步加剧，致力于提高生产运作系统效率和效能的工业工程必将有更大的发展，其从业者亦将有巨大的施展空间。

## 思考题

1. 思考一下，工业工程专业产生于什么样的背景下？
2. 工业工程对专业人才有怎样的需求？
3. 通过本章的学习，你认为工业工程专业有怎样的就业优势呢？
4. 想一想，工业工程人才的素质结构包含哪些内容？

# 第**3**章
## 基础工业工程概述

▶ 本章学习目标

1. **知识目标**：通过学习基础工业工程的概述，了解基础工业工程的特点；了解工业工程的方法研究、作业测定、生产线平衡和标准化作业，掌握基础工业工程的内容体系；学习生产线平衡的相关内容，掌握生产线平衡的概念及改善方法、步骤；掌握标准化作业的概念和应用方法。

2. **能力目标**：了解基础工业工程的概况，能自主查阅相关资料拓展知识；熟悉基础工业工程的方法研究，培养分析及解决问题的思辨能力；掌握作业测定、生产线平衡和标准化作业，学会在实践中解决有关问题。

3. **价值目标**：了解基础工业工程的内容，培养唯物主义求知观；熟悉基础工业工程的方法研究，增强专业认同感与社会主义核心价值观中的事业心，培养实事求是的研究精神；引导学生勇于实践，树立正确的挫折观，在实践中增长智慧才干。

### 引导案例 大行起于细谨——方法研究的起源

弗兰克·吉尔布雷斯（Frank Bunker Gilbreth，1868—1924）是一位优秀的建筑师，在建筑领域有诸多发明，并于1895年在波士顿登记注册了自己的建筑公司。

1885年，他进行了著名的"砌砖实验"。他发现建筑工人砌砖时，所用的工作方法及其工作效率均不相同，于是开始研究采用哪种方法砌砖是最经济、最高效的。

他分析工人砌砖的动作，发现工人每砌一块砖，先用左手俯身拾取，同时翻动砖块，选择其最佳一面在堆砌时置于外向。此动作完成后，右手开始铲起泥灰，敷于堆砌处，然后左手放置砖块，右手再持铲子敲击砖块数次，加以固定。吉尔布雷斯细心研究这一周期性动作，并拍成影片详细分析。他发现工人俯身拾砖，容易提高疲劳度；左手取砖时，右手闲置，存在浪费；而再用铲子敲击砖块的动作纯属多余。

于是经过反复测试，他得出一个砌砖新方法。

砖块运至工作场地时，先令工资较低的普通工人加以挑选，置于一个木框中，每框90块砖，其最好的一面或一端置于固定方向。

木框悬挂在砌砖工人左侧身边，工人左手取砖时，右手同时取泥灰；同时改善泥灰的浓度，使砖放置于其上时，无须敲打即可固定。

经此改善后，在工人砌外层砖时，把砌每块砖的动作从18个减少到4.5个；在砌内层砖时，把动作从18个减少到2个。砌砖效率从每小时120块提升至350块。吉尔布雷斯通过动作分析，确定了当时最好的砌砖方法，并由此发展成为日后的动作研究。

## 案例探讨

1. 什么是动作研究？如何考虑人的因素？
2. 读完这个案例，你有何感想？

# 3.1 基础工业工程简介

## 3.1.1 基础工业工程的起源

工业工程的核心是降低成本、提高质量和生产率，工作研究（又称基础工业工程、经典工业工程）是工业工程体系中最重要的基础技术，起源于泰勒提倡的"时间研究"和吉尔布雷斯提出的"动作研究"。"时间研究"是用科学法则代替经验法则，确定一名工人每日公正合理的作业量，并采用秒表测定，制定工时定额。"动作研究"是通过研究改进操作和动作方法，提高生产效率。泰勒和吉尔布雷斯相继去世后，泰勒研究会重点推广"时间研究"，工业工程学会重点研究和推广"动作研究"。直到1930年以后，双方都认识到"时间研究"和"动作研究"是相互联系、不可分割的。于是，1936年两学会合并为"美国企业管理促进协会"，"时间研究"和"动作研究"结合为一体。随着"动作研究"技术不断发展，进一步延伸到对操作和作业流程的研究，逐步形成了"方法研究"的完整体系，"时间研究"的技术也日趋丰富和完善，尤其是20世纪40年代以后，出现了众多的预定时间标准，它们可以说是动作研究与时间研究的完美结合。到了40年代中期，"时间研究"更名为"作业测定"。至此，"方法研究"与"作业测定"两部分结合在一起统称为"工作研究"。

## 3.1.2 基础工业工程的内容体系

早期形成的工业工程（也称"经典工业工程"或"基础工业工程"）可以定义为以制造企业生产过程或生产系统为研究范围，以具体生产活动为研究对象，以提高单机、单人劳动效率为目的的，在技术与管理之间起着桥梁作用的学科。其科学理论是以当时泰勒提出的"科学管理"为基础，进一步形成了包括吉尔布雷斯夫妇的"动作研究""疲劳研究"，埃默森的"效率学说"，甘特的"甘特图"和休哈特的"统计质量控制"等在内的较系统的理论和方法。现阶段，随着研究对象和内容的扩展，研究方法和手段的丰富与现代化，基础工业工程被认为是由工业工程学中最本质的学科目标、最基础的研究思想和方法组成的，其内涵是研究提高管理和技术相关联的劳动工效的解决方案问题。这里的"劳动"概念不仅包括体力劳动，还包括脑力劳动，不仅指单人劳动，还指组织的整体工作。这里的"工效"概念包含了效率和效果两方面的内容。对于基础工业工程的外延应是一切社会组织中的运营活动，包括制造业和服务业等营利性企业组织，也包括医院、学校等非营利性事业组织，以及政府机关部门等行政组织。

基础工业工程的对象是作业系统。作业系统是为实现预定的功能、达成系统的目标，由许多相互联系的因素所形成的有机整体。作业系统的目标表现为输出一定的"产品"或"服务"。作业系统主要由材料、设备、能源、方法和人员五方面的因素组成。

基础工业工程的内容体系如图3-1所示。

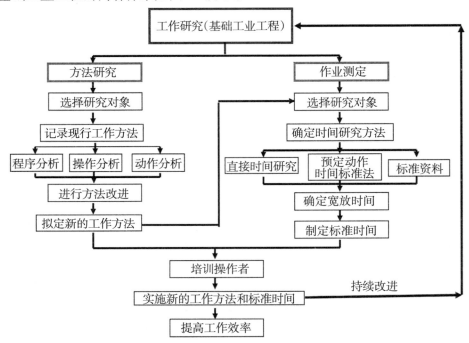

图3-1　工作研究（基础工业工程）的内容体系

### 3.1.3　工作研究的分析技术

工作研究常用的分析技术有5W1H提问技术、5Why分析法、ECRS四大原则和鱼骨图。

#### 1.5W1H提问技术

5W1H提问技术是指对研究工作以及每项活动从目的、原因、时间、地点、人员、方法的角度提问，为了清楚地发现问题可以连续几次提问，根据提问的答案，弄清楚问题所在，并进一步探讨改进的可能性。由于前5个提问英语单词的首字母都是"W"，而最后一个提问的首字母为"H"，因此，常称之为5W1H提问技术。5W1H提问技术如表3-1所示。

表3-1　5W1H提问技术

| 考察点 | 第一次提问 | 第二次提问 | 第三次提问 |
|---|---|---|---|
| 目的 | 做什么（What） | 是否必要 | 有无其他更合适的 |
| 原因 | 为何做（Why） | 为何要这样做 | 是否不需要做 |
| 时间 | 何时做（When） | 为何要此时做 | 有无其他更合适的时间 |
| 地点 | 何处做（Where） | 为何要此处做 | 有无其他更合适的地点 |
| 人员 | 何人做（Who） | 为何要此人做 | 有无其他更合适的人 |
| 方法 | 如何做（How） | 为何要这样做 | 有无其他更合适的方法与工具 |

表3-1中前两次提问的目的在于弄清问题现状，第三次提问的目的在于研究和探讨改进的可能性，改进时常遵循ECRS四大原则。

**2. 5Why分析法**

1）5Why分析法概述

5Why分析法又称"5问法"，就是对一个问题点连续以多个"为什么"来自问，以追究其根本原因。虽名为5个"为什么"，但使用时不限定只做5次"为什么"的探讨，而是必须找到根本原因为止，有时可能只要3次，有时也许要10次。5Why分析法的关键在于：鼓励解决问题的人要努力避开主观或自负的假设和逻辑陷阱，从结果着手，沿着因果关系链条，顺藤摸瓜，直至找出原有问题的根本原因。5Why分析法是一种从表象问题寻找根本原因的逆向推理分析法，也是解决实际问题过程中的一部分。享誉全球的管理学大师亨利·明茨伯格曾这样描述："连问五次'为什么'，并非什么妙法，不过一再追问'为什么'就可以深入系统，找到问题的根本原因，许多相关的问题就迎刃而解。"换言之，5Why分析法将问题原因的探索多层次化，且有所侧重，通过不断地提问为什么前一个事件会发生，直到回答"没有好的理由"、问题的根源归结为人的行为或直到一个新的故障模式被发现时才停止分析。

5Why分析法看似简单，其实背后是事件发生的严密的因果链。只有找到严密的因果逻辑链，才能真正解决问题。而5Why分析法就是寻找因果链的绝佳工具，如图3-2所示。5Why分析方法起初是作为查找根本原因的工具出现的，后经发展演化和概念拓展，并不断与其他工具进行相互融合，已经形成一个问题解决的方法论。

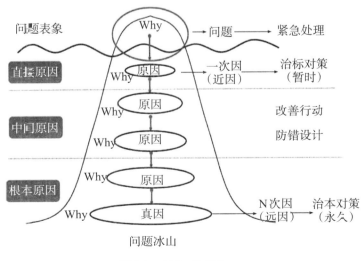

图3-2　5Why分析法

2）5Why分析法解决问题的基本步骤

第一步：找对问题。

一个被正确且全面定义的问题就是已被解决了一半的问题。因此，清楚明了地定义已出现的问题对5Why分析是十分重要的。

### 案例　价值1万美金的一条线

1923年，美国福特公司的一台大型电机发生了故障。为了查清原因、排除故障，公司将电机工程师协会的专家们请来"会诊"，但一连数月，毫无收获。后来，他们请来移居美国的德国科学家斯坦敏茨。斯坦敏茨在电机旁搭了座帐篷住下来，忙碌了两天两夜。最后，他在电机旁用粉笔画了一道线，吩咐说："打开电机，把此处的线圈减少16匝，故障就可排除。"

工程师们照办了，电机果然运转正常。随后斯坦敏茨向福特公司索要1万美金的酬金。有人说："用粉笔画一条线值1万美金？简直是敲竹杠！"

斯坦敏茨莞尔一笑，随即在付款单上写下这样一句话："用粉笔画一条线，1美金。知道在哪里画线，9 999美金。"所以找对问题是解决问题的关键。

要想找到问题首先要识别问题，在事件发生的最初阶段，我们会掌握一些基础信息，而没有获得详细事实。为了得到更深入的理解，需要去阐明问题、分解问题。

①识别问题：准确地认识问题，是解决问题的前提。人们失败的原因多数是因为尝试用正确的方法解决错误的问题。要想真正识别问题，就要遵循"三现原则"。

现实：亲自去了解现实情况，分析原因。

现场：亲自到现场。

现物：亲自看实物、接触实物。

必须身处现场，亲自动手，真正去发现事物所呈现出来的现实，并且依据固有的技术理论去探究事件的应有状态，去发现问题。

②阐明问题：准确地描述问题是解决问题的关键，阐明问题需要描述为：在那里发生了什么事情？

例如：在第一车间西门走廊30米处，有一名工人摔倒后手部受伤。

③分解问题：有些问题可能比较大，需要把大的问题分解成小问题，可以采用问题树工具。

问题树是将问题的所有子问题分层罗列，从最高层开始，逐步向下扩展。

分解问题要符合MECE法则，MECE是Mutually Exclusive Collectively Exhaustive（相互独立、完全穷尽）的缩写，是麦肯锡思维过程的一条基本准则。

"相互独立"意味着问题的细分是在同一维度上明确区分、不可重叠的。"完全穷尽"则意味着全面、周密。所有部分都要完全穷尽，考虑问题要全面，不能遗漏。考虑问题和分析问题的时候，只有做到不重叠、不遗漏，才能找到真正的问题。

第二步：分析原因。

分析过程虽然是简单的连续问"为什么"，但分析中要把握两条思路：事件发生的原因和管理体系（规范）没有做到预防的原因，也就是说不仅要想着如何解决问题，还要想着怎样预防问题的再次发生。否则，在之后问"为什么"的时候就可能偏离最初的出发点。

第一个为什么：识别和确认异常事件的直接原因，如果原因明显，验证它。如果原因不明显，考虑潜在的原因和检查类事故，以事实为基础确认直接原因。

问：问题为什么发生？

我能看到问题的直接原因吗？

如果不能，我猜想潜在的原因是什么呢？

我怎样核实最可能的潜在的原因呢？

我怎样确认直接的原因？

第二个为什么：对直接原因继续进行追问，建立一个通向根本原因的原因／效果关系链。

问：处理直接原因会防止再发生吗？

如果不能，我能发现下一级原因吗？

如果不能，我怀疑下一级原因是什么呢？

我怎样才能核实和确认下一级有原因呢？

处理这一级原因会防止问题再发生吗？

第三个为什么：可以发现一些替在的根本原因开始浮出水面，此时仍要遵循正常的思维逻辑，不能急于得出结论。

第四个为什么：需要秉持客观的态度，摒弃一切先入为主的想法，对获得的分析方向（一般为1～2个）进行进一步的探索。

第五个为什么：在绝大多数情况下，我们会得出一个体系性的原因，而在其他一些情况中，我们需要继续问一个或数个"为什么"来找出根本原因。

总体来说，5Why分析法中的前两个"为什么"聚焦在事件发生的层面，后三个"为什么"则需要对问题有更深层次的理解。由此可见，原因调查中，将表面原因向潜在原因过渡的第三个"为什么"是影响分析结果的关键因素。

例如在车间里面有人摔倒了，可以使用5Why分析法进行分析，如图3-3所示。

在分析问题要注意以下几点。

①方向性：分析问题要朝着正确的方向进行，如果方向不对则努力白费。

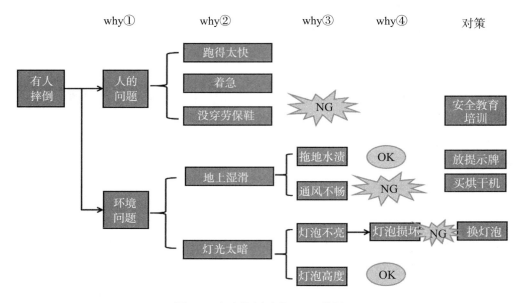

图 3-3　有人摔倒时的 5Why 分析

　　调查发现，职工摔倒是因为着急赶工，着急赶工是因为公司业务繁忙，公司业务繁忙是因为公司订单太多，所以公司订单太多是有人摔倒的真正原因。这种推理和分析就没有任何意义，因为结论变成最好没有订单，职工不用来上班，就不会摔倒了。所以分析问题要朝着正确的、客观的方向迈进。

　　调查原因时要重点分析可控的原因，避免将分析带入死胡同。从组织内部找原因，分析的焦点在事件本身上，而不是分析集中在个人行为上或对人心理层面的原因进行追溯，因为这样往往到最后找不到解决问题的方法。

　　同时，尊重既成的事实，秉持客观的态度，把为什么的矛头指向设备面、管理的制度面，等等。在进行推论的时候要理性、客观，千万要避免借口类的答案。

　　例如：为什么设备没有维修？因为设备全负荷运作。

　　为什么设备全负荷运作？因为产量多。

　　为什么产量多？因为接了很多订单。

　　为什么订单多？因为要赚钱。

　　同时要避免围绕问题本身，避免推卸责任的情况发生。

　　例如：手机电池发生爆炸了。为什么会发生？因为制造部工艺管理不严格。为什么？因为管理人员不够。为什么？因为工资太低招不到人。为什么？因为老板小气……

　　这种找借口和推卸责任的问题是不可能找到真正原因的，一定要尊重现有的客观事实，对事不对人，千万不要发展成质问，去激怒别人，导致情绪对抗，这样不利于解决问题。大家要敞开心扉，创造一个开放的交流环境，才能朝着正确的方向迈进。

　　②及时性：及时对出现的事件或问题进行分析非常重要，即在发生事件后的第一时间介入到问题的解决当中。实践操作中往往很多问题都是因为间隔的时间太久而找不到真正的原因。如果不及时分析问题，可能很多证据很快就全部消失了，在没有证据的状

态下，是很难找到真正的原因的。

③全面性：分析问题要符合MECE法则。

在分析问题的时候，要考虑周全，不能单维度思考问题，因为每个人都是在"盲人摸象"，都从自己的角度认知这个世界，每个人看到的都是局部，所以针对重大问题要成立问题解决小组，所有参与者在自由愉快、畅所欲言的气氛中，相互陈述、提问和追问，自由地交换想法，除了可以提供多方式、多专业、多角度的见解外，还可通过不断交流沟通产生更多的想法，使分析更加深入全面。同时要使用鱼骨图、六顶思考帽、黄金思维圈、金字塔原理、思维导图等各种思维工具去引导思考和整理想法。

### ■ 实战链接

例如：制造型企业在出现质量问题的时候可以从三个层面去提问，系统解决问题。

①为什么问题会发生？（失效链/技术层面）

②为什么问题没有被检测到？〔检验/试验/抽检〕

③为什么体系允许（过程/流程/职责/资源）

也可以结合运用5M1E分析法进行分析。

人（Man/Manpower）：操作者对质量的认识、技术熟练程度、身体状况等。

机器（Machine）：机器设备、工夹具的精度和维护保养状况等。

材料（Material）：材料的成分、物理性能和化学性能等。

方法（Method）：包括加工工艺、工装选择、操作规程等。

测量（Measurement）：测量时采取的方法是否标准、正确。

环境（Environment）：工作地的温度、湿度、照明和清洁条件等。

---

分析问题要从广度和深度两个维度去思考，才能保证分析的充分性。分析不充分的话，会导致根据原因做出的措施、对策，通常只能是对应（异常处置），而非对策（防止再次发生）。

④逻辑性：分析问题要符合逻辑，符合演绎推理，所以在分析问题的时候，一定要掌握专业的知识和原理。例如：工厂设备出现问题，一定要掌握设备的运行原理，根据原理去推导问题产生的原因，每一个步骤都符合严密的逻辑结构，不能跳跃。每个"为什么"的问题和答案间必须有必然的关系，不能牵强地生拉硬扯。可以采用的逻辑思维的工具包括：第一性原理、三段论、金字塔原理、归纳和演绎等。

第三步：制定对策并执行。

当5Why分析完成后，即调查分析找到了防止重复问题出现的对策时，便需要采取明确的措施来解决问题，至少要采取短期临时的措施来纠正问题。为了跟踪改善措施的落实以及确认改善措施的实施效果，可制定详细的落实改善对策的计划表，包括负责人、最后完成期限、检查的量化指标等。针对执行后，还要验证方案的有效性，便于后期制定预防措施，对分析的结果进行确认。

5Why分析法的基本实施步骤如图3-4所示。

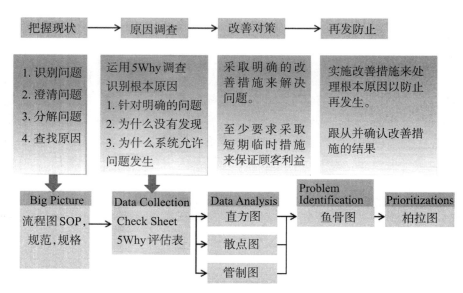

图3-4　5Why分析法的基本实施步骤

5Why分析法是一种找到问题真正原因的诊断性技术，常被用来识别说明因果关系链，通过不断提问"为什么"，最终找出真正原因。它体现的是锲而不舍、不断探索、追本溯源的精神。在平时的工作和生活中，我们遇到问题时要多问几个为什么，沿着因果关系链，拨开层层迷雾，相信你一定能够找出问题的真相。

### 3. ECRS四大原则

ECRS四大原则即取消、合并、重排、简化，见表3-2。

表3-2　ECRS四大原则

| 符号 | 名称 | 内容 |
|---|---|---|
| E | 取消<br>（Eliminate） | 经过了what（"完成了什么""是否必要"）、why（"为什么"）等问题的提问，而无满意答复者皆非必要，即予取消 |
| C | 合并<br>（Combine） | 对于无法取消而又必要者，看是否能合并，以达到省时简化的目的 |
| R | 重排<br>（Re-arrange） | 经过取消、合并后，再根据who、where、when三提问进行重排，使其能有最佳的顺序，除去重复，使作业更加有序 |
| S | 简化<br>（Simplify） | 经过取消、合并、重排后的必要工作，就可以考虑能否采用最简单的方法和设备，以节省人力、时间和费用 |
| I<br>（扩展） | 改善<br>（Improvement） | 在完成上述系列活动后，从总体上进行优化和提升 |

（1）取消所有不必要的工作环节和内容。

有必要取消的工作，自然不必再花时间研究如何改进。首先研究是否可以取消某道手续，这是改善工作程序、提高工作效率的最高原则。

①剔除所有可能的作业、步骤或动作（包括身体、足、手臂或眼）。

②剔除工作中的不规律性，使动作成为自发性，并使各种物品置放于固定地点。

③剔除必须以手作持物的工作。

④剔除不方便或不正常的动作。

⑤剔除必须使用肌力才维持的姿势。

⑥剔除必须使用肌力的工作，而以动力工具取代之。

⑦剔除必须克服动量的工作。

⑧剔除危险的工作。

⑨剔除所有不必要的空闲时间。

（2）合并必要的工作。

如不能取消，可进而研究能否合并。要做好一项工作，自然要有分工和合作。分工的目的，或是因工作量超过某一组织或人员的负担，或是由于专业需要，再或是提高工作效率。如果不是这样，就需要合并。有时为了提高效率，可简化工作甚至不必过多地考虑专业分工。而且特别需要考虑使每一个组织或每一个工作人员保持满负荷工作。

①把必须突然改变方向的各个小动作整合成一个连续的曲线动作。

②合并各种工具，使成为多用途。

③合并可能的作业。

④合并可能同时进行的动作。

（3）重排必需的工作程序。

取消和合并以后，还要将所有程序按照合理的逻辑进行重排顺序，或者在改变其他要素顺序后，重新安排工作顺序和步骤。在这一过程中还可以进一步发现可以取消和合并的内容，使作业更有条理，工作效率更高。

①使工作平均分配于两手，两手之同时动作最好呈对称性。

②组作业时，应把工作平均分配于各成员。

③把工作安排成清晰的直线顺序。

（4）简化所必需的工作环节。

对程序的改进，除去可取消和合并之外，余下的还可进行必要的简化。这种简化是对工作内容和处理环节本身的简化。

改善时一般遵循对目的进行取消，对地点、时间、人员进行合并或重排，对方法进行简化的原则。

任何工艺流程或作业，都可以运用ECRS四大原则来进行分析和改善。在5W1H提问的基础上，运用ECRS四大原则  即取消、合并、重排和简化的原则进行分析，从而找出更好的效能、更佳的工艺流程或作业方法。

表3-3～表3-6是应用ECRS四大原则的几种分析改善表。

表3-3　5W1H提问技术与ECRS四大原则相结合

| 项目 | 内容 | 问题 | 改善方向 |
|------|------|------|----------|
| Why | 为什么做（目的） | 想要做什么？ | 取消（E）<br>简化（S） |
| What | 做什么事（必要性） | 这项作业消失了有何影响？<br>要达到什么目标？ | 取消（E）<br>简化（S） |
| Where | 在哪里做（场所） | 为什么在这里做？<br>集中一处或改变地点如何？ | 作业或工艺流程的变更<br>合并（C）<br>重排（R） |
| When | 何时做（时间、顺序） | 什么时候做合理？什么时候做不合理？ | |
| Who | 谁来做（人员） | 为什么由他（她）做？更换人员可行否？ | |
| How | 如何做（手段、方法） | 为什么这样做？<br>有否其他更好之办法？ | 简化（S） |

表3-4　产品工艺ECRS分析检查改善表

| 工艺名称 | | 姓名 | | 部门 | |
|----------|------|------|------|------|------|
| **项目** | **内 容** | **Check** | | **说明** | |
| | | Yes | No | | |
| 1. 有无可省略的工序 | 1. 是否有不必要的工序内容<br>2. 有效利用工装设备省略工序<br>3. 改变作业场地带来的省略<br>4. 调整改变工艺顺序带来的省略<br>5. 通过变更设计从而省略工序<br>6. 零件、材料的规格变更带来的省略 | | | | |
| 2. 有无可以与其他工序重新组合的工序 | 1. 改变作业分工的状态<br>2. 利用工装设备进行重组<br>3. 改变作业场地进行重组<br>4. 调整改变工艺顺序进行重组<br>5. 通过设计变更进行重组<br>6. 零件、材料的规格变更带来的重组 | | | | |
| 3. 简化工序 | 1. 使用工装夹具简化工序<br>2. 产品设计变更简化工序<br>3. 材料的设计变更从而简化工序<br>4. 工序内容再分配 | | | | |
| 4. 各工序是否可以标准化 | 1. 利用工装设备<br>2. 作业内容是否适合<br>3. 修正作业标准书<br>4. 标准时间是否准确<br>5. 是否有培训 | | | | |

续表

| 项目 | 内 容 | Check Yes | Check No | 说明 |
|------|-------|-----------|----------|------|
| 5. 工序平均化 | 1. 工序内容分割<br>2. 工序内容合并<br>3. 工装机械化、自动化<br>4. 集中专人进行作业准备<br>5. 作业方法的培训<br>6. 动作经济原则下的作业简化 | | | |

表3-5　作业流程ECRS分析检查改善表

| 作业名称 | | 姓名 | | 部门 | |
|----------|---|------|---|------|---|

| 项目 | 内 容 | Check Yes | Check No | 说明 |
|------|-------|-----------|----------|------|
| 1. 是否有替代作业可达到同样目的 | 1. 明确作业目的<br>2. 其他替代手段 | | | |
| 2. 作业<br>· 可否省略某些操作<br>· 可否减轻作业<br>· 可否组合作业 | 1. 不必要作业的去除<br>2. 调整顺序<br>3. 不同设备的使用<br>4. 改变配置<br>5. 设计变更<br>6. 培训操作员 | | | |
| 3. 移动<br>· 省略<br>· 减轻<br>· 组合 | 1. 去除某些作业<br>2. 改变物品的保管场地<br>3. 改变配置<br>4. 改变设备<br>5. 改变作业顺序<br>6. 皮带（转送带）的使用 | | | |
| 4. 检查<br>· 省略<br>· 减轻<br>· 组合 | 1. 不必要的检查<br>2. 消除重复检查<br>3. 改变顺序<br>4. 抽检<br>5. 专业知识培训 | | | |
| 5. 等待可否省略 | 1. 改变作业顺序<br>2. 改变设备<br>3. 改变配置 | | | |

表3-6　生产作业流程分析表

| 作业部门 | | | 编号 | | | |
|---|---|---|---|---|---|---|
| 作业名称 | | | 编号 | | | |
| 研究者 | | | 年 月 | | | |
| 审核者 | | | 年 月 | | | |

分析结果

| 项目 | 老法 | 新法 | 节省 |
|---|---|---|---|
| 操作 | | | |
| 搬运 | | | |
| 等待 | | | |

| 步骤 | 工作说明 | 操作 | 搬运 | 检验 | 等待 | 距离 | 重量 | 时间 | 现状分析要点 |  |  |  |  |  | 改善要点 |  |  |  |
|---|---|---|---|---|---|---|---|---|---|---|---|---|---|---|---|---|---|---|
|  |  | 类别 | | | | | | | 目的 | 必要性 | 地点 | 人物 | 时间 | 方法 | 删除 | 合并 | 重排 | 简化 |
| 1 |  | ○ | ⇧ | □ | D | | | | | | | | | | | | | |
| 2 |  | ○ | ⇧ | □ | D | | | | | | | | | | | | | |
| 3 |  | ○ | ⇧ | □ | D | | | | | | | | | | | | | |
| 4 |  | ○ | ⇧ | □ | D | | | | | | | | | | | | | |
| 5 |  | ○ | ⇧ | □ | D | | | | | | | | | | | | | |
| 6 |  | ○ | ⇧ | □ | D | | | | | | | | | | | | | |
| 7 |  | ○ | ⇧ | □ | D | | | | | | | | | | | | | |
| 8 |  | ○ | ⇧ | □ | D | | | | | | | | | | | | | |
| 9 |  | ○ | △ | □ | D | | | | | | | | | | | | | |
| 10 |  | ○ | △ | □ | D | | | | | | | | | | | | | |
| 11 |  | ○ | △ | □ | D | | | | | | | | | | | | | |
| 12 |  | ○ | △ | □ | D | | | | | | | | | | | | | |
| 13 |  | ○ | △ | □ | D | | | | | | | | | | | | | |
| 14 |  | | | | | | | | | | | | | | | | | |

### 4. 鱼骨图

鱼骨图（cause & effect/fishbone diagram）是由日本管理大师石川馨发明的，故又称石川图。

问题的特性总是受到一些因素的影响，我们通过头脑风暴法找出这些因素，并将它们与特性值一起，按相互关联性整理而成的层次分明、条理清楚，并标出重要因素的图形就叫特性要因图。因其形状如鱼骨，所以又叫鱼骨图，它是一种透过现象看本质的分析方法。同时，鱼骨图也用在生产中，用来形象地表示生产车间的流程，如图3-5所示。

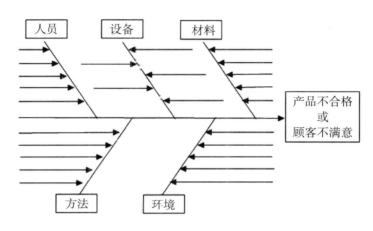

图3-5　鱼骨图

鱼骨图一般可分为三种类型：

①整理问题型鱼骨图（各要素与特性值间不存在原因关系，而是结构构成关系，对问题进行结构化整理）；

②原因型鱼骨图（鱼头在右，特性值通常以"为什么……"来写）；

③对策型鱼骨图（鱼头在左，特性值通常以"如何提高/改善……"来写）。

制作鱼骨图分两个步骤：分析问题原因/结构、绘制鱼骨图。

（1）分析问题原因/结构。

①针对问题点，选择层别方法（如人机料法环测量等）。

②按头脑风暴分别对各层别类别找出所有可能原因（因素）。

③将找出的各要素进行归类、整理，明确其从属关系。

④分析选取重要因素。

⑤检查各要素的描述方法，确保语法简明、意思明确。

分析要点：

①确定大要因（大骨）时，现场作业一般从"人机料法环"着手，管理类问题一般从"人事时地物"着手应视具体情况决定。

②大要因必须用中性词描述（不说明好坏），中、小要因必须使用价值判断（如"××不良"）。

③脑力激荡时，应尽可能多而全地找出所有可能原因，而不仅限于自己能完全掌控或正在执行的内容。对于人的原因，宜从行动而非思想态度方面着手分析。

④中要因跟特性值、小要因跟中要因间有直接的原因—问题关系，小要因应分析至可以直接提出对策。

⑤如果某种原因可同时归属于两种或两种以上因素，请以关联性最强者为准（必要时考虑三现主义：即现时到现场看现物，通过相对条件的比较，找出相关性最强的要因归类。）

⑥选取重要原因时，不要超过7项，且应标识在最末端原因。

（2）绘制鱼骨图：鱼骨图作图过程一般由以下几步组成。

①由问题的负责人召集与问题有关的人员组成一个工作组，该组成员必须对问题有一定深度的了解。

②问题的负责人将拟找出原因的问题写在黑板或白纸右边的一个三角形的框内，并在其尾部引出一条水平直线，该线称为鱼脊。

③工作组成员在鱼脊上画出与鱼脊成45°角的直线，并在其上标出引起问题的主要原因，这些成45°角的直线称为大骨。

④对引起问题的原因进一步细化，画出中骨、小骨……尽可能列出所有原因。

⑤对鱼骨图进行优化整理。

⑥根据鱼骨图进行讨论。由于鱼骨图不以数值来表示，而是通过整理问题与它的原因的层次来标明关系，因此能很好地描述定性问题。鱼骨图的实施要求工作组负责人（即进行企业诊断的专家）有丰富的指导经验，整个过程中负责人要尽可能为工作组成员创造友好、平等、宽松的讨论环境，使每个成员的意见都能完全表达，同时保证鱼骨图正确作出，即防止工作组成员将原因、现象、对策互相混淆，并保证鱼骨图层次清晰。负责人不对问题发表任何看法，也不能对工作组成员进行任何诱导。

### 📝 案例  鱼骨图实战

鱼骨图分析法是咨询人员进行因果分析时经常采用的一种方法，其特点是简洁实用，比较直观。现以某炼油厂情况作为实例，采用鱼骨图分析法对其市场营销问题进行解析，具体如图3-6所示。

图中的"鱼头"表示需要解决的问题，即该炼油厂产品在市场中所占份额少。根据现场调查，可以把产生该炼油厂市场营销问题的原因概括为5类，即人员、渠道、广告、竞争和其他。在每一类中包括若干造成这些原因的可能因素，如营销人员数量少、销售点少、缺少宣传策略、进口油广告攻势等。将5类原因及其相关因素分别以鱼骨分布态势展开，形成鱼骨图。

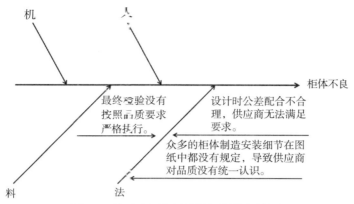

机　　　　人

柜体不良

最终检验没有
按照品质要求
严格执行。

设计时公差配合不合
理，供应商无法满足
要求。

众多的柜体制造安装细节在图
纸中都没有规定，导致供应商
对品质没有统一认识。

料　　　　法

图3-6　某炼油厂市场营销问题的鱼骨图

下一步的工作是找出产生问题的主要原因，为此可以根据现场调查的数据，计算出每种原因或相关因素在产生问题过程中所占的比重，以百分数表示。例如，通过计算发现，"营销人员数量少"在产生问题过程中所占比重为35%，"广告宣传差"占比为18%，"小包装少"占比为25%，三者在产生问题过程中共占78%的比重，可以认为是导致该炼油厂产品市场份额少的主要原因。如果针对这三大因素提出改进方案，就可以解决整个问题的78%。该案例也反映了"20：80原则"，即根据经验，20%的原因往往会产生80%的问题，如果由于条件限制，不能100%解决问题，只要抓住占全部原因的20%，就能够取得80%解决问题的成效。

## 3.1.4　工作研究的步骤

实施工作研究共有如下七个步骤。

### 1. 挖掘问题前确定工作研究项目

选择某项作业进行工作研究时，必须考虑以下因素。

（1）经济因素。考虑该项作业在经济上有无价值，或首先选择有经济价值的作业进行研究。例如，阻碍其他生产工序的"瓶颈"，长距离的物料搬运，或需大量人力和反复搬运物体的操作等。

（2）技术因素。必须查明是否有足够的技术手段来从事这项研究。假如，某车间由于某台机床的切削速度低于生产线上高速切削机床的有效切削速度，从而造成"瓶颈"，要提高其速度，该台机床的强度能否承受较快的切削速度，必须请教相关的技术人员。

（3）人的因素。当确定了进行工作研究的对象以后，必须让企业的有关成员都了解进行该项工作研究对企业和对他们个人的意义。要说明工作研究不但能提高企业的生产率，而且也会提高他们个人的经济利益，不是让他们干得更辛苦，而是让他们干得更轻松愉快，干得更有成效。要取得他们的支持，激发他们的生产热情，从而使工作研究更深入地进行。在工作研究的推进中，要特别注意工人们提出的改进意见。

### 2. 观察现行方法并记录全部事实

问题一旦明确，就要确定调查计划，进行现场分析，寻求改进方法。整个改进是否成功，取决于所记录事实是否足够准确，因为这是严格考察、分析与开发改进方法的基础。采用最适当的记录方法，记录直接观察到的每一件事实，以便分析。

### 3. 仔细分析记录的事实并进行改进

根据记录的事实，采用5W1H提问技术、ECRS四大原则等技术进行分析研究，提出改进措施和建议，进行改进。

### 4. 评价和拟定新方案

对于一些复杂和重大的改进，通常会形成几个方案。这些方案通常各有优缺点，需要通过评价比较，选择较为优秀和合理的方案，作为拟定的实施方案。

### 5. 制定作业标准及时间标准

对于已经选定的改进方案，要经过标准化的步骤，才能变成指导生产作业活动和操作方法的规范和根据，才能使改进方案真正落到实处。

作业标准化是新方法报告书的具体化，其中主要包括作业中使用的机器设备和工具标准化、工作环境标准化、工作地布置标准化以及作业指导书等内容。

### 6. 新方案的组织实施

这是工作研究中关键的一步。因为只有新方案真正在生产中得以实施，工作研究的效果才能真正发挥，工作研究的目标才能实现。新方案的组织实施阶段要完成以下几项工作。

（1）根据工作研究项目的层次、范围、审批权限等，请有关行政管理部门批准，并得到有关部门主管领导的认可和支持。这是新方案组织实施必须具备的条件。

（2）组织相关的人员学习和掌握新方案，对于某些复杂和重大的实施方案应该有针对性地组织专门培训，让更多的操作者和相关人员真正按新方案操作。作业标准是培训操作者掌握新方案的基础性文件。

（3）现场试验运行。对于某项涉及面广、影响范围大的新方案应该组织必要的试运行。演练各部门和各环节的衔接配合，及时解决意想不到的问题，以保证新方案顺利实施。

（4）坚持新方案，不走回头路。实践证明大多数新方案的实施，尤其是开始阶段都不顺利，效果并不明显，这时候很容易走回头路。这样有可能使以前做的工作"前功尽弃"。所以在实施的开始阶段千方百计坚持新方案十分重要和必要的。这一阶段也要针对新方案做必要修改。

### 7. 检查和评价

新方案实施一段时间以后，应由企业工程主管部门对此项目的实施情况进行全面检查并作出评估。检查评估的重点是考察方案实施后产生的种种影响；检查评估新方案原定目标是否达到；分析所制定的作业标准与实际情况的差异，考虑有无调整的必要等。检查和评价工作是对工作研究项目作进一步总结，以利于企业今后工作的改进和提高。

## 3.2  方法研究

### 3.2.1  方法研究简介

**1.方法研究的概念**

方法研究就是运用各种分析技术对现有工作（加工、制造、装配、操作、管理、服务等）方法进行详细的记录、严格的考察、系统的分析和改进，设计出最经济、最合理、最有效的工作方法，从而减少人员、机器的无效动作和资源的消耗，并使方法标准化的一系列活动。

**2.方法研究的特点**

（1）求新意识。方法研究不以现行的工作方法为满足，力图改进，不断创新，永不满足于现状，永无止境的求新意识是方法研究的一个显著特点。

（2）寻求最佳的作业方法，提高企业的经济效益。方法研究是充分挖掘企业内部潜力，走内涵式发展的道路，通过流程优化，寻求最佳的作业方法，力求在不增加投资或投资较少的情况下，获得最大的经济效益。

（3）整体优化的意识。方法研究首先着眼于系统的整体优化，然后再深入解决局部关键问题即操作优化，进而解决微观问题即动作优化，最终达到系统整体优化的目的。

**3.方法研究的目的**

（1）改进工艺和流程。

（2）改进工厂、车间和工作场所的平面布置。

（3）经济地使用人力、物力和财力，减少浪费。

（4）改进物料、机器和人力等资源的有效利用，提高生产率。

（5）改善工作环境，实现文明生产。

（6）降低劳动强度，保证操作者身心健康。

### 3.2.2  方法研究的内容和层次

**1.方法研究的内容**

方法研究是一种系统研究技术，它的研究对象是系统，解决的是系统优化问题。因此，方法研究着眼于全局，是从宏观到微观，从整体到局部，从粗到细的研究过程。其具体研究内容如图3-7所示。

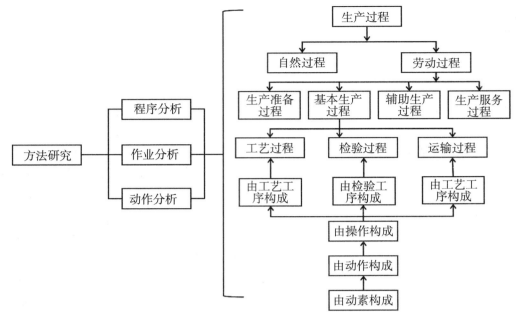

图3-7　方法研究的内容

（1）程序分析：程序分析是依照工作流程，从第一个工作地到最后一个工作地，全面地分析是否有多余、重复、不合理的作业，程序是否合理，搬运是否过多，延迟等待是否太长等问题，通过对整个工作过程的逐步分析，改进现行的作业方法及空间布置，提高生产效率。也可以说，程序分析是通过调查分析现行工作的流程，改进流程中不经济、不均衡、不合理的现象，提高工作效率的一种研究方法。

程序分析按照研究对象不同，可以分为如下四类。

①工艺程序分析：以生产系统或工作系统为研究对象，在着手对某一工作系统进行详细调查研究和改进之前，先对生产系统全过程进行概略分析，以便对生产系统进行简略、全面和一般性的了解，从宏观上发现问题，为后面的流程程序分析、布置和路径分析作准备。

②流程程序分析：程序分析中最基本、最重要的分析技术，它以产品或零件的制造全过程为研究对象，把加工工艺划分为加工、检查、搬运、等待和储存五种状态加以记录。

③布置和经路分析：以作业现场为分析对象，对产品、零件的现场布置或作业者的移动路线进行的分析。

④管理事务分析：以业务处理、信息管理、办公自动化等管理过程为研究对象，通过对现行管理业务流程的调查分析，改善不合理的流程，设计出科学、合理流程的一种分析方法。

（2）作业分析：通过对以人为主的工序的详细研究，使作业者、作业对象、作业工具三者合理地布置和安排，达到工序结构合理、减轻劳动强度、减少作业工时消耗、缩短整个作业的时间，以提高产品的质量和产量为目的而作的分析。

根据不同的调查目的，作业分析可分为如下几种。

①人-机作业分析：人-机作业是应用于机械作业的一种分析技术，通过对某一项作业的现场观察，记录操作者和机器设备在同一时间内的工作情况，并加以分析，寻求合理的操作方法，使人和机器的配合更加协调，以充分发挥人和机器的效率。

②联合作业分析：联合作业分析是指当几个作业人员共同作业于一项工作时，对作业人员时间上的关系的分析，以及排除作业人员在作业过程中存在的不经济、不均衡、不合理和浪费等现象的一种分析方法。

③双手作业分析：以双手操作为对象，研究双手的动作及其平衡程度并指导操作者有效地运用双手的分析方法。

（3）动作分析：动作分析的实质是研究分析人在进行各种工作操作时的细微动作，删除无效动作，使操作简便有效，以提高工作效率。

**2. 方法研究的层次**

方法研究的分析过程具有一定的层次性。一般首先进行程序分析，使工作流程化、优化、标准化，然后进行作业分析，最后再进行动作分析。程序分析是对整个过程的分析，研究的最小单位是工序。作业分析是对某项具体工序进行分析，研究的最小单位是操作。动作分析是对作业者操作过程动作的进一步的分析，研究的是最小单位是动素。方法研究的分析过程是从粗到细、从宏观到微观、从整体到局部的过程，如图3-8所示。图中的"工序"是指一个工人或一组工人，在一个工作地点，对一个劳动对象或一组劳动对象连续进行的操作；"操作"是指工人为了达到一个明显的目的，使用一定的方法所完成的若干个动作的总和，它是工序的基本组成部分；而"动素"则是指构成动作的基本单位，如伸手、移动等。

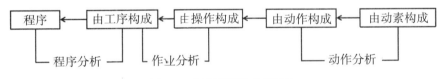

图3-8　方法研究的分析层次

## 3.2.3　方法研究的步骤

进行方法研究可以遵循如下步骤。

**1. 选择研究对象，选择要研究的问题，并将问题的目的明确化**

（1）选择研究对象。

选择研究对象首先要分析生产过程，一般分析如下内容：

①生产过程中的瓶颈环节或工序；

②生产过程中成本过高的工序；

③生产过程中质量不稳定的工序；

④生产过程中劳动强度大、劳动条件恶劣、容易发生事故的工序。

（2）选择要研究的问题。

"正确地提出问题是解决问题的一半"，选择研究问题可以从以下三个方面考虑：

①利用现有的资料，整理出问题点，并分析原因。

②将来可能发生的问题并预测潜在的原因。

③认为应该解决的问题。

（3）将选定的问题的目的明确化。

解决一个问题之前应该有对问题的明确的成果（研究目标）设定，它应该是量化的指标，如成本、作业时间、产品质量、劳动强度、士气、事故率等。只有问题而没有结果的设定，研究便难以度量。

**2. 现状分析**

对于选定的问题，使用IE的技巧来加以直接观察，并进行数据分析。本步骤应用的IE技术主要有如下几项。

（1）进行程序分析。

①工艺程序分析：梗概程序图。

②流程程序分析：程序流程图。

③布置和经路分析：线路图。

（2）进行作业分析。

①人机作业分析：人机作业图。

②联合作业分析：联合作业图。

③双手作业分析：双手作业图。

（3）进行动作分析。

①动素分析；

②影像分析；

③动作经济原则。

**3. 建立目标方法**

经过对研究对象的分析和问题的挖掘，接下来就要寻找针对问题的目标方法。

**4. 比较分析结果**

将步骤2的现状分析与步骤3的设定的理想方法作比较，可使现状与理想的方法的差异明确化，在此可使用5W1H分析法加以探讨。

（1）What：做什么？有必要吗？

（2）Why：为何要做？目的是什么？

（3）Where：在哪里做？没有更适合的场所吗？

（4）When：何时做？时间是否适当？

（5）Who：谁做？有没有更合适的人？

（6）How：如何做？有没有更好的方法？

### 5. 改良方法设计

经过探讨之后，就要设计出一个最佳的工作系统或方法。考虑以下问题：

（1）生产数量；

（2）使用空间；

（3）品质、功能；

（4）管理复杂化；

（5）过多的人员；

（6）费用；

（7）实施日程；

（8）劳务关系。

针对上述问题应认真加以考虑，并进行改良方法、改良方案的设计。应先试行，并逐步修改，才可定案。

### 6. 标准化及实施

改良方法，即新的最佳方法，经过认可后，即做成作业标准书，并以此训练、教导员工执行新的工作方法。

### 7. 实施

在实施过程中，根据情况变化还要对方案做适当调整或修正，但尽量使工作系统相对稳定。

### 案例　如何提高工厂的生产效率

小王是某大学工业工程本科毕业生，刚刚加入某生产装配型企业。厂长早已听说工业工程能够帮助企业提高生产效率、改善产品质量和全面提升企业生产服务水平，于是在小王入职不久即找他谈话："工厂新引进一条生产线，当前生产质量偏低，天天加班还无法完成订单，希望你能够运用工业工程的方法解决这些问题。"小王满怀信心地接受了这个任务。

可是当接受任务以后小王才发现：工厂没有明确的生产计划，每天早上八点开会时生产部长制定一个大致目标，晚上下班前若发现没有完成即决定加班；员工工作期间嬉笑打闹，常常暂停手头的工作，到处跑着借用工具，工具箱内物品五花八门、乱七八糟；早完成分配任务的人会被再派任务，但不增加报酬，所以员工们工作懒散；每个工序需要多少时间完成，班组长也只能估计，估计误差为半个小时左右；小王想学习泰勒那样测定工时，却发现员工警惕性很高，故意放慢动作，所以小王不知道工时定为多少合适，而且工人操作随意，每次作业顺序都不一样；没有形成连续的生产线，产品固定装配，工人根据工序轮番前往工作；切割机每天都会因为故障停工，员工倒认为停工了就不用干活，很高兴，质保部门总是和生产部门争执，生产部门认为质保部门是有意刁难；产品工艺复杂，图纸难以看懂；生产时产生的各种垃圾散落一地，下班前集体清扫；运料小车相撞事件时有发生。

作为一名工业工程师，请问该如何使用方法研究开展咨询工作，以解决上述问题？

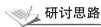

1. 讨论采用方法研究改善装配工作的一般流程。

2. 企业出现了诸多问题，如果从工业工程五大意识的角度来看，企业领导或员工违背了哪些意识或缺乏哪些意识？

3. 根据所学基础工业工程的知识，尝试解决小王发现的问题。需要说明相应的工具或者方法，以及解决思路。注意体现知识的综合应用，避免简单罗列知识点。

## 3.3 作业测定

### 3.3.1 作业测定概述

#### 1. 作业测定的起源

经过方法研究（前述的程序分析、作业分析、动作分析）后，已经获得了最佳的作业程序、最省力的动作和工作方法，接下来就是要确定运用新的程序和方法完成工作所需的时间标准，并将其视为管理的基本工具。如何确定工人完成某项作业所需的时间呢？其制定方法随人们对于该项工作的重要性的认识及工业工程学科的发展不断完善。到目前为止，有三种确定时间标准或工时定额的方法，即经验判断法、历史判断法（统计分析法）和作业测定法。

（1）经验判断（估工）法。经验判断（估工）法是最早使用的一种方法，是由领班、工头、有关主管、技术人员和有经验的工人组成小组，根据产品的设计图样、工艺规程、工装条件和设备状况，考虑到使用原材料以及其他生产技术、组织条件，凭生产实践经验估算出工时消耗而制定工时定额或时间标准的方法。该方法优点是简便易行，工作量小，速度较快；缺点是对组成工时定额的各种构成因素没有仔细分析计算，主观成分大，技术依据不足，无法建立一致而确切的标准，误差通常高达25%左右。为了解决上述问题，历史记录法应运而生。

（2）历史记录法。历史记录法是以记工单或打工卡记录为凭证，根据过去生产的同类型产品或零件、工序的实际消耗工时的统计资料，结合分析当前生产条件的变化情况，来制定同等内容工作的时间标准的方法。例如，某工人要完成一项工作，在打卡机或记录单上记录开始时刻，完成该工作时再记录完成时刻，并记录工作内容及完成数量，由此记录推断以后所有同样内容工作的时间标准。该方法有较多的统计数据作为依据，比经验判断法更能反映实际情况，具有一定的科学性。其不足之处在于其依据的是过去资料，其统计时间数据中包含一些不合理的因素，如其他工作安排的干扰、不可避免的延迟时间，以及可以避免的延迟时间等，使记录时间消耗往往比实际时间消耗多。历史记录法虽然比经验判断法具有科学性，但不能精确地衡量工人完成作业所需的标准时间，也很难成为人工成本比较的准确依据。

（3）作业测定法。作业测定法始于泰勒创立的时间研究。它是在方法研究基础上，对生产过程中的时间消耗加以分析研究，以求减少或避免出现生产中的无效时间，为制定标准时间而进行的测定工作。通常是直接或间接观测工作者的操作、记录工时消耗，并进行评比、给予宽放时间，或利用事先分析好的时间标准加以合成，确定标准时间，进而确定劳动定额。

对于企业而言，如果时间标准能科学制定，配合以奖励制度，必然会提高生产效率。但如果时间标准制定得不合理（过低或过高），相反还会起到消极作用。

作业测定是一种科学、客观、令人信服的确定时间标准的方法，目前世界上各工业发达国家，均采用作业测定法来制定劳动定额。这几种方法从总的方面反映了工时定额的制定由粗到精、由低到高的发展进程。

**2. 作业测定的定义**

国际劳工组织的工作研究专家为作业测定下的定义是：作业测定是运用各种技术来确定合格工人按规定的作业标准，完成某项工作所需的时间。

这里所说的"合格工人"，必须具备必要的身体素质、智力水平和教育程度，并具备必要的技能和知识，接受过某项工作特定方法的完全训练，能独立完成所从事的工作，并在安全、质量和数量方面达到令人满意的水平。

"按规定的作业标准"是指工人按照经过方法研究后制定的标准、工艺方法和科学合理的操作程序完成作业。此外，还应使生产现场的设备、工位器具、材料、作业环境、人的动作等方面达到作业标准要求的状态。

作业测定的阶次可以分为如下几种。

（1）第一阶次：动作——人的基本动作测定的最小工作阶次。例如：伸手、抓取等。

（2）第二阶次：单元——由几个连续动作集合而成。例如：伸手抓取材料、放置零件等。

（3）第三阶次：作业——通常由两三个操作集合而成。

（4）第四阶次：制程——指为进行某种活动所必需的作业串联。

标准时间数据是企业最重要的数据之一。随着市场竞争的加剧，除质量和售后服务指标以外，价格与交货期是企业之间产品竞争的主要因素。价格竞争取决于企业生产成本，而人工成本是生产成本的重要组成部分，人工成本的高低反映了企业基础管理水平。企业能否在成本及交货时间上与有优势，与企业是否应用科学合理的制定标准时间方法有关。学习并应用作业测定技术是企业提高生产效率、降低人工成本的有效方法。

## 3.3.2　作业测定的方法

作业测定的主要方法包括时间研究法（秒表时间研究）、工作抽样法、预定时间标准法（模特法）、标准资料法、历史资料法。它们的划分层次如图3-9所示。

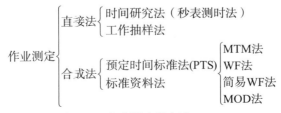

图3-9　作业测定的方法

下面分别介绍作业测定方法的定义、原理、使用条件和实施过程。

### 1. 时间研究法

1）定义

时间研究法也称为秒表时间研究，是以秒表为主要计时工具，通过对工序作业时间的直接测定，并经过工时评定和工时宽放，制定标准时间的方法。

2）原理

秒表时间研究是利用秒表，在一段时间内对作业的执行情况进行连续观测，把工作时间以及与标准概念（如正常速度）相比较的对执行情况的评估等数据一起记录下来，给予一个评估值，并加上一定的宽放值，最后确定该项作业的时间标准。

3）使用条件

秒表时间研究主要用于对重复进行的操作确定标准时间。重复作业是指具有重复循环形式的作业，重复循环期间持续的时间大大超过抽样或观察所需要的时间。当作业具有单独的重复循环、分循环或有限的几种循环时，可以用秒表时间研究法。这种方法适用于手工作业、机械作业等场合。作业人数多的场合不太适宜，这时可以采用影片法摄录下来后再仔细研究。

4）实施步骤

（1）选择观测对象和搜集相关资料。

（2）划分操作单元。

（3）测时，即记录观测时间，剔除异常值，确定观测次数，补充测时，计算各操作单元工时的平均值。

（4）效率评比，即通过对被观测者的作业操作速度正常性的判断，进行调整，计算正常作业时间。

（5）进行宽放，考虑到个人生理等需要，在计算的正常作业时间基础上进行宽放调整（按一定的百分数放宽）。

（6）确定标准作业时间——定额时间。

其中，第二步划分操作单元应遵循的六项原则如下：

①容易看出动作的终点；

②有利于提高观测精度；

③要由同一目标的一系列动作构成；

④使人力操作时间和机器操作时间分开；

⑤不变要素与可变要素必须明确分开；

⑥规则要素与不规则要素要划分清楚。

第三步测时的方法有：归零法、周程测时法、连续测时法等。

第四步涉及的效率评比，就是时间研究人员将所观测到的操作者的操作速度，与自己所认为的理想速度（正常速度）作比较。因此，时间研究人员必须能在自己头脑中建立一个理想的速度（正常速度），然后再根据这个理想速度去评比操作者动作的快慢。评比的方法有速度评比法和平准化法（西屋法）。

第五步的宽放时间的种类有私事宽放、疲劳宽放、程序宽放和特别宽放。计算公式为

$$宽放时间=正常时间×宽放率$$

$$宽放率(\%)=(宽放时间/正常时间)×100\%$$

$$正常时间=观测时间×评比系数$$

第六步的标准时间的计算方法为

$$标准时间=正常时间+宽放时间=正常时间×(1+宽放率)$$

### 2. 工作抽样法

1）定义

工作抽样（work sampling）又称瞬间观测法，它是指对操作者和机器设备的工作状态进行随机瞬时观测，调查各种作业活动的发生次数，并用统计分析方法整理、分析，得出需要的结果。

2）原理

工作抽样是统计抽样在工时调查中的具体应用，是从母体中随机抽取一定数量的样本，从样本的状态推断母体的状态。抽样次数越多，可靠性就越高。但是抽样次数越多，人力、物力、财力的消耗也将增加。因此必须考虑可靠度与精度的平衡问题。

（1）可靠度与精度。

可靠度是指观测结果的可信程度，也就是子样符合母体状态的程度。根据概率定理，用工作抽样法处理的现象接近于正态分布曲线。以平均数为中线，两侧取标准差$\sigma$的2倍时，可有95%（实际为94.45%）的可靠度。也就是说在抽取的100个子样中有95个是接近母体状态的。精确度就是允许的误差，抽样的精确度分为绝对精确度$E$和相对精确度$S$。当可靠度定为95%时，绝对精确度$E=2\sigma$，根据统计学中二项分布标准$\sigma$有

$$E=2\sigma=2\sqrt{\frac{P(1-P)}{n}} \tag{3-1}$$

式中，$P$表示观测事项发生率；$n$表示观测次数。

相对精确度是指绝对精确度与观测事项发生率之比，即

$$S=\frac{E}{P}=2\sqrt{\frac{P(1-P)}{nP}} \tag{3-2}$$

（2）决定观测次数。

观测次数是根据所规定的可靠度和精度要求而定的，当可靠度为95%时，按式（3-1）、式（3-2）可计算出所需观测次数：

$$n=4P(1-P)/E^2 \text{ 或 } n=4(1-P)/S^2P$$

一般先进行100次左右的试测来求$P$。例如经过100次观察，某设备的开动率为75%，按上式绝对精度取±3%，则

$$n=4P(1-P)/E^2=4×0.75×(1-0.75)/(0.03)^2=834(次)$$

3）使用条件

用工作抽样必须有很好的观测路线，减少走路时间，而且由于无法将作业细分，所以只能适用于三、四阶次的工作。

4）实施过程

（1）明确分析目的；

（2）确定观察对象及范围；

（3）确定观测目的；

（4）确定观测数；

（5）求出观测回数；

（6）确定观测时间；

（7）确定一天的观测次数；

（8）确定观测时刻；

（9）确定观测路径；

（10）做观测准备；

（11）实施观测；

（12）整理观测结果；

（13）讨论结果。

### 3. 预定时间标准法

1）定义

预定时间标准法（predetermined time standard，PTS），是国际公认的制定时间标准的先进技术。它利用预先为各种动作制定的时间标准来确定进行各种操作所需要的时间。它无须通过直接观察和测定来决定工作的"正常时间"，而是直接将组成工作的各动作单元顺序地记录后，按每个单元的特性逐项分析查表，求其时间值，然后累加，即为该工作的正常时间，再予以宽放即得标准时间。

2）原理

目前，按照同一原理发展起来的具体PTS方法已有40多种，其中较著名且应用较广的有MTM法（方法时间测定法）、WF法（工作因素法）、WF简易法、MOD法（模特法）等。下面以模特法为例介绍一下原理。其原理包括三点：

（1）所有人力操作时的动作，均包括一些基本动作。

（2）不同的人做同一动作（在条件相同时）所需的时间值基本相等。

（3）使身体不同部位做动作时，其动作所用的时间值互成比例。

3）使用条件

预定时间标准法常用于第一阶次的工作，因为它具有以下特点。第一，只需详细记述操作方法，并得到各种基本动作时间值，从而对操作进行合理的改进；第二，不需要使用秒表，在工作之前就决定标准时间，并制定最佳操作规程；第三，不需要对操作者的速度、努力程度等进行评价，就能预先客观地确定作业的标准时间等。

4）实施步骤

（1）正确描述操作过程，经方法研究后，确定标准操作程序。

（2）操作动作分解。

（3）对动作组合单元进行动作分析。

（4）根据模特法动作分析式确定正常时间。

（5）确定标准时间。

#### 4. 标准资料法

1）定义及原理

标准资料法是将直接由秒表时间研究、工作抽样、预定时间标准法所得的测定值，根据不同的作业内容，分析整理为某作业的时间标准，以便将该项数据应用于同类工作的作业条件上，使其获得标准时间。

2）应用条件及应用范围

（1）应用条件。第一，标准资料只能用于和采集数据的作业类型和条件相似的作业。第二，根据标准资料的特点，其应用目的是减少作业测定工作量，提高效率。所以，是否采用标准资料法应与其他方法进行比较，在成本上进行权衡，因为制定标准资料工作量很大，要花费大量人力、物力和时间。第三，标准资料是在其他测定方法基础上建立的，只能在一定条件和范围内节省测定工作时间，但不能完全取代其他测定方法。

（2）应用范围。标准资料法作为一种作业测定方法，原则上适用于任何作业，用于制定作业标准时间。由于它是预先确定时间数据，在工作开始之前，就可以利用现成的数据制定一项工作的标准时间，不需要直接观察和测定，所以尤其适用于编制新产品作业计划、评价新产品，或对生产和装配线均衡进行调整。同时，也适用于制定新产品的劳动定额、确定工厂能力、确定各种成本、进行预算控制、推行奖励工资制、进行设备的采购决策、衡量管理的有效性、建立有效的工厂布置等。

#### 3. 实施步骤

（1）选择确定建立标准资料的范围。

（2）进行作业分析。

（3）确定建立标准资料所采用的作业测定方法。

（4）确定影响因素。

（5）收集资料。

（6）分析整理，编制标准资料。

## 3.4　生产线平衡

在经济全球化的大趋势下，各行各业都必须具备强硬的实力才能保证不被后来者取而代之。随着市场需求不断变化，我国制造业迎来新的机遇与挑战，生产方式需要改革。1913年福特汽车公司创立流水线生产模式，它帮助福特公司脱颖而出，一举成为世界上规模最大的汽车公司。这种生产线作业方式就是将生产工艺细分化，实现多道工序连续进行，在反复多次操作中，每一个员工能在短时间内熟练掌握他们所在工位的工艺操作流程，降低了工人的操作难度，减少操作耗时，使得整体生产效率提高。

生产线作业方式的出现固然是制造业的一个里程碑，但金无足赤，这种方式仍然存在一些不足。由于种种原因，在使用细分化工序连续作业的生产线时，生产线上各工序完成时间很难保持同步，这种工序间作业节拍存在差异的情况必然导致生产过程中的作业出现等待的情况。最直观的影响就是先完成工序的工人和设备处于闲置状态，而工时损失和设备利用率低造成的损失也不容忽视：轻则使得生产过程中的在制品大量积压，影响生产线生产作业的正常进行；重则会迫使生产作业暂停，导致生产线的生产作业不能按计划进行和完成。随着市场由卖方市场变为买方市场，企业必须尽量满足客户的需求，才能更好地生存和发展，但如果任由生产线的不平衡现象存在，必然会导致企业盈利能力降低，从而失去市场主动性，最终被淘汰。生产线平衡是工业工程中现场管理的一种重要方法，就是为了解决生产线中的不平衡问题。它是对当前生产线各种工作进行作业测定，寻找并消除其中的瓶颈工位或工序，同时对工序进行合理的改善，尽量使每一个工位的作业节拍保持一致，提高工时和设备的利用率，减少在制品数量，生产率自然就会提高。因此，生产线平衡分析与改善是制造企业必须进行的工作之一。

### 3.4.1　生产线平衡相关概念

生产线是当今社会通用的一种作业方式，最早由 B.Bryton 于 1954 年在其硕士毕业论文中提出。狭义的解释下，生产线是按照生产对象组织生产，也就是说按产品专业化原则，根据工艺要求配备所需各种设备工具及作业人员完成相应操作，同时需要完成该产品全部的生产作业。

生产线流程是指投入原材料到产品成型的整个生产过程，这个过程中必然存在诸多不平衡的问题，如节拍不一致、工位负荷不均衡等。生产线平衡就是针对生产线各工序的作业进行分析，合理优化资源配置并改善不合理的动作，达到各工位负荷均衡，作业节拍趋于一致，使生产流程正常连续地进行并完成。

生产线的生产方式在我国已经普遍使用，但生产线平衡率不高的问题仍然存在，主要原因就在于一些企业未能合理科学地优化改善生产线，没有将人力、设备、工时等资源进行合理配置，闲置的人员、设备等都是生产浪费，生产效率的最优自然是空谈。效率就是投入与产出的比率，生产线平衡就是将各工序合理分配到各工作地，减少人力与设备等资源的投入，从而提高生产效率，对个别工序的操作流程进行优化能减少时间成本的消耗，生产效率自然就提高了。

1990 年，Miias G 在《流水线平衡——让我们揭开这块神秘的面纱》中写道："多数装配线生产平衡设计是通过'感觉'或经验获得，再经过多次尝试验证进行改进，这样会产生大量无效操作。"所以如何分配各工序间的生产时间，减少各工序间在制品的停滞，使各工序之间作业节拍保持一致是保证生产高效连续进行的关键。资料表明，在美国、德国这样的工业发达国家，因各工位不能保持平衡而浪费的时间都有 5%～10%。因此，我国企业要想增强自己的市场竞争实力，进行生产线平衡优化势在必行。

生产线平衡又称工序同期化，顾名思义，它就是对生产线各工位的作业强度及工艺流程进行合理的调整，使各工作地的节拍集中在一个时间范围内的一种方法。生产线平衡旨在提高工艺流程标准化、方法规范化和作业时间均衡化，保证生产的计划性和可控性，尽可能地消除生产作业时的效率损失和生产过剩的问题，最终实现生产效率提高。

相关概念介绍如下。

（1）节拍。

节拍（cycle time，CT）指的是生产作业在正常进行时，两件产品前后产出的时间间隔，即指完成一件产品所需的生产时间。为了实现生产线的均衡生产，使生产速度与顾客的需求速度大概一致，制定合理的生产节拍是企业必须进行的工作之一。节拍并非越快越好，因为节拍的制定与企业自身技术能力、工艺约束、厂房结构与空间等因素息息相关，过快的节拍也会造成不必要的经济损失。公司需要根据实际生产情况与客户订单来确定在有限的时间里如何安排生产，才能达标。节拍的计算公式如下：

$$CT = \frac{T_W}{Q} \tag{3-3}$$

式中，CT表示生产节拍；$T_W$表示计划期内有效工作时间；$Q$表示计划期应该完成的产量。

（2）瓶颈。

瓶颈即一条生产线中作业时间耗费最长的环节。瓶颈工位能够影响整个生产线的产出速率，并容易使处于瓶颈工位的工人长期处于疲劳状态。导致瓶颈工位出现的原因很多，如该工位工人操作不当、物料供给衔接不当、机器工作效率低下等，如图3-10所示。瓶颈工位的存在会严重影响生产的正常运行，导致产能低下，因此要通过生产线改善来打破瓶颈，提高生产效率。但值得注意的，瓶颈的存在是必然的，改善原来的瓶颈必然会出现新的瓶颈，所以坚持进行生产线平衡改善是企业提高效益最行之有效的方法。

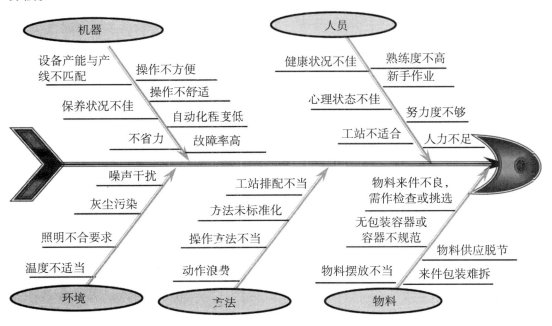

图3-10　产生瓶颈的原因

（3）空闲时间。

空闲时间就是生产流程时间内，作业人员和设备未进行有效工作的时间。生产线的不平衡就是因为各工位上的作业节拍不一样，这样就导致有些优先完成的作业地进入等待状态，产生空闲时间。因此，除了瓶颈工位，其他工位都会出现不同程度的空闲时间，为了保证生产的连续性，只有通过生产线平衡改善，使各工位的作业节拍尽量保持一致，才能尽量减少空闲时间，使工作时间的有效利用率提升，减少成本的浪费。

（4）生产线平衡率。

生产线平衡率是指生产线上各工位之间作业用时的均衡程度，也就是作业时间是否保持一致。一般来说，各工位时间差距越小，生产线平衡率越高；差距越大，生产线平衡率就越低。

50%~60%：进行的是一种根本没有任何科学管理意识的粗放式生产。

60%~70%：存在人为去平衡生产线的因素，但并没有解决一些深层次问题。

70%~85%：对生产线的管控基本上是在科学管理的原则下进行的。

大于85%：可以认为生产线基本上实现了"一个流"生产。

### 3.4.2　生产线平衡的评价指标

生产线平衡的程度可以用三个指标来评价，分别是生产线平衡率（$P$）、生产线平衡损失率（$d$）和生产线平滑性指数（SI）。

（1）生产线平衡率。

生产线平衡率 $P$ 是衡量生产线各工位操作时间是否均衡的重要指标，它可以反映生产线的平衡和连续状况。其计算公式如下：

$$P = \frac{\sum_{1}^{n} t_i}{m \times \max(T_j)} \tag{3-4}$$

式中，$t_i$ 表示第 $i$ 作业元素操作时间；$m$ 表示整条生产线总工作站个数；$T_j$ 表示第 $j$ 工作站的时间；$\max(T_j)$ 表示生产线上用时最多的工作站，其瓶颈工作时间。

生产线平衡率的评定标准见表 3-7。

表 3-7　生产线平衡率评定标准

| 生产线平衡率 | 评判结果 |
| --- | --- |
| $P \geqslant 90\%$ | 优 |
| $80\% \leqslant P \leqslant 90\%$ | 良 |
| $P < 80\%$ | 差 |

（2）生产线平衡损失率。

生产线平衡损失率 $d$ 是指一件产品在生产线上总的空闲时间占其在生产线上总时间的百分比。其计算公式如下：

$$d = 1 - P \tag{3-5}$$

（3）平滑性指数。

平滑性指数 SI 是评价生产线上各工位作业时间的偏差程度的重要指标，偏差越大，SI值越大，说明各工位作业时间波动大，且一定存在瓶颈因素影响着生产效率；偏差越小，SI值越小，说明操作时间在一定范围内，即生产节拍固定。其计算公式如下：

$$SI = \sqrt{\frac{\sum_{i=1}^{m}(CT - T_i)^2}{m}} \tag{3-6}$$

式中，SI表示平滑性指数；CT表示生产节拍；$m$表示生产线上工作位总数。

### 3.4.3 影响生产线平衡的主要因素

（1）作业人员的技术水平与生产的管理水平。

在生产过程中，不同的作业人员对于某一工序的操作熟练程度必定存在差异，其自身水平和负荷该工位劳动强度的身体素质也无法保持一致，他们的作业速率也会因此有所偏差。同时，生产管理者管理生产现场的方式也会对生产过程产生未知的影响。

（2）工位的作业内容和操作难度。

生产线各工位的作业内容是生产工艺人员根据加工程序进行作业的分配和安排，生产工序的设计又是依据所要生产的产品设计要求和生产条件等众多因素决定的，因此各工位的作业内容和作业难度会是影响该工位作业时间的重要因素。

（3）生产设备的生产能力。

生产设备能否稳定地进行生产、是否会频繁出现故障等问题都会直接影响生产线的正常运行；并且不同设备加工出的产品耗费时间也不一定相同，其产品的质量和数量都会存在偏差，这些因素也会对生产线平衡产生影响。

### 3.4.4 生产线平衡改善步骤

生产线平衡是基于IE的一种改善管理方法，它是通过分析生产线上的各个工序，并调整各工序之间的作业内容或者资源分配，让工序间的工作负荷尽量均衡化，以达到各工序之间的作业时间差异减小的目的，最终直接体现在生产效率提高的效果上。

（1）生产现场调研分析。

要改善一条生产线，第一步就是要设定改善目标，明确改善后生产线应该达到怎样的效果。例如：生产线要是产能不足，就要以如何缩短生产节拍和提高设备的利用率为目标，最终提高生产线的产能。

①生产线平衡的影响因素有很多，只有人、机、物、法、环五个因素都达到预想的平衡状态才能很好地解决生产线的瓶颈问题。而这五个因素都存在于生产现场，只有在生产现场进行调研分析，发现这五个方面存在什么问题，为之后生产线的改善提供扎实的基础数据和信息，才能更好地进行生产线平衡研究。

②收集生产相关指标，确定生产线节拍、标准工时、瓶颈、质量状况等信息。

③进行生产线分析，包括平衡率分析、不平衡率分析和损失分析，如图3-11所示。

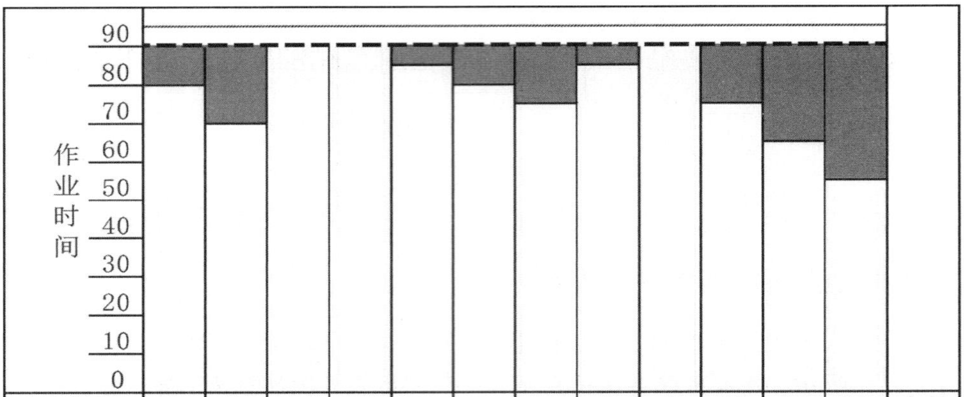

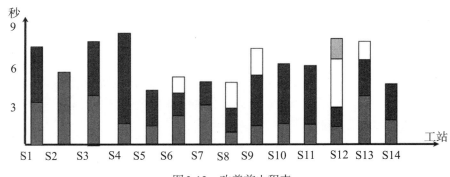

| 工序名 | 1 | 2 | 3 | 4 | 5 | 6 | 7 | 8 | 9 | 10 | 11 | 12 | 合计 |
|---|---|---|---|---|---|---|---|---|---|---|---|---|---|
| 人员 | 1 | 2 | 2 | 2 | 2 | 1 | 1 | 2 | 2 | 1 | 1 | 2 | 19 |
| 净时间 | 80 | 140 | 180 | 180 | 170 | 80 | 75 | 170 | 180 | 75 | 65 | 110 | 1505 |
| 净时间(1人) | 80 | 70 | 90 | 90 | 85 | 80 | 75 | 85 | 90 | 75 | 65 | 55 | 940 |

图3-11　生产线平衡分析

图3-11中，浅色为作业的时间，深色为失去平衡的时间

$$生产线平衡率（\%）=\frac{各工序时间总计}{瓶颈岗位时间×人数}×100\%$$

如图3-11中，生产线平衡率$=\frac{1\ 500}{90×19}×100\%=88\%$

不平衡率（%）=1-平衡率（%）

对生产线来说，不平衡率越低越好，一般控制在5%～13%，至少要控制在15%以下。

④制作改善前山积表。

山积表是将各工站动作时间进行分解，以叠加式直方图表示的一种研究作业时间结构的方法，如图3-12所示。

图3-12　改善前山积表

（2）消除生产的浪费。

丰田生产方式创始人大野耐一曾经说过："没有比完全意识不到问题的人更有问题。"员工的问题意识有多强，企业的改善就能做得多好。"要判断一家企业的管理水平，如果管理者谈话的前5分钟内就谈到改善，前10分钟内就谈到现场，则可认定这是一家好公司。"大野耐一还说："剔余浪费并不难，难的是如何发现浪费。"

理解和识别浪费是消除或者减少浪费的第一步，只有了解了浪费，才能够去改善。常见的七大浪费中，最大的浪费是"过早与过量生产浪费"，为什么是"最大"？因为它会产生新的浪费，如库存浪费和搬运浪费；最恶的是"库存浪费"，库存会使资产贬值，是企业综合管理能力不佳的体现；最长的浪费是"搬运浪费"，受布局的影响，改善需要花费较长的时间；最显著的浪费是"等待浪费"，员工们都能看到却不进行改善，把异常当作正常；最多的浪费是"动作浪费"，企业里任何地方都存在着这种浪费；最深的浪费是"加工浪费"，质量标准过高会导致过分精确的加工，作业程序过多会造成多余的加工；最劣的浪费是"不良品浪费"，犯了最低级的错误做出残次品，等于将金钱直接丢进垃圾桶里。

丰田公司提出七大浪费后，后来又提出了第八大浪费（如图3-13所示）："员工的创新和改善是最有价值的资产，不懂得利用员工的脑力资源为最大的浪费。"

不管是七大浪费还是八大浪费，在流程型生产企业和加工装配型制造企业中都存在，只是各种浪费在不同生产特点的企业的强弱会有所不同，了解自己企业的主要浪费是哪些，并针对性地予以改善，是生产降本增效持续努力的方向。

图3-15　八大浪费

（3）利用方法研究进行改善。

通过对生产线不合理现象的分析，运用基础工业工程的相关方法，基于动作经济原则、ECRS原则、5W1H方法以及程序分析、操作分析、动作分析、作业测定等相关方法和技术对生产线进行平衡改善。

（4）山积表平衡。

改善山积表的着眼点是瓶颈站的改善，基于ECRS四大原则对前、后工序之间的要素采取移入、移出、相互替换等方法，实现山积表平衡，如图3-14所示。

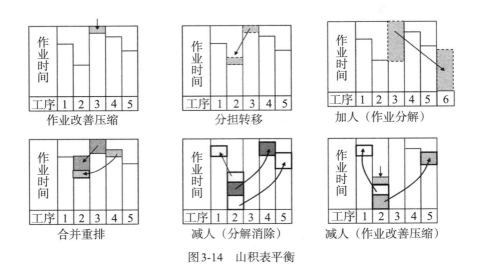

图3-14　山积表平衡

（5）建立新的生产流程：新生产线的评估、Flow Chart/SOP、标准化条件设定。

（6）实施后的效果确认：

①测量改善后时间；

②制作改善后山积表。

（7）改善后的总结报告：

①平衡率；

②UPPH（单位人·时产能）；

③损失分析；

④质量分析；

⑤成本改善。

（8）标准化推广：对于相似机种、相似工站平行展开。

## 实战案例　G公司生产线平衡优化

　　G公司是一家国际化家电企业，拥有多个畅销的大品牌，它集研发、生产、销售、服务于一体，有着成熟全面的体系。G公司主营业务有家用空调、中央空调、生活电器、冰箱、手机等产品，涉猎领域广泛，最为出色的当属其家用空调业务。G公司一直以"自主创新"为理念，以"百年企业"为目标，同时依靠企业自身先进的技术研发、严格的质量管理模式、独特的营销战略、完善的售后服务使其品牌享誉全球。

　　下面以G公司的空调外机生产线为例，进行生产线平衡研究。空调外机的装配生产，是空调生产链上最主要的也是最后一个环节，是决定空调产品质量和可靠性的关键环节，同时也是制约空调生产线产量的瓶颈环节。总之，空调外机的制造过程是极为重要的，直接决定着空调企业在市场上的竞争力。空调外机装配生产线是最典型的制造业生产线，具有联系型、装配型、强制节拍等多种特征。

1. 企业生产线现状

G公司空调外机装配生产线采用了"U"形生产线,"U"字一头是第一道工序的作业地,另一头是末道工序作业地,生产机器设备绕"U"字内部摆放,作业人员则在外部进行操作,这种布局形式极大节省了设备占地面积并且缩短了产品制造过程中的物料搬运距离。这条装配线是以手工作业为主,自动化作业与手动化作业相结合的形式。空调外机生产线目前共31道工序,2个小时双班制工作形式,单班产量360台。该生产线上各工序由单人或双人作业,共有25名一线作业人员。工序操作内容有生产作业和质量检查,物料配送由专门的配送班组负责,使用各工位旁的物料板或物料运输车放置在特定的位置。

根据目前市场需求和公司生产计划,短时间内,生产线的年产量要求达到40万台,而实际上目前生产线的生产能力仅为25万台/年,产能低下是目前最大的难题。公司慎重分析,目前市场需求并不会一成不变,若加大投资新建生产线,今后随着市场需求下降,公司将会面临固定资产折旧的沉重压力,并且要新建一条能达到规划产能的生产线必定会增加大量的资金成本和时间成本,很可能会承受利润损失的风险。为此,公司希望以最低的成本对该主生产线进行改善,分析现有生产线的问题,充分挖掘其产能。

2. 生产线存在的问题

通过观察发现,G生产线存在诸多问题影响着生产效率的提高:工位之间的作业分配不够合理,使得工位间操作时间存在较大差异;工位之间堆放有大量的在制品,生产线不均衡;有些工位间的物料搬运距离较远,浪费时间;生产现场管理不够完善,现场较为混乱,工具等随意摆放造成空间上的浪费和现场作业的不便;作业操作不规范增加作业时间,导致瓶颈的出现。以上诸多问题的长期存在必定影响生产线的正常运行,长期处于瓶颈工位的作业人员也会因为作业的强度过大而逐渐产生消极情绪,瓶颈工序得不到改善,工位之间的作业时间偏差自然得不到解决,这样的不均衡现象正是造成生产线产能低下的主要原因,长期如此更是会影响产品的质量,使公司效益不增反降。因此,对该生产线进行生产线平衡分析与优化是当务之急。

3. 生产线平衡分析与优化

经过对G公司空调外机装配线的现状分析,找出了其生产线存在的诸多问题,根据企业生产线的实际情况,在现有的条件下对该生产线进行生产线平衡分析与研究,包括对其人员、设备、物料等进行分析,制定更加合理有效的作业方法,以提高生产线平衡率,使生产线产能达到公司的要求。

(1) 生产线工艺流程改善。

通过记录观察,该生产线目前共31道工序,其生产工艺流程图如图3-15所示。

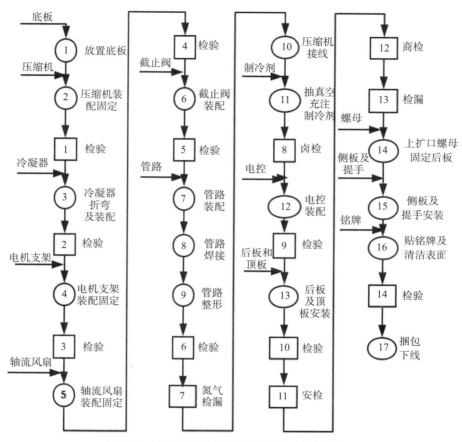

图3-15 空调外机装配工艺流程图（改善前）

　　此空调外机的装配流水线共31道工序，其中包含17道加工工序和14道检查工序，空调的装配作业在培训员工时应该严格要求，秉承"一次性就做对"的原则，空调装配对于质量的要求肯定非常严格，但是许多工序后的检验确实没有必要，因此应该删除这些冗余的检验工序，分别为压缩机固定装配、冷凝器折弯及装配、电机支架固定装配、轴流风扇固定装配、截止阀装配、管路整形、电控装配、后板及顶板安装贴铭牌及清洁表面等工序之后的检验工序。改善后的工艺流程图如图3-16所示。

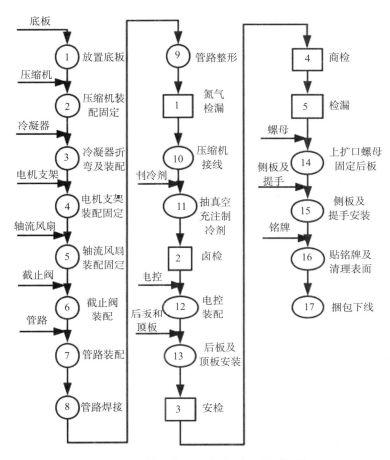

图3-16 空调外机装配工艺流程图（改善后）

改善后的空调外机装配工艺流程图共22道工序，很大程度上简化了生产步骤。

（2）生产线作业测定。

前面对G公司空调外机装配生产线进行了工艺流程分析，改善了生产流程中存在的不合理的工序，简化了生产作业内容。作业测定则是在改善的生产流程的基础上，运用作业测定技术，明确各个作业工序的完成时间，并切合实际地制定出生产工序的标准作业时间。

根据获取作业时间的方式，可将作业测定分为直接测定和间接测定两类。直接测定法是指在作业现场进行观测记录，直接用这些资料数据测得作业时间的方式；间接测定法则是用间接工时资料进行作业工时测定。不同的测定方法用于不同的作业场合和条件，应该根据作业对象的性质和观测者的条件等综合情况选取合适的测定方式。

本次研究针对空调外机装配线的实际情况，决定使用秒表时间研究的方法进行作业时间测定。秒表测时可以任意选择时间段，所得到的数据符合客观实际，也具有真实性和科学性，这样的测定结果较为合理。

具体作业测定过程如下。

　　首先需要选择普通作业员工，以其正常的作业操作为观测对象，这样得到的观测数据更加有说服力，并且观测次数要多，只有在大量数据统计下，才能找出生产线正常运行的规律，减少作业时间测量带来的误差。

　　为了找出当前生产流程中存在的瓶颈工序，要实时跟踪观测实际生产现场的每道工序，并合理地测定真实客观的数据资料，分别对各工序进行十次观测，并记录、计算其平均时间作为标准的作业时间，如表3-8所示。

表3-8　工序作业时间记录

| 工位 | 作业时间记录/s | | | | | | | | | |
|---|---|---|---|---|---|---|---|---|---|---|
| | 第一次 | 第二次 | 第三次 | 第四次 | 第五次 | 第六次 | 第七次 | 第八次 | 第九次 | 第十次 |
| 1 | 56.09 | 56.12 | 56.13 | 56.11 | 56.08 | 56.13 | 56.11 | 56.15 | 56.10 | 56.13 |
| 2 | 35.11 | 35.10 | 35.09 | 35.08 | 35.12 | 35.11 | 35.11 | 35.09 | 35.11 | 35.12 |
| 3 | 85.62 | 85.65 | 85.64 | 85.63 | 85.61 | 85.61 | 85.62 | 85.64 | 85.65 | 85.62 |
| 4 | 78.18 | 78.16 | 78.19 | 78.18 | 78.17 | 78.16 | 78.19 | 78.18 | 78.16 | 78.19 |
| 5 | 81.99 | 81.20 | 82.02 | 82.01 | 81.98 | 82.03 | 81.98 | 82.03 | 81.97 | 81.99 |
| 6 | 77.98 | 78.01 | 78.02 | 77.98 | 78.01 | 78.02 | 77.99 | 77.98 | 78.01 | 78.02 |
| 7 | 53.94 | 53.93 | 53.95 | 53.94 | 53.96 | 53.95 | 53.92 | 53.96 | 53.95 | 53.96 |
| 8 | 43.45 | 43.48 | 43.46 | 43.48 | 43.46 | 43.44 | 43.47 | 43.48 | 43.46 | 43.47 |
| 9 | 48.97 | 48.96 | 48.98 | 48.97 | 48.95 | 48.95 | 48.96 | 48.95 | 48.94 | 48.96 |
| 10 | 48.65 | 48.66 | 48.67 | 48.68 | 48.65 | 48.63 | 48.64 | 48.65 | 48.63 | 48.66 |
| 11 | 49.18 | 49.19 | 49.15 | 49.17 | 49.16 | 49.15 | 49.16 | 49.17 | 49.18 | 49.19 |
| 12 | 45.58 | 46.61 | 45.59 | 45.58 | 45.58 | 46.62 | 46.59 | 46.62 | 46.61 | 46.58 |
| 13 | 47.65 | 47.66 | 47.68 | 47.69 | 47.65 | 47.68 | 47.69 | 47.67 | 47.66 | 47.68 |
| 14 | 48.15 | 48.13 | 48.14 | 48.13 | 48.12 | 48.15 | 48.16 | 48.14 | 48.17 | 48.13 |
| 15 | 48.61 | 48.63 | 48.62 | 48.59 | 48.62 | 48.59 | 48.58 | 48.63 | 48.62 | 48.63 |
| 16 | 45.63 | 45.62 | 45.61 | 45.60 | 45.62 | 45.63 | 45.61 | 45.62 | 45.64 | 45.62 |
| 17 | 93.48 | 93.45 | 93.47 | 93.46 | 93.48 | 93.47 | 93.45 | 93.46 | 93.46 | 93.45 |
| 18 | 46.62 | 46.59 | 46.62 | 46.61 | 46.58 | 45.59 | 45.58 | 45.58 | 46.62 | 46.59 |
| 19 | 47.52 | 47.53 | 47.49 | 47.52 | 47.48 | 47.52 | 47.53 | 47.51 | 47.51 | 47.50 |
| 20 | 43.05 | 43.07 | 43.06 | 43.04 | 43.06 | 43.05 | 43.07 | 43.05 | 43.06 | 43.05 |
| 21 | 44.36 | 44.37 | 44.39 | 44.35 | 44.39 | 44.38 | 44.36 | 44.37 | 44.38 | 44.36 |
| 22 | 97.79 | 97.81 | 97.78 | 97.80 | 97.79 | 97.82 | 97.78 | 97.79 | 97.82 | 97.80 |

　　根据测得的作业操作时间，计算平均时间作为各工序标准作业时间如表3-9所示。

表3-9 标准作业时间统计（改善前）

| 工序编号 | 工序名称 | 时间/s | 工序编号 | 工序名称 | 时间/s |
|---|---|---|---|---|---|
| 一 | 放置底板 | 56.12 | 十二 | 充注制冷剂 | 46.20 |
| 二 | 压缩机装配固定 | 35.10 | 十三 | 卤检 | 47.67 |
| 三 | 冷凝器折弯及装配 | 85.63 | 十四 | 电控装配 | 48.14 |
| 四 | 电机支架装配固定 | 78.18 | 十五 | 后板及顶板安装 | 48.61 |
| 五 | 轴流风扇装配固定 | 81.92 | 十六 | 安检 | 45.62 |
| 六 | 截止阀装配 | 78.00 | 十七 | 商检 | 93.46 |
| 七 | 管路装配 | 53.95 | 十八 | 检漏 | 46.30 |
| 八 | 管路焊接 | 43.47 | 十九 | 上扩口螺母固定后板 | 47.51 |
| 九 | 管路整形 | 48.96 | 二十 | 侧板及提手安装 | 43.06 |
| 十 | 氮气检漏 | 49.17 | 二十一 | 贴铭牌及清理表面 | 44.37 |
| 十一 | 压缩机接线 | 46.20 | 二十二 | 捆包下线 | 97.80 |

4. 生产线平衡分析

由标准作业时间表可以看出，空调外机装配生产线上的第二十二道工序"捆包下线"作业时间最长，为97.80 s，即整个生产线的生产节拍为97.80 s。根据生产线平衡率计算公式，得出该条生产线平衡率为

$$生产线平衡率 P = \frac{\sum_1^n t_i}{m \times \max(T_j)} = 1267.88/(22 \times 97.80) = 58.93\% \tag{3-1}$$

$$生产线平衡损失率 d = 1 - P = 1 - 58.93\% = 41.07\% \tag{3-2}$$

计算得出G公司空调外机装配生产线目前平衡率为58.93%，平衡损失率为41.07%，根据之前的介绍，当平衡率处于80%以下时就算差，可见该生产线长期处于极大的生产浪费状态，有41.07%的劳动工时未产生任何价值，因此该生产线需要继续进行生产线平衡优化。

5. 生产作业动作改善

首先用柱状统计图将目前所得各工序标准作业时间展示出来，这样更方便找出瓶颈工序的位置，如图3-19所示。

进行生产线平衡改善，其中一个重点就是对瓶颈工序进行优化，由图3-17可以明显看出第一、三、四、五、六、十七、二十二道工序的作业时间较长，远远超过了其他工序，正是由于这些工序存在不合理的地方，才会拖延作业时间，成为瓶颈工序，影响整条生产线的平衡。

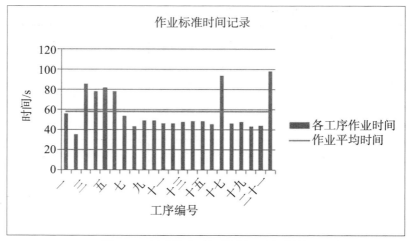

图3-17 标准作业时间统计图（改善前）

瓶颈工序的出现破坏了各工序之间的平衡，因此，应该对出现的瓶颈工序进行动作分析及改善。

工序一分析与改善：工序一为放置底板，其中末道工序完成后需将装料板从最后一个工位搬运至第一个工位，会浪费大量时间，应该将"U"形生产线的首尾相接，使装料板在生产流程完成后可以随流水线自动运输至第一个工位处，节省大量时间。由图3-17可以看出工序二作业时间少于工序平均作业时间，因此可将工序一里的物料搬运作业划分到工序二职责内。

工序三分析与改善：冷凝器组件较重，可以将作业员换为男性，同时让工序一和工序二作业人员协助配料；加强线夹绑扎培训，提高作业员操作熟练度；改善冷凝器包装，使用聚酯膜垫进行保护，防止损坏，即可减少检查翅片和梳理翅片的动作。

工序四分析与改善：拆分工序四，并增加一名工人辅助作业，加强作业培训，提高作业员的操作熟练度。

工序五分析与改善：加强穿导线的动作培训，并改善电机穿线孔的形状。

工序六分析与改善：螺帽传递浪费大量时间，可以使用固定架随流水线自动传递，减少工序动作，节省工时。

工序十七分析与改善：更换经验老到的员工，在机器预热的时间内就能检查好各项数据；将接线端改为磁铁式或卡簧式接线端，更容易进行接线与拆线作业。

工序二十二分析与改善：拆分工序，增加作业员；将本工序的检查外观工序并入第二十一道工序中，要求第二十一道工序在清理的同时检查产品外观。

6. 改善结果分析

（1）改善前后生产线平衡率对比。

经过之前对空调外机装配线的工艺流程和作业动作的分析与改善，从整体上对生产线进行了调整与优化，改善后各工序作业时间如表3-10所示。

表3-10　标准作业时间统计（改善后）

| 工序编号 | 工序名称 | 时间/s | 工序编号 | 工序名称 | 时间/s |
|---|---|---|---|---|---|
| 一 | 放置底板 | 39.08 | 十二 | 充注制冷剂 | 46.20 |
| 二 | 压缩机装配固定 | 39.00 | 十三 | 卤检 | 47.67 |
| 三 | 冷凝器折弯及装配 | 43.71 | 十四 | 电控装配 | 48.14 |
| 四 | 电机支架装配固定 | 44.59 | 十五 | 后板及顶板安装 | 48.61 |
| 五 | 轴流风扇装配固定 | 43.71 | 十六 | 安检 | 45.62 |
| 六 | 截止阀装配 | 44.00 | 十七 | 商检 | 44.20 |
| 七 | 管路装配 | 53.95 | 十八 | 检漏 | 46.30 |
| 八 | 管路焊接 | 43.47 | 十九 | 上扩口螺母固定后板 | 47.51 |
| 九 | 管路整形 | 48.96 | 二十 | 侧板及提手安装 | 43.06 |
| 十 | 氮气检漏 | 49.17 | 二十一 | 贴铭牌及清理表面 | 44.37 |
| 十一 | 压缩机接线 | 46.20 | 二十二 | 捆包下线 | 33.25 |

改善后的作业时间柱状图如图3-18所示。

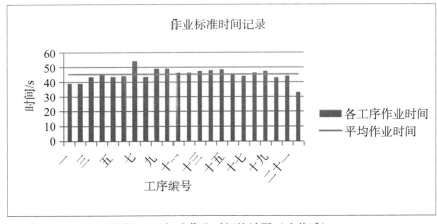

图3-18　标准作业时间统计图（改善后）

由图3-18可以看出工序七作业时间最长，其作业时间为生产节拍，根据改善后的作业时间，可以计算平衡率如下：

$$\text{生产线平衡率 } P = \frac{\sum_1^n t_i}{m \times \max(T_j)} = 1072.45/22 \times 53.95 = 90.36\% \tag{3-3}$$

$$\text{平衡损失率 } d = 1 - P = 1 - 90.36\% = 9.64\% \tag{3-4}$$

改善前后平衡率对比如图3-19所示。

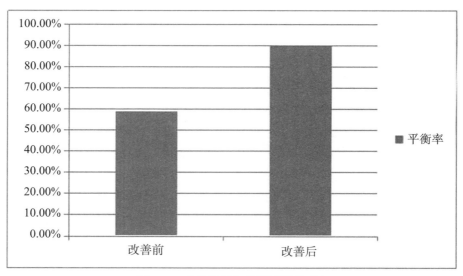

图3-21　改善前后生产线平衡率对比

改善后，生产线平衡率达到了90.36%，比之前有了较大的提升，根据之前的生产线平衡率评价体系可以看出，改善后的生产线水平可以称得上高水平了。

（2）改善方案总体评价。

本次生产线平衡分析与改善较大程度提高了生产线的平衡率，使生产线各工序作业时间之间的偏差降到了一定范围内，大幅度降低了平衡损失率，减少了工时浪费，提高了空调外机装配线的产能。这个改善方案并没有违背企业的初衷，只是对原有的生产线上出现的不平衡现象进行了分析与改善，充分挖掘了生产线的产能潜力，有效降低了生产成本，并降低了工人的作业强度，从整体上为企业带来了效益的增加。

由上述改善效果也可以看出，生产线平衡研究具有改善生产线不平衡现象的可行性与可靠性，并且可以对生产线进行更加深入的、更加具体的改善，不断提升生产线的效率和作业现场的合理性。

## 3.5　标准化作业

### 3.5.1　标准化作业概述

所谓标准化作业（或称标准化作业程序，standard operation procedure，SOP），就是将某一操作或业务的标准操作步骤和要求以统一的格式描述出来，用于指导和规范日常的工作。标准化作业是运用较少的工位、人员，生产出高品质产品的一种工作方法。美国密歇根大学工业与运营管理专业教授杰弗瑞·莱克认为："标准化作业和其他作业标准是持续改善的基准线。"标准作业旨在以最少浪费的程序，实现安全、高质量、高效率作业，是由功能组织同意并制定、遵守和维护的，文件化的，顺序可重复的作业内容。

说得更具体一点，就是将实践中不断总结的经验、方法用目前可以实现的、最优化的操作程序设计成为细化和量化的标准文件和数据。在著名的丰田"精益屋"模型中，屋顶是高质量、低成本、短交货期；两个支柱分别是自动化生产和准时化生产；基础是均衡生产、标准化作业、可视化管理与企业文化，如图3-20所示。从这个"精益屋"模型中，我们可以清晰地看到标准化作业是实现精益目标（质量、成本、交货期、现金流、安全等）的重要基础之一。

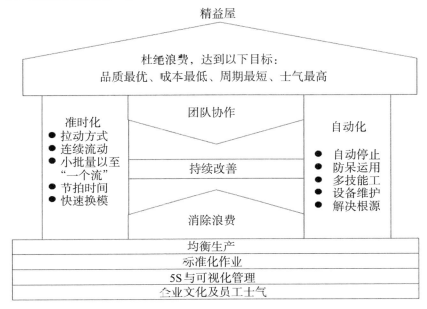

图3-20　标准化作业

标准化作业是目前已知的、实现工作的最佳方法。这里的"目前"表示该工作方式在未来还可以不断改进。这种理解也非常符合"精益屋"模型中另外一个原则：持续寻找流程中存在的浪费，找出浪费的原因，减少（甚至）消除浪费。

已知的最佳：这表示社会上、行业中甚至企业里还存在着更好的工作方法。目前采用的标准化作业只是已知最佳方法的总结。企业管理者、流程拥有者和作业人员还要时刻抱着改善的心态寻找更好的方法。

方法：表示以同样的步骤和要求重复完成同样的工作，从而再现一致的成本、质量、交货期和安全性。标准化作业不仅使得作业人员以标准的方法完成目前的工作，而且为以后的改善活动提供统一的基准。

标准化作业使得现有的流程更加稳定。稳定的流程为持续改善减少了风险和不确定性。

工业革命之后，随着市场的发展，客户需求呈现多样化，产品也逐渐复杂化，生产过程中分工越来越细。手工作坊时代"师傅带徒弟"的方式已经跟不上形势的需要。

而且由于工序管理的日益困难，口头传授的操作方式由于缺乏标准化，造成不同的加工者生产的产品质量有很大的波动，无法适应规模化生产的要求。这时就产生了以作业标准书的形式来统一工序操作的标准化作业。

标准化作业的目的是通过必要的、最少数量的作业人员进行生产，通过排除无效动作，实现较高的生产率；为持续改进建立可执行、可预测的基准，并使操作员工参与到持续改进活动的整个过程中，以达到安全、质量和生产率的最高水平。

简单地说，标准化作业是这样一种工具：

（1）建立一种完成工作的标准路径。

（2）使生产调度变得简单。

（3）建立一种人-机关系。

（4）可以作为改善的基础，使问题变得明显。

（5）防止操作技能的退步。

（6）帮助消除浪费。

标准化作业是为一个作业编制一套标准的实践、一项可执行的例行公事、一条可区分正常与不正常的基准线。基准线是PDCA（计划—执行—检查—行动）的基础，使得改进成为可能，如图3-21所示。

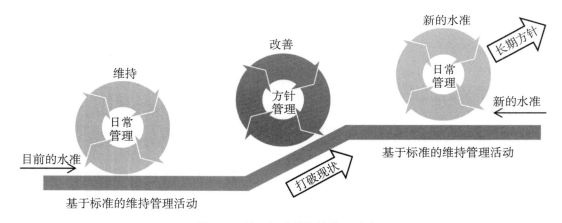

图3-21　基于标准的维持管理活动

程式化就是在任何地方、任何时候、任何人以相同的方式、相同的顺序完成相同的工作。许多企业在推行的最佳实践就是程式化的一种表现。

在推行标准化作业前，必须制定和提供完整的改善流程，导入并实施持续改善，建立员工的合理化建议制度。

标准化作业不仅仅是一套技术性范本，更重要的是它涵盖了管理思想、管理理念和管理手段。标准化作业是对常规的或者重复的管理、技术活动形成标准化操作范本，从而实现产品质量的一致性。因此完善的标准化作业是确保产品或服务质量的必要条件。

另外在有人事变动时，标准化作业也可以作为训练新手的文档，让他们知道什么时候做什么事，于是标准化作业又可以作为培训计划的一部分。

在手工作坊时代，制作一件成品往往工序很少，分工很粗，甚至从头至尾由一个人完成的。其人员的培训是以学徒形式通过长时间学习与实践来实现的。随着工业革命的兴起，生产规模不断扩大，产品日益复杂，分工日益明细，品质成本急剧增加，各工序的管理日益困难。

如果只是依靠口头传授操作方法，已无法控制工艺流程的品质。采用学徒形式培训已不能适应规模化的生产要求。因此，必须以标准作业指导书的形式统一各工序的操作步骤及方法。

市场需求的变化总是越来越快，一线员工流动率越来越高。随着人工成本的升高，一人多机的用工方式已成为必然。在目前的市场竞争和社会环境中，想要保持高质量、高效率、低成本和快速应变的竞争优势，实行标准化作业管理至关重要。

标准化管理的优势有以下几方面。

（1）全面提升质量。

标准化作业最为明显的积极作用是：几乎在每个方面都可以提高工作的质量。确保每件事情都能正确地匹配具体的要求变得更加容易，工人们也知道在流程的每个步骤中应该期望得到什么样的结果。仅就控制最终的质量而言，这也是一个巨大的收益。不仅如此，标准化作业还可以让组织更高效地检查生产中的问题，从而实现对最终的生产质量更大程度的掌控。

（2）有效减少浪费。

标准化作业是制造现场的规则和财富。减少浪费是许多现代组织中最重要的话题之一，因为各个公司现在都在处理生产过程中的浪费问题。通过遵循标准化工作的原则，浪费可以降到较低的水平，因为浪费将在到达任何生产阶段之前的初步规划阶段就被消除。这可以将浪费消除的责任转换给设计者，而不是生产者，而这样实施起来往往会更加顺利。

（3）缺陷易于识别和解决。

当整个工作流程被分解成多个标准化的部分时，出现问题就更容易发现。如果一切都已正确实施，那么，错误检查在典型的标准化作业过程中是非常简单的，事后纠正错误只是遵循正确程序。提到生产线的问题解决，标准化作业可以为组织带来更好的灵活性，同时，使组织更有能力扩大规模，而且不用担心质量降低的问题。

（4）预算规划更简单。

当你清楚流程的每一部分预期要花费多少钱时，就可以在规划公司的预算和在市场中进行下一步行动时获得更多的自由发挥的余地。当然，在处理设备故障和其他的生产问题时，总是会有一些偏离预算的情况。绝大多数情况下，公司还是期望项目稳定在某个标准左右。如果实现标准化管理，后续对预算进行更改也会变得更加容易。

（5）精简员工培训。

让新员工加入员工队伍中，对于每个组织，尤其是那些在工作中涉及更复杂程序的组织，这都是一个具有挑战性的考验。公司单独在培训上花费大量的资源并不是什么罕见的事情，从长远来看，这很可能会耗尽他们的预算。

标准化作业，会让组织尽可能容易地将每个人整合到工作中，而不会在这一过程中产生什么麻烦或问题。如果处理得当，甚至有可能在不需要人工干预的情况下执行标准化作业，从而使得新员工加入过程精简、高效。同时，这又能使公司在雇佣员工方面更有灵活性。

对于正确实施标准化作业的组织而言，标准化作业确实可以带来大量的好处，而且开始这个过程也并不需要太长的时间。这是每个负有责任感的领导者在公司成长过程中都应该尽早去考虑的事情，因为从长远来看，采用这种方法是减少整个组织压力和错误的最为简单的方法之一。

现今的标准化是促成未来改善的必要基础，如果你把标准化视为现在能想到的最佳状态并且未来不断改善，你就能有所精进；但是，如果你把标准化当成设定种种限制，那么你的流程就会停止。

### 3.5.2　标准化作业的内容

在现代工业制造环境中，标准化作业是提高生产效率、确保产品质量、降低成本及实现可持续发展的重要基石。它涉及一系列系统化、科学化的管理与实践活动，旨在通过制定和执行统一标准，优化生产流程，提升整体运营效能。

#### 1. 标准周期时间

标准周期时间是指完成某一特定作业所需的标准时间单位，通常基于平均熟练工人的操作速度，并考虑必要的休息时间、机器调整时间等因素。确定标准周期时间有助于平衡生产线各工序的负荷，减少等待和空闲时间，提高整体生产效率。通过秒表测时法、预定时间标准（PTS）系统等工具，可以科学合理地设定这一标准。

#### 2. 标准作业顺序

标准作业顺序定义了完成某项工作任务的最佳操作顺序和步骤，旨在减少无效动作、消除浪费并确保安全。它基于对工作内容的深入分析，考虑人体工学原理、工具与设备的布局优化等因素，确保每个操作都是必要且最高效的。标准作业顺序的制定有助于员工快速掌握正确的工作方法，提升工作效率和产品质量。

#### 3. 标准在制品存量

标准在制品存量是指在生产过程中，为保证生产连续性和平衡性而设置的在制品最小和最大库存量标准。合理控制在制品存量可以减少库存成本、降低资金占用，同时避免生产中断。通过精益生产中的"一个流"或"拉动式"生产方式，可以进一步减少在制品存量，实现生产过程的灵活性和高效性。

### 4. 作业指导书制定

作业指导书是详细描述如何执行特定工作任务的书面文件，它包含了标准周期时间、标准作业顺序、所需工具与设备、安全操作规程等信息。制定作业指导书可以确保工作的可重复性和一致性，有助于新员工快速上手，减少操作错误，提升整体作业水平。

### 5. 培训与实施

培训与实施是将标准化作业内容传授给所有相关员工，并确保其在实际生产中得到有效执行的关键环节。通过定期培训、现场指导、模拟演练等方式，可以提升员工对标准化作业的理解和掌握程度，促进标准化作业在生产现场的全面落地。

### 6. 定期评估与改进

定期评估与改进是标准化作业持续改进的重要环节。通过对生产过程的定期监控和数据分析，识别存在的问题和不足，制定针对性的改进措施。这包括但不限于调整标准周期时间、优化作业顺序、调整在制品存量标准等，以确保标准化作业始终与生产实际需求相匹配，不断推动生产效率和质量的提升。

### 7. 资源合理配置

根据生产需求和标准化作业的要求，科学规划并合理分配人力、物力、财力等资源。这包括人员技能与岗位需求的匹配、设备布局与工艺流程的协调、物料供应与生产节奏的同步等，旨在实现资源的高效利用，减少浪费，提升整体运营效能。

### 8. 保障产品质量

保障产品质量是标准化作业的核心目标之一。通过制定严格的质量标准、实施全面的质量检验与控制、加强员工质量意识教育等措施，确保生产出的产品符合既定的质量要求和客户期望。标准化作业为产品质量的稳定和提升提供了坚实的基础和保障。

总之，基础工业工程的标准化作业是一个系统工程，它涵盖了从标准制定到实施、评估与改进的全方位管理活动。通过不断优化和完善标准化作业体系，企业能够显著提升生产效率、降低成本、提高产品质量，从而在激烈的市场竞争中占据有利地位。

标准化作业的条件为：（1）以人的动作为中心的作业；（2）需要多次重复作业；（3）制成的标准是在作业现场实施。标准作业的形式有工作指导书、作业指导书、工序卡片和操作员指导书。标准化作业的三要素是节拍作业步骤和标准在制品。标准化作业的内容如图3-22所示。

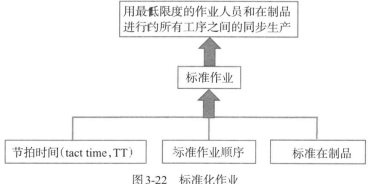

图3-22　标准化作业

### 3.5.3 标准化作业的步骤

**1. 确定节拍时间（TT）**

（1）节拍时间（TT）的目标及意义。

要实现与准时化生产相关的各工序间的均衡，必须把TT这个概念很好地贯穿到标准化作业中。

（2）TT、ATT（actual tact time）、CT（cycle time）的定义。

①TT：TT=每班工作时间(固定)÷需求量（每班的生产数量）。

注： TT可以写成tact time，也可以写成takt time。主要是由于有许多非英语国家，经常把c写成k，因为发音相同，而且德语里面c经常就是k。

②ATT：作业实际节拍时间。ATT=（每班工作时间（固定）+超时工作时间）÷需求量（每班的生产数量），也可以用下述方法估算：ATT=（1−系统损失%）×TT。

③周期时间CT：用固定的顺序生产一个或者一辆用了几分钟或者几秒钟（实测时间）。

（3）TT/ATT/CT之间的关系。

tact time讲的是拉式生产，按客户需求拉动生产。cycle time讲的是推式生产。

tact time是单件流中的概念，是“按客户需求的速度生产产品”。cycle time & pitch time是pitch mark管理中的概念。cycletime是指某个operation station完成其工作所需要的时间。一般的公司将整个工艺流程中最大的cycle time当作这个工艺流程的cycle time，也叫瓶颈工时。

（4）计算TT的关键点。

①在计算“每班工作时间”时，设备故障、等待材料的空闲时间、休整时间、疲劳休息时间等，不要事先扣除；

②在计算“每班生产数量”时，不要因为可能出现不合格品而多生产。

**2. 使用工序能力表，确定单位产品的完成时间**

（1）工序能力表（如图3-23所示）

| | | | | |
|---|---|---|---|---|
| 工作时间 | （小时） | 8 | 净作业时间 | 430 |
| 休息时间 | （分钟） | 50 | 生产节拍TT（秒） | 99 |
| 计划产量 | （件/定） | 260 | | |

xxxx生产线　工序能力表

填写时间:　2014 12 18 14:48

工序能力表　零件件号 xxxxx　零件名称 xxxx　生产线名称 xxxx

手动--机动时间线图　“手动时间”与“机动时间”--条形图　姓名　单位　手动作业

| 设备号 | 工序号 | 工序名称 | 设备型号 | 基本时间（秒）手作业时间 | 自动机时间 | 完成时间 | 刀具 交换个数 | 交换时间 | 加工能力（件/班） |
|---|---|---|---|---|---|---|---|---|---|
| | | | | | | | | | 224 |
| 1 | 1 | 基准面切削 | LS023 | 9 | 48 | 57 | 200 | 180 | 446 |
| 2 | 2 | 端面切削 | LS024 | 18 | 90 | 108 | 80 | 180 | 234 |
| 3 | 3 | 钻¢10孔 | DR085 | 10 | 103 | 113 | 80 | 180 | 224 |
| 4 | 4 | 钻¢5孔 | DR086 | 10 | 85 | 95 | 80 | 180 | 265 |
| 5 | 5 | 钻¢20孔 | DR060 | 11 | 53 | 64 | 20000 | 180 | 403 |
| 6 | 6 | 清洗 | CL034 | 11 | 91 | 102 | 1200 | 180 | 253 |

10　20　30　40　50　60　70　80

图3-23　工序能力表

①统计在各个工序加工零件时所表现出来的工序生产加工能力。

②记录手工作业时间、机器的自动输送时间及换线（附带时间）的表格。

③本表作用在于在工序中明确机器的瓶颈等，从而找到改善的突破口。

（2）作业要素的重要性。

①任何操作都可以分解为若干个作业要素。

②作业要素是标准化作业的基石，一个作业要素是一组使得操作成功完成的动作的合理组合。

（3）建立作业要素的关键：

①实际作业的位置；

②产品的分组；

③完成要素所需的时间；

④行走不是一个要素，通常情况下不要包括在作业要素表中；

⑤任何工作的第一个要素可以是"阅读料单并拿取零件"；

⑥工序顺序与作业顺序的编排。

（4）作业要素分解实例（如图3-24所示）。

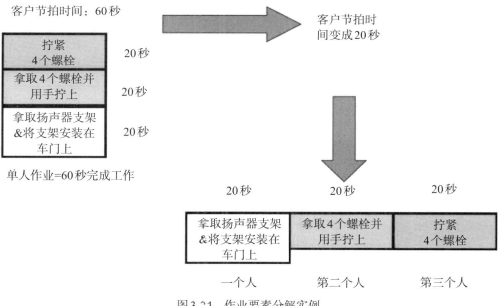

图3-24　作业要素分解实例

（5）时间观测步骤及方法。

①把作业要素填写在观测表上，一边观察作业一边记录观测。

②秒表不停地转动，作业要素完成时秒表所显示的时间就是观测值，读取秒表上所显示的时间并记录到观测表上。

③一个动作的结束也可以作为下一个动作的开始，必须观测10次左右。

④用黑色字体记录在每一项作业要素的上半行。

⑤计算出各作业要素的时间，用红色字体记录在每一项作业要素的下半行。

⑥计算出每个生产周期时间，用红体字记录。

⑦确定各作业要素作业时间：测10次以后，把里面的最好值选出来。但是，在可能范围内连续作业的时间不包含异常值。

⑧求出机器作业时间：测定从按下启动按钮开始到所有目标作业完成，机器运转恢复原位的时间观测2~3次。

（6）加工能力的计算。

方法1：$N=T/(C+m)$

方法2：$N=(T-mN)/C$

式中，$T$表示每班工作时间；$C$表示单位产品生产时间；$m$表示单位产品换线时间；$mN$表示总的换线时间。

说明：如果是两个零部件同时加工或者是从几个当中抽一下零部件进行质量检查，要把一个零部件的完成时间写入备考栏

### 3. 使用《标准作业组合表》，确定标准作业顺序

（1）作业顺序的目标及意义：作业顺序是加工/组装/安装/拆卸的顺序，是经过大家一致认可的操作完成顺序，以最大限度地保证安全、质量和效率

（2）作业顺序的定义。

①作业顺序是每个作业人员在规定的循环时间内必须执行的活动顺序；

②其一表明作业人员操作的顺序，也可以叫作程序；

③其二指示多能工的作业人员在各种设备上，在一个循环时间之内必须执行的作业顺序。

（3）作业顺序与工序顺序的区别。

①如果作业顺序简单，可以从《工序能力表》直接确定，这时工序顺序实际上和作业顺序相同。

②如果作业顺序复杂，不容易确定某台设备的自动运行时间在作业人员在下一个节拍里操作这台设备之前能不能结束，在确定正确的作业顺序时，要使用《标准作业组合表》。

（4）《标准作业组合表》参考样式见表3-10。

表3-10 标准作业组合表参考样式

标准作业表

| 品号·品名 | 固定卷线制作 | | 作成月日 | 05/2/11 | 必要数／日 | 135 | | ━━━ | 手作业 |
|---|---|---|---|---|---|---|---|---|---|
| 工程 | 绕线机（2HL卷） | | 职场 | 521班 | 节拍时间／周期时间 | | | ┣┅┅┫ | 自动进给 |
| | | | | | | | | ◀▬▶ | 手等待 |
| | | | | | | | | 〰〰 | 步行 |

| No. | 作业名称 | 时间 工 停 送 | 作业时间 20 40 60 80 100 120 140 160 180 200 220 240 260 280 300 320 340 360 380 400 420 440 460 480 |
|---|---|---|---|
| 1 | 取工件 | 3 3 | |
| 2 | 设定工件（下口） | 19 | |
| 3 | 启绕线头·移动 | | 16 |
| 4 | 贮带准备 | 32 | |
| 5 | 绕线 | | 89 |
| 6 | 用胶带粘住 | 19 | |
| 7 | 绕线头·移动 | | 16 |
| 8 | 工件反转（上口） | 18 | |
| 9 | 绕线头·移动 | | 16 |
| 10 | 贮带准备 | 32 | |
| 11 | 绕线 | | 89 |
| 12 | 用胶带粘住 | 19 | |
| 13 | 绕线头·移动 | | 16 |
| 14 | 取出工件 | 3 | |
| 15 | 工件放置 | 3 3 | |
| 16 | | | |
| 合 计 | | 150 9 242 | 40 80 120 160 200 240 280 320 360 400 440 480 |

| 标 准 作 业 表 | 品质检查 | 安全注意 | 标准保存量 | 保存数 | 节拍时间 | 实际时间 | NO |
|---|---|---|---|---|---|---|---|
| | ◇ | ✚ | ● | 0 | | 401 sec | |

绕线机

②～⑭

未加工品 ①┅┅⑮ 已加工完品

①人的作业和机器的作业相结合、明确在单位产品生产时间内所担当的作业范围。

②手工作业、自动输送（MT）、步行移动等。明确瓶颈所在，找到改善的突破口。

（5）《标准作业组合表》的制作步骤。

①在作业时间轴上，用红线画出循环时间TT。

②事先确定一名作业人员能够操作的工序的大致范围，全部作业时间应和红线画出的循环时间相等。

③作业时间必须使用《工序能力表》正确地累积计算，因为设备与设备之间有步行时间，步行时间要用秒表准确测出并记录下来。

④确定最初的作业，把手工作业时间和由第一台设备进行的自动输送的加工时间写上去，数据从《工序能力表》转记过来。

⑤确定该作业人员的第二步作业，此时不能忘记工序顺序不一定和作业顺序相同这一点。在这一阶段必须把设备与设备之间的步行时间、质量检验时间、特定的安全预防措施也考虑进去。如果或多或少需要步行时间的话，就必须把它画上去，从先行的手工作业时间的终点到后续的手工作业时间的终点用波浪线画上去。

⑥重复第③和第④步骤，确定所有的作业顺序。在按这些步骤往下进行的时候，由

设备进行的自动输送的点线不到达下一次手工作业阶段的实线就是合适的，否则有必要把它换到其他顺序上试试看。

⑦作业顺序必须包括预定的所有工序，所以在下一个工序循环最初的作业处终结，在返回这个最初的作业时，如果需要步行时间，需要用波浪线。

⑧一个工作循环最后的返回点同循环时间红线的判断。

· 如果相吻合，就可说这个作业顺序是合适的。

· 如果在循环时间红线前面结束，需探讨是否可以追加更多的作业要素。

· 如果最后的作业超出红线，需考虑缩短超出的这一部分作业时间的方法。

⑨最后实际试验一下最后的标准作业顺序，如果能够在循环时间内轻松完成，就可以交给作业人员了。

（6）《标准作业组合表》案例（如图3-25所示）。

| 产品编号 | 3561-4630 | 标准作业组合表 No.1 | | 制造年月日 | 10月 | 日产需要量 | 240个 | 手工作业 —— 自动运送 ------- 步行 〰〰〰 |
|---|---|---|---|---|---|---|---|---|
| 工序名 | 机械加工2部 | | | 作业者单位及姓名 | | 循环时间 | 2分 | |

| 作业顺序 | 作业名称 | 时间 | | 作业时间 |
|---|---|---|---|---|
| | | 手工作业 | 自动运送 | (960个)　　　(480个)　　　(320个)　　　(240个) |
| 1 | 从托盘中取出材料 | 01′ | | |
| 2 | 中心钻床 | 07′ | 1′20′ | |
| 3 | 倒角 | 09′ | 1′35′ | |
| 4 | 绞孔 | 09′ | 1′25′ | |
| 5 | 绞孔 | 10′ | 1′18′ | |
| 6 | NE-200 | 08′ | 50′ | |
| 7 | GR-101 | 05′ | — | |
| 8 | SA-130 | 07′ | 1′10′ | |
| 9 | JI-500 | 10′ | 1′30′ | |
| 10 | HU-400 | 12′ | 55′ | 不可重叠 |
| 11 | 洗净、组装螺纹接头把产品装入托盘 | 20′ | — | |

图3-25　《标准作业组合表》案例

（7）工序作业分配与设备布置如图3-26、图3-27所示。

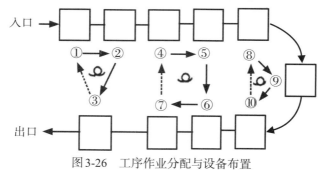

图3-26　工序作业分配与设备布置

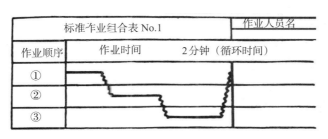

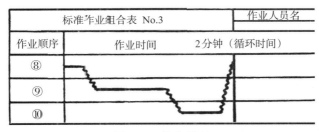

图 3-27　作业顺序

①作业人员在循环时间内，完成分配给自己的全部作业要素。

②设备布置也必须和每个作业人员的循环时间一样，能够使各种工序间的生产线同步。

**4. 确定在制品的标准持有量**

（1）标准持有量的目标及意义。

①为了确保同一生产顺序的重复作业，工序或机器内需要准备最低限度的存量。

②标准持有量的意义在于消除多余的在制品库存。

③减小在制品库存的维护费用。

④目视管理也变得容易，检验产品质量和进行工序改善变得容易进行。

（2）标准持有量的定义。

标准持有量指生产线上正在进行的作业所必需的、最低限度的在制品数量，它包括正在设备上加工的那部分，不包括成品存放的库存。

（3）确定标准持有量的原则：

①能够按照预定的TT，使操作顺序按一定速度和节拍同步运转。

②实际的持有量因设备布局和作业顺序不同也不一样。

③工序所需要的位置检查产品质量所需要的数量。

④从前工序设备送来的在制品温度下降到一定水平的过程中保持的必要数量。如：烘烤工序、三坐标检测工序等。

⑤后工序为集中生产的工序。如：浸漆工序、抛丸工序等。

**5. 编制《标准作业组合表》**

（1）《标准作业组合表》的意义。

①是各作业人员遵守标准作业的准则。

②可作为对现场管理人员评价的依据，因为标准作业必须通过工序的作业改善频繁地进行修改。

如果没经修改的标准作业票长期不变，可以判定现场管理人员没有努力地进行作业改善。

③动作图线复杂的地方是改善的突破口。

（2）《标准作业组合表》的要素。

①循环时间（TT）；

②作业顺序；　　　　　标准作业"三要素"

③标准持有量；

④纯作业时间；

⑤"质量确认"的位置；

⑥"安全注意"的位置。

图3-28所示为标准化操作符号与工作流程。

## 标准化操作的符号

**在布局图的适当位置标记符号：**

 — 安全
　　如作业要素表中的符号

 — 质量检查
　　100% 检具检查/测试

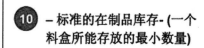 — 标准的在制品库存-（一个料盒所能存放的最小数量）

 — 关键操作

● — 强制执行的作业顺序

## 工作流程

**将操作员工作路线加入布局图中：**

 — 表示操作员/工位

 — 表示每个工作要素完成的位置

 — 表示过程中的向前走动路线

- - - - — 表示完成最后一个工作要素后返回起点的走动路线。

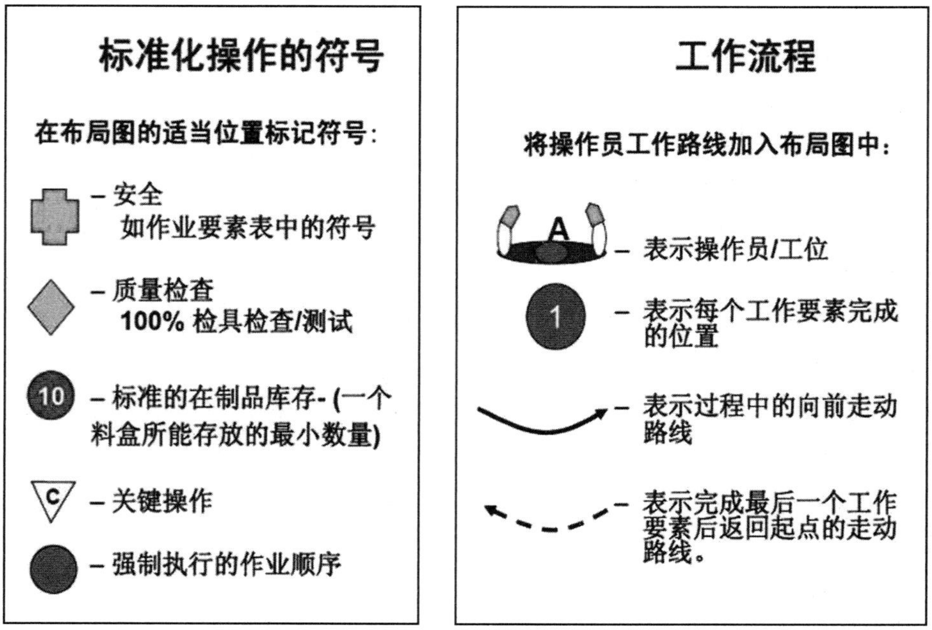

图3-28　标准化操作符号与工作流程

（3）《标准作业组合表》的用途：

为了让作业人员全面理解标准作业，丰田公司的分别编写两份文件，发放给现场作业人员。

①《标准化作业指导书》：标准作业顺序中各项作业的重点

②《工序作业指导书》：各生产线上各种作业的细节和质量管理方法

在以上两份文件中，包含了《标准作业组合表》的数据。

## 思考题

1. 方法研究的步骤有几步？分别简要概述一下。

2. 作业测定的方法有哪些？

3. 影响生产线平衡的因素主要有哪些？

# 第4章

# 人因工程

◐ 本章学习目标

1. **知识目标**：了解人因工程学的起源和发展，熟悉我国人因工程学科的发展；掌握人因工程学的研究内容，熟悉其应用领域；掌握人因工程学的研究方法与研究步骤；了解人因工程学作为工业工程专业的课程的意义。

2. **能力目标**：了解人因工程学的起源与发展，熟悉人因工程学的研究内容与应用领域，提升对人因工程学基本内容的认识；掌握人因工程的研究方法与研究步骤，积极应用到实际问题中，能够解决相关实际问题。

3. **价值目标**：了解人因工程学相关知识，培养综合素质，包括知识技能、社会责任、创新能力等方面；熟悉人因工程学的研究内容与研究方法，提升文化素养和精神文明素质；掌握人因工程学的研究方法和步骤，培养学生的工匠精神以及精益求精的专业能力。

✎ **引导案例** 人类之光将未来照进现实（一）

航天员站在高高的机械臂上往下看，宇宙的绚烂与深邃皆在脚底。舱外，蓝色的地球盈盈欲滴，缓缓转动，带着人类百万年波澜壮阔的征战、牧歌，欢愉与悲戚。

但，这只是地球上的人们的浪漫想象。"进驻前，空间站就像一个没装修好的房子，需要航天员安装水管理系统、建立Wi-Fi，完成上千个货包的拆解等。通过一周加班加点的工作，我们完成了53个项目，将核心舱从无人状态变为适合工作、生活的状态。"航天员聂海胜在第七届人因工程高峰论坛上讲述了他和刘伯明、汤洪波执行神舟十二号载人航天飞行任务的过程，揭示了"人"在载人航天"万里长征"中的重要性。可以说，几乎所有空间站内与航天员有交互界面的设计、舱外的产品研制和任务设计，都是人因工程保障的结果。

3位宇航员几乎被埋在漂浮的箱包里，首先要拆箱、整理，让一切归位。

聂海胜用自己在空间站的经历，告诉大家什么是人因工程，人与机器、环境的关系是怎样的。

机器是人发明的，但不能替代人。人要探索更高更深更远，又离不开机器。聂海胜等3位航天员是通过神舟十二号飞船，由长征二号F火箭发射升空的，经过交会对接，进入中国空间站的核心舱，在那里工作生活3个月。舱外活动任务中，他们穿上一个小型航天器——舱外服，登上高耸的机械臂。面对太空的恶劣环境，航天员要和一系列机器协同工作才能生存和完成任务。

载人航天任务本身就是一次巨大的人因工程试验，正如中国工程院院士、中国载人航天工程总设计师周建平所说，载人航天工程的设计师们对人因工程也经历了一段认识的升华过程。"在载人航天之前，航天工程实际上是无人飞行，靠自动化或遥控运行。当人进入这个环路，我们就开始深入探讨如何发挥人的作用。"

航天员和飞船、空间站、机械臂协同工作，形成了特殊环境、特殊任务、特殊装备和特殊人员的复杂人机系统。人因工程是近年来随着科技进步与工业化水平提升而迅猛发展的一门综合性交叉学科，在大国重器中起着举足轻重的作用。

但让人意想不到的是，点开手机上的购物软件，五花八门的商品链接就会"猜你喜欢"；在每个室内公共场所，抬头就能清晰地看见"安全出口"的标识；智能手表能够准确地测量出佩戴者的体温和心率等信息……这些让生活更智能舒适、让工作更便捷高效的设计也都有人因工程的支撑。

"关注人因就是关注我们人类的未来，关注未来我们每个人各自的生活和工作状态。"国际宇航科学院院士、中国载人航天工程副总设计师陈善广在第七届中国人因工程高峰论坛的开幕式上说。峰会上，18位两院院士、两位英雄航天员聂海胜和刘旺以及人因工程领域专家学者、设计创新领域专家、相关科研院所及企事业单位代表1 200余人齐聚上海，共话人因工程学科交叉融合发展成果、描绘人类未来美好图景。

（节选自《中国青年报》2023年4月19日，有改动）

## 4.1　人因工程学的起源与发展

### 4.1.1　人因工程学概述

人类在进化过程中，从最原始的完全依靠自然生活（比如采集食物、狩猎以及逃避猛兽的追捕）到逐渐学会制作简单的工具，再到各种复杂工具和技术的发展。人类经历如此漫长的道路，才从原始社会发展到今天。在这个过程中，科学技术作为第一生产力发挥着至关重要的作用。然而技术发展与人的因素是不可分割的，它们之间的关系就是人们开始研究人因的起因。人们都有这样的经历，一些工具、装置、设备或机器的使用十分不方便，而只要稍加改动，用起来就会舒服得多。这些只是非常简单的人因工程学的应用。随着生产技术的发展和人类对于自身认识的加深，人因工程学也越来越深入地与技术融合在一起，同时也越来越深入地融入人们的生活中，例如在各种日常用品上，如家用摄像机、浴盆、电视机的遥控器等都应用到了人因工程学。下面就来对人因工程学这门学科从总体进行认识，并且较深入地介绍几个比较重要的概念。

人因工程学是一门重要的工程技术学科。它是管理科学中工业工程专业的一个分支，是研究人和机器、环境的相互作用及合理结合，使设计的机器和环境系统适合人的生理、心理等特点，达到在生产中提高效率、安全、健康和舒适目的的一门科学。该学科在其发展过程中，逐步打破了各学科之间的界限，并有机地融合了各相关学科的理论，不断地完善自身的基本概念、理论体系、研究方法，以及技术标准和规范，从而形成了一门研究和应用范围都较为广泛的综合性边缘学科。因此，人因工程学具有现代各门新兴边缘学科共有的特点，如学科命名多样化、学科定义不统一、学科边界模糊、学科内容综合性强、学科应用范围广等。人因工程学包含三大要素——人、机、环境，以人为中心，按照人因工程中人的因素、机器的因素、环境因素开展讲述，最后介绍人因工程学的原理和方法、系统的设计分析和评价等内容，从而构成人因工程理论体系框架。

目前国际上对人因工程学有几种不同的称呼。美国称之为人因工程学（human factors），在欧洲工效学（ergonomics）更为流行。有些学者称之为人类工程学（human engineering）、人机工程，也有一些心理学家喜欢使用工程心理学（engineering psychology）的叫法。其中侧重于研究人对环境的精神认知的称为cognitive ergonomics或human factors，而侧重于研究环境施加给人的物理影响的称为biomechanics或physical ergonomics。

在具体的定义上，也没有统一。例如国际人机工程学会将人机工程学定义为：研究人在某种工作环境中的解剖学、生理学和心理学等方面的因素，研究人和机器及环境的相互作用，研究在工作中、生活中和休息时怎样统一考虑工作效率以及人的健康、安全和舒适等问题的学科。《中国企业管理百科全书》将人机工程学定义为研究人和机器、环境的相互作用及其合理结合，使设计的机器和环境系统适合人的生理、心理等特点，达到在生产中提高效率、安全、健康和舒适的目的的学科。有些学者通过对各种定义的总结，认为人机工程学可定义为：按照人的特性设计和改善人—机—环境系统的科学。

人因工程学的定义应该结合人因工程学研究的核心、目标以及方法来给出。在研究重点上，人因工程学着重研究人类以及在工作和日常生活中所用到的产品、设备、设施、程序与人之间的相互关系。研究重点在于人和通过设计来影响人。人因工程学试图改变人们所用的物品和所处的环境，从而使其更好地适应人的工作能力和限制，满足人的需要。在研究目标上，人因工程学有两个主要目标：第一是提高工作的效率和质量，例如简化操作、提高作业准确度、提高劳动生产率等；第二是满足人们的价值需要，如提高安全性、减少疲劳和压力、增加舒适感、获得用户认可、提高工作的满意度和改善生活质量等。在研究方法上，人因工程学的基本方法就是对人的能力、限制、特点、行为和动机等相关信息进行系统研究，并将之用于产品、操作程序及使用环境的设计。它包括对人本身和人对事物、环境等反应的有关信息的科学研究。这些信息是进行设计的基础，并且可以用来分析当设计有所变化时可能产生的影响。作为一门注重设计的科学，人因工程学还包括对设计的评价等方面的内容。

综上所述，人因工程学可以简单地定义为：人因工程学是基于对人和机器，技术的深入研究，发现并利用人的行为方式、工作能力、作业限制等特点，通过对工具、机器、系统、任务和环境进行合理设计，以提高生产率、安全性、舒适性和有效性的一门工程技术学科。

作为一门工程技术，人因工程学不同于其他一般工程技术学科的一些特点包括：

（1）牢记产品是用来为顾客服务的，在设计时必须始终把用户放在首位。

（2）必须意识到个体在能力和限制上的差异，并且充分考虑到这些差异对各种设计可能造成的影响。

（3）强调设计过程中经验数据和评价的重要性。依靠科学方法和使用客观数据去检验假设，得出人类行为方式的基础数据。

（4）运用系统的观点去考虑问题，意识到事物、过程、环境和人都不是独立存在的。

另外，还需要指出的是：

（1）人因工程学不只是基于表格数据和一些指标来进行设计。实践中，人因工程师要制定和使用列表和指标，但这并不是其全部工作。如果使用不当，同样不能确保设计出一件好的产品。一些设计中非常重要的因素、具体的应用和思想方法是不可能通过列表或指标得到的。

（2）人因工程学不是设计产品的模型。对工程师来讲，成熟的工作程序并不能保证所有人都能成功地进行工作。人因工程师必须研究个体差异，从而在为用户设计产品时考虑到不同的特征。

（3）人因工程学不同于常识。从某种程度上说，应用常识也能够改进设计，而人因工程学远不止这些。标志上的文字需要多大才能够在一定的距离内看到，如何选择一个报警声，使它能够不受其他杂音的干扰，这些都是基于简单的常识做不到的，常识也测不出驾驶员对报警灯和汽笛的反应时间。

## 4.1.2　人因工程学的起源与发展

人因工程学起源20世纪初期，作为一门独立的学科已有几十年的历史。人因工程起源于欧洲，形成于美国。英国是世界上最早开展人因工程学研究的国家，但这门学科的奠基性工作实际是在美国完成的。

人因工程学的发展大致经历了三个阶段：孕育阶段（20世纪前期至第一次世界大战）、兴起阶段（第一次世界大战初期至第二次世界大战之前）、成长阶段（第二次世界大战至60年代）、发展阶段（60年代至今）。

### 1. 孕育阶段——对劳动工效苛刻追求

早在石器时代，人类学会了将石块打制成可供敲、砸、刮、割的各种工具，从而产生了原始的人机关系。此后，在漫长的历史岁月里，人类为了增强自己的工作能力和提高自己的生活水平，便不断地创造发明，研究制造各种工具、用具、机器、设备等。但是，人类却忽略了对自己制造的生产工具与自身关系的研究，于是导致了低效率，甚至对自身的伤害。

19世纪末，人们开始采用科学的方法研究人的能力与其使用的工具之间的关系，从而进入了有意识地研究人机关系的新阶段。这一阶段大致是从19世纪末到20世纪30年代，在人与工具的关系以及人与操作方法的研究方面，最具有影响力的首推现代管理学的先驱——泰勒。1898年泰勒进入美国的伯利恒钢铁公司后，对铲煤和矿石的工具——铁锹进行研究，找到了铁锹的最佳设计以及每次铲煤和矿石的最适合重量。同时，泰勒还进行了操作方法的研究，剔除多余的不合理的动作，制定了最省力、最高效的操作方法和相应的工时定额，大大提高了工人的工作效率。1911年吉尔布雷斯夫妇通过快速拍摄影片，详细记录工人的操作动作后，对其进行分析研究，将工人的砌砖动作简化，使工人的砌砖速度由原来的120块/小时提高到350块/小时。现代心理学家闵斯托博格在1912年前后出版了《心理学与工作效率》等书，将当时心理技术学的研究成果与泰勒的科学管理学从理论上有机地结合起来，运用心理学的原理和方法，通过选拔与培训，使工人适应于机器。这一阶段人机关系研究的特点是，以机器为中心进行设计，通过选拔和训练，使人适应于机器。在此期间的研究成果为人机工程学学科的形成打下了良好的基础。

**人机关系特点：**

20世纪初，虽然已孕育着人因工程学的思想萌芽，但此时人机关系总的特点是以机器为中心，通过选拔和培训使人去适应机器。由于机器进步很快，人难以适应，因此存在着大量伤害人身心的问题。

**2. 兴起时期——如何减轻疲劳及人对机器的适应**

这一时期为第一次世界大战初期至第二次世界大战之前。第一次世界大战为工作效率研究提供了重要背景。这一阶段主要研究如何减轻疲劳以及人对机器的适应问题。由于战争的需要，工厂雇用了大量妇女和非熟练劳动力进行生产，生产任务的紧迫性使企业经常延长工作时间，增大了劳动强度，加剧了工人疲劳，达不到提高工作效率的目的。当时参战国都很重视研究发挥人力在战争和后勤生产中的作用的问题。如英国设立了疲劳研究所，研究减轻工作疲劳的方法。美国为了合理使用兵力资源，进行了大规模智力测验。此外，在战争中已使用了现代化装备，如飞机、潜艇和无线电通信等。新装备的出现对人员的素质提出了更高的要求。选拔、训练兵员或生产工人，都是为了使人适应机器装备的要求，在一定程度上改善了人机匹配，使工作效率有所提高。第一次世界大战后，人员选拔和训练工作在工业生产中受到重视。心理学的作用受到普遍关注，许多国家成立了各种工业心理学研究机构。

自1924年开始，在美国芝加哥西方电气公司的霍桑工厂进行了长达8年的"霍桑实验"，这是对人的工作效率研究中的一个重要里程碑。这项研究的最初目的是想找出工作条件（如照明等）对工作效率的影响，以寻求提高效率的途径。经过一系列实验研究，最后得到的结论是工作效率不仅受物理的、生理的因素影响，而且还受组织因素、工作气氛和人际关系等因素的影响。从此，人们开始重视情绪、动机等社会因素的作用。

**3. 成长阶段——二战中尖锐的军械问题**

第二次世界大战期间，由于战争的需要，军事工业得到了飞速发展，武器装备变得空前庞大和复杂。此时，完全依靠选拔和训练人员，已无法使人适应不断发展的新武器的性能要求，事故率大大提高。据统计，美国在第二次世界大战期间发生的飞机事故中，90%是由于人为因素造成的。人们逐渐认识到，只有当武器装备符合使用者的生理、心理特性和能力限度时，才能发挥其高效能，避免事故的发生。于是，对人机关系的研究，从"人适机"转入"机宜人"的新阶段。从此，工程技术才真正与生理学、心理学等人体科学结合起来。

第二次世界大战结束后，人机关系的研究成果广泛地应用于工业领域。1949年，在莫雷尔的倡导下，英国成立了第一个人机工程学科研究组。翌年2月16日在英国海军部召开的会议上通过了人机工程学（ergonomics）这一名称，正式宣告人机工程学作为一门独立学科的诞生。

1949年查帕尼斯等人出版了《应用实验心理学——工程设计中人的因素》一书，总结了第二次世界大战期间的研究成果，系统地论述了人机工程学的基本理论，为人机工程学奠定了理论基础。1954年伍德森发表了《设备设计中的人类工程学导论》。1957年麦克考米克出版了《人类工程学》，该书相继被美国、日本等国广泛采用作为大学教科书。在这一阶段，德国、美国先后成立了人机工程学会，德国的马克思·普朗克协会人类工程学研究所、英国的劳动技术学院、美国的哈佛大学等都开展了人机工程学方面的研究工作，人机工程学原理也为许多工业设计师所采用。

例如，战斗机中座舱及仪表位置设计不当，造成飞行员误读仪表和误用操纵器而导致意外事故，或由于武器操作复杂、不灵活和不符合人的生理尺寸而造成战斗时武器命中率低等现象经常发生。只有当武器装备适应使用者的生理、心理特性和能力限度时，才能发挥其高性能。并且，器物不但要与人的生理条件相适应，还必须顾及环境的因素。

因此，武器设计工程师与解剖学家、生理学家和心理学家等一起设计操纵合理的武器，收到了良好的效果，从而为人因工程学的诞生奠定了基础。

第二次世界大战结束后，人机工程学的研究与应用逐渐从军事领域向工业等领域发展，并逐步应用军事领域的研究成果来解决工业与工程设计中的问题。后来，研究领域不断扩大，研究队伍中除心理学家外，还有医学、生理学、人体测量学及工程技术等各方面的学者专家，因而有人把这一学科称为"人的因素工程学"。相关研究著作相继出版，一些大学开设了相关课程，建立相关研究部门，大力开展相关研究。

此外，美国，日本和欧洲的许多国家先后成立了学会。例如，英国于1949年成立了工效学研究协会。美国于1957年建立了人因工程学协会。为了加强国际交流，1959年国际人类工效学学会（IEA）正式成立了，该组织为推动各国人因工程发展起到了重要作用。

在这个时期，各国研究工作主要集中在人机界面的匹配，即关于显示器与控制器设计中的人的因素的研究，因而，有人称之为"旋钮与表盘"时代。各国把研究成果汇编成标准或规范，有利于在工程技术实践中推广和应用。

**学科思想：**

与孕育期对比，学科思想至此完成了一次重大的转变：从以机器为中心转变为以人为中心，强调机器的设计应适合人的因素。

从此对人机关系的研究，从使人适应机器转入使机器适应人的新阶段。

**4. 发展阶段——向民用品等广阔领域延伸**

20世纪60年代以后，人因工程学进入了一个新的发展时期。这个时期人因工程学的发展有三大基本趋势。

（1）研究领域不断扩大。随着技术、经济和社会的进步，人因工程学的研究领域已不限于人机界面匹配问题，而是把人—机—环境系统优化的基本思想、原理和方法，应用于更广泛领域的研究，如人与工程设施、人与生产制造、人与技术工艺、人与方法标准、人与生活服务、人与组织管理等要素的相互协调适应上。

20世纪80年代，计算机技术的迅速发展使人因工程学的研究面临新的挑战，如何设计界面友好的软件、新的控制设备、屏幕显示的信息输出、新技术对人类的冲击等都成为人因工程学研究的领域。

20世纪80年代以来，人类经历了多次大规模的技术性灾难。1979年美国三里岛核电站发生的事故，差点导致核泄漏的严重后果。1984年印度博帕尔一家农药厂发生有毒化学物质泄漏，造成近4 000人死亡。1986年，苏联切尔诺贝利核电站事故，导致300余人死亡，大量人员遭到有害射线的辐射，上百万平方公里的土地被放射性物质污染。三年以后，又一场大爆炸席卷了得克萨斯州的一家塑料工厂，23人死亡，100多人受伤。这些事故的主要原因是人为失误。所以，如何保证重大系统的安全和可靠性成为人因工程学研究的又一重要领域。

（2）应用的范围越来越广泛。人因工程学的应用扩展到社会的各行各业，渗透到人类生活的各个领域，如衣、食、住、行、学习、工作、文化、体育、休息等各种设施用具的科学化、宜人化。由于不同行业应用人因工程学的内容和侧重点不同，因此出现了学科的各种分支，如航空、航天、机械电子、交通、建筑、能源、通信、农林、服装、环境、卫生、安全、管理、服务等。

20世纪90年代以后，人因工程学越来越多地应用于计算机和信息技术（计算机界面、人机交互、互联网等）及空间技术的应用之中。例如，建立永久性空间站的计划必然涉及大量的人因工程学方面的研究。总之，随着人类工作和生活的丰富化，人因工程学的应用领域还将不断充实和发展。

（3）在高技术领域中发挥特殊作用。随着微电子及计算机迅速发展以及自动化水平的提高，人的工作性质、作用和方式发生了很大变化。以往许多由人直接参与的作业，现已由自动控制系统代替，人的作用由操作者变为监控者或监视者，人的体力作业减少，而脑力或脑体结合的作业增多。今后，将有越来越多的智能化机器装备代替人的某些工作，人类社会生活必将发生很大的改变。然而，技术与人类社会往往出现不协调的问题，只有综合应用包括人因工程学在内的交叉学科理论和技术，才能使高技术与固有技术的长处很好结合，协调人的多种价值目标，有效处理高新技术领域的各种问题。

**学科思想：**

人机（以及环境）系统的优化。

人与机器应该互相适应、人机之间应该合理分工。

今后人因工程学的发展热点包括：

①人类空间站的建立；

②计算机的人机界面；

③弱势群体的医疗和便利设施设计；

④生理和心理保健产品与设施设计。

人因工程学的发展概述见表4-1。

表4-1 人因工程学发展概述

| 时间 | 阶段 | 典型事件、特征、案例、研究内容 |
|---|---|---|
| 工业革命以前 | 原始人因工程学 | 二业革命前（创造并改良早期机器）：<br>石器时代；<br>青铜器时代，早期铁器时代 |
| 工业革命—1945年 | 经验人因工程学 | 19世纪到20世纪前期（使人适应机器）；<br>1884年莫索肌肉疲劳试验；<br>1898年泰勒铁锹作业实验；<br>1911年吉尔布雷斯砌砖作业实验 |
| 1945—1960年 | 科学人因工程学 | 1945—1960年（使机器适应人）：<br>1945年美国军方成立工程心理实验室<br>1949年第一本有关人因工程学的书《应用实验心理学——工程设计中人的因素》出版<br>1950年英国成立了世界上第一个人类工效学会；<br>1959年国际人类工效学学会成立 |
| 1960—1980年 | 成熟人因工程学 | 1960—1980年（仍然不为普通人所了解）：<br>到了20世纪60年代，美国的人因工程学基本集中在复杂的军事工业的应用上，随着航天技术的发展，人因工程学迅速成为航天工业的一个重要部分。随后，人因工程学迅速发展，开始在军事和航天工业以外的领域得以应用，包括医药公司、计算机公司、汽车公司和其他消费公司。工厂也开始意识到人因工程学在工作场地和产品设计方面的重要性 |
| 1980—1990年 | 现代人因工程学 | 1980—1990年（人因工程学的重要性）：<br>1979年三里岛上的核电站事故；<br>1984年12月4日印度博帕尔一家农药厂有毒物质泄漏，4 000人死亡，20 000人受伤；<br>1986年苏联切尔诺贝利核电站事故，300人死亡；<br>1989年美国菲利普斯石油公司的一家塑料工厂在一场爆炸中被夷为平地 |
| 1990年以后 | 人—机—环境人因工程学 | 1990年以后（人—机—环境系统的建立）：<br>人类空间站的建立；<br>计算机和计算机工程的应用；<br>药物器械设计和老年人产品设计；<br>人民生活和工作质量设计 |

## 4.1.3 我国人因工程学的发展

我国最早开展工作效率研究的是心理学家。20世纪30年代清华大学开设了工业心理学课程。1935年，陈立出版了《工业心理学概观》，这是我国最早系统介绍工业心理学的著作。陈立还在北京及无锡的工厂里开展工作环境及选拔工人等研究。新中国成立后，中国科学院心理研究所和杭州大学的心理学家开展了操作合理化、技术革新、事故分析、职工培训等劳动心理学研究。虽然这些研究对提高工作效率和促进生产发展起到了积极作用，但还是侧重于使人适应机器的研究。20世纪60年代初，各种装备由仿照向自行设制造转化，需要提供人机匹配数据。一部分心理学工作者转向光信号显示、电站控制室信号显示、仪表盘设计、航空照明和座舱仪表显示等工程心理学研究，取得了可喜的成果。70年代后期，我国进入现代化建设的新时期，工业心理学的研究获得较快的发展。一些研究单位和大学成立了工效学或工程心理学研究机构。改革开放后，研究人员了解了更多国外人因工程学的研究应用成果和发展态势，到20世纪80年代，我国人因工程学得到迅速发展。

1980年5月，国家标准局和中国心理学会联合召开会议，同时成立了中国人类工效学标准化技术委员会和中国心理学会工业心理学专业委员会。标准化技术委员会负责研究制定有关标准化工作的方针、政策；规划组织我国民用方面的人类工效学国家标准及专业标准的制定、修订工作。由于军用标准的特殊要求，1984年国防科工委还成立了军用人—机—环境系统工程标准化技术委员会。在上述两个委员会的规划和推动下，我国已制定了100多个有关民用和军用的人类工效学的基础性和专业性的技术标准。这些标准及其研究工作对我国人因工程学的发展起着有力的推动作用。

20世纪80年代末，我国已有几十所高等学校和研究单位开展了人因工程学研究和人才培养工作，许多大学在应用性学科开设了有关人因工程学方面的课程。90年代后，一些大学相继开设了工业工程专业，到目前为止已经有200多所。教育部管理科学与工程指导委员会将人因工程学定为工业工程专业的核心课，有更多的教师从事人因工程学的教学、科研工作，人因工程学的研究队伍不断发展壮大。

为了把全国有关的工作者组织起来，共同推进学科的发展，1989年6月29—30日在上海同济大学召开了全国性学科成立大会，定名为中国人类工效学学会。这个学会下设人机工程学、认知工效学、交通工效学、生物力学、管理工效学、工效学标准化等专业委员会。另外，中国心理学会、中国航空学会、中国系统工程学会、中国机械工程学会等在自己的学会中分别成立了工业心理学专业委员会，航空人体工效、航医、救生专业委员会，人—机—环境系统工程委员会，人机工程专业委员会等有关人因工程学的专业学术团体。这些学会组织推动着我国人因工程学不断向前发展。

## 4.2 人因工程学的研究内容与应用领域

### 4.2.1 人因工程学的研究内容

人因工程学是一门研究人类与工作环境之间相互作用的学科，旨在通过改善工作环境和工作方式，提高工作效率和工作质量，同时保障工作者的健康和安全。

人因工程学的研究范围非常广泛，包括人的生理、心理、社会和文化等方面，以及工作环境的物理、化学、生物和社会等方面。通过对这些方面的因素的研究，人因工程学可以为各种工作场所提供合理的设计和改进方案，以提高工作效率和工作质量，同时减少工作中的事故和伤害。人因工程学涉及的领域包括航空航天、城市规划、建筑设施、工厂运作、机械设备、交通工具、家具制造、服装、文具、生活用品制造等。人类的各种活动都不可避免地与人发生关系，而要想使各种活动更加适合人的需要都会不可避免地应用到人因工程学。

在工业生产中，人因工程学的应用非常广泛。例如，在汽车制造工厂中，人因工程学可以帮助设计出更加人性化的生产线，使工人的工作更加轻松、高效，同时减少工伤事故的发生。在医疗行业中，人因工程学可以帮助设计出更加人性化的医疗设备和医疗环境，提高医疗服务的质量和效率，同时减少医疗事故的发生。

除了工业生产和医疗行业，人因工程学在其他领域也有广泛的应用。例如，在航空航天领域，人因工程学可以帮助设计出更加人性化的飞行舱和控制系统，提高飞行员的工作效率和安全性。在交通运输领域，人因工程学可以帮助设计出更加人性化的交通工具和交通系统，提高交通运输的效率和安全性。

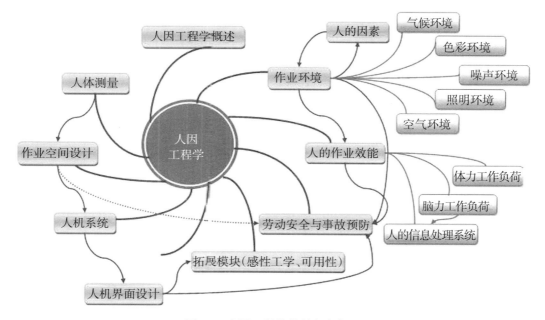

图4-1　人因工程学的研究内容

如图4-1所示，人因工程的研究内容包括以下几个方面。

### 1. 研究人的生理与心理特性

系统地研究人体特性，如人的感知特性、信息加工能力、传递反应特性，人的工作负荷与效能，人体尺寸、人体力量，人体活动范围，人的决策过程、影响效率和认为失误的因素等。

### 2. 研究人机系统总体设计

人机系统的效能取决于它的总体设计。系统设计的基本问题是人与机器之间的分工以及人与机器之间如何有效地进行信息交流等。

### 3. 研究人机界面设计

在人机系统中，人与机器相互作用的过程就是利用人机界面上的显示器与控制器，实现人与机器之间信息交换的过程。研究人机界面的组成并使其优化匹配，产品就会在功能、质量、可靠性、造型以及外观等方面得到改进和提高，也会增加产品的技术含量和附加值。

### 4. 研究工作场所设计和改善

工作场所设计包括工作场所总体布置、工作台或操纵台与座椅设计、工作条件设计等。

### 5. 研究工作环境及其改善（参照国家标准，质量体系认证，新建企业环评，环保部门定期检测）

作业环境包括一般工作环境，如照明、颜色、噪声、震动、温度、湿度、空气粉尘、有害气体等，也包括高空、深水、地下、加速、减速、高温、低温、辐射等特殊工作环境。

### 6. 研究作业方法、作息制度及其改善

人因工程学主要研究人从事体力作业、技能作业和脑力作业时的生理与心理反应、工作能力及信息处理特点；研究作业时合理的负荷及能量的消耗、工作与休息制度、作业条件、作业程序和方法；研究适宜作业的人机界面等。

### 7. 研究系统的安全性和可靠性

人因工程学研究人为失误的特征和规律，人的可靠性和安全性，找出导致人为失误的各种因素，以改进人—机—环境系统，通过主观和客观因素的相互补充，克服不安全因素，搞好系统安全管理工作。

## 4.2.2 人因工程学的应用领域

人因工程学的应用领域如表4-2所示。

表4-2 人因工程学应用领域举例

| 应用范围 | 对象举例 | 例子 |
|---|---|---|
| 产品和工具设计及改进 | 机电设备 | 机床、计算机、农业机械 |
| | 交通工具 | 飞机、汽车、自行车 |
| | 建筑设施 | 城市规划、工业设施、工业与民用建筑 |
| | 航空航天 | 火箭、人造卫星、宇宙飞船 |
| | 仪器设备 | 计量仪表、办公器械、家用电器 |
| | 工作服装 | 劳保服、安全帽、劳保鞋 |
| 作业的设计与改进 | 作业姿势、作业方法、作业量及工具选用和配置等 | 工厂生产作业、监视作业、车辆驾驶作业、物品搬运作业、办公室作业等 |
| 环境的设计与改进 | 声、光、热、色彩、振动、尘埃、气味等环境因素 | 工厂、车间、控制中心、计算机房、办公室、驾驶室、生活用房等 |

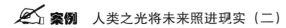

案例 人类之光将未来照进现实（二）

### 人因设计为航天员营造太空"家"

"大家看到航天员在空间站直播中展示的风采和能力，其实是我们不断深化认识，重视人因工程，对人进行训练的结果。"中国载人航天工程总设计师周建平表示，中国载人航天工程发展至今，设计师们从被动适应到主动参与人因工程试验，从早期把人送入太空并安全带回，到后来不断推进发挥人的作用。

草蛇灰线，伏脉千里。当摄影爱好者仰望星空，用高倍镜头捕捉一闪而逝的太空舱时；当亿万观众看着火箭发射和返回舱回收，欢呼和尖叫时；当舱外的固定镜头捕捉到航天员成功出舱，站上机械臂时，可能很少有人想到坐在指挥大厅里，注视大屏幕的人中，有一群人因工程科学家，在关注这些设计的机器，是否符合航天员作为人的行为习惯，是否能确保航天员安全，是否能帮助航天员高效地工作。

中国载人航天出舱活动任务，"这是人因设计保障的结果"。聂海胜介绍，出舱活动对航天员的能力要求很高，因此人因设计必须与航天员相匹配。在操作舱门时，受舱外服的约束，再加上失重的影响，身体的活动范围小、稳定性差，特别是在漂浮状态，作业能力更是受限。

为此，中国空间站出舱活动任务工作组专家需要充分考虑各种因素，通过悬吊、水下试验以及在轨试验对空间机械臂进行设计和充分验证。来自航天五院总体设计部的90后朱超是负责航天员出舱任务机械臂系统总体工作的设计师。

"在整个任务机械臂操控系统设计之初，只用了二维信息，难以满足航天员操控机械臂的要求，可能会产生失误，所以我们引入了三维数字孪生系统。"朱超进一步解释道，仅通过二维图像和参数信息，航天员无法建立起立体的认知，就无法在操作过程中清楚了解机械臂的位置，可能会引起机械臂与舱体、航天员与舱体的碰撞。有了数字孪生系统的加持，就能起到很好的辅助作用。

除了顶尖的技术支持，任务的成功还要仰仗航天员在地面和太空的千百次训练和试验。"航天员可以通过舱内软件按照1∶1比例还原数字机械臂的运动将任务的整个流程走一遍；还会在舱内对舱外的物理机械臂进行操作，这样可以让宇航员更直观地感受操作机械臂过程。"朱超说。

随着航天员不断刷新在太空驻留的时间，为航天员在太空营造一个舒适宜居的环境就显得越来越重要。这些围绕"人"进行的千百次探讨和打磨，奠定了中国载人航天事业的成功，为未来探索月球、火星奠定了基础。

### 人因安全研究防患于未然

"现代科技发展日新月异，请问，人类的安全感更强了吗？"

陈善广向与会的科技工作者发出了灵魂之问。

他认为恰恰相反。"安全问题频发在诸多领域，仔细思考的话，很多问题都具有重复性，因为我们预测不了，预防不了。"

他给出一个数据——70%以上的安全事故都与人的因素相关。切尔诺贝利核电站事故、福岛核电站事故，2018年、2019年波音737MAX8两次失事，造成300人遇难……

这些数据指出了人因安全的必要性。

"人因安全问题造成重大灾难事故，本质上说是在系统运行阶段人和机发生了冲突，从这个角度弄清楚人身上发生了什么、为什么会发生这种错误，并能够监测和预测，就能有效预防事故的发生。"陈善广指出。

在上海交通大学计算机科学与工程系长聘教授吕宝粮看来，人因安全因素主要包括情绪和疲劳。极端情绪和身体疲劳都极其引起人为因素的重大事故。2020年7月7日，贵州省安顺市一辆公交车途经虹山湖大坝中段时，冲破护栏坠入湖中，造成21人死亡。经公安局通报，公交车司机因产生厌世情绪，主观造成事故。

"为了避免类似惨剧的发生，我们团队开发了从传感器、集成电路到算法的一套信息和工程学系统。"吕宝粮介绍说，通过在受试者的前额和头部接入脑机接口设备并佩戴眼动仪，就可以识别检测其脑电、眼电和眼动信号，从而检测驾驶员的疲劳程度，并且对情绪进行预警。

未来，这种脑机接口式的人因工程设计也将惠及医疗领域，辅助医生对抑郁症等患者进行诊断与治疗。

在论坛现场，很多专家学者驻足一个展台前——展台上的3顶帽子，分别是高密度脑电系统、便携式脑电系统和近红外系统。"通过脑机接口仪器检测到的脑电数据可以实时传输到程序里，再和硬件连接，这样就可以实现闭环的远程控制。"赢富仪器公司销售工程师来涛涛说。

此外，利用数字人体建模搭载虚拟现实技术等，根据对人体关节、视野可达范围、空间干涉等数据的采集分析，可以进一步提升驾驶的舒适度和安全性。

### 人因4.0提升青年幸福感

有的人边走路边看手机，过一会儿就会感到头晕目眩；有的人戴上虚拟现实（VR）眼镜跟着里面的画面移动时，也有恶心反胃的感觉。这都是视觉诱导晕动症的表现，而这些也是经常出现在年轻人日常生活里的场景。

北京邮电大学数字媒体技术专业的研三学生蔡晨阳就是晕动症"患者"之一。为了解决这个困扰，考虑到操作的便捷度和用户的体验感，她使用结合眼动仪的VR眼镜进行眼动数据采集，来分析佩戴者运动时是否会出现晕动症以及症状和程度。

"我们在使用VR时，舒适度是非常重要的，如果产生了晕动症的症状，体验感是很不好的，而且也会影响你在虚拟现实环境中的交互。希望这次检测，可以给以后虚拟现实的发展提供参考和借鉴。"蔡晨阳表示。

可以看到，随着数智时代的到来，青年对电子产品的体验感和性能要求越来越高，能抓住青年在产品使用过程中的痛点和需求，就能为自己的产品赢得一席之地。

作为华为技术有限公司终端BG用户体验设计部人因团队负责人，金红军主要关注用户在健康舒适、操控体验和情感愉悦方面的感受。

耳机几乎成了当代年轻人的"外化器官"，每天不离身。金红军以耳机的设计为例，讲述了一套产品研发的"方法论"："我们当时在国内外的很多高校采集了成千上万个人耳朵、头部、手部的数据，针对这些数据做建模，然后通过人因的方式获得人不同身体区域的痛觉耐受性和敏感性，通过仿真产品和迭代设计，最终设计出一对佩戴舒适的耳机。"

"而且我们发现用户使用电子产品的时长呈爆发式增长，这势必会对眼睛产生很大影响。"他说，为了尽可能减少电子屏幕对眼睛造成的危害，人因团队通过对关键变量，比如亮度、对比度、蓝光、字体等进行精细的设计和约束，让产品落地。

**最好的数学能设计出更完美的大脑吗**

随着工业从蒸汽机时代的1.0推进到如今智能化时代的4.0，人因工程也在逐步发展。看似技术的革新都对前一个时代产生过冲击甚至替代，但每个时代所沉淀的经验都助推了人因工程的进步，从而更好地辅助人的生产生活。

"像ChatGPT等新的人工智能应用出来以后，我们面临着更大挑战。我相信数字化向智能化发展，可能今后会成为航天领域重要的研究方向，能够得到重要的应用成果。"中国科学院院士、中国载人航天工程空间科学首席专家顾逸东表示，载人航天二程方面的数字化工作已经在开展，包括数字月球平台、数字火星平台等，为今后在空间月球探测和深空探索中更好地利用数字化和智能化成果打下基础。

顾逸东透露，下一步，我国将开展载人月球任务，利用人工智能和航天员相结合的办法，高质量地选取月球上最具代表性的、最具科学价值的样品，使月表取样工作能够在新技术的支撑下得到最高水平的体现。

有一位量子科学家问中国科学院生物物理研究所研究员郭爱克院士，有没有可能用最好的数学来设计一个更加完美的大脑？

"是可能的，"他回答，"但它设计出来的一定不是人脑。人类大脑来自演化的历史长河，无疑是宇宙最复杂智能的系统，是大自然演化的伟大奇迹。"

宇宙深处宏伟壮观的大麦哲伦星系里，有上百亿颗恒星。郭爱克对这个浩渺的系统尤其感兴趣，因为它和人类大脑上千亿的神经元细胞数量相当。"如果想知道人类大脑神经元排布的情况，我们就可以看看这个星系里的星星是什么样子。"郭爱克指着屏幕上浩渺的星系说。

（节选自《中国青年报》2023年4月19日，有改动）

# 4.3　人因工程学的研究方法和步骤

## 4.3.1　人因工程学的研究方法

人因工程学的研究是以唯物辩证法为指导，旨在正确地制定技术路线，采取科学合理的具体研究方法，对研究结果做出客观的科学结论。根据方法论基础及人因工程学科自身特点，在研究中要特别注意客观性和系统性。

客观性是指研究者在工作中应坚持实事求是的科学态度，根据客观事实的本来面目去揭示事物内在的规律性，不能以个人主观臆断解释客观事实。

系统性是指把研究对象放到系统中加以研究和认识。人因工程学的主要研究对象是人—机—环境系统。用系统观点研究人—机—环境系统时，必须从系统的整体出发去分析各子系统的性能及其相互关系，再通过对各部分相互作用的分析来认识系统整体。

人因工程学的一般研究方法有：调查法、观测法、实验法、心理测量法、心理测验法、图示模型法等。特别要注意各方法的适用条件。

### 1. 调查法

调查法是获取有关研究对象资料的一种基本方法。它具体包括访谈法、考察法和问卷法。

（1）访谈法：研究者通过询问交谈来收集有关资料的方法。

（2）考察法：通过实地考察，发现现实的人—机—环境系统中存在的问题，为进一步开展分析、实验和模拟提供背景资料。

（3）问卷法：研究者根据研究目的编制一系列问题和项目，以问卷或量表的形式收集被调查者的答案并进行分析的一种方法。

### 2. 观测法

观测法是研究者通过观察、测定和记录自然情境下发生的现象来认识研究对象的一种方法。这种方法是在不影响事件的情况下进行的，观测者不介入研究对象的活动中，因此能避免对研究对象的影响，可以保证研究的自然性和真实性。

### 3. 实验法

实验法是在人为控制的条件下，排除无关因素的影响，系统地改变一定变量因素，以引起研究对象相应变化来进行因果推论和变化预测的一种研究方法。

实验法分为两种：实验室实验和自然实验。

实验室实验是借助专门的实验设备，在对实验条件严加控制的情况下进行的。

自然实验也对实验条件进行适当控制，由于实验是在正常的情境中进行，因此，实验结果比较符合实际。

实验中存在的变量有自变量、因变量和干扰变量三种。

自变量是研究者能够控制的变量，它是引起因变量变化的原因。

因变量应能稳定、精确地反映自变量引起的效应，具有可操作性；能充分代表研究的对象性质，具有有效性。同时尽可能要求指标客观、灵敏和定量描述。

干扰变量按其来源可分为个体差异、环境条件干扰及实验污染三个因素。

### 4. 心理测量法

心理测量法（也叫感觉评价法）是运用人的主观感受对系统的质量、性质等进行评价和判定的一种方法，即人对事物客观量做出主观感觉评价。

心理测量对象可分为两类，一类（A）是对产品或系统的特定质量、性质进行评价，如声压级、照明的照度及亮度、空气的干湿程度等评价；另一类（B）是对产品或系统的整体进行综合评价，如舒适性、使用性、居住性、工作性等。

### 5. 心理测验法

心理测验法是以心理学中有关个体差异理论为基础，将操作者个体在某种心理测验中的成绩与常模做比较，以分析被试心理素质特点。

测验必须满足两个条件：第一，必须建立常模。常模是某个标准化的样本在测验上的平均得分。第二，测验必须具备一定的信度和效度，即准确而可靠地反映所测验的心理特性。

### 6. 图示模型法

图示模型法是采用图形对系统进行描述，直观地反映各要素之间的关系，从而揭示系统本质的一种方法。这种方法多用于机具、作业与环境的设计和改进，特别适合用于分析人机之间的关系。

在图示模型法中，应用较多的是三要素图示模型。这是一种静态图示模型，把人和机具的功能都概括为三个基本要素。人的三要素是中枢神经系统、感觉器官和运动器官；机具的三要素是机器本体、显示器和控制器。图4-2（a）所示为三要素图示模型；图4-2（b）所示为驾驶员—汽车图示模型。此外，动态图示模型有方框图和流程图等。

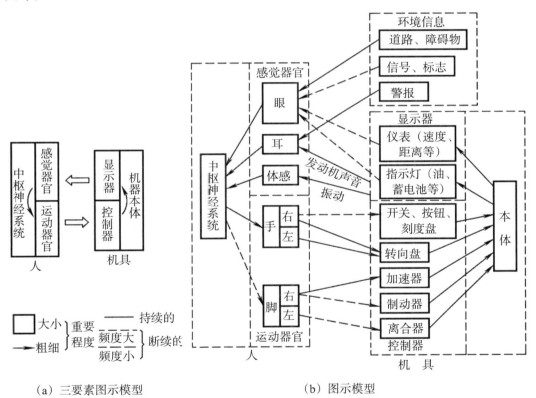

（a）三要素图示模型　　　　　　　　（b）图示模型

图4-2　图示模型

研究方法的效度和信度是评价研究方法的重要指标。

（1）效度。效度是指研究结果能真实地反映所评价的内容。可从不同角度研究效度，应用比较广泛的是内部效度和外部效度。

①内部效度：指研究中各变量间确实存在着一定的因果关系。

②外部效度：指某一研究的结论能够在多大程度上推广和普及到其他的人和背景中去。

（2）信度。信度指的是研究方法和研究结果的可靠性，即多次测量的结果保持一致性的程度。实际研究中通常用一致性系数法、等值性系数法、内部一致性系数法来估计信度。

### 4.3.2 人因工程学的研究步骤

人因工程学是一门研究人与工作环境之间关系的学科，旨在通过改进工作环境和工具，提高工作效率、安全性和人员满意度。为了进行有效的人因工程研究，需要遵循以下步骤。

**第一步：识别问题**

在开始人因工程研究之前，首先需要识别和明确研究的问题。这可以通过观察和分析工作环境中存在的问题和挑战来实现。例如，一个工厂中的工人频繁出现疲劳和错误，可能需要研究其工作环境是否存在问题，以及如何改进工具和流程。

**第二步：制定目标**

一旦问题被识别，就需要制定明确的研究目标。这些目标应该是具体、可衡量和可实现的。例如，目标可以是减轻工人疲劳和降低错误率，提高工作效率和安全性。

**第三步：收集数据**

为了支持人因工程研究，需要搜集各种类型的数据。这可以通过观察、采访、问卷调查等方法来实现。搜集数据的目的是了解人员在工作环境中的行为、需求和问题。例如，可以观察工人的工作流程，采访他们对工具和设备的意见，并通过问卷调查收集他们的反馈。

**第四步：分析数据**

一旦数据收集完毕，就需要对数据进行分析。这可以通过使用统计方法、模型和技术来实现。分析数据的目的是发现潜在的问题、模式和关联。例如，可以使用统计分析来确定工作环境的特定因素与工人疲劳和错误之间的关系。

**第五步：设计解决方案**

基于数据分析的结果，就可以开始设计解决方案。解决方案应该是基于科学原理和人因工程原则的。例如，如果分析结果显示工人疲劳和错误与工作台高度不匹配有关，那么解决方案可能是调整工作台的高度或提供可调节高度的工作台。

**第六步：实施解决方案**

一旦解决方案设计完成，就可以开始实施。实施的目的是将设计的变更应用到实际工作环境中。这可能需要与工人、管理层和其他相关人员合作，确保变更的顺利实施。

**第七步：评估效果**

实施解决方案后，需要评估其效果。评估可以通过观察、测量和收集反馈来实现。目的是确定解决方案是否达到了预期的效果，并对其进行改进和优化。

**第八步：持续改进**

人因工程研究是一个持续不断的过程。一旦解决方案实施并评估完毕，就可以根据评估结果进行改进和优化。这包括进一步的设计变更、培训和教育等。

通过按照以上步骤进行人因工程研究，可以帮助改善工作环境，提高工作效率、安全性和人员满意度。这不仅对员工的福祉和健康有益，也有助于提高组织的绩效和增强竞争力。因此，人因工程研究在现代工业和组织中具有重要的意义和价值。

## 4.4 工业工程专业学习人因工程的意义和作用

工业工程是以系统效率和效益为目标的工程技术。人因工程除了着眼于工业工程的中心思维——工作效率与效能——以外，更强调其中工作人员的健康安全的人员与工作之双赢。而人因工程研究及改善的切入点，是以人员完成工作所使用或是存放在其中的媒介为对象。也就是说，人因工程是通过对于工具设备、工作环境、作业方法及程序、组织团体的改变，来达成"人"与"工"双赢的目标。

"人因工程"是工业工程专业的一门专业核心课程，从课程地位来说，它在先导课和后续课之间起着承上启下的作用。通过该课程的教学，学生能懂得利用人因工程学理论进行设计的原理，能掌握人性化设计的概念，为后续进行产品设计和评估打下良好基础。

人因工程的基本理念：第一是以使用者为中心，也就是工作人员才应该是工具与工作环境等设计规划的中心，不应过分迁就工作媒介设计、制造、安装的便利性及经济性。第二是相信工具设备或工作程序的设计会影响人的行为，另外人因工程也考量人类在能力与限度上有个别差异，对于不同的需求的人给予不同的规划。人因工程是系统导向的，即工具设备、工作程序、环境与人员并非孤立存在，改变其中一个系统单元，会对于其他单元有一定的影响，必须在规划时特别注意各单元相互之间的关系。

### ✍ 案例 人因工程：大国重器的点睛之笔

"飞船、坦克、高铁都是复杂人机系统，因为人的参与使系统变得更为复杂，系统运行具有某种不确定性和难以预测的特点，系统安全性问题会更突出。解决这一难题需要一门新兴的综合交叉学科的支持，这就是人因工程，它致力于研究人、机器及其工作环境之间的相互关系和影响，最终实现提高系统性能且确保人的安全、健康和舒适的目标。"

第二届中国人因工程高峰论坛主席、中国载人航天工程副总设计师、国际宇航科学院院士陈善广在论坛的开坛首讲，用一些重大事故案例阐述了人因工程的概念及其重要价值，同时就复杂系统人因设计与测评的概念与方法进行了较为系统和深入的探讨。他还有一个重要身份，是人因工程国家级重点实验室主任、我国人因工程学科带头人。

开幕式上的圈外人士很快发现这样一个现象：院士、专家的发言，开始部分谁都能听懂，就是灾难、问题、困境，而后半段，涉及解决的路径方法论才艰深起来，因为数学模型和学术名词开始登场。

当中国首个手动完成空间交会对接任务的"神九"航天员刘旺出现在论坛上，现场一片躁动。他也是陈善广团队的研究人员，刚获得人因工程方向的博士学位。刘旺在太空中从容不迫完成手动对接的杰出表现，诠释了人因工程的最大内涵。"钱学森认为人体是一个开放的巨系统，复杂程度远远超过从前科学研究的对象。"在这门正在中国兴起的学科中，刘旺不仅被人研究，他也在研究自己、研究任务中人与航天器的关系。

中国载人航天走过了25年光辉历程，高科技人才荟萃，在国家载人航天计划、"973"计划等项目支持下，中国航天员科研训练中心人因工程重点实验室，成为人因工程的领跑者。此外，大飞机、高铁、地铁、核电站等国家的重大计划和专项这些年爆发式的发展，与之相应的人因工程研究与应用也取得了一大批原创性的理论和研究的成果，对推动中国制造强国的建设和军队的现代化建设、推进经济结构的转型升级，都发挥了重要作用。

本届论坛以"人因设计创新中国"为主题，围绕"人因设计、中国智造、军民融合、共赢共享"的核心议题，在更广范围、更高层次、更深程度上将国防和军队现代化建设与社会经济发展结合起来，正如开幕式上，时任国防科工局总工、发展计划司司长龙红山说的，"推进国防科技工业军民融合深入发展，也是推进国家创新驱动发展战略，促进供给侧结构性改革的迫切需要"。

因此，来自中国前沿科技的各方专家，分享了人因工程研究成果，研讨人因设计发展规划，他们希望人因工程在智能装备、创新设计、医疗健康、智慧城市、互联网和国防安全等领域的探索，能起到引领与促进作用，努力服务于国家建设和社会发展。

他们认为，中国的科技经过几十年的追赶，已经在摸索中找到了自信，在工业设计和工业制造中加入"人—机—环境"的深度互动研究，加入对人的心理和情绪的全面关怀研究，不仅能助推中国科技的跃迁，也将向世界的前沿科技和经济发展贡献更安全可靠的中国方案。

### 有多少灾难可以规避　从美国4次撞舰事故说起

在灾难和风险面前，人做什么才能趋利避害，逃过一劫？有没有系统的方法和手段？

不可否认，灾难和事故是人类最好的老师。与事故对弈，是科学家必须做的。

在各行各业，面对安全问题，他们必须变身阿尔法狗的设计者，提前几步甚至几十步，预测出对方杀招的各种端倪，然后一一歼灭之，同时伺机反扑，获得功效的最大化。

今年美国的舰艇连续4次发生撞船事故，几乎都是人为因素引起的。而第四次事故损失最大：美国导弹驱逐舰麦肯恩号在新加坡东面海域与一艘邮轮相撞，造成至少5人受伤，10人失踪。可以说，美国海军颜面扫地，所以对事故原因的追踪至今密级很高，公众无从知晓。但人因工程方面的科学家却在思考追问，以便让中国的舰艇不犯这一类的错误。

为什么舰上的装备这么先进，监测手段也多，自动化的程度高，还无法避免这些重大的事故？而且美国的国防部在人因工程方面已经采用了强制的标准，良好的设计已经避免了更为恶化的状态。

据陈善广分析，从现有情况来看，可能存在人机功能的分配不当、人机协同不畅、舰员生理和心理的疲劳、指挥判断和决策失误、组织和管理松懈等人因问题。当然"骄兵必败，是颠扑不破的真理"。

他还举了一例：1988年两伊战争期间，美国导弹巡洋舰文森斯号把一架民航飞机击落了，290个无辜生命灰飞烟灭。原因是什么呢？

陈善广为大家复盘了灾难发生的关键导火索：一年之前美国的另外一艘舰艇在波斯湾战争期间遭到敌方战机的轰炸，当时没作出反应。文森斯号这个决策者看到有一架飞机向自己飞过来，联想到上次兄弟舰艇吃的亏，就慌了，以为是敌国一架执行攻击任务的F-14战斗机，"这是信息在传递过程中丢失，决策者认知负荷过重导致的判断失误"。

由此可见，人的因素在事故发生中起到了至关重要的作用。再比如，国际上包括民机和军机在飞行或试飞过程中，机毁人亡的事故还很多。究其原因，人的因素占65%以上。

而航天的风险更大，美国的挑战者号和哥伦比亚号两次失事让14名航天员失去生命。挑战者号低温下发射、哥伦比亚号泡沫脱落问题早有发现，深究其因，带问题发射暴露出NASA重大的决策失误。还有苏联的惨剧——联盟11号，返回着陆前爆炸螺栓意外点火，压力平衡阀提前打开，氧气泄漏减压，导致没穿压力防护服的航天员丧命。

陈善广指出，在惨剧的衬托下，阿波罗13号的超绝表现已被历史铭记。他们登月途中，发生了服务舱的氧气罐爆炸，3位宇航员急中生智，采取了一系列正确自救步骤，用当时的登月舱作为救生艇，最终安全返回地球。"出现问题后，如果设计中充分认识了人的作用，人的决策在太空中是非常重要的。"陈善广说。

"欧洲对1980—2009年欧洲27个国家主要轨道交通线路发生的重大事故进行分析发现，导致事故发生的人为因素占了74%。中国学者通过对国内外城市轨道交通运营过程中153起事故数据进行调查，结论是人为因素引发事故的比例为51%。"北交大轨道交通控制与安全国家重点实验室的方卫宁教授复盘了2011年甬温线的7·23事故。

当天的20点22分46秒，D3115次列车与系统和调度员失去联系。24分，调度员确认永嘉站的D301次列车发车前往温州南站，26分12秒调度员得知D3115失踪。按照比较稳妥的办法，他应该通知D301停车。但他却先用了两分钟去搜寻失踪列车，等他获知失联的车无法启动和具体位置后，再紧急呼叫后车刹车，一切都晚了。30分05秒惨剧发生。

与会的一位核电专家沉痛地说："反思三里岛、切尔诺贝利、福岛核泄漏惨剧，人祸问题比高铁有过之而无不及。"他以三里岛核电站事故为例，操纵员爱德华面对人类第一次核芯融毁的情况，方才大乱胡乱操作，不仅没有抑制问题，反而加重了事故后果。

他说，我们搞人因研究的，就是要从"看起来很多倒霉事凑在一起了"的事故过程中，发掘风险的关键，而不是简单地批评和处理操作员。

因为，经验反馈也是财富。

正所谓，损失越惨重，伤痛越深，对"人为失误"的研究就越迫切越重要。比如三里岛核泄漏事件的操作者后来成了教员，不断培训新人，讲解和反思事故，让后辈吸取教训。

"不是技术先进了，集成了豪华了，整体效果就好了"，人类在装备崇拜、武器崇拜、技术崇拜这方面曾经吃尽苦头，也做了很多反思。为什么美欧会对人因工程如此重视，列入法案呢？

方卫宁解释，在二战时，美国飞机用了当时的最新技术，仪表盘非常多。结果动不动就自己掉下去，造成了非战斗减员。这是什么原因？"是因为机器与人的能力不匹配，仪表盘多了，报警的项目多了。人的信息处理能力有限，数据过多过滥让飞行员无法应对，分散了注意力，结果适得其反。"

**越是走在科技前沿的科学　越不会文过饰非、讳谈失败**

"神舟七号出舱的时候，舱门开了一个缝儿又关上了。我的心咯噔一下，地面人员都很着急——这就是我们平时实验的时候，无法完全模拟太空微重力环境，舱外服的操作工效没法完全摸清造成的。最后翟志刚在同伴的帮助下借用了工具还是把门打开了。这件事也告诉我们：相对机器、自动化的设备而言，人的作用是十分关键的。"

中国载人航天工程总设计师周建平院士在追溯航天人研究人因的历史时，揭秘了当年的"险情"。

越是高科技行业越是走在科技前沿的科学，越不会文过饰非、讳谈失败，已经宣布进入中国空间实验室时代的载人航天更是如此。

在会上，陈善广坦率地讲，中国航天今年也是不平静的，长征三号、长征五号发射失败，背后的问题正在反思。对于航天人来说，要时刻保持忧患，他说，我们深知："一次成功不等于次次成功，成功不等于成熟""结果完美不等于过程完美"。其实载人航天是在人的保障、天地协同、返回着陆等方面不断总结经验教训中改进提高的。

不得不承认，中国制造在向中国智造过渡的历史时期，阻力不可谓不大。与会的很多专家反映，决策管理层只重视技术与硬件产品本身的先进性，只看到一个劲儿地往前走，把技术搞得越先进越好，忘记了人的问题。工程专家意见过于强势，而忽视了人因要素，后果很严重。

虽然让人认识一个问题是需要过程的。但中国崛起得太快，技术爆发性发展太快，"我们如果不重视人因研究，有可能就会成为中国人走出去、"一带一路"发展的障碍。产品再好，没有考虑到用户安全、使用的方便和习惯，就会丧失科技发展带来的红利。"方卫宁说。

他举例，轨道交通建设，是以市场需要为导向的。一个中等的主机厂，一年的机车产量相当于南非一个国家30年的需求量。"我们先期投入那么大，不走出去行吗？"方卫宁反问。

然而，发达国家对车的人因指标要求很高，比如美国就有联邦法规的规定。

中国的工程设计人员到了美国一看，发现美国某些机车、地铁车辆质量没有中国的好，对开发北美市场充满信心。可是得意没多久就被泼了一盆凉水：不是技术先进人家就让你中标的。

参与这个项目的方卫宁对在美国落地之难深有感触。"美国的项目，是过程管理，每一个指标、分析方法、测试流程和测试设备都要满足美方要求，一个环节过不了关，就走不到下一步。由于我们的产品设计研发流程与美方不一样，按照美方的要求，成本一下就加上去了。"比如，美国和澳大利亚等发达国家的铁路用户非常注重司机的用户体验，不管你的车有多先进，如果不满足用户的使用习惯或者司机在体验过程中感觉不适，司机所在的工会具有一票否决权，因此，在方案设计阶段完成后，很多出口发达国家的铁路车辆需要制作1：1的模型供用户体验评估，评估通过后，方能制造和生产。这与国内相比，增加了不少研发成本。

"我们的学费是交了，但它不应只属于铁路系统，中国走出去是一个整体。如果能让更多的人重视人因环节的事先设计，就会减少弯路和不必要的损失了。"陈善广说。

好在，相对于首届人因工程大会200多名来自军方和国家大工程的参会人员来说，一年以后的今天，良渚小镇来了470人，更多工业设计的专家参与其中。院士也从9位扩展为15位。

同样是中国的骄傲——高铁。其顶层设计的设计者也把人因工程放在了重要位置。

中国科学技术协会副主席、中国铁路总公司总工程师何华武院士，去年参加了首届人因工程论坛，向与会者详细地分享了高铁的人因经验。今年，他又来到第二届论坛。他的讲话，让人们意识到中国高铁的成功并不偶然，高铁未来的发展方向将更加贴近以人为本。

何华武院士展望：高铁客运的速度现在达到每小时350公里，现在是人控为主，世世代代的铁路司机都付出了极为辛勤的劳动，因为整个列车人员的生命安全都系于他一身。下一步要实现在国际上领先的智能高速铁路，标志性技术非常多，其中之一是时速350公里的高速列车实现无人驾驶，有人值守。

公众在享受技术发展带来便利的同时，也必须忍受它的不便。这些中国科学家就是在不遗余力地交叉探索，为公众不断逼近极限——既让人的作用充分展示，也让人更舒适更愉悦更安全。

毕竟，中国经济经过30多年的高速发展后，产业结构正在经历革命性的转型，"一带一路""中国企业走出去"，这一切都在提醒大家，不能再无视人因工程学科的存在——它绝不是一个大工程项目的包装纸，而必须走入核心设计环节。

正如国家自然科学基金委员会副主任、中国科学院院士沈岩所说，人的因素在工业生产中的重要意义和价值发现以及发挥它的作用，使得工业发展进入到一个新的更高的阶段，人因工程不仅涉及工程技术问题，也涉及基础科学问题，比如对人的认识。

人是万物之灵，认识人是人因工程的根本。中国工程院副院长、中国工程院院士樊代明以及中国工程院院士俞梦孙在报告中也都强调了要以系统观来认识人的生理心理规律和健康问题。

"安全、高产、快乐都是中国梦的组成部分。人因工程关乎每个人。方便了每个用户，能让老百姓有满意感；采用人因理念的产品销量好了，能让工厂有获得感、成就感。人因工程应进入国家战略，要让老百姓都听得懂，都用到自己的领域中去。"空军航空医学研究所郭小朝建议。

陈善广说，人因工程的本质，就是强调"以人为中心设计"的理念，让科技回归以人为本的初衷，让我们创造的世界使人们获得安全感和高品质的生活。这样才能改变经济社会发展不平衡、不充分的现状，从而服务于广大人民日益增长的对美好生活的需要，这也十分切合新时代"以人民为中心"的发展观。

**中国迈向空间站时代　人因设计任重道远**

事前花一块钱，犯错后要付出100元的代价。之前的这一块钱成本你愿意付吗？事实证明，很多人不愿意。

愿意为此支出成本的，往往是具有极大风险的行业。而无疑，中国航天走在了前面。这也是将人因工程的国家实验室放在航天员中心的原因。

周建平介绍，1968年航天医学工程研究所成立时就设立了航天工效研究室。经过这些年的载人飞行，航天员在太空中的作用越来越凸显出来，处理好人机关系，使人机融合在一起，现在成为工程设计中一个很重要的共识。

而事实上，人因工程的共识并没有进入普通企业，也没有飞入寻常百姓家。更多与会者反映的是，人因研究目前在企业处于边缘状态。

在舆论旋涡里盘旋的，在媒体之间反复炒作的，是人工智能，是互联网，好像人类的未来、人类的现代化就是机器的现代化，就是"阿尔法狗"扩张到方方面面，而人，将会变成一段数码、一种比特的存在。

难道人类祖祖辈辈披荆斩棘求生存求发展，目标就是要被一群机器养起来？

本次论坛的专家们不断强调的就是"人的能动性，人的不可替代性"。人工智能的核心就是人，也只能是人。

回到近期目标：2022年，我国计划将空间站核心舱和实验舱Ⅰ、实验舱Ⅱ发射上天，届时将实现航天员长期在空间站驻留，并进行各项科学实验。其间将有多次载人飞行和货物运输，航天员要出舱工作。到2024年国际空间站退役时，中国可能成为全球唯一运营空间站的国家。

目标很近也很甜蜜，但过程并不甜蜜。

"我们已经到了空间站研制阶段，但很多人因问题还没有得到很好解决。工程研制如果不能提前充分考虑人因，等到出了问题再返工，代价就大了。"陈善广这样说。

空军预警学院教授闫世强提出："看我们各级指挥大厅的设计，大多是几排计算机整整齐齐摆在前面。而美国、俄罗斯的指挥所是根据指挥员要求设计的，多个显示屏依据人机交互设计。"他由此引申，军改后，现在战区、作战体系的变化，要求各个指挥所的指挥程序和指挥界面设计，指挥员和作战系统之间的交互，都要跟着进行改动，依据不同指挥席位进行人因工程设计。随着作战系统从单装到体系，装备体系的一体化设计与人因工程评估的问题凸显出来，加强武器装备系统特别是指挥控制系统的人因工程设计有很大的发展余地，还应把艺术和人文理念更多地加入进去。

"设计是源头。产品的品质是设计出来的。人因工程强调迭代式设计，更强调一次性把工作做到位。"陈善广表示，什么是人因设计？怎么开展人因设计与测评？目前业界也没有统一的认识和标准，还需进一步探讨，并在实践中不断改进完善。

人因设计是本届论坛的主题，强化人因设计对于提升人因工程地位和作用十分重要。陈善广认为，我们既要充分借鉴先进国家的成功经验少走弯路，又要有足够的文化自信，因为中国传统文化中的"天人合一""中和"思想、整体观等与人因工程的理念很一致。尤其是我国当前正处在工业化发展最兴旺的阶段，人因工程恰逢其时，我们完全有能力在这个领域做出中国人的创新性贡献，为我国从制造大国向制造强国转变发挥重要的作用。载人航天具有引领与示范意义，理应走在前头。

航天的人因研究从理论到实践，涉及生物力学、心理学、工程学等方面，所以也让国家大工程的许多领域能够信手拈来，触类旁通。但空间站是综合国力的体现，空间站时代又需要国家方方面面的工程设计水平的提升。

景海鹏、陈冬在神舟十一号和天宫二号生活和工作了33天，是到目前为止中国在太空时间最长的人。而"空间站里的工作人员中长期驻轨要180天以上，空间站就成了航天员之家。我们如何将它的设计达到家的水准呢？"陈善广问。

而舱外设备的设计，如果不充分考虑航天员在太空中恶劣的环境，带来的就不是简单的不便问题了。比如舱外作业使用的手套，是充气的且有多层防护，很明显会影响航天员的触感和操控灵便性。从国外的经验看，舱外设备的设计让航天员出舱维修时很不顺手，这样无形中拉长了航天员舱外工作的时间，也增加了他们的工作量和风险。

同时，中国的空间站也将是未来人类和平利用太空的重要平台，肯定要进行科学研究的国际合作。一方面各国科学家会进入中国的太空舱一起进行科学实验，太空舱也要在设计中加入适合他们文化背景与操作习惯的元素。另一方面兄弟国家也把自己的舱段发射上太空，与中国的太空舱对接，这就要求有一体化的设计和统一的接口。

"国际合作也对我们的人因工程水平提出了要求，我们要做有预见性的设计。"陈善广说。

会议讨论通过了《发展人因工程，助推"中国制造2025"行动倡议书》，呼吁国家、行业、高校、企业及人因专家通力合作，从国家政策、行业示范、学科建设、人才培养、成果转化及应用等方面共同努力，促使人因工程研究和行业成果得到更广泛的推广和应用，提升企业管理人员和生产人员的人因学意识，改善低效率高风险的生产环节，并通过新兴技术中信息的高效利用，提升企业和行业综合竞争力，推动"中国制造2025"跨越发展。

论坛主席陈善广指出，未来人工智能一定会更频繁地走入人们的生活。我们将面临的是两个或多个超复杂的智能体之间的关系。未来人机关系将发生深刻变化，这不仅是科学的问题，可能也是社会、哲学的问题。就像苏格拉底曾说的：探索哲学不是为了让我们在不确定的世界中找到确定的答案，而是让我们在不确定的实际中如何确定地生存。

也许，对人的探索可以消除当今世界普遍存在的，由于现代化、互联网崇拜而产生的机器异化、拜金主义等城市病，关那些对未来发展恐惧到焦虑抑郁的人类开出良方。

"安全感是消除不确定性而获得的，未来的发展，人造物的智慧提升必让人类自己惴惴不安，消除不确定性使人—智能系统运行可预测可控制，是人因设计的重要的使命和目标。"陈善广说。

（选自《中国青年报》2017年11月1日，有改动）

## 思考题

1. 学习完本章，简要概述人因工程的含义。
2. 人因工程学主要应用在哪些领域？
3. 简述人因工程学的研究步骤。
4. 工业工程专业开设人因工程这门课程的意义是什么？

# 第 5 章
# 运筹学

▶ 本章学习目标

1. **知识目标**：了解运筹学的起源、研究对象及特点；了解运筹学的研究内容，掌握运筹学的模型；熟悉运筹学的主要应用领域；掌握运筹学在工业工程中的应用。

2. **能力目标**：了解运筹学的起源、特点和研究对象，提升自主学习能力；熟悉运筹学的基本内容，培养分析问题、解决问题的能力；掌握运筹学的应用与发展，增强对新发展环境和趋势的适应能力。

3. **价值目标**：培养学生探索未知、追求真理、勇攀科学高峰的责任感和使命感；学习运筹学的相关内容，培养精益求精的大国工匠精神，激发科技报国的家国情怀和使命担当；引导学生深入社会实践、关注现实问题，培养学生从实际出发，解决实际问题的能力。

## 5.1 运筹学简介

### 5.1.1 运筹学的起源

运筹学是近代应用数学的一个分支，主要研究如何将生产、管理等事件中出现的运筹问题加以提炼，然后利用数学方法进行解决。运筹学是应用数学和形式科学的跨领域研究，利用统计学、数学模型和算法等方法，去寻找复杂问题中的最佳或近似最佳的解答。运筹学经常用于解决现实生活中的复杂问题，特别是改善或优化现有系统的效率。

运筹学的思想在古代就已经产生了。但是作为一门数学学科，用纯数学的方法来解决最优方法的选择安排，却是在20世纪40年代才开始兴起的。

运筹学主要研究经济活动和军事活动中能用数量来表达的有关策划、管理方面的问题。当然，随着客观实际的发展，运筹学的许多内容已经深入人们的日常生活当中了。

随着科学技术和生产的发展，运筹学已渗入很多领域里，发挥了越来越重要的作用。运筹学本身也在不断发展，现在已经是包括好几个分支的数学部门了。

运筹学在英国称为 operational research，在美国称为 operations research，英文缩写是 OR。中国科学工作者取"运筹"一词作为 OR 的意译，包含运用筹划、以策略取胜等意义。

运筹学作为一门现代科学，是在第二次世界大战期间首先在英美两国发展起来的，有的学者把运筹学描述为就组织系统的各种经营作出决策的科学手段。P.M.Morse与G.E.Kimball在他们的奠基作中给运筹学下的定义是："运筹学是在实行管理的领域，运用数学方法，对需要进行管理的问题统筹规划，作出决策的一门应用科学。"运筹学的另一个定义是："管理系统的人为了获得关于系统运行的最优解而必须使用的一种科学方法。"它使用许多数学工具（包括概率统计、数理分析、线性代数等）和逻辑判断方法，来研究系统中人、财、物的组织管理、筹划调度等问题，以期发挥最大效益。

人们普遍认为，运筹学的活动是从第二次世界大战初期的军事任务开始的。当时迫切需要把各种有限资源以有效的方式分配给各种不同的军事单位及在每一单位内的各项活动，所以美国和英国都号召大批科学家运用科学手段来处理战略与战术问题，这些科学家小组就是最早的运筹小组。

第二次世界大战期间，科学家们运用运筹学成功地解决了许多重要作战问题，为其后来的发展铺平了道路。当战后的工业恢复繁荣时，由于组织内与日俱增的复杂性和专门化所产生的问题，人们认识到这些问题基本上与战争中曾面对的问题类似，只是具有不同的现实环境而已，运筹学就这样进入工商企业和其他部门，在50年代后得到了广泛的应用。人们对于系统配置、聚散、竞争的运用机理深入地研究和应用，形成了比较完备的一套理论，如规划论、排队论、存贮论、决策论等，由于其理论上的成熟，电子计算机的问世又大大促进了运筹学的发展。世界上不少国家成立了致力于该领域及相关活动的专门学会，美国于1952年成立了运筹学会，并出版期刊《运筹学》，其他国家也先后创办了运筹学会与期刊，并于1959年成立了国际运筹学协会（International Federation of Operations Research Societies，IFORS）。

朴素的运筹思想在中国古代文献中就有记载，如田忌赛马、丁谓主持皇宫修复等。说明在已有的条件下，经过筹划、安排，选择一个最好的方案，就会取得最好的效果。

20世纪50年代，钱学森、许志国等人将运筹学理论引入国内，华罗庚回国后也从事优选法和统筹法的研究推广（烧茶壶的故事）。

## 5.1.2　运筹学的研究对象

运筹学作为一门用来解决实际问题的学科，在处理千差万别的各种问题时，一般有以下几个步骤：确定目标、制定方案、建立模型和制定解法。虽然不大可能存在能处理极其广泛对象的运筹学，但是在运筹学的发展过程中还是形成了某些抽象模型，并能用于解决较广泛的实际问题。随着科学技术和生产力的发展，运筹学已渗入很多领域，发挥着越来越重要的作用。运筹学本身也在不断发展，涵盖线性规划、非线性规划、整数规划、组合规划、图论、网络流、决策分析、排队论、可靠性数学理论、库存论、博弈论、搜索论以及模拟等分支。

运筹学有广阔的应用领域，它已渗透到诸如服务、搜索、人口、对抗、控制、时间表、资源分配、厂址定位、能源、设计、生产、可靠性等诸多方面。

运筹学是软科学中"硬度"较大的一门学科，是系统工程学和现代管理科学中的一种基础理论和不可缺少的方法、手段和工具。运筹学已被应用到各种管理工程中，在现代化建设中发挥着重要作用。

### 5.1.3 运筹学的特点

运筹学是从 20 世纪 30～40 年代发展起来的一门新兴学科，它的研究对象是人类对社会、经济、生产管理、军事等活动中的各种资源的运用及筹划活动，它的研究目的在于了解和发现这种运用及筹划活动的基本规律，以便运用有限资源发挥最大效益，来达到总体、全局最优的目标。这里所说的"资源"是广义的，既包括物质材料，也包括人力配备；既包括技术装备，也包括社会结构。作为一门定量优化决策科学，运筹学利用了现代数学、计算机科学以及其他科学的最新成果来研究人类从事各种活动中处理事务的数量化规律，使有限的人、财、物、时、空、信息等资源得到充分和合理的利用，以期获得尽可能满意的经济和社会效果。就其理论和应用意义来归纳，运筹学具有以下基本特征。

**1. 科学性**

运筹学的研究是建立在科学的基础之上的。运筹学研究的科学性表现在两个方面：首先，它是在科学方法论的指导下通过一系列规范化步骤进行的；其次，它是广泛利用多种学科的科学技术知识进行的研究。运筹学的研究不仅涉及数学，还涉及经济科学、系统科学、工程物理科学等其他学科。

**2. 实践性**

运筹学是一门实践性很强的科学，它完全是面向应用的。离开了实践，运筹学就失去了存在的意义。运筹学以实际问题为分析对象，通过鉴别问题的性质、系统的目标以及系统内主要变量之间的关系，利用数学方法达到对系统进行优化的目的。更为重要的是分析获得的结果要能被实践检验，并被用来指导实际系统的运行。

**3. 系统性**

运筹学用系统的观点来分析一个组织（或系统），它着眼于整个系统而不是一个局部，要把有关的各种主要因素和条件相互联系起来，尽量全面地考察问题，通过协调各组成部分之间的相互关系，使整个系统达到最优状态。

**4. 综合性**

用运筹学方法解决实际问题时，除了要熟悉与研究对象有关的科学知识之外，还要运用适合的数学方法和计算机技术，有时还可能需要与经济学、社会学和有关技术科学的知识相交叉，才能建立起适合的模型，使问题得以很好地解决。为了在组织上得到保证，常常需要建立包括有关学科成员在内的组织机构，以利于实施。

为了有效地应用运筹学，前英国运筹学学会会长托姆林森提出了六条原则：①合伙原则；②催化原则；③互相渗漏原则；④独立性原则；⑤宽容原则；⑥平衡原则。

## 5.2 运筹学的基本内容

### 5.2.1 运筹学研究的内容

运筹学研究的内容十分广泛，其主要分支有：线性规划、非线性规划、整数规划、几何规划、大型规划、动态规划、图论、网络理论、博弈论、决策论、排队论、存贮论、搜索论等。

### 5.2.2 运筹学的模型

运筹学的主要特点是通过模型来描述和分析所认定范围内的系统状态。其分析过程如图5-1所示。

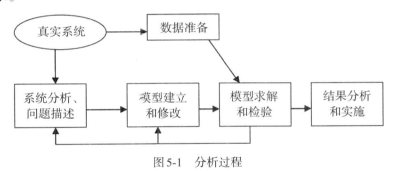

图5-1  分析过程

**1. 系统分析和问题描述**

认定问题的实质——社会经济问题具有复杂性、不可重复性，不同于具有可控性的物理模型（提高企业效益：开发市场？增加设备？加强研发？）。明确系统的主要目标（利润最大化、市场占有率最大化、销售收入最大化？GDP增长、可持续协调增长？），找出系统主要变量和参数、变化范围、相互关系及其对目标的影响。

分析问题的可行性：技术可行性——有无现成的运筹学方法？

经济可行性——研究的成本和预期的效果，考虑运筹决策的时间和代价，要对研究问题的深度和广度做出一定限制。

操作可行性——研究人员的配备。

**2. 建立数学模型——要尽可能简单，要能完整描述所研究的系统**

研究中，先对复杂问题抽象出关键性因素，简单化处理；再深入研究接近实际。

典型的模型包括：

（1）一组需要通过求解模型确定的决策变量；

（2）一个反映决策目标的决策函数；

（3）一组反映系统逻辑关系和约束关系的约束方程；

（4）模型要使用的各种参数。

表达式为：

决策函数 $U=f(x_i,y_j,\xi_k)$ （包括最优解、次优解、满意解；单一目标、多目标）

约束条件 $g(x_i, y_j, \xi_k) \geqslant 0$ （等式时为平衡条件）

式中，$x_i$ 为可控变量；$y_j$ 为已知参数；$\xi_k$ 为随机因素（确定性模型无随机因素）。

### 3. 模型求解和检验

搜集资料，对缺少的资料和不可控因素的处理：补充？做假设？先作出初步决策？

分析模型，确定不同行动方案对目标的影响（最核心的工作）。

检验分析结论与实际是否符合，原因：模型假设是否忽略重要因素？数据是否完整？

### 4. 结果分析和实施

作为决策参考（实际决策时，进一步考虑模型没有考虑的因素）。

## 5.3 运筹学的应用与发展

运筹学主要研究经济活动和军事活动中能用数量来表达的有关策划、管理方面的问题。当然，随着客观实际的发展，运筹学的许多内容已经渗入人们的日常生活中。运筹学可以根据问题的要求，通过数学上的分析、运算，得出各种各样的结果，最后提出综合性的合理安排，以达到最好的效果。

### 5.3.1 主要应用领域

（1）市场销售：包括广告预算和媒体的选择、竞争性定价、新产品开发、销售计划的制定等方面。如美国杜邦公司从20世纪50年代起就非常重视将作业研究用于研究如何做好广告工作、产品定价和新产品的引入。

（2）生产计划：在总体计划方面主要是从总体确定生产、储存和劳动力的配合等的计划以适应变动的需求，主要用线性规划和仿真方法等。此外，还可用于生产作业计划、日程表的编排等方面。

（3）库存管理：存货模型将库存理论与计算器的物料管理信息系统相结合，主要用于多种物料库存量的管理，确定某些设备的能力或容量，如工厂的库存、停车场的大小、新增发电设备容量、计算机的主存储器容量、合理的水库容量等。

（4）运输问题：涉及空运、水运、公路运输、铁路运输、捷运、管道运输和厂内运输等方面，解决班次调度计划及人员服务时间安排等问题。

（5）财政和会计：涉及预算、贷款、成本分析、定价、投资、证券管理、现金管理等方面。用得较多的方法有：统计分析、数学规划、决策分析、盈亏点分析法、价值分析法等。

（6）人事管理：涉及六个方面。①人员的获得和需求估计；②人才的开发，即进行教育和训练；③人员的分配，主要是各种指派问题；④各类人员的合理利用问题；⑤人才的评价，例如如何测定一个人对组织、社会的贡献；⑥薪资和津贴的确定等。

（7）设备维修、更新和可靠度、项目选择和评价：如电力系统的可靠度分析、核能电厂的可靠度以及风险评估等。

（8）工程的最佳化设计：在土木、水利、信息、电子、电机、光学、机械、环境和化工等领域皆有作业研究的应用。

（9）计算器和信息系统：可将作业研究应用于计算机的主存储器配置，研究等候理论在不同排队规则下对磁盘、磁鼓和光盘工作性能的影响。有人利用整数规划寻找满足一组需求档案的寻找次序，利用图论、数学规划等方法研究计算机信息系统的自动设计。

（10）城市管理：包括各种紧急服务救援系统的设计和运用。如消防队救火站、救护车、警车等分布点的设立。美国曾用等候理论来确定纽约市紧急电话站的值班人数。加拿大亦曾研究一个城市中警车的配置和负责范围，事故发生后警车应走的路线等。此外，还可用于城市垃圾的清扫、搬运和处理，城市供水和污水处理系统的规划等方面。

随着科学技术和生产的发展，运筹学已渗入很多领域里，发挥着越来越重要的作用。运筹学本身也在不断发展，现在已经是一个包括好几个分支的数学部门了。比如：数学规划（又包含线性规划、非线性规划、整数规划、组合规划等）、图论、网络流、决策分析、排队论、可靠性数学理论、库存论、对策论、搜索论、模拟等。

## 5.3.2 运筹学在工业工程中的应用

运筹学是一门应用数学学科，旨在为管理决策提供定量分析和优化解决方案。在工业工程领域，运筹学的方法和工具被广泛应用于各种问题，如线性规划、动态规划、整数规划、网络优化、库存管理、调度优化、质量控制、设备维护和供应链优化等。

### 1. 线性规划

线性规划是一种常用的优化方法，用于解决资源分配和组合问题。在工业工程中，线性规划被广泛应用于生产计划、物料需求计划和人员调度等领域。通过定义目标函数和约束条件，线性规划可以帮助企业实现资源的最优利用和经济效益最大化。

### 2. 动态规划

动态规划是一种用于解决多阶段决策问题的优化方法。在工业工程中，动态规划被用于解决生产调度、物流规划和生产计划等问题。通过将问题分解为多个阶段，动态规划可以帮助企业制定最优的决策序列，以获得整体最优解。

### 3. 整数规划

整数规划是一种优化方法，用于解决整数约束的组合问题。在工业工程中，整数规划被用于解决物料需求计划、生产计划和设备调度等方面的问题。整数规划可以确保所制定的计划更加精确和可靠，以避免因小数点引起的误差导致不必要损失。

### 4. 网络优化

网络优化是一种用于解决运输和物流问题的优化方法。在工业工程中，网络优化被应用于货物运输、车辆路径规划、仓储布局等方面。通过优化网络结构，企业可以提高运输和物流效率，降低成本，并提高客户满意度。

### 5. 库存管理

库存管理是工业工程中一个重要领域，涉及原材料、在制品和成品的存储和控制。运筹学中的库存管理方法可以帮助企业确定合理的库存水平、库存补货策略和库存地点分配等。通过优化库存管理，企业可以降低库存成本，减少浪费和过时库存，提高物流效率和客户满意度。

### 6. 调度优化

调度优化是一种用于解决生产调度和资源分配问题的优化方法。在工业工程中，调度优化被应用于生产计划、作业排程和设备调度等领域。通过优化调度，企业可以提高生产效率、降低生产成本、减少交货期延误和提高产品质量。

### 7. 质量控制

质量控制是工业工程中一个关键领域，涉及产品或服务的品质控制和质量保证。运筹学中的质量控制方法可以帮助企业确定合理的质量标准、检测计划和控制策略。通过优化质量控制，企业可以降低废品率、减少质量损失、提高客户满意度并建立良好的企业声誉。

### 8. 设备维护

设备维护是工业工程中一个重要的领域，涉及设备的保养、检查、维修和更换等。运筹学中的设备维护方法可以帮助企业制定合理的维护计划、预测设备故障和制定应急预案。通过优化设备维护，企业可以提高设备运行效率、降低故障率和维修成本，并延长设备使用寿命。

### 9. 供应链优化

供应链优化是一种用于解决供应链管理和物流问题的优化方法。在工业工程中，供应链优化被应用于供应商选择、采购计划、库存管理和物流配送等领域。通过优化供应链，企业可以提高供应链的稳定性、可靠性和效率，降低成本并提高客户满意度。

总之，运筹学在工业工程中有着广泛的应用，为企业提供了一系列有效的优化方法和工具，帮助他们解决各种复杂的管理问题。通过运用运筹学的方法，企业可以实现资源的合理配置、生产的高效运作、成本的合理控制和客户需求的满足，从而在激烈的市场竞争中获得更大的竞争优势和发展空间。

## 思考题

1. 运筹学作为一门用来解决实际问题的学科，它有哪些研究对象呢？
2. 学完本章，想一下运筹学有几种模型？简要介绍一下。
3. 运筹学在工业工程中有哪些应用呢？

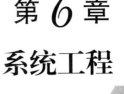

# 第6章

# 系统工程

📎 **本章学习目标**

1. **知识目标**：了解系统工程的概述，掌握系统工程的基本原理和方法论，熟悉系统工程的应用以及未来的发展，对系统工程有一个全面深入的认识。

2. **能力目标**：了解系统工程的相关概念，能自主查阅相关资料拓展知识；熟悉系统工程原理和方法论，培养学生的思维能力；掌握在实际案例中应用系统工程的能力，培养学生举一反三的实践能力；了解系统工程的发展，从而培养学生的探知欲。

3. **价值目标**：引导学生勇于实践，树立正确的挫折观，在实践中增长智慧才干；了解系统工程的基本理论，熟悉系统工程的应用与发展，增强学生的专业认同感与事业心，培养敬业精神；引导学生树立坚定的专业目标，培养学生的专业志趣，不断激发学生的报国志向和行业情怀。

✍ **引导案例**　系统工程在我国的发展

在古代中国，老子阐明了自然界的统一性，西周时就出现了关于世界构成的"五行说"，东汉时期张衡提出了"浑天说"，当时虽然没有明确的系统概念，没有建立一套完善的系统方法论体系，但是人们对客观世界的系统性及整体性有了一定程度的认识。系统工程发展过程中，最显著的代表就是都江堰这一大型水利工程的建设，整个工程由鱼嘴（岷江分流）、飞沙堰（分洪排沙）和宝瓶口（引水）三部分组成，相互之间协同促进和影响，两千多年来一直发挥着防洪灌溉的重要作用。

新中国成立后，在钱学森的领手下，科技人员在工程实践中形成了中国航天系统工程方法的雏形，并将这套方法推广到电子、船舶等其他行业。从20世纪70年代后期开始，钱学森、许国志等专家开始探索建立系统工程理论方法，组织开展"系统学科讨论班"活动，提出了"开放的复杂巨系统"和"从定性到定量的综合集成法"等，在中国掀起了研究和应用系统工程的高潮，继而迅速推广到军事、经济、社会等各个领域。

从1979年开始，钱学森提出了建立系统学科体系的目标，逐步发展完善系统的科学体系。钱学森等人先是提出从定性到定量综合集成的方法论，于1992年又提出从定性到定量的综合集成研讨厅体系，进而把处理开放复杂巨系统的方法与使用这种方法的组织形式有机结合起来。

20世纪90年代中期，顾基发等人提出物理—事理—人理（WSR）方法论。其中，物理主要涉及物质运动的机理，通常要用到自然科学知识，主要回答"物"是什么；而事理是做事的道理，通常用到管理科学的知识，主要回答怎样去做；人理则是做人的道理，通常用到人文社会科学的知识，主要回答应当何如。

对于难度自增值系统，王浣尘提出了"旋进原则"，即不断地跟踪系统的变化，选用多种方法，采用循环交替结合的方式，逐步推进问题的深度和广度。

20世纪90年代，中国航天结合新的任务形势，提出了"归零双五条"、技术更改五条原则等方法措施。1997年，国家航天局又颁布了"72条"和"28条"等文件，进一步发展了航天方面的系统工程方法，这些方法在军工行业也得到了相应的推广应用。

总体而言，几十年来系统工程在我国多个领域都得到了迅速全面的发展，在各个阶段各个领域发挥着重要作用。

## 6.1  系统工程概述

系统是由两个以上有机联系、相互作用的要素组成，具有特定功能、结构和环境的整体。它具有整体性、关联性和环境适应性等基本属性，除此以外，很多系统还具有目的性、层次性等特征。系统有自然系统与人造系统，实体系统与概念系统，动态系统和静态系统，封闭系统与开放系统之分。

用定量和定性相结合的系统思想和方法处理大型复杂系统问题，无论是系统的设计或组织建立，还是系统的经营管理，都可以统一地看成是一类工程实践，统称为系统工程。系统工程是从整体出发，合理开发、运行和革新一个大规模复杂系统所需思想、理论、方法论、方法与技术的总称，属于一门综合性的工程技术。系统工程的研究对象是大规模复杂系统。其复杂性主要表现在：（1）系统的功能和属性多样，由此而带来的多重目标间经常会出现相互消长或冲突的关系；（2）系统通常由多维且不同质的要素构成；（3）一般为人机系统，而人及其组织或群体表现出固有的复杂性；（4）由要素间相互作用关系所形成的系统结构日益复杂化和动态化。大规模复杂系统还具有规模庞大及经济性突出等特点。系统工程的应用领域十分广阔，已广泛应用于社会、经济、区域规划、环境生态、能源、资源、交通运输、农业、教育、人口、军事等诸多领域。

系统工程有三大理论基础和工具，即系统论、信息论和控制论，简称"三论"。

控制论是由美国人维纳创立的一门研究系统控制的学科。其理念是通过一系列有目的的行为及反馈使系统受到控制。控制论研究的重点是带有反馈回路的闭环控制系统，而不是任意的控制系统。反馈有两类：正反馈和负反馈。如果输出反馈回来放大了输入变化导致的偏差，这就是正反馈；如果输出反馈回来弱化了输入变化导致的偏差，这就是负反馈。

系统的结构是指要素在系统范围内的秩序，亦即要素之间的相互联系、相互作用的内在方式。任何系统都具有一定的结构，系统结构的特点是：（1）层次性是系统结构较为普遍的形式；（2）结构具有相对性；（3）各层次都有其自身的最佳规模；（4）结构具有稳定性；（5）结构具有动态性和开放性。

　　控制论对系统工程方法论的重要启示有"黑箱—灰箱—白箱法"。黑箱即一个封闭的盒子，无法直接观测出其内部结构，只能通过外部的输入和输出去推断进而认识该系统，这就是由黑箱到灰箱再到白箱的过程。但是事物本质的层次性决定了事物的黑箱总是一层又一层，永无止境，所以也有"黑箱永远有，白箱永不白"的说法，但是控制论黑箱方法在人类认识事物的任何阶段，都不失为一种重要的手段。

　　信息论的创立者是美国数学家申农和维纳。狭义的信息论即香农信息论，主要研究消息的信息量、信道容量以及消息的编码问题。一般信息论主要研究通信问题，还包括噪声理论、信号滤波与预测、调制、信息处理等问题。广义的信息论不仅包括前述研究内容，而且涵盖所有与信息相关的领域。

　　一般系统论是由美籍奥地利生物学家冯·贝塔朗菲在理论生物学研究的基础上创立的。一般系统论的观点有以下几方面。

　　（1）系统的整体性。它是系统的最本质的属性，可以概括为以下几个方面：要素和系统不可分割；系统整体的功能不等于各组成部分的功能之和；系统整体具有不同于各组成部分的新功能。

　　（2）系统的开放性。一切有机本之所以有组织地处于活动状态并保持其生命运动，是由于系统与环境处于相互作用之中。系统与环境不断进行物质能量和信息的交换，这就是所谓的开放系统。

　　（3）系统的动态相关性。任何系统都处在不断发展变化之中，系统状态是时间的函数，这就是系统的动态性。系统的动态性取决于系统的相关性。系统的相关性是指系统的要素之间、要素与整体之间、系统与环境之间的有机关联性。动态相关性的实质是揭示要素、系统和环境三者之间的关系及其对系统状态的影响。

　　（4）系统的层次等级性。系统是有结构的，而结构是有层次等级之分的。

　　（5）系统的有序性。可以从两个方面来理解这一点。其一是系统结构的有序性，其二是系统发展的有序性，二者共同决定了系统的时空有序性。

　　系统方法论告诉我们要以系统的观点去看整个世界，不能片面孤立地看问题。系统方法论主张以思辨原则代替实验原则，不能机械地看问题，尤其是在处理复杂、有机程度高的系统时，这一点尤为重要。

　　在古希腊的唯物主义哲学家德谟克利特曾提出"宇宙大系统"的概念，并最早使用"系统"一词。之后，古希腊哲学家、辩证法奠基人之一赫拉克利特认为"世界是包括一切的整体"。除此之外，后人还把亚里士多德的名言"整体大于部分的综合"，作为系统论的基本原则之一。

　　在近代，系统工程研究方法口最先出现的是20世纪30年代末、40年代初的运筹学方法。20世纪50年代末、60年代初，古德、麦克霍尔和霍尔等人提出了系统工程方法论。1969年，霍尔又提出了三维结构（逻辑维、工作维、知识维）矩阵。

　　在20世纪50年代中期，美国兰德公司提出了系统分析（SA）的方法论。1961年，美国麻省理工学院的福雷斯特教授将控制论、系统论、信息论、计算机模拟技术、管理科学及决策论等多门学科知识融为一体，开发了系统动力学（systems dy namcis，SD）。

英国的切克兰德在1981年提出软系统方法论（SSM）。另外，20世纪70年代到80年代，出现的软系统方法论还有定性系统动力学（QSD）、社会技术系统设计（STSD）、管理控制论（MC）、组织控制论（OC）、战略假设表面化和验证（SAST）、战略选择发展与分析（SODA）、对话式计划（IC）、生存系统设计（VSD）、社会选择（SC）等。

切克兰德于1984年在国际应用系统分析研究所（IIASA）组织的"运筹学和系统分析过程的反思"讨论会中又提出，把OR、SE、SA、SD所用的方法称为硬系统方法论。

在上述基础上，20世纪90年代初，西方提出了关键系统思考（CSH）和关键系统干预法（TSI）。日本椹木义一还提出了既软又硬的Shinayaka系统方法论。

## 6.2 系统工程原理与方法论

### 6.2.1 系统工程的方法论

系统工程方法论就是分析和解决系统开发、运作及管理时间中问题所应遵循的工作程序、逻辑步骤和基本方法。它是系统工程思考问题和处理问题的一般方法和总体框架。

#### 1. 霍尔三维结构

霍尔三维结构是由美国学者霍尔等人提出的，它是系统工程方法论的重要基础内容，包括时间维、逻辑维和知识维或专业维。

时间维表示系统工程的工作阶段或进程。系统工程工作从规划到更新的整个过程或寿命周期可以分为七个阶段：规划阶段、设计阶段、分析或研制阶段、运筹或生产阶段、系统实施或安装阶段、运行阶段、更新阶段。

逻辑维是指系统工程每阶段工作所应遵循的逻辑顺序和工作步骤，一般分为七步：明确问题、系统设计、系统综合、模型化、最优化、决策、实施计划。

知识维或专业维的内容表征从事系统工程工作所需要的知识（如运筹学、控制论、管理科学等），也可反映系统工程的专门应用领域（如企业管理系统工程、社会经济系统工程、工程系统工程等）。

#### 2. 切克兰德方法论

20年代80年代中前期，英国兰切斯特大学教授切克兰德提出了一套方法论，在各种软系统工程方法论中很具有代表性。其主要内容和工作过程为：认识问题，根底定义，建立概念模型，比较及探寻，选择，计划与实施，评估与反馈。

霍尔三维结构和切克兰德方法论均为系统工程方法论，均以问题为起点，具有相应的逻辑过程。在此基础上，两种方法论主要存在以下不同点：霍尔方法论主要以工程系统为研究对象，而切克兰德方法更适合对于社会经济和经济管理等"软"系统问题的研究；前者的核心内容是优化分析，而后者的核心是比较学习；前者更多关注定量分析方法，而后者比较强调定性或定性与定量有机结合的研究方法。

## 6.2.2 系统分析原理

系统分析是运用建模及预测、优化、仿真、评价等技术对系统的各有关方面进行定性与定量相结合的分析，为选择最优或满意的系统方案提供决策依据的分析研究过程。

系统分析包括问题、目的及目标、方案、模型、评价、决策者六个基本要素。其基本过程分为以下几个步骤：认识问题，探寻目标，综合方案，模型化，优化或仿真分析，系统评价和决策。初步分析时主要围绕六个方面的问题来展开（5W1H）：What、Why、Where、When、Who、How。

系统分析应该坚持以下原则：坚持问题导向；以整体为目标；多方案模型分析和选优；定量分析与定性分析相结合；多次反复进行。

### 1. 系统模型与模型化

模型是现实系统的理想化抽象或间接表示，它描绘了现实系统的某些主要特点，是为了客观地研究系统而发展起来的。模型有三个特征：（1）它是现实世界部分的抽象或模仿；（2）它是由那些与分析的问题有关的因素构成的；（3）它表明了有关因素间的相互关系。模型可以分为概念模型、符号模型、类比模型、仿真模型、形象模型等。

模型化就是为了描述系统的构成和行为，对实体系统的各种因素进行适当筛选后，用一定方式（数学、图像等）表达系统实体的方法。简言之就是建模的过程。构造模型需要遵循如下原则：建立方框图，考虑信息相关性，考虑准确性，考虑结集性。建模的基本步骤是：（1）明确建模的目的和要求，以便使模型满足实际要求，不致产生太大偏差；（2）对系统进行一般语言描述，因为系统的语言描述是进一步确定模型结构的基础；（3）弄清系统中的主要因素（变量）及其相互关系（结构关系和函数关系），以便使模型准确表示现实系统；（4）确定模型的结构，这一步决定了模型定量方面的内容；（5）估计模型的参数，用数量来表示系统中的因果关系；（6）对模型进行实验研究，进行真实性检验，以检验模型与实际系统的符合性；（7）根据实验结果，对模型做必要的修改。

模型化的基本方法有以下几种：（1）分析方法，分析解剖问题，深入研究客体系统内部细节，利用逻辑演绎方法，从公理、定律推导出系统模型；（2）实验方法，通过对于实验结果的观察分析，利用逻辑归纳法推导出系统模型，基本方法包括三类：模拟法、统计数据分析法、实验分析；（3）综合法，这种方法既重视数据又承认理论价值，将实验数据和理论推导统一于建模之中；（4）老手法（Delphi法），这种方法的本质在于集中了专家们对于系统的认识（包括直觉、印象等不确定因素）和经验，再通过实验修正，往往可以取得较好的效果；（5）辩证法，其基本观点是系统是一个对立统一体，是由矛盾的两个方面构成的，因此必须构成两个相反的分析模型。相同数据可以通过两个模型来解释。

系统结构模型化：结构模型是定性表示系统构成要素以及它们之间存在着的本质上相互依赖、相互制约和关联情况的模型。结构模型化即建立系统结构模型的过程。结构分析是一个实现系统结构模型化并加以解释的过程。结构分析是系统分析的重要内容，是系统优化分析、设计与管理的基础。

系统结构的基本表达方式如下。

（1）集合表达：$S=\{S_1, S_2, \cdots, S_n\}$ $R_b=\{(S_i, S_j)| S_i, S_j \in S, S_iRS_j, i, j=1, 2, \cdots\}$。

（2）有向图表达。

（3）矩阵表达。

①邻接矩阵$A$：表示系统要素间基本二元关系或直接联系情况的方阵。

②可达矩阵$M$：表示系统要素之间任意次传递性二元关系或有向图上两个点之间通过任意长的路径可以到达情况的方阵。

③缩减矩阵$M'$：根据强连接要素的可替换性，在已有的可达矩阵$M$中，将具有强连接关系的一组要素看作一个要素，去掉其中一个在$M$中的行和列，即可得到。

④骨架矩阵$A'$：对于给定系统，$A$的可达矩阵$M$是唯一的，但实现某一可达矩阵$M$的邻接矩阵$A$可以有多个。我们把实现某一可达矩阵$M$、具有最小二元关系个数（"1"元素最少）的邻接矩阵叫作$M$的最小实现二元关系矩阵，或称之为骨架矩阵，记作$A'$。

建立递阶结构模型的规范方法：①区域划分，有关要素集合有可达集、先行集、共同集、起始集；②级位划分；③提取骨架矩阵；④绘制多级递阶有向图。

建立递阶结构模型的实用方法：①判定二元关系，建立可达矩阵及其缩减矩阵。②对可达矩阵的缩减矩阵进行层次化处理。③根据$M'(L)$绘制多级递阶有向图。

### 2. 系统仿真及系统动力学

所谓系统仿真，就是根据系统分析的目的，在分析系统各要素性质及其相互关系的基础上，建立起能描述系统结构或行为的过程，且具有一定逻辑关系或数学方法成的仿真模型，据此进行试验或定量分析，以获得正确决策所需的各种信息。系统仿真的基本方法是建立系统的结构模型和量化分析模型，并将其转换为适合在计算机上编程的仿真模型，然后对模型进行仿真实验。

系统动力学（SD）是美国麻省理工学院弗罗斯特教授最早提出的一种对社会经济问题进行系统分析的方法论和定性与定量相结合的分析方法。SD的研究对象主要是社会（经济）系统，该类系统的突出特点是：①社会系统中存在着决策环节；②社会系统具有自律性；③社会系统的非线性。

SD模型具有多变量，定性与定量相结合，以仿真实验为基本手段和以计算机为工具，可处理高阶次、多回路、非线性的时变复杂系统问题等特点。其工作过程如下：认识问题，界定系统，要素及其因果关系分析，建立结构模型（流图），建立量化分析模型（DYNAMO方程），仿真分析，比较与评价，政策分析。

SD包含四个基本要素：状态或水准、信息、决策或速率、行动或实物流。

SD的两个基本变量：水准变量（level）、速率变量（rate）。

SD的一个基本思想：反馈控制。

因果关系图中包含因果箭、因果链、因果反馈回路和多重因果反馈回路等要素。

流图是SD模型的基本形式，通常由以下各要素构成：流、水准、速率、参数、辅助变量、源与洞、信息、滞后或延迟等。SD结构模型的建模步骤如下：①明确系统边界，即确定对象系统的范围；②阐明形成系统结构的反馈回路；③确定反馈回路中的水准变量和速率变量；④阐明速率变量的子结构或完善、形成各个决策函数，建立SD结构模型（流图）。

DYNAMO方程就是SD的数学模型或量化分析模型。SD中的基本DYNAMO方程有：

水准方程L     $LEVEL \cdot K = LEVEL \cdot J + DT * (RIN \cdot JK - ROUT \cdot JK)$

速率方程R     $RATE \cdot KL = f(L \cdot K, A \cdot K, C, \cdots)$

辅助方程A     $AUX \cdot K = g(A \cdot K, L \cdot K, R \cdot JK, C, \cdots)$

赋初值方程N     $LEVEL = \cdots$

常量方程C     $CON = \cdots$

### 3. 系统评价方法

系统评价就是全面评定系统的价值，它是决策的直接依据和基础。系统评价问题是由评价对象、评价主体、评价目的、评价时间、评价地点和评价方法等要素构成的问题的复合体。系统评价的一般过程为：认识评价问题，搜集、整理、分析资料，选择评价方法、建立评价模型，分析、计算评价值，综合评价，决策。

系统评价的方法是多种多样的，其中比较有代表性的是以经济分析为基础的费—效分析法；以多指标的评价和定量与定性分析相结合为特点的关联矩阵法、层次分析法和模糊综合评判法。其中关联矩阵法为原理性方法，层次分析法和模糊综合法为实用性方法。

关联矩阵法：它主要是用矩阵形式来表示各替代方案有关评价指标及其重要度与方案关于具体指标的价值评定量之间的关系。应用关联矩阵法的关键，在于确定各评价指标的相对重要度（即权重）以及根据评价主体给定的评价指标的评价尺度，确定方案关于评价指标的价值评定量。确定权重即价值评定量的方法有：逐对比较法、古林法。

层次分析法：即AHP方法，是一种实用的多准则决策方法，它把一个复杂问题表示为有序的递阶层次结构，通过人们的判断对决策方案的优劣进行排序。这是一种将定性分析和定量分析相结合的评价决策方法，特别适合于社会经济系统问题的决策分析。它的基本实施步骤如下：①分析评价系统中各基本要素之间的关系，建立系统的递阶层次结构（分解法、ISM法）；②对同一层次的各要素关于上一层次中某一准则的重要性进行两两比较，构造判断矩阵（专家调查法）；③由判断矩阵计算被比较要素对于该准则的相对权重（方根法）；④计算各层要素相对于系统目的（总目标）的合成（总）权重，并据此对方案等排序（关联矩阵表及加权和法）。

模糊综合评判法：这是应用模糊集合理论对系统进行综合评价的一种方法，评价结果是获得各种替代方案优先顺序的有关信息。模糊综合评判法的主要步骤为：①确定因素集F和评语集E；②统计确定单因素评价隶属度向量，并形成隶属度矩阵$\boldsymbol{R}$；③确定权重向量$W_F$等；④按某种运算法则，计算综合评定向量$\boldsymbol{S}$及综合评定值。

### 4. 决策分析方法

决策是管理的重要职能，它是决策者对系统方案所做决定的过程和结果，决策是决策者的行为和职责。决策分析的过程大致可以归纳为四个阶段：分析问题、诊断及信息活动；对目标、准则及方案的设计活动；对非劣备选方案进行综合分析比较评价的抉择或选择活动；将决策结果付诸实施并进行有效的评估、反馈、跟踪、学习的执行或实施活动。决策问题的类型一般有确定型决策、风险型决策、不确定型决策、对抗型决策和多目标决策。

风险型决策的基本方法有期望值法和决策树法。期望值法就是利用数学期望的公式计算出每个行动方案的损益期望值并加以比较。决策树法就是利用树形图模型来描述决策分析问题，并直接在决策树图上进行计算和决策分析。其基本步骤是：①绘制决策树；②计算各行动方案的损益期望值，并将计算结果标在相应的状态节点上；③将计算所得的各行动方案的损益期望值加以比较，选择其中最大的期望值并标注在决策点的上方，由此选出最佳方案。

冲突分析（conflict analysis）：这是国外近年来在经典对策论（game theory）和偏对策理论（metagame theory）基础上发展起来的一种对冲突行为进行正规分析（formal analysis）的决策分析方法，其主要特点是能最大限度地利用信息，通过对许多难以定量描述的现实问题的逻辑分析，进行冲突事态的结果预测和过程分析（预测和评估、事前分析和事后分析），帮助决策者科学周密地思考问题。

冲突分析的一般过程如下：

（1）对冲突事件背景的认识与描述。以对事件有关背景材料的收集和整理为基本内容。整理和恰当的描述是分析人员的主要工作。主要包括：冲突发生的原因（起因）及事件的主要发展过程；争论的问题及其焦点；可能的利益和行为主体及其在事件中的地位及相互关系；有关各方参与冲突的动机、目的和基本的价值判断；各方在冲突事态中可能独立采取的行动。

（2）冲突分析模型（建模）。这是在初步信息处理之后，对冲突事态进行稳定性分析用的冲突事件或冲突分析要素间相互关系及其变化情况的模拟模型，一般用表格形式比较方便。

（3）稳定性分析。这是使冲突问题得以"圆满"解决的关键，其目的是求得冲突事态的平稳结局（局势）。所谓平稳局势，是指对所有局中人都可接受的局势（结果），也即对任一局中人 $i$，更换其策略后得到新局势，而新局势的效用值（赢得）或偏好度都较原局势为小，则称原来的局势为平稳局势。因在平稳状态下，没有一个局中人愿意离开他已经选定的策略。故平稳结局亦为最优结局（最优解）。稳定性分析必须考虑有关各方的优先选择和相互制约。

（4）结果分析与评价。主要是对稳定性分析的结果（即各平稳局势）做进一步的逻辑分析和系统评价，以便向决策者提供有实用价值的决策参考信息。

冲突分析的要素（也叫冲突事件的要素）是使现实冲突问题模型化、分析正规化所需的基本信息，也是对冲突事件原始资料处理的结果。主要有以下几种要素。

（1）时间点：这是说明"冲突"开始发生时刻的标志；对于建模而言，则是能够得到有用信息的终点。因为冲突总是一个动态的过程，各种要素都在变化，这样很容易使人认识不清，所以需要确定一个瞬间时刻，使问题明朗化。但时间点不直接进入分析模型。

（2）局中人（players）：指参与冲突的集团或个人（利益主体），他们必须有部分或完全的独立决策权（行为主体）。冲突分析要求局中人至少有两个或两个以上。局中人集合记作 $N$，$|N|=n \geqslant 2$。

（3）选择或行动（options）：各局中人在冲突事态中可能采取的行为动作。冲突局势正是由各方局中人各自采取某些行动而形成的。

每个局中人一组行动的某种组合称为该局中人的一个策略（strategy）。

第 $i$ 个局中人的行动集合记作 $O_i$，$|O_i|=k_i$。

（4）结局（outcomes）：各局中人冲突策略的组合共同形成冲突事态的结局。全体策略的组合（笛卡儿乘积或直积）为基本结局集合，记作 $T$，$|T|=2^{\sum\limits_{i=1}^{n} k_i}$。结局是冲突分析问题的解。

（5）优先序或优先向量（preference vector）：各局中人按照自己的目标要求及好恶标准，对可能出现的结局（可行结局）排出优劣次序，形成各自的优先序（向量）。

## 6.3 系统工程的应用与发展

### 6.3.1 系统工程的应用

系统工程是从整体出发，合理开发、运行和革新一个大规模复杂系统所需思想、理论、方法、技术的总称。因此，系统工程的应用也是从这四个层次对系统的结构、要素、信息和反馈等进行分析，以达到最优规划、最优设计、最优管理和最优控制的目的。系统工程在军事、社会、经济、文化等方面具有广泛的应用，下面介绍军事应用——军事系统、社会应用——社会系统、经济应用——经济系统，以及科学系统、环保系统。

#### 1. 军事系统

军事系统是指运用系统科学的理论和定量与定性的方法，实施合理的军事筹划、研究、设计、组织、指挥和控制，使各个组成部分和保障条件综合集成为一个协调的整体，以实现系统功能与组织最优化的技术。广泛应用于国防工程、武器研制、军队作战、后勤保障、军事行政等领域。

对军事系统的研究可以追溯到公元前5世纪，中国古代军事学家孙武把战争作为研究对象，在《孙子》一书中提出要利用政治、天时、地利、将帅、法制等因素来分析战争的全局，研究战争的胜负，这是最早的军事系统思想。19世纪初，在普鲁士出现了现代参谋组织和现代参谋技术的萌芽，第一次世界大战期间参战国开始利用数学模型的方法，定量分析军事运筹的问题。第二次世界大战使现代参谋组织和现代参谋技术发展到一个新的水平。在这次规模空前的战争中，也涌现出一批杰出的科学家。英国在战争初期为解决利用警戒雷达网对德国进行有效的防空作战问题，组织科学家和军事人员合作进行系统分析和战术评估，取得了明显的效果。从1940年起，英国、美国、加拿大等国先后成立了若干专门的军事运筹学小组，这些小组的活动为赢得战争的胜利做出了贡献，同时也形成了现代军事系统工程的雏形。20世纪60年代，美国国防部长麦克纳马拉大力推广和运用军事系统工程的方法，如规划计划预算系统（PPBS）、关键线路法（CPM）和计划评审技术（PERT）等。苏联和东欧、西欧各国，也都在国防、军事领域中推广和运用军事系统工程的方法。60年代，中国著名科学家钱学森等倡导在武器装备发展和经济规划中运用系统分析，并首先在中国导弹研究部门设立总体设计部采用计划评审技术。

同时，我们应该注意到现代军事信息技术对军事系统工程也产生了重要影响：（1）电子计算机作为现代作战模拟技术基础，辅助进行复杂军事系统分析、规划和实现，把信息资源转变为军事系统的效益。（2）电子计算机作为现代武器装备的实际组成部分，其高速处理大量信息的能力，已成为武器系统战斗效能的重要标志。（3）通信、计算机和网络作为军队指挥自动化系统的物质基础，为辅助进行指挥、控制、通信、情报和电子对抗活动，夺取战场军事信息优势，实现作战效能倍增提供了手段，从而提高了部队协同作战能力和应变能力。（4）现代军事信息技术的最新发展，是建立在通信、计算机和网络技术基础上的分布式交互仿真，它在军事系统工程中具有广泛的用途。

### 2. 社会系统

社会系统是由社会人与他们之间的经济关系、政治关系和文化关系构成的系统，比如一个家庭、一个公司、一个社团、一个城市、一个国家都是一个个的社会系统，也是不同层次的社会系统。家庭、公司是城市的子系统，城市是国家的子系统。

社会系统根据不同的标准可以分为不同类型：以生产关系为标准可以分为原始社会、奴隶社会、封建社会、资本主义社会、社会主义社会；以生产力为标准可以分为游牧社会、农业社会、工业社会。

社会系统基本要素是个人、组织和群体，三者之间的关系是文化关系、经济关系和政治关系。比如婚姻关系和血缘关系构成家庭，家庭的要素是夫妻、父母、子女等。又比如一个国家的要素是政府、公民、公司和社会各类组织，它们之间存在着经济、政治和文化的关系。

社会系统的基本功能有四个。（1）适应：当内外环境变动的时候，系统需要具备妥当的准备和相当的弹性，以适应新的变化来减少紧张、摩擦的不良后果。（2）达成目标：所有社会系统都拥有界定其目标的功能，并会动员所有能力、资料来完成目标。（3）模式维持：一面补充新成员，另一面又以社会化使成员接受系统的特殊模式。（4）整合：维持系统之中各部分之间的协调、团结，来确保系统并且对抗外来重大变故。

### 3. 经济系统

经济系统是由相互联系和相互作用的若干经济元素结合而成的，是具有特定功能的有机整体。广义的经济系统指物质生产系统和非物质生产系统中相互联系、相互作用的若干经济元素组成的有机整体。狭义的经济系统指社会再生产过程中的生产、交换、分配、消费各环节的相互联系和相互作用的若干经济元素所组成的有机整体。这四个环节分别承担着若干部分的工作，分别完成特定的功能。

经济系统主要特点如下。（1）经济系统的复杂性：由于经济系统结构复杂，因此

经济系统一般要比工程系统复杂。（2）经济系统是有人直接参与的系统：经济系统的主体是人，由于人的思维、判断、决策、偏好各有差异，有人参与的经济系统具有明显的非确定性、模糊性等特点。（3）经济系统的目标的多样性：经济系统既要考虑到经济效益，又要考虑到社会效益，还要照顾到对生态环境的影响。既要考虑长远目标又要考虑近期目标。这些目标有的是一致的，有的是矛盾的。我们必须根据实际情况研究经济系统的具体目标，有时需要同时考虑多种目标。（4）经济系统具有开放性：经济系统是要与其他系统进行物质、能量、信息交换的系统。如果一个经济系统开放性很强，说明它与环境交换的物质、能量、信息的数量多，范围广泛，种类繁多。开放的经济系统既受到国内自然条件、生态环境、资源数量等自然环境的制约，又受到人口状况、经济体制和政策等社会经济环境的影响。

经济系统的主要功能如下。（1）经济功能：经济活动主要是满足人们的物质生活的各种需要。经济功能发挥得好，经济发展就快，人民生活水平提高得也快。生产是为了消费，生产和消费的联系要靠贸易、物流等经济交换活动。人们的交换和消费活动以人们的收入为基础。扩大生产和增加收入，是经济活动的两个相辅相成的方面。当然，积累和消费的增加都要适中。这些经济活动的所有内容都会在经济系统中反映出来。（2）创造功能：在经济系统中，人们的创造性的发挥与经济环境关系很大。只有科技兴旺、经济发展的社会才能激发人们的创造热情。（3）应变功能：经济系统是一个应变能力很强的系统。它能随时改变结构以适应外界条件的变化。如改革开放以来，为了给经济的发展创造一个良好的国际环境，我国在外交子系统的外事活动中，采取了灵活的政策、稳定国际形势的政策、开放的政策，一切都是为了经济发展这个中心。（4）自组织功能：经济系统是由各个群体组成的，而各个群体的组合能力，也是经济系统的重要功能。例如，我们要大力发展文化教育事业，提高人们的文化技术和政治素质，发挥人才作用，改进和提高管理水平，增加内聚力，从而增强组织功能。

### 4. 科技系统

"科学是第一生产力""科教兴国"，这些都表明科学技术在现代社会中的重要性。而系统工程在科学技术领域的应用，当然也是必不可少的。其应用主要是两个方面：一方面是运用模拟预测设计的手段，研究科技发展战略，预测规划以及评价科学技术等；另一方面是人才需求预测，通过分析人才市场，以及对未来人才需求的预测，来重新布置人才结构分布。另外，在教学中也越来越多地运用系统工程，例如运用计算机模拟软件检查学生的学习情况，并且及时反馈，相比之前的人工评价更为客观、更为全面。

### 5. 环保系统

大自然是人类赖以生存的环境，因此，生态环境的保护也是当前不容忽视的一大问题，系统工程在生态环境治理方面也做出了不小的贡献。具体主要表现在环境系统和生态系统的规划、建设、治理，能源的合理利用结构，能源需求预测，能源发现战略等方面。系统工程应用于环境方面，主要是运用优化分析的方法，如线性规划，模糊分析法等，对绿化的建设进行合理的规划，使人们在不破坏自然的同时还可以收获更大的利益。而在资源方面，除了同环境方面类似的功能以外，还有通过分析现有的利用情况，人口的发展情况，预测未来资源的需求，以采取合理的资源战略部署，为未来做打算。

### 案例　系统科学的杰作——都江堰水利工程

图6-1　都江堰水利工程

都江堰水利工程位于四川都江堰市城西，是全世界至今为止，年代最久、唯一留存、以无坝引水为特征的宏大水利工程（图6-1）。2 200多年来，都江堰一直发挥着巨大作用，不愧为文明世界的伟大杰作、造福人民的伟大水利工程。都江堰渠首的三大主体工程鱼嘴分水堤、飞沙堰溢洪道、宝瓶口进水口，科学地解决了江水自动分流、自动排沙、控制进水流量等问题，消除了水患，使川西平原成为"水旱从人"的"天府之国"。目前灌溉面积已达40县（市、区）1 130万余亩农田。都江堰水利工程的三个子工程融为一个整体，巧妙配合实现了彻底排沙、最佳水量的自动调节的作用。

#### 1. 鱼嘴分水堤

鱼嘴是都江堰分水工程，因其形如鱼嘴而得名，它昂首于岷江江心，把岷江分成内外二江（图6-2）。西边的叫外江，俗称"金马河"，是岷江正流，主要用于排洪；东边沿山脚的叫内江，是人工引水渠道，主要用于灌溉。

鱼嘴的设置极为巧妙，它利用地形、地势，巧妙地完成分流引水的任务，而且

图6-2　鱼嘴分水堤

在洪、枯水季节不同水位条件下，起着自动调节水量的作用。鱼嘴所分的水量有一定的比例，春天，岷江水流量小，灌区正值春耕，需要灌溉，这时岷江主流直入内江，水量约占六成，外江约占四成，以保证灌溉用水；洪水季节，二者比例又自动颠倒过来，内江四成，外江六成，使灌区不受水涝灾害。

在二王庙壁上刻的治水《三字经》中说的"分四六，平潦旱（潦即"涝水"，在今陕西省西安市，北入渭河）"，就是指鱼嘴这一天然调节分流比例的功能。

我们的祖先十分聪明，在流量小、用水紧张时，为了不让外江40%的流量白白浪费，采用杩槎（三脚木架，都江堰的活动拦水坝就是用杩槎和满装卵石的竹笼做成的）截流的办法，把外江水截入内江，使内江灌区春耕用水更加可靠。1974年，在鱼嘴西岸的外江河口建成了一座钢筋混凝土结构的电动制闸，代替过去临时杩槎工程，截流排洪更加灵活可靠。

### 2. 飞沙堰溢洪道

飞沙堰溢洪道的作用把多余的洪水和流沙排入外江。在鱼嘴以下的长堤，即分内、外二江的堤叫金刚堤。堤下段与内江左岸虎头岸相对的地方，有一低平的地段，这里春、秋、冬、三季是人们往返于离堆公园与索桥之间的行道的坦途，洪水季节这里浪花飞溅，是内江的泄洪道（图6-3）。

泄洪道，唐朝名"侍郎堰""金堤"，后又名"减水河"，它具有泄洪排沙的显著功能，故又叫它"飞沙堰"。

飞沙堰是都江堰三大件之一，看上去十分平凡，但功能非常实用，可以说是确保成都平原不受水灾的关键要害。

当内江的水量超过宝瓶口流量上限时，多余的水便从飞沙堰自行溢出；如遇特大洪水的非常情况，它还会自行溃堤，让大量江水回归岷江正流。飞沙堰的另一作用是"飞沙"。岷江从万山丛中急驰而来，挟带着大量泥沙、石块，如果让它们顺内江而下，就会淤塞宝瓶口和灌区。飞沙堰能够将上游带来的泥沙和卵石，甚至重达千斤的巨石，从这里抛入外江（主要是巧妙地利用离心力作用），确保内江通畅，确有鬼斧神工之妙。

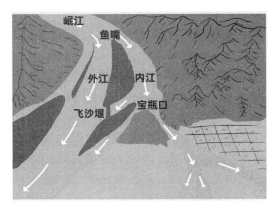

图6-3 飞沙堰溢洪道的位置

"深淘滩，低作堰"是都江堰的治水名言，淘滩是指飞沙堰一段、内江一段河道要深淘，深淘的标准是古人在河底深处预埋的"卧铁"。岁修淘滩要淘到卧铁为止，才算恰到好处，才能保证灌区用水。低作堰就是说飞沙堰有一定高度要求，高了进水多，低了进水少，都不合适。

古时的飞沙堰是用竹笼卵石堆砌的临时工程，如今已改用混凝土浇筑，使之更加坚固耐用。

### 3. 宝瓶口进水口

宝瓶口，是前山（今名灌口山、玉垒

图6-4 宝瓶口进水口

山）伸向岷江的长脊上凿开的一个口子，它是人工凿成控制内江进水的咽喉，因形似瓶口而且功能奇特，故名宝瓶口（图6-4）。在宝瓶口右边的山丘，因与其山体相离，故名离堆。宝瓶口宽度和底高都有极严格的控制，古人在岩壁上刻了几十条分划，取名"水则"，那是我国最早的水位标尺。

《宋史》记载："……则盈一尺，至十而止，水及六则流始足用……"《元史》记载："台有水则，以尺画之，比十有一。水及其九，其民喜，过则忧，没则有困。"

内江水流进宝瓶口后，通过干渠经仰天窝节制闸，把江水一分为二。再经蒲柏、走江闸二分为四，顺应西北高、东南低的地势倾斜，一分再分，形成自流灌溉渠系，灌溉成都平原，以及绵阳、射洪、简阳、资阳、仁寿、青神等市县一千余万亩农田。

离堆上有祭祀李冰的伏龙观。宝瓶口右侧过去有一个未凿去的岩柱与其相连，形如大象鼻子，故名"象鼻子"。象鼻子因长期水流冲刷、漂木撞击，已于1947年被洪水冲毁坍塌。宝瓶口的岩基，千百年来受飞流急湍的江水冲击，出现了极大的悬空洞穴。为了加固岩基，1970年冬，灌区人民第一次堵口截流，抽干深潭，从两岸基础起，共浇注混凝土8100余立方米，给离堆、宝瓶口筑起了铜墙铁壁，使这个自动控制内江水量的瓶口更加坚实可靠。

在离堆右侧，还有一段低平河道，河道底下有一条人工暗渠，那是为保障成都工业用水的暗渠。当洪水超过警戒线时，它会自动将多余水量排入外江，使内江水位始终保持安全水准，这就使成都平原有灌溉之利，而无水涝之患。

鱼嘴、飞沙堰、宝瓶口这三大主体工程，在一般人看来可能会觉得平平常常、简简单单，殊不知其中蕴藏着极其巨大的科学价值，它内含的系统工程学、流体力学等，在今天仍然是处在当代科技的前沿，普遍受到推崇和运用，然而这些科学原理，早在两千多年前的都江堰水利工程中就已被运用于实践了。这是中华古代文明的象征，是中华民族的骄傲。

## 6.3.2　系统工程的发展

现代科学技术的发展，呈现出既高度分化又高度综合的两种明显趋势。一方面是已有学科不断分化，越分越细，新学科、新领域不断产生；另一方面是不同学科、不同领域之间相互交叉、结合与融合，向着综合性、整体化的方向发展。这两者是相辅相成、相互促进的。系统科学就是后一发展趋势中，最有代表性和基础性的科学技术。

系统科学是从事物的整体与部分、局部与全局以及层次关系的角度来研究客观世界的。

客观世界包括自然、社会和人自身，能反映事物这个特征最基本和最重要的概念就是系统。所谓系统，是指由一些相互关联、相互作用、相互影响的组成部分所构成的具有某些功能的整体。这是国内外学术界公认的科学概念，这样定义的系统在客观世界中是普遍存在的。所以，系统也就成为系统科学研究和应用的主要对象。系统科学与自然科学、社会科学等不同，但有内在联系，它能把这些科学领域研究的问题联系起来，作为系统进行综合性整体研究。这就是系统科学具有交叉性、综合性、整体性与横断性的原因。也正是这些特点，使系统科学处在现代科学技术发展的综合性整体化方向上。

钱学森是大家公认的我国系统科学事业的开拓者和奠基者，20世纪70年代末，钱学森就提出了系统科学的体系结构。这个体系包括基础理论层次上的系统学，技术科学层次上的运筹学、控制论、信息论等，以及应用技术或工程技术层次上的系统工程。在1978年的一篇文章中，钱学森就已明确指出，系统工程是组织管理系统的工程技术。在大力推动系统工程应用的同时，也又提出建立系统理论和创建系统学的问题。在创建系统学的过程中，钱学森提出了开放的复杂巨系统及其方法论，由此开创了复杂巨系统的科学与技术这一新领域，从而使系统科学发展到了一个新的阶段。

在上述发展过程中，系统工程也有了很大发展，现已发展到复杂巨系统工程和社会系统工程阶段。下面就对这些进展做一些介绍。

### 1. 综合集成方法

对于系统科学来说，一是要认识系统，二是在认识系统的基础上去设计、改造和运用系统，这就要有科学方法论的指导和科学方法的运用。

系统科学的研究表明，系统的一个重要特点，就是在整体上具有其组成部分所没有的性质，这就是系统的整体性。系统整体性的外在表现就是系统功能。系统内部结构和系统外部环境以及它们之间的关联关系，决定了系统整体性和功能。从理论上来看，研究系统结构与环境如何决定系统整体性与功能，揭示系统存在、演化、协同、控制与发展的一般规律，就成为系统学，特别是复杂巨系统学的基本任务。

而从应用角度来看，根据上述系统性质，为了使系统具有人们期望的功能，特别是最好的功能，可以通过改变和调整系统结构和系统环境以及它们之间的关联关系来实现。但系统环境并不是我们想改变就能改变的，在无法改变的情况下，只能主动去适应。但系统结构却是我们能够改变、调整和设计的。于是便可以通过改变、调整系统组成部分或组成部分之间、层次结构之间以及与系统环境的关联关系，使它们相互协调与协同，从而在整体上获得我们期望的和最好的功能，这就是系统控制和系统管理的内涵，也是系统工程所要实现的主要目标。

根据系统结构的复杂性，可将系统分为简单系统、简单巨系统、复杂系统和复杂巨系统以及特殊复杂巨系统——社会系统。对于简单系统、简单巨系统均已有了相应的方法，也有了相应的理论与技术，并在持续发展中。但对复杂系统、复杂巨系统以及社会系统，却不是已有的科学方法所能处理的，需要有新的方法论和方法。

从近代科学到现代科学的发展过程中，自然科学采用了从定性到定量的研究方法，所以自然科学被称为"精密科学"。而社会科学、人文科学等由于研究问题的复杂性，通常采用的是思辨、描述方法，所以这些学问被称为"描述科学"。当然，这种趋势随着科学技术的发展也在变化，有些学科逐渐向精密化方向发展，如经济学等。

从方法论角度来看，在这个发展过程中，还原论方法发挥了重要作用，特别是在自然科学领域取得了很大成功。还原论方法是把所研究的对象分解成部分，认为部分研究清楚了，整体也就清楚了。如果部分还研究不清楚，再继续分解下去进行研究，直到弄清楚为止。按照这个方法论，物理学对物质结构的研究已经到了夸克层次，生物学对生命的研究也到了基因层次。毫无疑问这是现代科学技术取得的巨大成就。但现实的情况却使我们看到，认识了基本粒子还不能解释大物质构造，知道了基因也回答不了生命是什么。这些事实使科学家认识到"还原论不足之处正日益明显"。这就是说，还原论方法由整体往下分解，研究得越来越细，这是它的优势方面，但由下往上回不来，回答不了高层次和整体问题，这又是它的不足的一面。

所以仅靠还原论方法还不够，还要解决由下往上的问题，也就是复杂性研究中的所谓涌现问题。著名物理学家李政道对于21世纪物理学的发展曾讲过："我猜想21世纪的方向要整体统一，微观的基本粒子要和宏观的真空构造、大型量子态结合起来，这些很可能是21世纪的研究目标。"这里所说的把宏观和微观结合起来，就是要研究微观如何决定宏观，解决由下往上的问题，打通从微观到宏观的通路，把宏观和微观统一起来。

同样的道理，还原论方法也处理不了系统整体性问题，特别是复杂系统和复杂巨系统以及社会系统的整体性问题。从系统角度来看，把系统分解为部分，单独研究一个部分，就把这个部分和其他部分的关联关系切断了。这样，即使把每个部分都研究清楚了，也回答不了系统整体性问题。

最早意识到这一点的科学家是彼塔朗菲，他是一位分子生物学家，当生物学研究已经发展到分子生物学时，用他的话来说，对生物在分子层次上了解得越多，对生物整体反而认识得越模糊。在这种情况下，他于20世纪30年代提出了整体论方法，强调要从生物体系统的整体上来研究问题。但限于当时的科学技术水平，支撑整体论方法的具体方法体系没有发展起来，还是从整体论整体、从定性到定性，论来论去解决不了问题。但整体论方法的提出，确是对现代科学技术发展的重大贡献。

20世纪80年代中期，国外出现了复杂性研究。所谓复杂性其实都是系统复杂性，从这个角度来看，系统整体性，特别是复杂系统和复杂巨系统以及社会系统的整体性问题就是复杂性问题。

国外关于复杂性和复杂系统的研究，在研究方法上有一些创新之处，如他们提出的遗传算法和演化算法、开发的swarm软件平台、以agent为基础的系统建模、用数字技术描述的人工生命等。在方法论上，虽然也意识到了还原论方法的局限性，但并没有提出新的方法论。方法论和方法是两个不同的层次的问题。方法论是关于研究问题所应遵循的途径和研究路线，在方法论指导下是具体方法问题，如果方法论不对，再好的方法也解决不了根本性问题。

20世纪70年代末，钱学森明确指出："我们所提倡的系统论，既不是整体论，也非还原论，而是整体论与还原论的辩证统一"。钱学森的这个系统论思想后来发展成为他的综合集成思想。根据这个思想，钱学森又提出将还原论方法与整体论方法辩证统一起来，形成了系统论方法。在应用系统论方法时，也要从系统整体出发将系统进行分解，在分解后研究的基础上，再综合集成到系统整体，实现系统的整体涌现，最终是从整体上研究和解决问题。由此可见，系统论方法吸收了还原论方法和整体论方法各自的长处，同时也弥补了各自的局限性，既超越了还原论方法，又发展了整体论方法。这是钱学森在科学方法论上具有里程碑意义的贡献，它不仅大大促进了系统科学的发展，同时也对自然科学、社会科学等其他科学技术部门产生深刻的影响。

钱学森高度重视以计算机、网络和通信技术为核心的信息技术革命，并指出这场信息技术革命不仅对人类社会的发展将导致一场新的产业革命，而且对人自身，特别对人的思维会产生重要影响，将出现人—机结合的思维方式，人将变得更加聪明。我们知道，人类是通过人脑获得知识和智慧的，但现在由于以计算机为主的现代信息技术的发展，出现了人—机结合、人—网结合以人为主的思维方式、研究方式和工作方式，这在人类发展史上是具有重大意义的进步，对人类社会的发展必将产生深远的影响。正是在这种背景下，钱学森提出了人—机结合以人为主的思维方式和研究方式。

从思维科学角度来看，人脑和计算机都能有效处理信息，但两者有极大差别。人脑思维一种是逻辑思维（抽象思维），它是定量、微观处理信息的方式；另一种是形象思维，它是定性、宏观处理信息的方式。而人的创造性主要来自创造思维，创造思维是逻辑思维与形象思维的结合，也就是定性与定量相结合，宏观与微观相结合，这是人脑创造性的源泉。今天的计算机在逻辑思维方面确实能做很多事情，甚至比人脑做得还好、还快，善于信息的精确处理。已有很多科学成就证明了这一点，如著名数学家吴文俊的定理机器证明就是这方面的一项杰出成就。而在形象思维方面，现在的计算机还不能给我们以任何帮助，也许今后这方面有了新的发展，情况将会变化。至于创造思维就只能依靠人脑了。但计算机在逻辑思维方面毕竟有其优势，如果把人脑和计算机结合起来以人为主，那就更有优势，人将变得更加聪明，它的智能比人高，比机器就更高。这种人—机结合以人为主的思维方式、研究方式和工作方式，具有更强的创造性，也具有更强的认识世界和改造世界的能力。

基于思维科学和信息技术的发展，20世纪80年代末到90年代初，钱学森又先后提出"从定性到定量综合集成方法"以及它的实践形式"从定性到定量综合集成研讨厅体系"（下面将两者合称为综合集成方法），并将运用这套方法的集体称为总体设计部。这就将系统论方法具体化了，形成了一套可以操作的行之有效的方法体系和实践方式。从方法和技术层次上看，它是人—机结合、人—网结合以人为主的信息、知识和智慧的综合集成技术。从应用和运用层次上看，是以总体设计部为实体进行的综合集成工程。这就将前面提到的人—机结合以人为主的思维方式和研究方式具体实现了。

综合集成方法的实质是把专家体系、信息与知识体系以及计算机体系有机结合起来，构成一个高度智能化的人—机结合与融合体系，这个体系具有综合优势、整体优势和智能优势。它能把人的思维、思维的成果、人的经验、知识、智慧以及各种情报、资料和信息统统集成起来，从多方面的定性认识上升到定量认识。综合集成方法就是人—机结合获得信息、知识和智慧的方法，它是人—机结合的信息处理系统，也是人—机结合的知识创新系统，还是人—机结合的智慧集成系统。在我国传统文化中有"集大成"的说法，即把一个非常复杂的事物的各个方面综合集成起来，达到对整体的认识，集大成的智慧，所以钱学森又把这套方法称为"大成智慧工程"。将大成智慧工程进一步发展，在理论上提炼成一门学问，就是大成智慧学。

从实践论和认识论角度来看，与所有科学研究一样，无论是复杂系统、复杂巨系统（包括社会系统）的理论研究还是应用研究，通常是在已有的科学理论、经验知识基础上与专家判断力（专家的知识、智慧和创造力）相结合，对所研究的问题提出和形成经验性假设，如猜想、判断、思路、对策、方案等。这种经验性假设一般是定性的，它之所以是经验性假设，是因为其正确与否、能否成立还没有用严谨的科学方式加以证明。在自然科学和数学科学中，这类经验性假设是用严密逻辑推理和各种实验手段来证明的，这一过程体现了从定性到定量的研究特点。但对复杂系统、复杂巨系统（包括社会系统），由于其跨学科、跨领域、跨层次的特点，对所研究的问题能提出经验性假设，通常不是一个专家，甚至也不是一个领域的专家们所能提出来的，而是由不同领域、不同学科的专家构成的专家体系，依靠专家群体的知识和智慧，对所研究的复杂系统、复杂巨系统（包括社会系统）问题提出经验性假设。

但要证明其正确与否，仅靠自然科学和数学中所用的各种方法就显得力所不及了。如社会系统、地理系统中的问题，既不是单纯的逻辑推理，也不能进行科学实验。但我们对经验性假设又不能只停留在思辨和从定性到定性的描述上，这是社会科学、人文科学中常用的方法，而系统科学是要走"精密科学"之路的，那么出路在哪里？这个出路就是人—机结合以人为主的思维方式和研究方式。采取"机帮人、人帮机"的合作方式，机器能做的尽量由机器去完成，极大扩展人脑逻辑思维处理信息的能力。通过人—机结合以人为主，实现信息、知识和智慧的综合集成。这里包括了不同学科、不同领域的科学理论和经验知识、定性和定量知识、理性和感性知识，通过人—机交互、反复比较、逐次逼近，实现从定性到定量的认识，从而对经验性假设的正确与否做出明确结论。无论是肯定还是否定了经验性假设，都是认识上的进步，然后再提出新的经验性假设，继续进行定量研究，这是一个循环往复、不断深化的螺旋式上升过程。

综合集成方法的运用是专家体系的合作以及专家体系与机器体系合作的研究方式与工作方式。具体来说，是通过从定性综合集成到定性、定量相结合综合集成再到从定性到定量综合集成这样三个步骤来实现的。这个过程不是截然分开的，而是循环往复、逐次逼近的。

应该指出的是，这个过程是综合集成研讨厅的研讨流程，也是研讨厅中的机器体系的设计思想和技术路线。具体来说，总体设计部运用综合集成方法包括以下内容和过程。

（1）定性综合集成。

综合集成方法是面向问题的，既可以研究理论问题，也可以研究应用问题。无论是哪类问题，正如前面所述，对复杂巨系统（包括社会系统）能提出来问题形成经验性假设，需要有个专家体系。专家体系是由与所研究问题相关的不同学科、不同领域专家构成。每个专家都有自己掌握的科学理论、经验知识以至智慧。通过专家们的结合、磨合，相互启发与激活，从不同方面、不同角度去研究复杂巨系统（包括社会系统）的同一问题，就会获得全面认识。这个过程体现了不同学科、不同领域的交叉研究，是一种社会思维方式。问题本身是个系统问题，它所涉及的各方面知识也是相互联系的。通过专家体系合作，就把多种学科知识用系统方法联系起来了，统一在系统整体框架内。通过研讨对所研究的问题形成定性判断、提出经验性假设。专家体系经过研讨所形成的问题和经验性假设也不止一种，可能有多种，在这种情况下就更需要精密论证。即使是一种共识，它仍然是经验性的，还不是科学结论，仍需要精密论证。

这一步是很重要的，一些原始创新思想很多是从这里产生的。正如科学大师爱因斯坦所说，提出一个问题往往比解决一个问题更为重要。因为解决一个问题也许是数学上或实验上的技巧问题，而提出新的问题，提出新的可能性，从新的角度看旧的问题，却需要创造性的想象力，而且标志着科学的真正进步。

从思维科学角度来看，这个过程以形象思维为主，是信息、知识和智慧的定性综合集成。这个经验性假设与判断，只能由专家体系提出，机器体系是提不出来的，但机器体系可以帮助专家体系提出，如现在的数据挖掘、知识发现等技术。所以这一步也需要人—机结合。

（2）定性定量相结合综合集成。

对于定性综合集成所形成的问题和提出的经验性假设与判断，为了用严谨的科学方式去证明它的正确与否，需要把定性描述上升到整体定量描述。这种定量描述有多种方式。实现这一步的关键是定性定量相结合综合集成。专家体系利用机器体系的丰富资源和定量处理信息的强大能力，通过建模、仿真和实验等方法与手段来完成这一步。

用模型的和模型体系描述系统是系统定量研究的有效方式。从建模方法来看，有基于机理的数学建模、基于规则的计算机建模、面向统计数据的统计建模以及智能建模等。对复杂巨系统（包括社会系统），期望完全靠数学模型来描述，目前还有很大困难。一方面需要发展新的数学理论，另一方面也需要新的建模方法。计算机软件技术、知识工程、人工智能以及算法等的发展，使基于规则的计算机建模有了很大发展，这类计算机模型所能描述的系统更广泛，也更逼真。在这方面，美国圣菲研究所（SFI）和国际应用系统分析研究所（IIASA）的一些工作值得我们重视和借鉴。把数学模型和计算机模型结合起来的系统模型，则尽可能地逼近实际系统，其逼近的程度取决于所要研究问题的精度要求。如果满足了精度要求，那么这个系统模型是完全可以信赖的，就可以应用这个模型来研究我们想要研究的问题。不同的系统，其模型精度要求也不一样，例如人口系统的模型精度要求在千分之一左右，而经济系统是百分之三左右。

复杂巨系统（包括社会系统）的建模，一方面需要真实的统计数据，另一方面必须紧密结合系统实际，基于对系统的真实理解，建模过程是科学和经验相结合的过程。

在机器体系支持下，根据数据与信息体系、指标体系、模型体系、方法体系和算法体系等，专家们对定性综合集成提出的经验性假设和判断进行系统仿真和实验。从系统结构、环境和功能之间的输入—输出关系，进行系统分析与综合。这就相当于用系统实验来验证和证明经验性假设与判断的正确与否。不过这个系统实验不是系统实体实验，而是在计算机上进行的仿真实验。这样的仿真实验有时比系统实体实验更有优越性。例如系统未来发展趋势预测，对系统实体来说是不能预测的，因为它还没有运动到那个时刻，但在计算机仿真中是可行的。

这个过程中可能要反复多次，以便把专家们所能想到的各种因素，他们的知识和智慧，都能融入系统仿真和实验之中，从而观测到更多定量结果，增强对问题的定量认识。

通过系统仿真和实验，对经验性假设和判断给出整体的定量描述，如评价指标体系等，这样就增加了新的信息，而且是定量信息。

（3）从定性到定量综合集成。

通过定性定量相结综合集成获得了问题的整体定量描述，专家体系再一次进行综合集成。在这一次综合集成中，由于有了新的定量信息，专家们有可能从定量描述中，得到验证和证明经验性的假设和判断正确的定量结论。这样也就完成了从定性到定量综合集成。但这个过程通常不是一次就能完成的，往往要反复多次。如果定量描述还不足以证明或验证经验性假设和判断的正确性，专家们会提出新的修正意见和实验方案，再重复以上过程。这时专家们的知识、经验和智慧已融入新的建议和方案中，通过人—机交互、反复比较、逐次逼近，直到专家们能从定量描述中证明和验证经验性假设和判断的正确性，获得了满意的定量结论，这个过程也就结束了。这时的结论已从定性上升到了定量，不再是经验性假设和判断，而是经过严谨论证的科学结论。这个结论就是现阶段对客观事物认识的科学结论。如果定量描述否定了原来的经验性假设和判断，那也是一种新的认识，又会提出新的经验性假设与判断，再重复上述过程。

综合以上所述，从定性综合集成提出经验性假设和判断的定性描述，到定性定量相结合综合集成得到定量描述，再到从定性到定量综合集成获得定量的科学结论，这样就实现了从经验性的定性认识上升到科学的定量认识。

复杂巨系统（包括社会系统）问题都是非结构化问题，但目前计算机只能处理结构化问题。从上述综合集成过程来看，虽然每循环一次都是结构化处理，但其中已融入了专家体系的科学理论、经验知识和智慧，如调整模型、修正参数等。实际上，这个过程是用一个结构化序列去逼近一个非结构化问题，逼近到专家们认为可信时为止。这一点也不能由机器体系去判断，机器体系可以帮助专家体系去判断，这也体现了人—机结合以人为主的技术路线。

已有一些成功的案例说明了综合集成方法的有效性和科学性，这套方法的理论基础是思维科学，方法基础是系统科学与数学，技术基础是以计算机为主的现代信息技术和网络技术，哲学基础是实践论和认识论。应该强调指出的是，应用这套方法必须有数据和信息体系的支持，这就为复杂巨系统（包括社会系统）的统计指标设计和系统观测方式提出了新的要求。以社会系统为例，有些社会系统问题用这个方法处理起来困难，往往不是方法本身有问题，而是缺少统计数据支持，机器体系中也不会有这部分资源。以我国统计指标来看，只有经济方面的统计指标比较多，其他方面统计指标较少。

在现代科学技术向综合性整体化方向发展过程中，我们始终面临着如何把不同科学技术部门、不同学科以及不同层次的知识综合集成起来的问题。对于这种矩阵式结构的知识综合集成，综合集成方法可以发挥重要的方法论和方法作用。从方法论和方法特点来看，综合集成方法本质上就是用来处理跨学科、跨领域和跨层次问题研究的方法论和方法。运用综合集成方法所形成的理论就是综合集成的系统理论，钱学森提出的系统学，特别是复杂巨系统学，就是要建立这套复杂巨系统理论。国外关于复杂性的研究，实际上也属于这个范畴。

同样，应用综合集成方法在技术层次上也可以发展复杂巨系统技术。在这方面比较典型的是系统工程技术的出现和发展。系统工程是组织管理系统的技术。它根据系统总

体目标的要求，从系统整体出发，运用综合集成方法把与系统有关的科学理论方法与技术综合集成起来，对系统结构、环境和功能进行总体分析、总体论证、总体设计和总体协调，其中包括系统建模、仿真、分析、优化、设计与评估，以求得可行的、满意的或最好的系统方案并付诸实施。

由于实际系统不同，将系统工程用到哪类系统中，还要应用与这个系统有关的科学理论方法与技术。例如，用到社会系统上，就需要社会科学与人文科学等方面的知识。从这些特点来看，系统工程不同于其他技术，它是一类综合性的整体技术、一种综合集成的系统技术、一门整体优化的定量技术。它体现了从整体上研究和解决系统管理问题的技术方法。

系统工程的应用首先是从工程系统开始的，用来组织管理工作系统的研究、规划、设计、制造、试验和使用。实践已证明了它的有效性，如航天系统工程。直接为这类工程系统工程提供理论方法的有运筹学、控制论、信息论等，当然还要用到自然科学等有关的理论方法与技术。所以，对工程系统工程来说，综合集成也是其基本特点，只不过处理起来相对容易一些。

当我们把系统工程用来组织管理复杂巨系统和社会系统时，处理工程系统的方法已不够用了，它难以处理复杂巨系统的组织管理问题。在这种情况下，系统工程也要发展。由于有了综合集成方法，系统工程便可以用来组织管理复杂巨系统和社会系统了，这样，系统工程也就发展了，现已发展到复杂巨系统工程和社会系统工程阶段。

## 2. 综合集成工程

从实践论观点来看，任何社会实践，特别是复杂的社会实践，都有明确的目的性和组织性。要清楚做什么、为什么要做、能不能做以及怎样做才能做得最好。从实践过程来看，包括实践前形成的思路、设想以及战略、规划、计划、方案、可行性等，都要进行科学论证，使实践的目的性建立在科学的基础上；也包括在实践过程中，要有科学的组织管理与协调，以保证实践的有效性，要有效益和效率，并取得最好的效果；还包括实践过程中和实践过程后的评估，以检验实践的科学性和合理性。从微观、中观直到宏观的所有社会实践，都具有这些特点。

社会实践要在理论指导下才有可能取得成功。这个理论就是现代科学技术体系和人类知识体系。处在这个体系最高端的是辩证唯物主义，所以社会实践首先应受辩证唯物主义的指导。但仅有哲学层次上的指导还不够，还需要有科学层次上各个科学技术部门、不同科学部门的科学理论方法和应用技术，以至前科学层次上的经验知识和感性知识的指导和帮助。即使这样，社会实践还会涌现出已有理论与技术无法处理的新问题，像我国改革开放和社会主义现代化建设这样伟大的社会实践，就有大量的问题需要创新来解决。

如何把不同科学技术部门、不同层次的知识综合集成起来形成指导社会实践的理论方法和技术，以解决社会实践中问题，这就有一个方法论和方法问题。从综合集成方法特点来看，它可以处理这类问题。运用综合集成方法形成的理论与技术，并用于改造客观世界的实践就是综合集成工程。我们所面临的大量社会实践，特别是复杂的社会实践其实都是综合集成工程，它不是一种理论和一种技术所能处理和解决的。

社会实践通常包括三个重要的组成部分：第一个是实践对象，指的是实践中干什么，它体现了实践的目的性；第二个是实践主体，指的是由谁来干、如何来干，它体现了实践的组织性；第三个是决策主体，它最终要决定干不干、由谁来干并干得最好。

从系统科学观点来看，任何一项社会实践或工程，都是一个具体的实际系统，是有人参与的实际系统。实践对象是一个系统，实践主体也是一个系统（人在其中），把两者结合起来还是一个系统。因此，社会实践是系统的实践，也是系统的工程。这样一来，有关实践或工程的决策与组织管理等问题，也就成为系统的决策与组织管理问题。在这种情况下，系统论思想、系统科学的理论方法和技术应用到社会实践或工程的决策与管理之中，不仅是自然的，也是必然的。从这里也可以看出，系统论、系统科学对社会实践或工程的特殊重要性。

人们在遇到涉及的因素多而又难于处理的社会实践或工程问题时，往往脱口而出的一句话就是：这是系统工程问题。这句话是对的，其实它包含两层含义：一层含义是从实践或工程角度来看，这是系统的实践或系统的工程；另一层含义是从技术角度来看，既然是系统的工程或实践，它的组织管理就应该直接用系统工程技术去处理，因为工程技术是直接用来改造客观世界的。可惜的是，人们往往只注意到了前者，相对于没有系统观点的实践来说，这也是一个进步，但却忽视和忘记了要用系统工程技术去解决问题。结果就造成了什么都是系统工程，但又什么也没有用系统工程技术去解决问题的局面。

要把系统工程技术应用到实践中，必须有一个运用它的实体部门。我国航天事业的发展就是成功地应用了系统工程技术。航天系统中每种型号都是一个工程系统，对每种型号都有一个总体设计部，总体设计部由熟悉这个工程系统的各方面专业人员组成，并由知识面比较宽广的专家（称为总设计师）负责领导。根据系统总体目标要求，总体设计部设计的是系统总体方案，是实现整个系统的技术途径。

总体设计部把系统作为它所从属的更大系统的组成部分进行研制，对它所有技术要求都首先从实现这个更大系统的技术协调来考虑；总体设计部又把系统作为若干分系统有机结合的整体来设计，对每个分系统的技术要求都首先从实现整个系统技术协调的角度来考虑，总体设计部对研制中分系统之间的矛盾，分系统与系统之间的矛盾，都首先从总体目标的需要来考虑。运用系统方法并综合运用有关学科的理论与方法，对型号工程系统结构、环境与功能进行总体分析、总体论证、总体设计、总体协调，包括使用计算机和数学为工具的系统建模、仿真、分析、优化、试验与评估，以求得满意的和最好的系统方案，并把这样的总体方案提供给决策部门作为决策的科学依据。一旦为决策者所采纳，再由有关部门付诸实施。航天系统总体设计部在实践中已被证明是非常有效的，在我国航天事业发展中发挥了重要作用。

这个总体设计部所处理的对象还是一个工程系统。但在实践中，研制这些工程系统所要投入的人、财、物、信息等也构成一个系统，即研制系统。对这个系统的要求是以较低的成本、在较短的时间内研制出可靠的、高质量的型号系统。对这个研制系统不仅有如何合理和优化配置资源问题，还涉及体制机制、发展战略、规划计划、政策措施以及决策与管理等问题。这两个系统是紧密相关的，把两者结合起来又构成了一个新的系统。

显然，这个系统要比工程系统复杂得多，属于社会系统范畴。如果说工程系统主要依靠自然科学技术的话，那么这个新的系统除了自然科学技术外，还需要社会科学与人文科学。如何组织管理好这个系统，也需要系统工程，但工程系统工程处理不了这类系统的组织管理问题，需要的是社会系统工程。

应用社会系统工程也需要有一个实体部门，这个部门就是运用综合集成方法的总体设计部，这个总体设计部与航天系统的总体设计部比较起来有很大的不同，有了实质性的发展，但从整体上研究与解决问题的系统科学思想还是一致的。

总体设计部是运用综合集成方法，应用系统工程技术的实体部门，是实现综合集成工程的关键所在。没有这样的实体部门，应用系统工程技术也只能是一句空话。

总体设计部也不同于目前存在的各种专家委员会，它不仅是一个常设的研究实体，而且以综合集成方法为其基本研究方法，并用其研究成果为决策机构服务，发挥决策支持作用。从现代决策体制来看，在决策机构下面不仅有决策执行体系，还有决策支持体系。前者以权力为基础，力求决策和决策执行的高效率和低成本；后者则以科学为基础，力求决策科学化、民主化和制度化。这两个体系无论在结构、功能和作用上，还是体制、机制和运作上都是不同的，但又是相互联系的。两者优势互补，共同为决策机构服务。决策机构则把权力和科学结合起来，变成改造客观世界的力量和行动。

从我国实际情况来看，多数部门是把两者合二而一了。一个部门既要做决策执行又要做决策支持，结果不一定好。如果有了总体设计部和总体设计部体系，建立起一套决策支持体系，那将是我们在决策与管理上的体制机制创新和组织管理创新，其意义和影响将是重大而深远的。

系统管理方式实际上是钱学森综合集成思想在实践层次上的体现。因此，总体设计部、综合集成方法、系统工程特别是社会系统工程技术紧密结合起来，就成为系统管理方式的核心内容。

我国正在进行国家创新体系建设，以增强自主创新能力，实现创新型国家的宏伟目标。在这个过程中，我们不仅需要科学理论创新、应用技术创新，也迫切需要组织管理创新，系统管理可以为此作出贡献。

### 案例　钱学森："系统工程才是我一生追求的"

**编者按：**

1978年9月27日，钱学森的一篇理论文章——《组织管理的技术：系统工程》问世，由此而创立"系统工程中国学派"。

40年过去了，系统工程作为一门科学，形成了有巨大韧性的学术藤蔓，蜚声世界。

今年也是中国改革开放40周年，回顾改革开放的伟大实践，我们更能感受系统工程的力量，重温系统思维、系统科学、系统方法，具有重大的现实意义和深远的历史意义。

**40年前，系统工程中国学派的创立，是钱学森为人类永续发展找到的"钥匙"**

"不畏浮云遮望眼，自缘身在最高层。"人类社会每一次飞速发展、人类文明的每一次重大跃升，都离不开理论的变革、思想的先导。40年前，系统工程中国学派的创立，是钱学森为人类永续发展、文明永续进步找到的"钥匙"。

巍巍中华的文化精髓在钱学森的血液中流淌，创新精神在钱学森的思维中激荡。"万山磅礴，必有主峰。"可以说，钱学森本人的成长经历、思想精神，就是东西方融合的结晶，就是在人类智慧的"群山"中的巍峨山峰。

他的早年，可谓"千年国本传承精神根脉"。他出身于"千年名门望族、两浙第一世家"。钱学森在成长中，无疑受到了传统家风的深刻影响，传承了中华民族的文化基因，使得理想精神、精英意识、家国情怀在他身上得到了淋漓尽致的体现。特别是《钱氏家训》中"利在一身勿谋也，利在天下者必谋之"的价值观、"心术不可得罪于天地，言行皆当无愧于圣贤"的人生观，钱学森一生做到了一以贯之、始终不渝。面对新中国成立后的百废待举，他毅然放弃美国的优厚待遇，表明心志："我是中国人，我到美国是学习科学技术的。我的祖国需要我。因此，总有一天，我是要回到我的祖国去的。"面对党和国家交给的时代重任，他毅然挑起了千钧重担，发出心声："我个人作为中华民族的一员，只能追随先烈的足迹，在千万般艰险中，探索追求，不顾及其他。"钱学森的身上，始终体现着中华文化的智慧和精神，彰显着"计利当计天下利"的胸怀、"修身齐家治国平天下"的抱负。

他的青年，可谓是"廿载西学开启思维源泉"。钱学森20年留美，开展了一系列远远超前于时代的科学实践。20世纪，服务于德国的普朗特是哥廷根应用力学学派的创始人之一；普朗特最杰出的学生冯·卡门把应用力学从德国带到了美国，使哥廷根学派得到传承和发扬光大；钱学森来到了空气动力学大师冯·卡门的门下，成了哥廷根学派的重要传承者，并成为美国导弹的创始人之一、航天飞机的创始人之一、物理力学的创始人之一、现代智库的创始人之一。

哥廷根学派的精髓——从扑朔迷离的复杂问题中找出其物理本质，用简单的数学方法分析解决工程实际问题，并实现理论与实践的结合、科学与技术的结合，被钱学森继承并不断发展。1955年，钱学森归国时，冯·卡门告诉钱学森，"你在学术上已超过了我。"哥根廷学派的科学精神、科学思维、科学方法，让探索未知、创造新知成了钱学森一生始终不渝的追求。

他的壮年，可谓"系统涌现铸就历史丰碑"。钱学森归国后，为中国航天和国防科技工业奋斗了28年、奉献了28年，既是规划者，又是领导者、实施者。他推动了中国导弹从无到有、从弱到强的飞跃，把导弹核武器发展至少向前推进了20年；推动了中国航天从导弹武器时代进入宇航时代的关键飞跃，让茫茫太空中有了中国人的声音；推动了中国载人航天的研究与探索，为后来的成功作了至关重要的理论准备和技术奠基。

"十年两弹成"，虽是弹指一挥间，却为中国造就了前所未有的战略力量，赢得了前所未有的国际地位，创造了前所未有的和平环境，更使中国前所未有地改变了世界历史进程。

钱学森的晚年，总结他在美国20年奠基、在中国航天近30年实践、毕生近70年的学术思想，融合了西方"还原论"、东方"整体论"，形成了"系统论"的思想体系。这是一套既有中国特色，又有普遍科学意义的系统工程思想方法。它形成了系统科学的完备体系，倡导开放的复杂巨系统研究，并以社会系统为应用研究的主要对象。正如钱学森所说，这实现了人类认识和改造客观世界的飞跃。

1991年，钱学森作为"国家杰出贡献科学家"荣誉称号的唯一获得者，在领奖后说了这样一句话："两弹一星工程所依据的都是成熟的理论，我只是把别人和我经过实践证明可行的成熟技术拿过来用，这个没有什么了不起，只要国家需要，我就应该这样做，系统工程与总体设计部思想才是我一生追求的。它的意义，可能要远远超出我对中国航天的贡献。"

钱学森的一生昭示了系统工程是从实践中得来的。正所谓"千淘万漉虽辛苦，吹尽狂沙始到金"，系统工程的"中国学派"见证了惊心动魄的历史巨变、蕴藏着振聋发聩的观念突破，是钱学森等人历尽千辛万苦、付出巨大代价所取得的智慧结晶，值得深入研究。

**系统工程中国学派，以其独特的历史逻辑、独到的时空逻辑、独创的理论逻辑、独有的价值逻辑，至今发挥不可替代的作用**

以"纵横八万里"的时空逻辑，揭示文明走向。钱学森说："实现宇宙航行，是科学史上的一个大事件。在此以前，人类都是在地球上观察和研究自然。今后就可以在一个新的立足点上来研究自然和宇宙，这样必然会出现一个科学上大发展、大创造的时期。"意思是，站在太空的高度思考人类的发展，许多原有的模式都将被颠覆。人类从陆地走向海洋，从海洋走向天空，从天空走向太空，使政治、经济、文化、生态等各领域的发展都不断地向上延伸。因此，航天绝不仅仅是一个行业，而是俯瞰全球、经略宇宙、推动人类文明迈向新纪元的一扇窗口。今天的航天与数百年前的航海一样，是人类探索未知世界、拓展生存空间的历史必然，一定会深刻影响科技发展、文明进步的方向和进程。

以"融汇东西方"的理论逻辑，锚定世界彷徨。随着《组织管理的技术——系统工程》一文发表，钱学森逐步把航天系统工程的基本原理推广到经济社会更为广阔的领域，其中最为核心的贡献有两条：其一，在思想和理论层面，推动了整体论、还原论的辩证统一，开创了"系统论"；其二，在方法和技术层面，提出了"从定性到定量的综合集成方法"，将其作为经济社会发展总体设计部的实践形式。在应用系统论方法时，从系统整体出发将系统进行分解，在分解后研究的基础上，再综合集成到系统整体，实现系统整体涌现，最终是从整体上研究和解决问题。系统论方法吸收了还原论方法和整体论方法各自的长处，也弥补了各自的局限性，既超越了还原论方法，又发展了整体论方法。"天下之势，循则极，极则反。"系统论的发展应用，定会扭转"越分越细"的趋势，为解决当今世界不平等、不平衡、不可持续问题，提供中国方案、贡献中国智慧。

以"苍生俱饱暖"的价值逻辑，彰显大爱无疆。钱学森曾说："我作为一名科技工作者，活着的目的就是为人民服务；如果人民最后对我的工作满意的话，那才是最高的奖赏。"他十分关注"老少边穷"地区，一直把运用科学技术，提高落后地区人民的生活水平放在心上。他在书信中说，西部地区是中国发展潜力所在，对西藏、新疆、内蒙古、宁夏等西部地区、沙漠地区、高原地区的开发要有新思路。

"但愿苍生俱饱暖，不辞辛苦出山林。"钱学森的科学思想、科学精神，已经与劳动人民的命运紧紧地融为了一体。

（选自《光明日报》2018年11月1日，有改动）

### 思考题

1. 简述系统工程的概念。
2. 简要概述系统工程的基本原理。
3. 系统工程的方法论有哪些？
4. 随着社会的变迁，系统工程具有越来越重要的作用，系统工程被应用在哪些系统中？

# 第 *7* 章
# 生产与运作管理

## ▶本章学习目标

1. **知识目标**：了解生产与运作管理的基本概念、研究对象以及生产与运作管理的范围和内容；了解生产与运作管理的重要意义和作用；掌握生产与运作管理工具、方法和步骤。

2. **能力目标**：了解生产与运作管理的定义和起源，积累基础知识，培养自主学习能力；正确掌握生产与运作管理的基本知识，熟悉生产与运作管理的特点，激发学习热情，培养合作学习能力。

3. **价值目标**：了解生产与运作管理的概念，培养批判性思维和创新意识；熟悉生产与运作管理的作用与意义，掌握辩证唯物主义方法论；掌握生产与运作管理的范围和内容，培养终身学习的能力。

**引导案例** 车企变形记：比亚迪如何在30天内成全球最大口罩加工厂

全球最大的新能源汽车公司之一比亚迪，成为全球最大量产口罩工厂。完成这次跨界，比亚迪只用了两个月时间。

2020年年初新冠肺炎疫情突如其来，口罩成为重要的防护物资之一，多家医院口罩供应告急。比亚迪紧急转向口罩生产，帮助解决口罩供应短缺的问题，3天出图纸，7天出设备，10天实现量产，比亚迪以超出常规的速度和500万只/天的口罩产能回馈社会。

小小口罩，看似并不难造。但要在短时间内实现大量生产，就必须具备一定规模的生产线，关键的口罩生产设备成了最大的瓶颈。因为春节期间市场上根本就买不到设备，如果订购的话交货周期漫长，难解燃眉之急。

买不到，等不及，就自己造。王传福亲自挂帅，携新能源汽车、电子、电池、轨道交通等事业部的12位负责人，调集3 000名工程师成立项目组，开始全身心投入口罩生产设备的研发和测试工作。在3天时间内，他们画出了400多张设备图纸。

随后，比亚迪整合集团的电子模具开发、汽车智能制造、电池设备开发等资源，3 000多名技术人员24小时轮班赶制。齿轮买不到，直接采用线切割机不计成本地制作，滚子买不到，调用电池产线、汽车产线的设备来加工。口罩生产设备上各种齿轮、链条、滚轴、滚轮大概需要1 300个零部件，其中90%是自制的。仅用7天时间，比亚迪自主研制的口罩生产设备就横空出世，远远超出了市面上最快也要15天才能造一台口罩机的速度。

2月17日，拥有了自主生产设备之后的比亚迪开始量产口罩。3月12日，日产量达500万只，相当于之前全国日产能的1/4。这一数字随后还在不断攀升，到5月10日就达到了每天5 000万只的产能，比亚迪也从一家新能源车企新晋成为全球日产量最大的口罩厂商。

快速投产、华丽转型背后是这家深圳企业长年练就的硬功夫。据比亚迪总裁办主任李巍介绍，比亚迪从成立之初，就组建了一支专业的装备研发和制造团队，一直从事电子、电池、新能源汽车等复杂生产线及设备的自主研发制造，整个集团有几万个加工中心，更有各种各样的磨床、模具等高精设备。强大的硬件条件和专业技术人员储备，让比亚迪在过去多年形成了开展大批量精密制造的能力和丰富经验。如果没有大批量精密制造的能力，没有各种高端模具和设备，没有大量工程师的人才储备，没有大规模的洁净房和无尘车间，全球第一的日产量根本无从谈起。

比亚迪品质处总经理赵俭平说："以比亚迪电子业务为例，我们做的高端手机对质量、防水性等各方面要求非常高，对相应的模具、自动化设备、制造工艺等的要求也非常高。也就是说，我们其实是用加工高端精密产品的设备去加工口罩机的，做出来的精度、质量各方面都远高于口罩的要求。"

2月至4月期间，比亚迪生产的口罩主要捐往湖北抗疫一线，也为深圳本地复工复产提供了有力支撑。4月下旬之后，在国内疫情防控阻击战取得重大战略成果、口罩供应充足的情况下，比亚迪又积极响应国家号召，针对国外口罩需求，新增生产专线，供往意大利、日本、塞尔维亚等国家和地区，为全球抗疫贡献中国力量。仅5月份，比亚迪口罩出口就超过10亿只。

汽车行业跨界生产口罩，听起来似乎很简单，但跨界的本质是跨产业链，每一个成熟的行业，都包含着相对稳定的产业链条。从熔喷布等原材料，到口罩机等生产设备，再到口罩成品的消毒、包装、运输与分销，口罩生产涉及的各个环节并不少，一般的厂商其实是很难进行这样的跨界生产的。比亚迪有全球第二的智能手机代工规模，又有将近20万名熟练的产业工人，再加上自创业以来始终坚持的对研发的重视，才在口罩生产大军中一马当先。

那么，比亚迪生产口罩能不能赚到钱？严格按照投入产出来算，比亚迪未必能赚到钱。一是时间太短无法实现收支平衡；二是比亚迪的投入巨大，除了口罩机1 300多个零部件的研制开发，在人力上比亚迪还投入了包括董事长兼总裁王传福在内等3 000多名工程师。此外比亚迪还捐赠口罩超过500万件，相信比亚迪压根儿也没有把生产口罩当成生意来做。生产口罩，比亚迪总裁王传福心里算了两笔账：小账是比亚迪自己有20多万名员工，如果全面复工每天需要50万个口罩，深圳有2 000多万人口，每天也需要大量口罩，所以必须尽快加大供给；大账则是国家防疫任务艰巨，人民迫切需要口罩，作为中国制造业的代表，比亚迪有责任站出来。

最终，比亚迪在其中的收获是巨大的。首先，"国家需要什么，我们就生产什么"

这种报国精神大大提升了比亚迪的公众形象；其次，"口罩全球巨头"的光环让比亚迪的制造研发实力广为传播，这是砸下重金公关宣传也难以达到的效果；再次，比亚迪凝聚了人心、锻炼了队伍，转产口罩让比亚迪重温了20多年前的创业激情；最后，生产口罩让比亚迪在复工复产中赢得了先机，比亚迪本身也需要大量的口罩，员工的到岗也比其他企业更早更快

# 7.1 生产与运作管理简介

## 7.1.1 生产与运作管理的起源与发展

现代生产与运作管理学起源于20世纪初的泰勒的科学管理法。在此之前，企业的生产管理主要是凭经验管理，工人劳动无统一的操作规程，管理无统一规则，人员培养靠师傅带徒弟。泰勒的科学管理法使生产与作业管理摆脱了经验管理的束缚，走上科学管理的轨道。泰勒科学管理法的主要内容——作业研究，对于提高当时的生产效率起了极大的作用，奠定了以后整个生产与运作管理学的基础。

1913年，福特在其汽车工厂内安装了第一条汽车流水线，揭开了现代化大生产的序幕。他所创立的"产品标准化原理""作业单纯化原理"及"移动装配法"原理在生产技术以及生产管理史上均具有极为重要的意义。在20世纪二三十年代，最早的日程计划方法、库存管理模型及统计质量控制方法相继出现，这些构成了经典生产管理学的主要内容。这一时期生产管理学的关注点主要是一个生产系统内部的计划和控制，所以称为狭义的生产管理学。

第二次世界大战以后，运筹学的发展及其在生产管理中的应用给生产管理带来了惊人的变化。库存论、数学规划方法、网络分析技术、价值工程等一系列定量分析方法被引入生产管理中，大工业生产方式也逐步走向成熟和普及，这一切使生产管理学得到了飞速发展，开始进入现代生产管理的新阶段。与此同时，随着企业生产活动的日趋复杂，企业规模的日益扩大，生产环节和管理环节的分工越来越细，计划管理、物料管理、设备管理、质量管理、库存管理、作业管理等各个单项管理分支逐步建立，形成了相对独立的职能和部门。

从20世纪60年代后半期到70年代，机械化、自动化技术的飞速发展使企业面临着不断进行技术改造，引进新设备、新技术，并相应地改变工作方式的机遇和挑战，生产系统的选择、设计和调整成为生产管理中的新内容，进一步扩大了生产管理的范围。MRP（物料需求计划）方法的出现改变了传统的生产计划方法，成为一种全新的生产与库存控制方法。

80年代，技术进步日新月异，市场需求日趋多变，世界经济进入了一个市场需求多样化的新时期，多品种小批量生产方式成为主流，从而给生产管理带来了新的、更高的要求。MRP Ⅱ（制造资源计划）、OPT（最优生产技术）等方法相继出现，尤其是以JIT（准时生产）为代表的日本式生产管理方式，在全世界引起了注目和研究，极大地丰富了生产管理学的内容。这一时期生产管理学的另一主要特点是开始注重和强调管理

的集成性，不再把由于分工引起的企业活动的各个不同部分看作一块一块独立的活动和过程，而是用系统的观点来看待整个生产经营过程，强调生产经营的一体化。这种系统管理的思想和方法进一步扩大到非制造业，生产管理学开始发展成为包括非制造业管理在内的"运作管理"。从80年代后半期至今，信息技术的飞速发展和计算机的小型化、微型化，使得计算机开始大量进入企业管理领域，计算机辅助设计、计算机辅助制造、计算机集成制造以及管理信息系统等技术，使得处理"物流"的生产本身和处理"信息流"的生产管理本身均发生了根本性的变革。生产全球化的经济大趋势以及市场需求变化速度的越来越快，促使企业尽快引入信息技术、利用信息技术来增强企业的竞争力。生产管理学发展到这一阶段，只有同企业的全面经营管理活动有机结合，才能发挥应有的作用。因此，今天的生产与运作管理学，更强调生产经营的整体化管理。

一百多年以来，企业所处的环境经历了一个巨大的变化过程。在20世纪初，现代企业处于刚刚起步的阶段，生产规模、生产技术尚未达到一定水平，产品处于一种供不应求的状态，企业只要保证生产能力和基本的产品质量即可。因此，当时工业企业的最大特点是以单一品种（或少品种）的大批量生产来降低成本。以美国福特汽车公司为例，福特汽车公司的T型车从1908年开始生产，连续生产了20年，累计产量达1500万辆。在世界上，这种车型的大量生产使汽车从一小部分富人的奢侈品变成大众化的交通工具。在当时的时代背景下，生产得越多，成本就越低，销售也就越好。在20世纪前30年，这种大量生产、大量消费的模式使世界经济迅速发展，使一大批西方国家迈进了工业社会。第二次世界大战以后，整个世界处于从战争中复兴的潮流中，各种物品仍然供不应求，因此，企业在大量生产、大量消费的模式中又度过了一段"风调雨顺"的美好时光。

可是，从70年代初开始，情况开始逆转，几种因素使企业面临着一种与过去截然不同的境地：

（1）市场需求以70年代初的石油危机为转机，一方面资源价格飞涨，另一方面随着经济的发展，市场需求开始朝着多样化的方向发展，买卖关系中的主导权转到了买方，顾客有了极大的选择余地，对各种产品有了更高的要求，产品的生命周期越来越短。这种趋势使得企业必须经常地、投入更大力量进行新产品的研究与开发，使得企业不得不从单一品种大批量生产方式转向多品种、小批量生产方式。

（2）技术自动化技术、微电子技术、计算机技术、新材料技术等给企业提供多样化产品、用新的生产技术产出产品提供了越来越多的可能性，因此企业不断面临着生产技术的选择以及生产系统的重新设计、调整和组合。

（3）竞争的方式和种类越来越多，竞争的内容已不只是低廉的价格，质量、交货时间、售后服务、对顾客需求的快速响应、产品设计的不断更新、较宽的产品档次、更加紧密的供应链等，都成为竞争的主题。

（4）随着通信技术和交通运输业的发展，生产和贸易日趋国际化、全球化。

从90年代开始，技术进步，尤其是信息技术的突飞猛进，更给企业所面临的环境和经营生产方式带来了空前的变化，产品的技术密集、知识密集程度在不断提高，市场需求的多样化、个性化进一步发展，全球生产、全球采购、产品全球流动的趋势进一步加强。面对这样的环境变化，企业为了生存、发展，必须考虑新的生产经营方式，这也给生产与运作管理学带来了一系列新课题。

现代生产与运作管理的概念及内容与传统生产管理已有很大不同。随着现代企业经营规模的不断扩大，产品的生产过程和各种服务的提供过程日趋复杂，市场环境不断变化，生产与运作管理学本身也在不断地发生变化，特别是信息技术的迅猛发展和普及，更为生产与运作管理增添了新的有力手段，也使生产与运作管理学的研究进入了一个新的阶段，使其内容更加丰富，体系更加完整。这些新特征及其发展趋势可归纳如下。

（1）随着整个国民经济中第三产业所占的比重越来越大，生产与运作管理的范围已突破了传统的制造业的生产过程和生产系统控制，扩大到了非制造业的运作过程和运作系统的设计上。

（2）现代生产与运作管理的涵盖范围已不局限于生产过程的计划、组织与控制，而是包括生产运作战略的制定、生产运作系统设计以及生产运作系统运行等多个层次的内容，把生产运作战略、新产品开发、产品设计、采购供应、生产制造、产品配送直至售后服务看作一个完整的"价值链"，对其进行综合管理。进一步，甚至考虑将整个供应链上的多个企业看作一个联盟，以共同对抗其他供应链。

（3）信息技术已成为生产运作系统控制和生产运作管理的重要手段，随之带来的一系列管理组织结构和管理方法上的变革已成为生产与运作管理学的重要研究内容。

（4）随着市场需求日益多样化、多变化，多品种小批量混合生产方式成为主流。生产方式的这种转变使得在大量生产方式下靠增大批量降低成本的方法不再能行得通，生产管理面临着多品种小批量生产与降低成本之间相悖的新挑战，要求从生产系统的"硬件"（柔性生产设备）和"软件"（计划与控制系统，工作组织方式和人的技能多样化）两个方面去探讨新的方法。

（5）在全球经济一体化趋势下，"全球生产与运作"成为现代企业的一个重要课题，全球生产运作管理也越来越成为生产与运作管理学中的一个新热点。

（6）随着各国、各个行业、各个企业之间的竞争愈演愈烈，提高管理的集成度，实现生产经营一体化已成为企业的迫切要求，也成为生产与运作管理学的重要研究课题。从70年代的MRP与MRPⅡ系统，到80年代的JIT生产方式，直至90年代出现的精益生产方式、敏捷制造、"企业再造"等，都是对新型生产经营模式的探讨。

总而言之，在技术进步日新月异、市场需求日趋多变的今天，企业的经营生产环境发生了很大的变化，相应地给企业的生产运作管理也带来了许多新课题，要求我们从管理观念、组织结构、系统设计、方法手段以及人员管理等多方面探讨和研究这些新问题。

### 7.1.2　生产与运作管理的基本概念

#### 1. 生产与运作活动

生产与运作活动是一个"投入—变换—产出"的过程，即投入一定的资源，经过一系列、多种形式的变换，使其价值增值，最后以某种形式的产出提供给社会的过程。也可以说，是一个社会组织通过获取和利用各种资源向社会提供有用产品的过程。

上述定义可表示为如图7-1所示生产与运行活动过程。

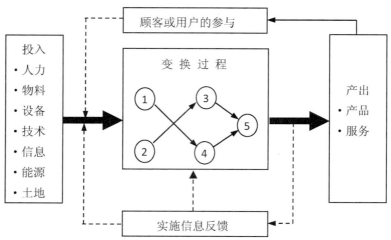

图7-1　生产与运作活动过程

其中的投入包括人力、设备、物料、信息、技术、能源、土地等多种资源要素。产出包括两大类：有形产品和无形产品。前者指汽车、电视、机床、食品等各种物质产品；后者指某种形式的服务，例如，银行提供的金融服务，邮局提供的邮递服务，咨询公司提供的设计方案，等等。

中间的变换过程，也就是劳动过程，是价值增值过程。这个过程既包括一个物质转化过程，使投入的各种物质资源进行转变；也包括一个管理过程，通过计划、组织、实施、控制等一系列活动使上述物质转化过程得以实现。这个变换过程还可以是多种形式的，例如，在一个机械工厂，主要是物理变换；在一个石油精炼厂，主要是化学变换；而在一个航空公司或一个邮局，主要是位置的变换。

有形产品的变换过程通常也称为生产过程；无形产品的变换过程有时称为服务过程，也称为运作过程。

图7-1中的点线表示两种特殊的投入：一是顾客或用户的参与，二是有关生产与运作活动实施情况的信息反馈。顾客或用户的参与是指，他们不仅接受变换过程的产出结果，在变换过程中，他们也是参与活动的一部分。例如，教室中学生的参与、医院中病人的参与。实施信息反馈与"投入"框图中已有的"信息"投入的区别在于，后者是指生产运作系统外部的信息，如市场变化信息、新技术发展信息、政府部门关于经济趋势的分析报告，等等；而前者是指来自生产运作系统内部，即变换过程中所获得的信息，如生产进度报告、质量检验报告、库存情况报告，等等。图中心的圆圈表示变换过程中产品、服务或参与的顾客需要经过各个环节。进行这样的生产与运作活动的主体是各种各样的社会组织，其中包括各行各业的众多企业组织，也包括非营利性的各种事业组织和政府部门（以下统称"企业"）。社会正是由这些形式多样的组织构成的。这些组织虽然形式、性质各不相同，但其共同的特点是，可以提供任何一个个人都力所不能及的

产品或服务。任何一个组织，都在以某种形式从事着某种生产运作活动，因此，任何一个组织，都具有生产运作功能。

**2. 生产与运作概念的发展过程**

人们最初对上述变换过程的研究主要限于对有形产品变换过程的研究，即对生产制造过程的研究。从研究方法上来说，也没有把它当作上述"投入—变换—产出"的过程来研究，而主要是研究有形产品生产制造过程的组织、计划与控制。其相关的学科被称为"生产管理学"（在西方管理学界，称为"production management"）。随着经济的发展，技术的进步以及社会工业化、信息化的进展，人们除了对各种有形产品的需求之外，对有形产品形成之后的相关服务的需求也不断提高。而且，随着社会结构越来越复杂，社会分工越来越细，原来附属于生产过程的一些业务、服务过程相继分离并独立出来，形成了专门的流通、零售、金融、房地产等服务行业，使社会第三产业的比重越来越大。此外，随着生活水平的提高，人们对教育、医疗、保险、理财、娱乐、人际交往等方面的要求也在提高，相关的行业也在不断扩大。因此，对所有这些提供无形产品的运作过程进行管理和研究的必要性也就应运而生。此外，系统论的发展使人们能够从更抽象、更高的角度来认识和把握各种现象的共性。人们开始把有形产品的生产过程和无形产品即服务的提供过程都看作一种"投入—变换—产出"的过程，作为一种具有共性的问题来研究。这种变换过程的产出结果无论是有形还是无形，都具有下述特征：

（1）能够满足人们的某种需要，即具有一定的使用价值；

（2）需要投入一定的资源，经过一定的变换过程才能得以实现；

（3）在变换过程中需投入一定的劳动，实现价值增值。

因此，人们把对无形产品产出过程的管理研究也纳入生产管理的范畴中。或者说，生产管理的研究范围从制造业扩大到非制造业。这种扩大了的生产的概念，即"投入—产出"的概念，在西方管理学界被称为"operations"，即运作。无论是有形产品的生产过程，还是无形产品的提供过程，被统称为运作过程。但从管理的角度来说，这两种变换过程实际上是有许多不同点的。因此本书使用"生产与运作"这一概括名词，既表示本书的论述范围包括制造业和非制造业，又表示这二者之间有一定区别。

## 7.1.3 生产与运作管理学的研究对象

生产与运作管理学的研究对象是生产运作过程和生产运作系统。

如前所述，生产运作过程是一个"投入—变换—产出"的过程，是一个劳动过程或价值增值过程。所谓生产运作系统，是指使上述变换过程得以实现的手段。它的构成与变换过程中的物质转化过程和管理过程相对应，也包括一个物质系统和一个管理系统。

物质系统是一个实体系统，主要由各种设施、机械、运输工具、仓库、信息传递媒介等组成。例如，一个机械工厂，其实体系统包括车间，车间内有各种机床等生产工具，车间与车间之间有在制品仓库等。而一个化工厂，它的实体系统可能主要是化学反应罐和形形色色的管道。又如，一个急救系统或一个经营连锁快餐店的企业，它的实体系统可能又大为不同，它们不可能集中在一个位置，而是分布在一个城市或一个地区内各个不同的地点。

管理系统主要是指生产运作系统的计划和控制系统，以及物质系统的设计、配置等问题。其中的主要内容是信息的收集、传递、控制和反馈。

生产运作系统的设计和生产运作过程的计划、组织与控制构成了生产与运作管理学的主要研究内容。

### 7.1.4 服务业运作管理的特殊性

虽然有形产品的生产过程和无形产品的服务过程都可以看作一个"投入—变换—产出"的过程。但这两种不同的变换过程以及它们的产出结果还是有很多区别的。

从管理的角度来说，主要进行有形产品生产的制造业企业与主要提供服务的服务业企业，其管理方式和方法也各有不同。最主要的区别有如下几方面。

（1）产出的物理性质。制造业企业所提供的产品是有形的、可触的、耐久的，而服务业所提供的产品是无形的、不可触的，寿命较短。例如，一个主意、方案或某种信息。制造业所提供的产品是一种可以库存的产品，它们可以被储藏、运输，以用于未来的或其他地区的需求。这样，在有形产品的生产中，企业可以利用库存和改变生产量来调节与适应需求的波动。而服务是不能预先"生产"出来的，也无法用库存来调节顾客的随机性需求。为了达到令人满意的服务水平，其人员、设施以及各种物质性准备都要在需求到达之前完成，而当实际需求高于这种能力储备时，服务质量立刻下降（如排队等待时间加长、拥挤，甚至取消服务等）。因此，服务业企业在其运作活动中受时间的约束更大，其运作过程的运作能力管理比制造业更困难。

（2）与顾客的接触程度。制造业企业的顾客基本上不接触或极少接触产品的生产系统，主要接触流通业者和零售业者。但对于服务业企业来说，顾客需要在运作过程中接受服务，其本身往往就是投入的一部分。例如，在医院、教育机构、百货商店、娱乐中心等，顾客在提供服务的大多数过程中都是介入的，这就对运作过程的设计提出了不同要求。也有一些服务业企业，在其组织内的某些层次与顾客接触较多，而在其他层次较少，有明显的"前台"与"后台"之分，如邮局、银行、航空公司等。在这种情况下，还需要分别考虑对前台和后台采取不同的运作管理方式。

（3）对顾客需求的响应时间。制造业企业所提供的产品可以有数天、数周甚至数月的交货周期，而对于许多服务业企业来说，必须在顾客到达的几分钟内作出响应。在一个超级市场，如果顾客在收款处等待5分钟，可能就会变得不耐烦。由于顾客是随机到达的，因此服务业企业要想保持需求和能力的一致，难度是很大的。而且，顾客到达的随机性在不同的日子里、一日内不同的时间段内，都可能不同，这就使得短时间内的需求也有很大的不确定性。从这个意义上来讲，制造业企业和服务业企业在制定其运作能力计划，进行人员和设施安排时，必须采用不同的方法。

（4）市场容量和流通、运输设施的可利用性也极大地影响运作场所的集中性和规模。制造业企业的生产设施可远离顾客，从而可服务于地区、全国甚至国际市场，这意味着它们有比服务业组织更集中、规模更大的设施，更高的自动化水平和更多的资本投资，对流通、运输设施的依赖性也更强。而对于非制造业企业来说，服务不可能被运输到远地，其服务质量的提高有赖于对最终市场的接近与分散程度，设施必须靠近其顾客群，从而一个设施只能服务于有限的区域范围，这导致了服务业的运作系统在选址、布局等方面有不同的要求。

（5）最后还应指出的是关于质量方面的区别。由于制造业企业所提供的产品是有形的，其产出的质量易于度量。而对于制动造业企业来说，大多数产出是无形的，顾客的个人偏好也影响对质量的评价，因此，对质量的客观度量有较大难度。例如，在百货商店，一个顾客可能以购物时营业员的和蔼语气为主要评价标准，而另一个顾客可能以处理付款的准确性和速度来评价。

制造业和服务业还有一些其他差别，可概括如表7-1所示。这里需要指出的是，任何规律都有例外，该表所示的只代表两种极端情况。事实上，很多企业的特点介于这两个极端之间，也有很多差别仅仅是程度上的差别。例如，越来越多的制造业企业都在同时提供与其产品有关的服务。它们所创造的附加价值中，物料转换部分的比例正逐渐降低。同样，许多服务业企业经常是成套地提供产品和服务。例如，在一个餐厅，顾客同时需要得到食物和服务；在一个零售店，顾客也需要同时得到商品和服务。

表7-1　制造业与服务业的区别

| 制造业 | 服务业 |
| --- | --- |
| 产品是有形的、耐久的 | 产品无形、不可触、不耐久 |
| 产出可储存 | 产出不可储存 |
| 顾客与生产系统极少接触 | 顾客与服务系统接触频繁 |
| 响应顾客需求周期较长 | 响应顾客需求周期很短 |
| 可服务于地区、全国乃至国际市场 | 主要服务于有限区域范围内 |
| 设施规模较大 | 设施规模较小 |
| 质量易于度量 | 质量不易定量 |

## 7.2　生产与运作管理的范围和内容

### 7.2.1　生产运作管理的目标和基本问题

生产运作管理的目标可用一句话采概括："在需要的时候，以适宜的价格，向顾客提供具有适当质量的产品和服务。"

如前所述，生产与运作活动是一个价值增值的过程，是一个社会组织向社会提供有用产品的过程。要想实现价值增值，要想向社会提供"有用"的产品，其必要条件是，生产运作过程提供的产品，无论有形还是无形的，必须具有一定的使用价值。产品的使用价值是指它能够满足顾客某种需求的功效。人总是有多种需求的，这些需求的内容因人而异，因时而异，当某种产品在人需要的时候满足了人的某种要求，则实现了其使用价值。因此，产品使用价值的支配条件主要是产品质量和产品提供的适时性。

产品质量包括产品的使用功能、操作性能、社会性能（指产品的安全性能、环境性能及空间性能）和保全性能（包括可靠性、修复性及日常保养性能）等内涵，这是生产价值实现的首要要素。

产品提供的适时性是指在顾客需要的时候提供给顾客的产品的时间价值；如果超过了必要的时期，产品就会失去价值，在服务业中尤其如此。这二者就构成了生产价值实现的必不可少的两大"功效"要素。而产品的成本，以产品价格的形式最后决定了产品是否能被顾客所接受或承受。只有当回答是肯定的时候，生产价值的实现才能最终完成。

由此可见，作为产品使用价值的支配条件的质量和适时性，再加上成本，这三个方面就构成了生产运作价值的实现条件。这些条件决定了企业生产运作管理的目标必然或只能是"在需要的时候，以适宜的价格，向顾客提供具有适当质量的产品和服务"。

所谓生产运作管理的基本问题，就是如何实现生产运作管理目标。因此，从生产运作管理的目标与生产价值的实现条件就引申出生产运作管理中的三个基本问题：

（1）如何保证和提高质量。在这里，产品的使用功能、操作性能等特性，相应地转化为生产运作管理中产品的设计质量、制造质量和服务质量问题——质量管理（quality management）。

（2）如何保证适时适量地将产品投放进市场。在这里，产品的时间价值转变为生产运作管理中的产品数量与交货期控制问题。在现代化大生产中，生产涉及的人员、物料、设备、资金等资源成千上万，如何将全部资源要素在它们需要的时候组织起来、筹措到位，是一项十分复杂的系统工程，这也是生产运作管理所要解决的一个最主要问题——进度管理（delivery management）。

（3）如何才能使产品的价格既为顾客所接受，同时又为企业带来一定的利润。这涉及人、物料、设备、能源、土地等资源的合理配置和利用，涉及生产率的提高，还涉及企业资金的运用和管理。归根结底就是努力降低产品的生产成本——成本管理（cost management）。

这三个问题简称为QDC管理。QDC管理是生产运作管理的基本问题，但并不意味着是生产运作管理的全部内容。生产运作管理的另一大基本内容是资源要素管理：设备管理、物料管理以及人力资源管理。事实上，生产运作管理中的QDC价值条件管理与资源要素管理这两大类管理是相互关联、相互作用的：质量保证离不开物料质量、设备性能以及人的劳动技能水平和工作态度；成本降低取决于人、物料、设备的合理利用。反过来，对设备与物料本身也有QDC的要求。因此，生产运作管理中的QDC管理与资源要素管理是一个有机整体，应当以系统的、集成的观点来看待和处理这些不同的分支管理之间的相互关系和相互作用。

## 7.2.2 生产运作管理的职能范围和决策内容

生产运作管理的职能范围可从企业生产运作活动过程的角度来看。就有形产品的生产来说，如图7-2所示，生产活动的中心是制造部分，即狭义的生产。所以，传统的生产管理学的中心内容，主要是关于生产的日程管理、在制品管理等。但是，要进行生产，生产之前的一系列技术准备活动是必不可少的，例如工艺设计、工装夹具设计、工作设计等，这些活动可称为生产技术活动。而生产技术活动是基于产品的设计图纸的，所以在生产技术活动之前是产品的设计活动。这样的"设计—生产技术—制造"的一系列活动，才构成了一个相对而言较完整的生产活动的核心部分。

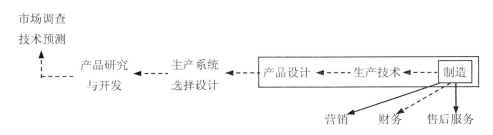

图7-2　生产运作管理的职能范围

在当今技术进步日新月异、市场需求日趋多变的环境下，产品更新换代的速度正变得越来越快。一方面，这种趋势使企业必须更经常地、投入更大力量和更多的注意力进行新产品的研究与开发；另一方面，由于技术进步和新产品对生产系统功能的要求，企业不断面临生产系统的选择、设计与调整。这两方面的课题从企业经营决策层的角度来看，其决策范围向产品的研究与开发，生产系统的选择、设计"向下"延伸；而从生产管理职能的角度来看，为了更有效地控制生产系统的运行，生产出能够最大限度地实现生产管理目标的产品，生产管理从其特有的地位与立场出发，必然要参与到产品开发与生产系统的选择、设计中去，以便使生产系统运行的前提——产品的工艺可行性、生产系统的经济性——能够得到保障。因此，生产管理的关注范围从历来的生产系统的内部运行管理在"向宽"延伸。这种意义上的"向宽"延伸是向狭义生产过程的前一阶段的延伸。此外面，"向宽"延伸还有另一层含义，即向制造过程后一阶段的延伸：产品的售后服务与对市场的关注。如前所述，产品的价值实现条件主要取决于QDC管理，QDC管理直接影响着产品的市场竞争力与企业的生存。因此，生产管理必然从其特有的职能角度去考察QDC管理对产品市场竞争力的贡献，并力图通过市场信息的反馈采进一步改进其管理活动。所有这些活动，就构成了生产运作管理的职能范围。图7-2中的虚线部分表示企业经营活动中的一些其他主要活动。

对于提供无形产品的非制造业企业来说，其运作过程的核心是业务活动或服务活动。在当今市场需求日益多变，技术进步，尤其是信息技术飞速发展的形势下，企业同样面临着不断推出新产品、提供多样化服务的课题，从而也面临着不断调整其运作系统和服务提供方式的课题。例如，一家保险公司，需要不断地推出新险种；一所大学，需要不断地开设新课程并改进其教学方式；一家银行，需要利用信息技术不断改变服务方式并推出新服务，等等。因此，无论是制造业企业还是非制造业企业，其生产运作管理的职能都在扩大。

在这样一个职能范围内，生产运作管理中的决策内容可分为如下三个层次。

（1）生产运作战略决策：决定产出什么，如何组合各种不同的产出品种，为此需要投入什么，如何优化配置所需要投入的资源要素，如何设计生产组织方式，如何确立竞争优势，等等。

（2）生产运作系统设计决策：生产运作战略确定以后，为了实施战略，首先需要有一个得力的实施手段或工具，即生产运作系统。所以接下来的问题是系统设计问题，包括生产运作技术的选择、生产能力规划、系统设施规划和设施布置、工艺设计和工作设计等方面。

（3）生产运作系统运行决策：即生产运作系统的日常运行决策问题。包括不同层次的生产运作计划、作业调度、质量控制、后勤管理等。

### 7.2.3　生产运作管理的集成性

现代生产运作管理的职能既包括战略决策、系统设计决策和日常运行决策等不同层次的决策，也包括QDC管理与人、设备、物料等资源要素管理，还包括制造、工艺、设计等生产过程不同阶段的管理。在传统的生产管理实践中，这些管理是分别进行的，而且各自有相对应的职能部门。在传统的生产管理学中，也是把它们作为不同的单项管理来分别进行研究，并未注重它们之间的相互作用和内在联系。但是，考察一下企业生产运作管理的实际状况，往往有这样的倾向：质量管理认为企业的生产运作活动应围绕自己的主题来进行；进度管理认为自己才是真正意义上的生产运作管理的中心；成本管理把自己当作企业获得利润的主要手段；人力资源管理也从"企业人为本"的角度强调自己的重要性，等等，各自强调一面。从客观上来说，这些不同的单项管理之间的职能目标并不完全一致，甚至在某种程度上存在相悖的关系。例如，当强调质量目标时，可能会相应地要求生产过程中精雕细刻，从而带来生产时间的延长、人力消耗增加，而这是与进度管理与成本管理的职能目标相悖的。又如，当强调进度管理的目标时，为了保证适时适量地交货，会相应地要求一定量的原材料与在制品库存，这又是成本管理极不希望的。

企业生产运作活动中这些不同单项管理的划分，原本是随着社会化生产规模的不断扩大和生产分工的需要应运而生的。但是在生产中，这些不同管理职能的目标最后都要通过一个共同的媒介体即产品来实现。从价值实现条件来看，只有QDC三条件同时具备，价值的实现才有可能；从产品的市场竞争力来看，只有QDC三方面都具有优势，产品才可能有真正的市场竞争优势。对于其他资源要素管理也同样，每一单项管理都与产品的QDC价值条件相关联，都或正或负地影响QDC管理的结果。因此，在生产运作管理中，不能片面地强调哪一项管理更重要，也不能把各项职能或职能部门完全分而治之，而必须以一种系统的观念来进行集成管理，从提高整个系统效率的角度出发，来指导各项单项管理的进行。只有这样才能达到原本分工的真正目的。此外，由于各项要素之间存在相悖关系，生产运作决策过程往往是一个使各项要素取得平衡的过程，也可以称之为择优过程或优化过程。

不仅生产运作管理中的各个单项管理之间要相互关联、综合考虑，当今市场需求日趋多变、技术进步日新月异，这种环境给企业所提出的不断开发新产品和不断调整、设计和选择生产运作系统的课题，使企业的经营活动与生产活动、经营管理与生产管理之间的界限正变得越来越模糊，生产运作管理与企业的其他方面管理之间的界限也越来越模糊。企业的生产与经营，也包括营销、财务等活动在内，正在互相渗透，朝着一体化的方向发展，以便能够更加灵活地适应环境的变化和要求。这是现代生产运作管理的一个重要发展趋势。

## 7.3 生产与运作管理的作用和意义

### 7.3.1 生产运作是企业创造价值的主要环节

从人类社会经济发展的角度来看，物质产品的生产制造是除了天然合成（如粮食生产）之外，人类能动地创造财富的最主要活动。工业生产制造直接决定着人们的衣食住行方式，也直接影响着农业、矿业等社会其他产业技术装备的能力。在今天，随着生产规模的不断扩大，产品和生产技术的日益复杂，市场交换活动的日益活跃，一系列连接生产活动的中间媒介活动变得越来越重要。因此，与工业生产密切相关的金融业、保险业、对外贸易业、房地产业、仓储运输业、技术服务业、信息业等服务行业在现代社会生活中所占的比重越来越大，在人类创造财富的整个过程中发挥着越来越重要的作用。而作为构成社会基本单位的企业，其生产运作活动是人类最主要的生产活动，也是企业创造价值、服务社会和获取利润的主要环节。

### 7.3.2 生产运作是企业经营的基本职能之一

企业经营有五大基本职能：财务、技术、生产、营销和人力资源管理。企业的经营活动，就是这五大职能有机联系的一个循环往复的过程，如图7-3所示。企业要实现自己的经营目标，首先要制定一个经营方针，决定经营什么、生产什么；然后需要准备资金，即进行财务活动，这是企业的财务职能；接着需要研制和设计产品以及工艺，进行技术活动；设计完成后，需要购买物料和加工制造，即进行生产活动；产品生产出来以后，需要通过销售使价值得以实现，即进行营销活动；销售以后得到的收入进行分配，其中一部分作为下一轮的生产资金，又一个循环开始。而使这一切运转的，是人，这就是企业的人力资源管理活动。

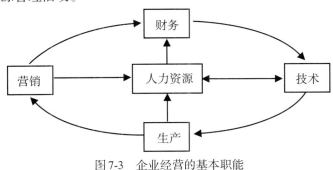

图7-3 企业经营的基本职能

企业为了达到自己的经营目的，以上五大职能缺一不可。例如，没有资金，生产活动就无法开始，也就谈不上创造价值。又如，生产出来的有价值的产品，如果不能销售出去，价值也就无从实现。而其中生产职能（包括"技术"职能在内）的重要意义在于它是真正的价值创造过程，是产生企业利润的源泉。

### 7.3.3  生产运作管理是企业竞争力的源泉

在市场竞争中，企业竞争到底靠什么？不同的企业有不同的战略，有不同的成功经验。归纳起来，最终都体现在企业所提供的产品上，体现在产品的质量、价格和适时性上。哪个企业的产品质量好、价格低，又能及时推出，哪个企业在竞争中就能取胜。一个企业也许面临着许多问题，如资金问题、设备问题、技术问题、生产问题、销售问题、人员管理问题，等等，任何一个方面出了问题，都有可能影响整个企业的正常生产和经营。但消费者和用户只关心企业所提供的产品对他们的效用。因此，企业之间的竞争实际上是企业产品之间的竞争，而企业产品的竞争力，在很大程度上取决于企业生产运作管理的绩效：如何保证质量、降低成本和把握时间。

从这个意义上来说，生产运作管理是企业竞争力的真正源泉。在市场需求日益多样化、顾客要求越来越高的情况下，如何适时适量地提供高质量、低价格的产品，是现代企业经营管理领域中最富有挑战性的内容之一。在20世纪80年代，美国工商企业界的高层管理者们曾经更多地偏重于资本运营、营销手段的开发等，而对集中了企业绝大部分财力、设备以至人力资源的生产系统缺乏应有的重视，导致整个生产活动与市场竞争的要求相距越来越远。而后起的日本企业，则正是靠他们卓有成效的生产管理技术和方法，使其产品风靡全球，不断提高其全球市场竞争力。日美汽车工业之间的竞争和成败是这方面的一个很好的例子。在今天，绝大多数企业已经意识到了生产运作管理对企业竞争力的重要意义，开始重新审视生产运作管理在整个企业经营管理中的地位和作用，开始大力通过信息技术的应用等手段来加强生产运作管理。今天的中国企业实际上也面临类似的问题，西方国家的经验教训值得我们借鉴。

## 7.4  生产与运作管理与工业工程

工业工程是一门综合性的学科，旨在应用科学和工程原理，优化和改进生产和运作过程，以提高效率和效益。生产与运作管理是工业工程的核心领域之一，主要涉及生产流程、供应链管理、质量控制和运输等方面的内容。

生产与运作管理是企业制造业中最重要的组成部分之一，它关注的是如何通过组织和管理资源来实现生产目标。生产过程是将原材料转化为终端产品的过程，而运作过程涉及产品的流动、存储、分销等环节。生产与运作管理旨在通过合理的规划和安排，提高生产效率和产品质量，降低成本，提高企业竞争力。

生产与运作管理的关键任务之一是优化生产流程。生产流程是指原材料从进货到生产、加工，再到最终成品的流动路径。通过优化流程，可以减少生产中的浪费、重复劳动和不必要的环节，提高生产效率。同时，管理者还需要根据市场需求和生产能力，制定合理的生产计划，确保及时生产和交付。

供应链管理是生产与运作管理中的一个重要方面。供应链由供应商、生产商、分销商和最终消费者组成，它涉及从原材料采购到产品销售的整个过程。供应链管理的目标是通过协调各个环节，提高供应链的效率和灵活性，降低成本。这需要管理者建立有效的沟通和协作机制，及时获得和分享信息，同时通过科学的规划和控制，实现需求预测和库存管理的优化。

质量控制是生产与运作管理中的一个关键环节。质量控制包括对原材料、生产过程和最终产品的质量进行检验和监控。通过合理的质量控制手段，可以及时发现和纠正生产过程中的问题，并确保产品符合规定的质量标准。质量管理还包括对供应商和分销商的质量管理，并建立有效的质量保证机制，提高产品质量和顾客满意度。

运输管理是生产与运作管理中的另一个重要方面。物流运输是将产品从生产地运送到销售地的过程，它直接影响到产品的供应速度和成本。运输管理的目标是通过优化运输路径和选择合理的运输方式，降低运输成本，提高运输效率。同时，还需要建立供应链跟踪系统，实时掌握货物的位置和状态，确保及时交付和提供准确的信息反馈。

总之，生产与运作管理是工业工程的一个重要领域，关注的是如何通过优化和改进生产流程、供应链管理、质量控制和运输等方面的内容，提高生产效率和产品质量，降低成本，提高企业竞争力。在现代复杂多变的市场环境下，生产与运作管理不仅是企业成功的关键要素，也是推动经济发展和社会进步的重要动力。

## 思考题

1. 生产与运作管理的研究对象是什么？简要概述一下。
2. 生产与运作管理有什么基本问题？
3. 生产与运作管理的作用和意义是什么？

# 第 $8$ 章

# 质量管理

▶ 本章学习目标

1. **知识目标**：了解质量管理的基本概念，了解质量管理的发展及现状，熟悉和理解质量管理的相关理论及方法，对质量管理有一个全面清晰的认识。

2. **能力目标**：使学生正确掌握质量管理学的基本规律和基本知识，引导学生树立质量意识；培养学生具有应用所学知识分析和处理企业实际问题的能力，以及运用常用统计方法分析和解决质量问题的能力。

3. **价值目标**：帮助学生树立一个国家拥有质量过硬的产品才能走向世界的意识，培养严谨求实、一丝不苟、勇于创新、精益求精的工匠精神，让学生深刻认识"质量意识、严谨求实、爱岗敬业"的重要性，从而激发学生的使命感和责任感。

## 引导案例　质量意识自古就有，质量问题无处不在

质量意识从古就有，从石器时代的简单检验，到约公元前18世纪的古代汉穆拉比法典中，对建造房屋的营造商的处罚规定，再到公元前429年中东的巴比伦的工场里，对为皇室生产的金戒指的工场的处罚规定。可以看出，在古代人类就已经懂得用法律和协约来制约生产者，从而达到使之重视质量的目的。伴随着人类文明的发展和进步，产品质量问题越来越受到社会的重视。

然而质量问题依然无处不在，从切尔诺贝利核电站事故，到哥伦比亚号航天飞机失事事件，再到汽车召回、锦湖轮胎事件，以及近年来出现的苏丹红、地沟油等事件，暴露出无论是制造行业还是食品行业，产品质量问题都触目惊心；而医疗、网上购物、公共服务等领域也经常曝出纠纷和服务投诉问题，服务质量也不容乐观。

因此，组织需要根据顾客需求，发现质量管理领域存在的主要问题，设立质量目标，通过策划质量活动，持续改进质量，最终使改进结果标准化，这是质量提升的普遍选择，也是质量管理的主要目的。

# 8.1 质量及质量管理

### 8.1.1 质量的概念

质量是质量管理的对象，正确理解质量的概念，对顺利开展质量管理工作至关重要。在质量管理发展的不同历史时期，人们对质量这一概念的理解一直在向着更深化、更透彻和更全面的方向发展。在相当长的一段时间里，人们普遍把质量理解为"符合性"，即产品符合规定要求或者说符合设计要求的程度。也有人把质量定义为"用户满意"。到了20世纪60年代，朱兰指出"质量就是适用性（fitness for use）"，这一定义对质量管理曾产生积极而广泛的影响。在日本，一些专家认为质量是"产品出厂后，用户在使用过程中所造成的损失"。这些定义虽然各自从不同的方面描述出了质量一些本质特征，但也都不同程度地带有一定的局限性。ISO/TC 176综合了上述观点，在ISO 9000：2000中对质量（quality）作出定义："一组固有特性满足要求的程度。"（ISO 9000：2000—3.1.1）

### 8.1.2 质量管理

由于管理（management）是指"指挥和控制组织的协调的活动"（ISO 9000：2000—3.2.6），故质量管理（quality management）被定义为"在质量方面指挥和控制组织的协调的活动"（ISO 9000：2000—3.2.8）。

通常，质量管理是一个组织围绕着如何使其产品满足不断更新的质量要求而开展的指挥、组织、策划、实施、检查、控制、改进以及监督、审核等所有活动的总和，是企业管理的一个中心环节。与质量管理有关的活动通常包括质量方针和质量目标的制定以及质量策划、质量控制、质量保证和质量改进。

一个组织要想在激烈的市场竞争中以质量求生存，就必须制定正确的质量方针和适宜的质量目标，并通过建立健全质量管理体系和使之有效运行来保证质量方针的贯彻和目标的实现。围绕着组织的质量方针和目标，还必须开展一系列的技术和管理活动，包括质量策划、质量控制、质量保证和质量改进等，并对这些活动进行精心的计划、组织、协调、审核和检查。

# 8.2 质量管理的发展

质量管理从产生至今，经历了一个多世纪。一般认为，质量管理是伴随产业革命的兴起而发展起来的。从历史的观点来看，自20世纪初的质量检验，到20世纪40—50年代的统计质量管理，再到20世纪50—60年代兴起的全面质量管理以及20世纪80年代出现的"ISO 9000现象"和六西格玛管理法，质量管理的思想和观念一直在更新，质量管理的理论、技术和方法一直在发展。

### 8.2.1　质量检验阶段

20世纪初，美国工程师泰勒根据18世纪工业革命以来工业生产管理的实践和经验，提出了"科学管理"的理论，主张企业内部专业分工，并设置专职检验人员，使产品的检验从制造过程分离出来，成为一道独立的工序。质量检验人员根据产品的技术标准，利用各种测试手段，对已经生产出来的产品和半成品进行筛选，以防不合格品流入下一工序或出厂。这样虽然专职检验人员相对增加，但由于加强了工序检查而避免了不合格品流入下一工序所造成的无效劳动，因而劳动生产率和经济效益还是得到提高。这种专职检验式的质量管理在20世纪30年代曾风行一时，对避免因不合格品出厂而给用户造成损失起到了很好的质量把关作用。但质量检验属于事后把关，不能预防废品生产，因而也不能减少因废品而造成的损失。

随着生产效率的不断提高，企业对变消极把关为积极预防的要求越来越迫切。1924年，美国数理统计学家休哈特首先把数理统计的概念和方法应用到质量管理中，提出了控制生产过程以预防缺陷的$3\sigma$图法，也就是现在广泛应用的质量控制图。质量控制图通过对检验数据进行数理分析能够及时发现生产过程的异常波动，并指导尽快采取措施去除异因，以避免因过程变异而造成不合格，从而达到预防质量问题的目的。

控制图的应用基础是生产过程质量特性值的抽样检验。1929年，道奇和罗米格针对破坏性检验共同提出了"抽样检查表"，并建立了相应的抽样检验方案，以解决不能或不宜全数检查（如破坏性检查）的统计抽样问题。1931年，休哈特又将英国统计学家费舍的小样本统计学，成功用于提高制造工序的质量。控制图、抽样检查和小样本统计学这三种方法，作为将数理统计原理用于对产品质量进行控制的主要方法，奠定了统计质量控制的基础。由于受世界性经济危机的冲击，商品滞销，产品大量积压，生产力下降，统计质量控制直到第二次世界大战期间才得以广泛应用。

### 8.2.2　统计质量控制阶段

统计质量控制（statistical quality control，SQC）是用数理统计的方法控制整个生产过程，即统计过程控制（statistical process control，SPC），进而预防性地控制产品的质量。这种以SPC为基础的质量管理也称为统计质量管理。第二次世界大战期间，由于战争的需要，美国大批民用公司改为生产军需品。当时面临的严重问题是：由于事先无法预防废品发生，加之民用公司技术和生产能力的限制，生产的军需品不仅合格率低且质量十分不稳定，这严重影响了战时军用物资的及时供给。为了解决军工生产中产品质量的不稳定问题，美国政府开始大力提倡并推广统计质量控制。1942年，美国国防部将休哈特等一批专家召集起来，用数理统计的方法制定了一系列战时质量管理标准，并在各地宣讲和强制推行。这一举措半年后即见成效，它不但成功解决美国军需品的质量问题，而且还使美国的军工生产在数量、质量和经济上都迅速占据世界领先地位。

统计质量控制着重于应用数理统计的方法解决质量问题，它突破了单纯事后检验的局限，强调对生产过程的预防性控制，使质量管理由单纯依靠质量检验事后把关，发展到突出质量的预防性控制与事后检验相结合的工序管理，因而成为生产过程质量控制的强有力的工具。这种方法使不合格品减少，并且降低了生产费用，它与单纯的事后检查的消极方式相比，向前迈进了一大步。但它过分强调数理统计方法的应用，而忽视了组织管理和生产者的能动性，加之数理统计方法本身深奥难懂，致使人们误认为"质量管理好像就是数理统计方法""质量管理是少数数学家和学者的事情"，从而对质量管理产生一种高不可攀和望而生畏的成见，这影响了质量管理知识的普及，限制了质量管理的发展。

### 8.2.3　全面质量管理阶段

全面质量管理（total quality control，TQC）的概念最早由费根堡姆提出。费根堡姆于1961年在其所著《全面质量管理》一书中，主张改变单纯强调数理统计方法的偏见，把数理统计方法的应用与改善组织管理密切结合起来，建立一套完整的质量管理体系，以保证经济地生产出可满足用户要求的产品。这一思想经戴明、朱兰等一大批质量管理学者进一步完善和发展以及企业不断应用与实践，于20世纪80年代后期逐渐演化为TQM（total quality management），并形成一门完整的学科。

全面质量管理的概念提出之后，世界各工业发达国都对它进行了深入而全面的研究，使全面质量管理的思想、理论和方法在实践中不断得到应用与发展。

日本于20世纪70年代从美国引入全面质量管理的思想并随后迅速在全国范围内推广应用，先后创立并实施了QC小组活动、准时制生产、质量功能展开和田口方法，总结和发明了质量管理的新、旧七种工具，这极大地丰富和发展了全面质量管理的内涵，也从中获得巨大收益，引起世界各国瞩目。

美国不仅率先提出全面质量管理的概念，而且对于全面质量管理的完善和发展也做出了巨大贡献，如戴明所倡导的PDCA循环被认为是全面质量管理的基本工作方法，朱兰所提出的质量螺旋和质量管理三部曲科学地揭示了质量形成的基本规律，可用于指导质量全过程管理和质量改进工作。

我国1978年开始推行全面质量管理，在理论和实践上也都取得一定的成效。

随着全面质量管理理念的不断普及，越来越多的企业开始采用这种质量管理方法。为了规范人们的实践与应用，国际标准化组织（International Organization for Standardization，ISO）于1986年着手对全面质量管理的内容和要求进行标准化，并融入随后于1987年发布的ISO 9000系列标准之中。实际上，人们通常所熟知的ISO 9000系列标准就是全面质量管理的一种标准化的形式。

### 8.2.4　后全面质量管理阶段

随着全面质量管理的不断发展，20世纪80年代国际标准化组织发布了第一个质量管理的国际标准——ISO 9000标准。20世纪90年代国际上又掀起了推行六西格玛管理的高潮。到了21世纪，ISO 9000族标准已成为全球企业普遍推行的质量体系标准，而六西格玛管理则是企业追求卓越质量的有效管理手段。

### 1. ISO 9000族标准

质量管理体系ISO 9000系列国际标准于1987年3月正式颁布，之后10年间，世界范围内迅速掀起一股实施与应用ISO 9000的热潮。美、日、欧盟各国以及我国等80多个国家等同或等效采用ISO 9000系列标准；30多个国家依据ISO 9000成立了专门的质量体系认证机构，开展质量体系的第三方评定和注册；制造业界公认，要在国际市场参与竞争，必须首先满足ISO 9000系列标准；许多国家政府采购部门都把"ISO 9000注册"作为供货合同的要求；美国还把ISO 9000比喻为"进入欧洲及国际市场的炸弹""进入全球质量运动会的规则"。一套国际规范，在这么短的时间内，被这么多的国家采用，影响如此广泛，在国际标准化历史上还从未有过。人们把这种现象称之为"ISO 9000现象"。

ISO 9000系列标准的发布，使质量管理的概念、原则和方法统一在国际标准的基础上，为在世界范围内统一质量术语、澄清模糊概念起到了重要的基础性作用，它标志着质量管理工作从此走向了规范化、程序化和国际化的新高度。由此，质量管理获得国际范围内的协调。

除了必要的验收检验之外，全面质量管理强调必须对产品质量产生和形成全过程中各个环节所有的因素包括人员/组织、管理、技术以及物流、信息流和资金流等都实施明确、可靠和有效的控制，并据此建立企业质量管理体系。ISO 9000作为全面质量管理思想的一种标准化表现形式，其指导思想在于充分总结各国开展质量管理活动的失败教训和成功经验，为企业基于全面质量管理的基本思想高效、便捷地构建各自先进的质量管理体系提供一个世界范围内的通用标准，以帮助企业建立健全其质量管理体系，提升质量管理能力。同时，通过ISO 9000认证，向顾客和社会展示企业的产品质量保证能力，增强市场对企业在质量保证方面的信心，以此提高企业市场竞争力。

### 2. 六西格玛（6σ）管理

20世纪70—80年代，全面质量管理在日本企业界获得广泛认可。它们通过创新和推广应用全面质量管理，使产品质量不断改进并由此迅速进军欧美市场，大批的欧美企业因产品质量低劣而受到致命打击，面临生死存亡的挑战。为了提高产品质量，摩托罗拉（Motorola）公司于80年代末创立了6σ管理法。这一方法后经韦尔奇在通用电气公司的强力实践和进一步发展而风靡全球，成为质量管理的一个新潮流。

六西格玛意为6倍标准差，意味着每百万次活动或机会中不出现多于3.4次的失误。六西格玛管理强调以六西格玛水平为目标，通过过程测量、统计分析、改进和控制，降低过程的离散程度，进而减少缺陷发生的可能性。隐藏在六西格玛管理背后的思想是：如果你能够测量出一个过程中有多少缺陷，你就可以采取办法系统地消除它们，并达到尽可能完美。六西格玛管理相对于统计质量控制、全面质量管理并不是一种全新的方法，而是以往这些质量管理方法的拓延和发展。事实上，六西格玛管理的很多内容及工具都可以从有影响的全面质量管理思想家如戴明、朱兰的学说中找到。六西格玛管理法对推广这些质量管理理论、方法及工具发挥巨大作用，对它们进行了有组织、有系统的整合，并使之升华为一种新的哲学与战略。

## 8.3 产品质量的形成与过程改进

### 8.3.1 产品质量的形成过程——质量螺旋

产品质量有一个产生、形成、实现、使用和衰亡的过程。质量专家朱兰称质量形成过程为"质量螺旋"（如图8-1所示），意思是产品质量从市场调查研究开始到形成、实现后交付使用，到在使用中又产生新的想法，再到构成动力后又开始新的质量过程，产品质量水平呈螺旋式上升。

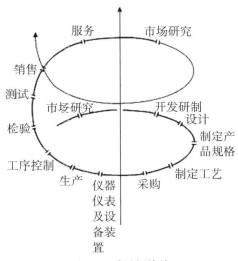

图 8-1　质量螺旋线

朱兰质量螺旋曲线所描述的产品质量形成过程，包括市场研究、开发研制、设计、制定产品规格、制定工艺、采购、仪器仪表及设备装置、生产、工序控制、检验、测试、销售、服务。朱兰质量螺旋理论的特点是：质量螺旋由一系列环节组成，这些环节一环扣一环，且环节的排序是有逻辑顺序的，各环节相互依存、相互促进、不断循环、周而复始。每经过一次循环，就意味着产品质量水平实现一次提升，循环不间断，产品质量就不断提高。

### 8.3.2 产品质量的形成过程——质量环

质量形成过程的另一种表达方式是"质量环"。它是由瑞典质量专家桑德霍姆首先提出的。这个循环从市场调研开始，随后是产品开发、采购、工艺、生产、检验，最后到销售和服务共八项职能。此外，企业外部还有两个环节，即供应单位和用户。

质量环和质量螺旋都已被引用到ISO 9004—1《质量管理和质量体系要素　第1部分：指南》中。质量环如图8-2所示，它也可以被看成朱兰质量螺旋曲线的俯视投影图。

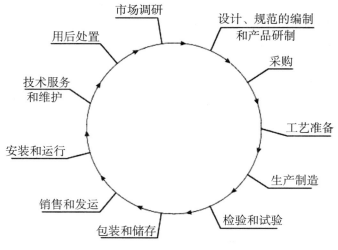

图8-2 质量环

质量环共包括11个阶段或活动。必须指出，由于各企业特点、生产性质和产品类型不同，质量环包括的阶段或活动是有差异的。同时质量环各个阶段的活动并不是孤立的，而是相互联系、相互依存和相互促进的。因此，应当重视质量环各个阶段质量活动的组织与协调，这样才能达到质量管理全过程的有效性。

### 8.3.3 产品质量的过程改进方法——朱兰三部曲

产品质量的改进活动是一个过程，必须按照一定的步骤进行。朱兰认为，要想解决质量危机就需要突破传统，制定新的行动路线。首先必须确定一种普遍适用的质量方法，也就是一种适用于公司集团中各个层次（从行政领导者、办公室人员到普通工人）和各种职能的方法。于是，1987年，朱兰提出了质量管理三部曲，即质量计划、质量控制和质量改进三个过程，每个过程都由一套固定的执行程序来实现。

**1. 质量计划**

质量计划是为实现质量目标做准备的过程，朱兰认为必须从认知质量差距开始。看不到差距，就无法确定目标。为了消除各种类型的质量差距，并确保最终的总质量差距最小，质量计划包括六个步骤：（1）必须从外部和内部认识顾客；（2）确定顾客的需要；（3）开发能满足顾客需要的产品；（4）制定质量目标，并以最低综合成本来实现；（5）开发出能生产所需要产品的生产程序；（6）验证上述程序的能力，证明其在实施中能达到质量目标。

**2. 质量控制**

朱兰将质量控制定义为，制定和运用一定的操作方法，以确保各项工作过程按原设计方案进行并最终达到目标。朱兰强调，质量控制并不是优化一个过程（优化表现在质量计划和质量改进之中，如果控制中需要优化，就必须回过头去调整计划，或者转入质量改进），而是对计划的执行。他列出了质量控制的七个步骤：（1）选定控制对象——控制什么；（2）配置测量设备；（3）确定测量方法；（4）建立作业标准；（5）判断操作的正确性；（6）分析与现行标准的差距；（7）对差距采取行动。总体上讲，质量控制就是在经营中达到质量目标的过程控制，关键在于把握何时采取何种措施，最终结果是按照质量计划开展经营活动。

### 3. 质量改进

质量改进是指突破原有计划从而实现前所未有的质量水平的过程，管理者通过打破旧的平稳状态而达到新的管理水平。质量改进的步骤是：（1）证明改进的需要；（2）确定改进对象；（3）实施改进，并对这些改进项目加以指导；（4）组织诊断，确认质量问题的产生原因；（5）提出改进方案；（6）证明这些改进方法有效；（7）提供控制手段，以保持其有效性。

质量改进与质量控制性质完全不一样。质量控制是要严格实施计划，而质量改进是要突破计划。通过质量改进，达到前所未有的质量性能水平，最终结果是以明显优于计划的质量水平进行经营活动。质量改进有助于发现更好的管理工作方式。

## 8.3.4　产品质量的过程改进方法——PDCA 循环

### 1. PDCA 循环的工作程序

PDCA 循环是产品质量改进的基本过程，任何一个活动都要遵循 PDCA 循环规则，它是全面质量管理的基本工作方法。PDCA 循环是由美国质量管理统计学专家戴明于 20 世纪 60 年代初创立的，故也称为戴明环活动。它反映了质量改进和完成各项工作必须经过的四个阶段，即计划（plan）、执行（do）、检查（check）、处理（action）。这四个阶段不断循环，周而复始，使质量不断改进。图 8-3 所示为 PDCA 循环示意图。

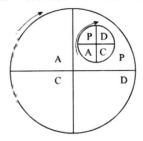

图 8-3　PDCA 循环

（1）计划制定阶段——P 阶段。这一阶段的总体任务是确定质量目标，制定质量计划，拟定实施措施。

（2）计划执行阶段——D 阶段。按照预定的质量计划、目标和措施及其分工去实际执行。

（3）执行结果检查阶段——C 阶段。根据计划的要求，对实际执行情况进行检查，寻找和发现计划执行过程中的问题。

（4）处理阶段——A 阶段。根据检查的结果，对存在的问题进行剖析，确定原因，采取措施。总结经验教训，巩固成绩，防止问题再次发生。同时提出本次循环尚未解决的问题，并将其转到下一循环中去，使其得以进一步解决。

### 2. PDCA循环的特点

（1）一个阶段也不能少；大环套小环，互相衔接，互相促进。

如图8-3所示，可以把质量保证体系视为一个大的管理循环，在此体系中各个子系统的管理循环被看作小的管理循环，小循环保证大循环，使之形成一个有机整体。同时，在管理循环的四个阶段中，也必须按PDCA循环办事，从而推动与确保活动目标的实现。

（2）转到一周，提高一步，如同爬楼梯，螺旋式上升。

如图8-4所示，PDCA循环每执行一次，就应解决好原有问题，实现预定目标。遗留或新提出的问题可作为下一个循环新目标的部分内容，转入新的管理循环，从而一步步地提高质量。

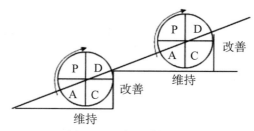

图8-4　不断上升的循环

## 8.3.5　产品质量的过程改进方法——DMAIC质量改进

DMAIC是六西格玛管理中最重要、最经典的管理模型，侧重于已有流程的质量提高方面，但通常可以作为独立的质量改进程序实施，或作为其他流程改进措施（如精益）的一部分。DMAIC方法包括五个步骤（定义、测量、分析、改善及控制），是一个资料驱动的改善循环。

D（define）——定义：定义问题、客户和目标。这个过程需要公司明确，要解决什么问题；公司的客户是谁，需求是什么；之前的这项工作是如何进行的；现在改进工作又将获得怎样的收获；等等。在这个阶段经常使用SIPOC图、处理流程图、CTQ定义、DMAIC工作分解结构等工具。

M（measure）——测量：测量当前流程的关键方面。这个过程需要制定流程的数据收集计划、开始开发$Y=f(x)$关系、确定流程能力和西格玛基准等。在这个阶段经常使用标杆、过程西格玛计算、测量系统分析、数据收集计划等工具。

A（analyze）——分析：分析收集的数据并处理，以确定缺陷的根本原因和改进机会。这个阶段需要确定当前绩效和目标绩效之间的差距，确定优先改善机会，确定变异来源，确定根本原因。在这个阶段经常使用直方图、帕累托图、鱼骨图、散点图、统计分析、非正常数据分析等工具。

I（improve）——改进：通过消除缺陷、设计创造性方案来改进流程。这个过程需要开发潜在的解决方案，评估潜在解决方案的失败模式，通过试点研究验证潜在的改进，重新评估潜在的解决方案，部署实施方案。在这个阶段经常使用头脑风暴、试验设计、错误证明、Pugh矩阵、QFD、仿真软件等工具。

C（control）——控制，控制攻进的流程和未来的流程性能，将主要变量的偏差控制在许可范围。这阶段主要防止恢复到之前的模式，记录和实施正在进行的监测计划，通过修改系统和结构来实现制度化改进。在这个阶段经常使用过程西格玛计算、控制图、成本节约计算、控制方案等工具。

## 8.4 统计质量控制理论和方法

质量管理的一项重要工作就是通过搜集数据、整理数据，找出质量波动的规律，把正常的波动控制在最低限度，采取措施消除各种原因造成的质量异常波动。这些工作是以数理统计学为基础，总结出十四种常用工具和方法。

其中，调查表、分层法、直方图、散布图、排列图、因果图和控制图习惯上成为老七种工具。质量管理的新七种方法，也称质量管理（QC）新七种工具，是指关联图法、系统图法、矩阵图法、矩阵数据分析法、过程决策程序法、矢线法和KJ法。

质量管理新七种方法是随着企业生产的不断发展以及科学技术的进步，将运筹学、系统工程、行为科学等学科的方法用来解决生产中的质量管理问题。由于世界生产已经进入到持续稳定增长的阶段，企业发展必须与此相适应。企业管理也从单一目标向多目标管理过渡，过去强调产值、积累，现在强调效率、效益以及多元化，用综合尺度来评价企业。同时，企业更加注意保护资源、节约能源，要求在产品制造、流通、使用、废弃的过程中不污染环境和伤害人类。因此质量管理新七种方法是思考性的全面质量管理，主要用文字、语言分析，确定方针，提高质量。质量管理新七种方法不能代替传统的质量控制工具，更不是对立的，而是相辅相成的，相互补充机能上的不足。新七种方法主要是为设计寻求更好的方法，提出目标，建立体系，完善计划。它们的发展和柜互关系如图8-5所示。

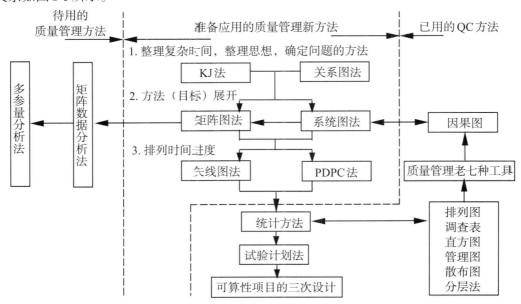

图8-5　质量管理新七种方法与其他质量管理方法关系

### 8.4.1　统计质量控制的定量方法

#### 1. 调查表

调查表是系统收集资料和积累数据，并对数据进行粗略整理和分析的统计图表。即把产品可能出现的情况及其分类预先列成调查表，则检查产品时只需在相应分类中进行统计。为了便于收集和整理数据而设计的调查表，在检验产品或操作工人加工、挑拣产品时，发现问题后，只要在表上相应的栏内填上数字和符号即可。使用一定时间后，可对这些数字或符号进行整理，就能使问题迅速、粗略地暴露出来，进而分析原因，提出措施，提高质量。

#### 2. 直方图

直方图，亦称频数分布图，适用于对大量计量值数据进行整理加工，找出其统计规律，即分析数据分布的形态，以便对其总体的分布特征进行推断，然后对工序或批量产品的质量水平及其均匀程度进行分析。即针对某产品或过程的特性值，利用正态分布的原理，把50个以上的数据进行分组，并算出每组出现的次数，再用类似的直方图形描绘出来。

直方图在生产中是经常使用且能发挥很大作用的统计方法。其主要作用是：观察与判断产品质量特性分布状况；判断工序是否稳定；计算工序能力，估算并了解工序能力对产品质量保证情况。

直方图的观察主要有两个方面：一是分析直方图的全图形状，能够发现生产过程中的一些质量问题；二是把直方图和质量指标比较，观察质量是否满足要求。

尽管直方图能够很好地反映产品质量的分布特征，但由于统计数据是样本的频数分布，它不能反映产品随时间的过程特性变化，有时生产过程已有趋向性变化，而直方图上看却属于正常型，这也是直方图的局限性。

#### 3. 散布图

散布图又称相关图，它是通过分析研究两种因素的数据之间的关系，来控制影响产品质量的相关因素的一种有效方法。在生产实际中，往往有些变量之间存在着相关性，但又不能由一个变量的数值精确地求出另一个变量的数值。将这两种相关的数据列出，绘制在坐标图上，然后观察这两种因素之间的关系，这种图就称为散布图。如棉纱的水分含量与伸长度之间的关系，喷漆时的室温与漆料黏度的关系，零件加工时切削用量与加工质量的关系，热处理时钢的淬火温度与硬度的关系，等等。

#### 4. 排列图

排列图，亦称为ABC图，又称帕累托图，是通过找出影响产品质量的主要问题来确定质量改进关键项目的图表。排列图最早由意大利经济学家帕累托（Pareto）用于统计社会财富分布状况。他发现少数人占有大部分财富，而大多数人却只有少量财富，即所谓"关键的少数与次要的多数"这一相当普遍的社会现象。后来，美国质量学家朱兰把这个原理应用到质量管理中，提出解决产品质量的主要问题的一种图形化的有效方法。

排列图的使用要以分层法为前提，将分层法已确定的项目从大到小进行排列，再加上累积值的图形。它可以帮助人们找出关键的问题，抓住重要的少数及有用的多数，适用于计数值统计。

排列图的用途是找出主要因素，它把影响产品质量的"关键的少数与次要的多数"直观地表现出来，使人们明确应该从哪里着手来提高产品质量。实践证明，集中精力将主要因素的影响减半比消灭次要因素收效更显著，而且容易得多。所以应当选取排列图前1~2项主要因素作为质量改进的目标。如果前1~2项改进难度较大，而第3项改进简易可行，马上可见效果，也可先对第3项进行改进。

解决工作质量问题也可用排列图。不仅产品质量，其他工作如节约能源、减少消耗、安全生产等都可用排列图改进工作，提高工作质量。采取质量改进措施后，为了检验其效果，也可用排列图来核查。如果确有效果，则改进后的排列图中，横坐标上因素排列顺序或频数矩形高度应有变化。

### 5. 矩阵数据分析法

矩阵数据分析法是用纵横交叉的数据表示因素之间的关系，再进行数值计算与定量分析，确定哪些因素相对比较重要。矩阵数据分析法的基本思路是收集大量数据，组成矩阵，求出相关系数矩阵，以及矩阵的特征值和特征向量，确定第一主成分、第二主成分等。通过变量变换的方法把相关的变量变为若干不相关的变量，即可将众多的线性相关指标转换为少数线性无关的指标（由于线性无关，在分析与评价指标变量时就切断了相关的干扰，便于找出主导因素，从而做出更准确的估计），显示出其应用价值，这样就找出了进行研究攻关的主要目标或因素。

### 6. 控制图

控制图是判断和预报生产过程中质量状况是否发生波动的一种有效方法。世界上第一张控制图是美国的休哈特在1924年提出的不合格品率控制图。第二次世界大战后期，美国开始在军工部门推行休哈特的统计过程控制方法（SPC）。目前，控制图作为质量控制的主要方法广泛应用于各个国家的各行各业。

（1）控制图的基本格式。

控制图的基本格式如图8-6所示。它一般有三条线。

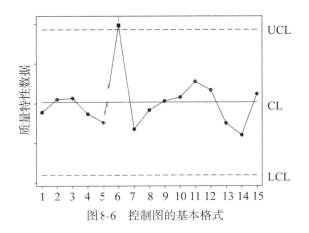

图8-6 控制图的基本格式

①中心线（central line，CL）——用细实线表示；

②上控制界限（upper control limit，UCL）——用虚线表示；

③下控制界限（lower control limit，LCL）——用虚线表示。

所谓控制图的基本思想就是把要控制的质量特性值用点子描在图上，若点子全部落在上、下控制界限内，且排列没有异常，就可以判断生产过程处于控制状态。否则，就应判断为异常情况，应查明并设法排除异常。通常，点子越过控制线就是报警的一种方式。

（2）常用控制图的种类。

常用质量控制图可分为两大类。

①计量值控制图：均值–极差控制图、均值–标准差控制图、单值–移动极差控制图、中位数–极差控制图。

②计数值控制图：不合格品数控制图、不合格品率控制图、缺陷数控制图、单位缺陷数控制图。

### 8.4.2　统计质量控制的定性方法

#### 1. 因果图

因果图亦称鱼骨图、石川图或特性要因图，它是由日本式质量管理的集大成者石川馨在川崎重工船厂创建质量管理的过程中发展出来的，是一种用于分析质量问题产生的具体原因的图示方法。在生产过程中，质量波动主要与人员、机器、材料、工艺方法和环境等因素有关，而一个问题的发生往往有多种引发因素交织在一起，从表面上难以迅速找出其中的主要因素。因果图就是通过层层深入的分析研究来找出影响质量的大原因、中原因、小原因的简便而有效的方法，从交错混杂的大量影响因素中理出头绪，逐步把影响质量的主要、关键、具体原因找出来，从而明确所要采取的措施。

把所有能想到的原因，按它们之间的关联隶属关系，用箭头联系在一起（箭杆写原因，箭头指向结果），绘成一张树枝状或鱼刺状的图形。主干箭头所指的为质量问题，主干上的大枝表示大原因，中枝、小枝表示原因的依次展开。

#### 2. 关联图

关联图是表示事物依存或因果关系的连线图。它是把与事物有关的各环节按相互制约的关系连成整体，从中分析出解决问题应从何处入手。关联图用于搞清各种复杂因素相互缠绕、相互牵连等问题，寻找、发现内在的因果关系，用箭头逻辑性地连接起来，综合地掌握全貌，找出解决问题的措施。

关联图与因果图相似，也是用于分析问题的因果关系。但因果图是对各大类原因进行纵向分析，不能解释因素间的横向联系。而关联图法则是一种分析各因素之间的横向关系的有效工具。两种方法各有所长，相辅相成，互为补充，有利于对问题进行更深入的分析。

#### 3. 分层法

造成产品质量异常的因素很多，要想正确、迅速地找出问题症结所在，行之有效的方法就是将数据分层，即把所收集的数据依照使用目的，按其性质、来源、影响因素等进行合理的分类，把性质相同、在同一生产条件下收集的数据归纳在一起，把划分的组叫作"层"，通过数据分层把错综复杂的影响质量因素分析清楚。这种方法就是分层法，又称分类法、分组法。

分层的方法可以按操作人员分，如按工人的班次、工人的级别划分；按使用设备分，如按机床不同型号等划分；按操作方法分，如按切削用量、温度、压力等划分；按原材料分，如按供料单位、进料时间、生产批次等划分；按加工方法分，如按加工、装配、测量、检验等划分；按环境分，如按照明度、清洁度等划分；按时间分，如按年、季、月、天等划分。

通常，分层法与其他质量管理工具联合使用，即将性质相同、在同一生产条件下得到的数据归纳在一起，然后再分别用其他方法制成分层排列图、分层直方图、分层散布图等。

### 4. 系统图

系统图能将事物或现象分解成树枝状，故又称树形图或树图。系统图法就是把要实现的目标与需要采取的措施或手段系统地展开，并绘制成图，以明确问题的重点，寻找最佳手段或措施。

在计划与决策过程中，为了达到某个目标或解决某一质量问题，需要采取某种手段。而为了实现这一手段，又必须考虑下一级水平的目标。这样，上一级水平的手段就成为下一级水平的目标。如此，可以把达到某一目标所需的手段层层展开，总览问题的全貌，明确问题的重点，合理地寻找出达到预定目标的最佳手段或策略。

### 5. KJ法

KJ法也叫亲和图法，是由日本的川喜田二郎（Kawakita Jiro）于1970年提出的一种属于创造性思考的开发方法。KJ法是把事件、现象和事实，用一定的方法进行归纳整理，引出思路，抓住问题的实质，提出解决问题的办法。具体讲，就是把杂乱无章的语言资料，依据相互间的亲和性（相近的程度、相似性）进行统一综合，对于将来的、未知的、没有经验的问题，通过构思以语言的形式收集起来，按它们之间的亲和性加以归纳，分析整理，绘成亲和图（affinity diagram），以期明确怎样解决问题。KJ法适用于解决那些需要时间慢慢解决，无论如何都要解决但无法轻易解决的问题，不适用于简单的需要马上解决的问题。

### 6. 矩阵图

矩阵图是通过多因素综合思考，探索解决问题的方法。它借助数学上矩阵的形式，把影响问题的各对应因素列成一个矩阵图，然后根据矩阵的特点找出确定关键点的方法。矩阵图用于多因素分析时，可做到条理清楚、重点突出。它在质量管理中，可用于寻找新产品研制和老产品改进的着眼点，寻找产品质量问题产生的原因等方面，例如寻找不合格现象。

### 7. 过程决策程序图法

过程决策程序图法（process decision program chart）也可简称为PDPC法。它是为了实现研究开发的目的或完成某个任务，在制订行动计划或进行系统设计时，预测可以考虑到的、可能出现的障碍和结果，从而事先采取预防措施，择优把此过程引向最理想的目标的方法。从它的过程和思路来看，它是运筹学在质量管理中的应用。

PDPC法实质就是一种我们习以为常的分析方法。在解决具体问题的过程中，即使在正常条件下，也会遇到许多无法预料的问题和事故。因此，采用PDPC法要不断取得新情报，并经常考虑按原计划执行是否可行，采取哪一种方案效果最好，预测今后还会有什么情况，应采取什么措施，等等。这样，在计划执行过程中遇到不利情况时，仍能有条不紊地按第二计划方案、第三计划方案或其他计划方案进行，以达到预定的计划目标。

### 8. 箭条图

箭条图是把计划评审技术（program evaluation and review technique，PERT）和关键路线法（critical path method，CPM）用于质量管理，用以制定质量管理日程计划、明确质量管理的关键和进行进度控制的方法。其实质是把一项任务的工作（研制和管理）过程作为一个系统加以处理，将组成系统的各项任务细分为不同层次和不同阶段，按照任务的相互关联和先后顺序，用图或网络的方式表达出来，形成工程问题或管理问题的一种确切的数学模型，用以求解系统中的各种实际问题。箭条图也称为活动图、网络图、节点图或关键路线法图。

## 8.5　质量检验和抽样技术

### 8.5.1　质量检验

#### 1. 质量检验的含义

检验（inspection）是指"通过观察和判断，必要时结合测量、试验所进行的符合性评价"（ISO 9000：2000—3.8.2），是对产品或服务的一种或多种特性进行测量、检查、试验、计量，并将这些特性与规定的要求进行比较，以确定其符合性的活动。美国质量专家朱兰对"质量检验"一词做了更简明的定义：所谓检验，就是这样的业务活动，决定产品是否在下一道工序使用时符合要求，或是在出厂检验场合，决定能否向消费者提供。

#### 2. 质量检验的主要职能

（1）把关职能。把关职能是质量检验的最基本的职能，也称为质量保证职能。其目的在于确保不合格的原材料、外购件、外协件不投入生产，不合格的半成品不转入下一道工序，不合格的零部件不组装，不合格的成品不出厂。

（2）预防职能。广义来说，原材料、外购外协件的入厂检验，前道工序的把关检验，对后面的生产起到了一定的预防作用。并且通过质量检验获得的质量信息有助于提前发现产品的质量问题，及时采取措施，制止其不良后果的蔓延，防止质量问题再度发生。

（3）报告职能。对检验中获得的信息认真记录，及时整理、分析，计算质量指标，以报告的形式，反馈给有关管理部门和领导决策部门，便于他们及时掌握生产中的质量状况和管理水平，做出正确的判断和采取有效的决策措施。

（4）改进职能。出现不合格品后，检验人员凭借丰富的知识和经验，提出切实可行的处理建议和措施，对于重复性的质量问题或重大质量问题，检验、设计、工艺人员和主管技术领导可以联合起来进行质量改进，可取得更好的效果。

### 3. 质量检验程序及内容

根据国家标准，企业要采取验证方法保证采购物资的质量，要在工艺流程中设置必要的检验点进行检验或试验以验证上一道工序的符合性，要用最终验证的方法对成品进行检验或试验以保证出厂成品的符合性或适用性。

质量检验的主要程序如下。

（1）进货检验：主要指企业购进的原材料、外购配套件和外协件入厂时的检验，这是保证生产正常进行和确保产品质量的重要措施。企业应在选择合适供货方并对其进行控制的基础上，辅之以进货检验。

（2）工序检验：不同类型的工序有着不同的检验内容、检验方法和检验规程，企业应严格按照质量计划中规定的检验点、检验规程进行工序检验，并对经过检验的在制品、半成品和成品做出识别标志或合格证明。工序检验通常有三种形式：首件检验、巡回检验和末件检验。

（3）完工检验：完工检验又称最后检验。

## 8.5.2 抽样技术

在生产过程中的许多阶段都要进行检查。可能有外购材料和部件的进厂检查，在生产作业的各个不同节点上进行的过程检查，制造厂家对自己的产品所做的最后检查，以及最终由一个或多个买主对成品的检查。

这些检查中很大一部分必须以抽样的方式进行。因为有些受检样品是破坏性的样品。另外，由于100%检查（即全数检查）的费用太高、批量很大、检验时间长、检验人员疲劳等原因，不适宜采用全数（样）检查。

### 1. 抽样检验的定义

抽样检验是根据数理统计原理，从一批待检产品中随机抽取一定数量的样本并对样本进行全数检验，根据对样本的检验结果来判定整批产品质量状况的一种检验方法。它不是逐个检验批中的所有产品，而是按照规定的抽样方案和程序从一批产品中随机抽取部分单位产品组成样本，根据样本测定结果来判断该批产品是否可以接收。

理论和事实证明，在大量类似产品需要检验的场合，抽样检验很可能比全数检验效果更好。现代抽样检验理论的一个优点是，它能够比全数检验更有效地督促人们改进质量。

### 2. 抽样方案的种类（表8-1）

表8-1　抽样检验方案的分类

| 分类方式 | 抽样检验方案 | 特点描述 |
|---|---|---|
| 按检验次数分类 | 一次抽检方案 | 从交验批中只抽取一次样本，根据其检测结果来判定批合格与否 |
| | 二次抽检方案 | 先从交验批中抽取 $n_1$ 个样本，根据对 $n_1$ 的检验结果判定批合格与否，当不能做出批合格与否的判断时，再抽取 $n_2$ 个样本进行检验，并根据 $n_1$ 和 $n_2$ 中累计不合格品数来判定批合格与否 |
| | 多次抽检方案 | 按每次规定的样本容量 $n_i$ 进行检验，以每次抽检的结果与判定基准做比较，判定批合格与否或继续抽检，直到检验进行到规定次数为止，再判定合格与否 |
| 按抽样检验方案的实施方式分类 | 标准型抽检方案 | 在抽样方案中对供需双方都规定质量保护和质量保证值（$p_0$ 或 $\mu_0$，$\alpha$；$p_1$ 或 $\mu_1$，$\beta$。其中，$p_0$ 和 $\mu_0$ 分别为供方规定的不合格品率和合格品率；$p_1$ 和 $\mu_1$ 分别为需方规定的不合格品率和合格品率，$\alpha$ 和 $\beta$ 分别为供方所承担的合格批被判为不合格批的概率风险和需方所承担的不合格批被判为合格批的风险），可满足供需双方要求的抽样检验。它适用于偶然市场交易等对产品质量不了解的场合 |
| | 挑选型抽检方案 | 按事先规定的抽样方案对产品进行抽检，若产品达到判定基准就接受；达不到判定基准就对整批产品进行全数检验，然后将其中的不合格品换成合格品后再出厂。该方案适用于不能选择供货单位时的收货检验、工序间半成品检验和产品出厂检验，而对于抽样检验被判定为不合格批后可以退货或降价处理的产品以及破坏性检验等状况则不宜采用 |
| | 调整型抽检方案 | 根据供方提供产品质量的好坏来调整检验的宽严程度，一般分为放宽、正常和加严三种方案。调整型抽检方案一般从正常检验开始，然后根据数批的检验结果和转换条件决定采用放宽还是加严，这种检验一般适用于连续购进同一供货产品的检验 |
| | 连续生产型抽检方案 | 先从逐个全检的连续检验开始，当合格品连续累积到一定数量后，即转入每隔一定数量抽检一个产品，在继续抽检过程中，如果出现不合格品，则继续恢复到全检状态。这种抽检方案适用于连续流水线生产中的产品检验，并不要求产品形成批 |
| 按检验特性值的属性分类 | 计数抽检方案 | 以样本中不合格品数或缺陷数作为判定交验批产品是否合格的依据 |
| | 计量抽检方案 | 以计量数据作为判断依据，通过对样本质量特性的统计分析来判断交验批是否合格 |

### 3. 抽样质量检验的注意事项

在进行抽样质量检验时，必须掌握以下几点注意事项。

（1）抽样质量检验是对批量进行合格与否的判定，而不是逐一检查批量中的每个产品。所以，如果产品不是作为批量处理时，就不应采用抽样检查。

（2）在抽样质量检验标准选定后，就必须按照抽样质量检验标准严格正确执行。

（3）通过抽样质量检验后，即使是判定合格的批量，也应允许有一定数量的不合格品。

（4）抽样质量检验是以随机抽取样本为基本条件的，如果不能满足这种条件就不适用。因此，采用抽样质量检验时必须具备能随机取样的具体条件和实施措施。

## 8.6 设计质量控制理论和方法

### 8.6.1 试验设计

在工业生产和科学研究中，为了技术革新或提高产品质量等方面的需要，常常要做试验。试验设计是以概率论、数理统计和线性代数等为理论基础，科学地安排试验方案，正确分析试验结果，尽快获得优化方案的一种数学理论和方法。试验设计得好，能在少数次数试验中获得令人满意的结果；试验设计得不好，不仅会增加试验次数，花费大量人力、物力和财力，还不一定能达到预期目的。因此，科学合理地进行试验设计非常重要。试验方案的设计和试验结果的数据分析是试验设计的两项重要工作。

试验设计的方法很多，如单因素优选法、正交试验设计法、SN 信噪比试验设计法、均匀试验设计法等。

#### 1. 试验设计的基本原则

（1）重复试验。所谓重复试验，是指一个处理（方案）施于多个试验单元。这些单元是在统计推断中一个处理所形成的总体的代表，它可以使人们对于试验误差的大小进行估计。通常的显著性检验都是将不同处理（方案）间形成的差别与随机误差相比较，只有当处理（方案）间这种差别比随机误差显著地大时，我们才说"处理（方案）间的差别是显著的"。没有随机误差就无法进行任何统计推断，因此在试验设计中安排重复试验是必不可少的。需要注意的是，一定要进行不同单元的重复，而不能仅进行同单元的重复。

（2）随机化。随机化是指以完全随机的方式安排各次试验的顺序和/或所用试验单元。这样做的目的是防止那些试验者未知但可能对响应变量产生某种系统的影响。

（3）划分区组。各试验单元间难免会有某些差异，如果能按某种特征把它们分成组，而每组内可以保证差异较小，则可以在很大程度上消除由于较大试验误差所带来的分析上的不利影响。将全部试验单元划分为若干组的方法称为划分区组或区组化，每个组称为一个区组。通过在同一个区组内比较处理间的差异，就可以使区组效应在各处理效应的比较中得以消除，从而使对整个试验的分析更为有效，这样就能大大减少可能存在的未知变量的系统影响。需要注意的是，在区组内应该用随机化的方法进行试验顺序及试验单元分配的安排。在试验的设计中一般能划分区组者则划分区组，不能划分区组者则随机化。

#### 2. 试验设计的策划与安排

一般来说，试验要进行好几批，一般采用如下几个步骤。

（1）因子的筛选：在开始情况不是很清楚的情况下，考虑到影响响应变量的因子个数可能较多（大于或等于5），应先在较大的试验范围内使用部分实施的因子试验设计法进行因子的筛选，这样获得的结果可能较为粗糙，但能够达到筛选的目的，且试验次数可以大大节省。

（2）对因子效应和交互作用进行全面分析：当因子的个数被筛选到少于等于5个之后，就可以在稍小范围内进行全因子试验设计以获得全部因子效应和交互作用的准确信息，并进一步筛选因子直到因子个数不超过3个。

（3）确定回归关系并求出最优设置：当因子个数不超过3个时，就可以采用更细致的如响应曲面设计分析等方法，在包含最优点的一个较小区域内，对响应变量拟合一个二次方程，从而可以得到试验区域内的最优点。

对于上述步骤，在实际工作中，可能跳过某个环节，也可能在某个步骤上反复进行好几次。总之，要不断地筛选因子，不断地调整试验的范围和因子水平的选择，经过几轮试验后才能最终达到试验的总目标。

### 3. 单因子试验设计

单因子试验在实际工作中经常会遇到，比如考虑不同厂家的原材料是否对产品的质量产生影响，不同的工人其技术水平是否有显著差异等情况，就可以用单因子试验设计进行分析。其所用到的方法和理论在多因子试验中也会用到。

单因子试验通常有两个目的：一是想比较因子的几个不同水平之间是否有显著差异，如果有显著差异，哪个或哪些水平设置较好；二是建立响应变量与自变量之间的回归关系（通常是线性、二次或三次多项式），判断建立的多项式是否有意义。

### 4. 双因子试验设计

在许多实际问题中，往往要同时考虑两个因子对试验指标的影响。例如，要同时考虑工人的技术和机器对产品质量是否有显著影响，就涉及工人的技术和机器这样两个因素。双因子试验设计与分析和单因子试验设计与分析的基本思想是一致的，不同之处就在于各因子不但对试验指标起作用，而且各因子不同水平的搭配也可能对试验指标起作用，试验设计中把多因子不同水平的搭配对试验指标的影响称为交互作用，交互作用的效应只有通过重复试验才能分析出来。

对于双因子试验设计与分析，可以分为无重复试验和等重复试验两种情况来讨论。对于无重复试验，只需要检验两个因子对试验结果有无显著影响；而对于等重复试验，还要考察两个因子的交互作用对试验结果有无显著影响，也就是说等重复试验用在两个因子之间有交互作用的时候。

### 5. 正交试验设计

正交试验设计法简称正交试验法，是利用规格化的"正交表"合理地安排试验，运用数理统计原理分析试验结果，从而通过代表性很强的少数次试验摸清各因素对结果的影响情况，并根据影响的大小确定因素主次顺序，找出较好的生产条件或较优参数组合。经验证明，正交试验法是一种解决多因素试验问题的卓有成效的方法。

## 8.6.2　质量功能展开

QFD于20世纪60年代末70年代初起源于日本，由日本质量专家水野滋和赤尾洋二提出，并自20世纪70年代末迅速在日本制造企业得到推广应用，之后，又于20世纪80

年代初传入美国并逐步得到欧美各发达国家的重视和广泛应用。

质量功能展开（quality function deployment，QFD）是一种在产品开发过程中最大限度地满足顾客需求的系统化、用户驱动式的质量管理方法，旨在在产品设计和开发阶段就对如何以顾客为关注焦点系统地保证和改进产品质量进行全方位的部署，对产品质量的形成实施全过程、一体化的优化与控制。QFD强调在产品设计和开发的初期就协同考虑并规划产品质量形成全过程的质量保证与改进及其实施措施，被认为是并行工程环境下质量管理的基本思想与方法，是并行工程面向质量的设计（design for quality，DFQ）的有力工具，也是组织进行全面质量管理、实施产品质量改进的有效方法，对组织提高产品质量、缩短开发周期、降低开发成本和提高顾客满意度有极大帮助。

### 1. QFD的技术特征

QFD作为一种在产品开发过程由顾客需求驱动的质量管理方法或模式，强调把顾客需求变换成顾客要求的质量特性，并据此规划和确定产品的质量、产品各功能部件的质量，进而至各零件的质量和工序质量，同时，规划和确定为达到要求的质量所应采取的对策，并对它们的关系进行系统展开。也就是说，QFD把顾客需求转换为质量要求，进而转换为应采取的相应对策，并展开、派生到产品实现的整个过程之中。

QFD具有以下一些鲜明的技术特征：（1）坚持"以顾客为关注焦点"的原则，力求设计和开发的产品能最大限度地满足顾客需求，并在产品实现的全过程体现顾客需求。（2）遵循PDCA质量管理工作程序，强调质量策划的重要性，提出首先要依据顾客需求制定质量要求，进而规划和部署在产品实现过程中应采取的相应对策，并以此指导具体的各产品设计和开发工作。（3）倡导运用质量管理的系统方法和过程方法的原则考虑和解决问题，强调系统性、一体化地规划和部署产品实现全过程的质量功能，将质量功能一步一步地分解、展开到产品实现全过程。（4）突出重点管理，把握问题关键，把焦点集中于关键的少数。在产品实现全过程积极。（5）寻找影响产品质量的关键因素并据此制定相应对策，以期获得事半功倍的成效。（6）采用质量屋和瀑布模型等图形和表格化的工具，可简明、生动、清晰、高效地展示质量管理过程及要求，增强方法的实用性。

总之，QFD将产品的质量及产品实现过程的质量职能综合在一起，围绕着产品质量的形成过程，进行科学而系统的规划和部署，以期获得最佳的质量管理绩效，确保设计/开发的产品在质量上满足用户的需求。

### 2. QFD的瀑布展开模式

QFD利用质量屋并采用瀑布展开模式，将顾客需求首先变换成顾客要求的质量特性，然后据此一步一步地将质量要求展开到产品实现过程。对于如何将顾客需求瀑布地展开到产品整个实现过程中，可根据不同目的按照不同的技术路线、分解模型和手段进行，并由此形成多种不同的QFD瀑布展开模式。

美国供应商协会（American Supplier Institute，ASI）的四阶段模式是一种典型的QFD瀑布展开模式，它将顾客需求的分解或展开过程分为四个阶段：产品规划、零部件配置、工艺规划和加工过程规划。通过这四个阶段，按顾客需求→产品技术要求→关键零部件特性→关键工序→关键工艺控制参数的顺序，将顾客需求逐步展开并转换为产品技术要求、零部件特性、工艺特性和加工过程控制要求。每一个阶段产生一个质量屋矩阵，共产生产品规划、零部件规划、工艺规划和加工过程控制四个质量屋矩阵。上一阶段质量屋的输出是下一阶段质量屋的输入。QFD的ASI瀑布分解过程如图8-7所示。

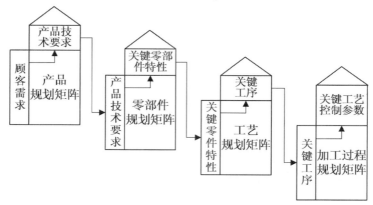

图8-7　典型的QFD瀑布分解过程

### 8.6.3　面向质量的设计

面向质量的设计（design for quality，DFQ）是一种强调以满足顾客需求、保证产品质量为核心的先进产品设计理念，其基本思想是以顾客为关注焦点，在产品设计过程准确把握顾客及市场需求，将满足顾客需求、保证产品质量这一目标融入产品设计全过程，全面考虑产品生命周期各个阶段影响质量的因素及其控制问题，确保所设计出的产品的质量通过后续制造能予以保证或实现。

**1. 产品设计质量**

产品质量有着自己的形成规律。一般认为，产品质量起源于市场，源于顾客需求，由设计决定，通过制造实现，并在使用中体现出来。也就是说，产品的质量是设计出来的。因此，设计质量在产品整体质量形成中占据着非常重要的地位。有关资料表明：产品设计阶段实际投入的费用虽然只占产品总成本的5%～10%，但却决定了产品质量的70%～80%；产品中50%～70%的质量问题来自设计阶段。若设计出的产品存在"先天不足"，则结果必然是制造及使用过程的"后患无穷"。由此可见设计质量管理的重要性。

在产品设计的初始阶段，为确保设计质量，应采用QFD的方法首先将顾客及市场需求转化为明确的产品技术性能与特征，即产品质量要求，并依据质量要求开展产品各项设计工作；产品设计时，要并行考虑后续制造是否容易实现、制造过程质量是否容易控制、质量控制的有效性和高效性如何等问题，确保设计出来的产品能够高质量地制造出来。

**2. 产品设计和开发程序**

产品的设计和开发工作常常受到诸多因素影响。在产品设计和开发时，不仅需要考虑质量、周期和成本，还要考虑可制造性、可装配性、可维护性、可再利用等问题。影响因素的多样化和动态性，使得产品设计和开发必须按照科学的工作方法，遵循适用的程序进行。

制定科学的、具有普遍适用性的设计和开发程序，是产品设计和开发工作科学化的基础，它对于保证产品设计和开发质量意义重大。通过建立设计和开发程序，把全部产品设计和开发过程按照系统工程的方法，联结成一个严密的、符合产品内在形成规律和过程逻辑的整体，以便全面考虑问题，使产品设计和开发过程科学化，使设计质量得到保证。

设计和开发程序主要源于对同类产品设计和开发经验的总结。各国的情况不同，产品类别不同，所以产品设计和开发程序也会有所差异。例如，军、民用航空飞机有军用和民用的飞机开发程序；汽车有汽车的开发程序；家用电器、计算机软件有家用电器、计算机软件的开发程序。

### 8.6.4 产品的三次设计

三次设计是日本学者田口玄一在实验设计技术的基础上独创的一种面向质量的设计方法，也称田口方法。三次设计认为，设计具有某种性能的产品以满足市场需要，一般要经历三个阶段：系统设计、参数设计和容差设计。三次设计以实验设计法为基本工具，在产品设计上采取措施，力求减少各种内、外部因素对产品功能稳定性的影响，从而达到提高产品质量的目的。

#### 1. 系统设计

系统设计是三次设计的第一步，也称专业设计或方案设计。它运用系统工程的思想和方法，运用专业技术、可靠性设计、数理统计等通用技术，对产品的结构、性能、寿命、传动、材料等进行设计，以探讨如何最经济合理地满足用户要求。因此，系统设计的质量完全由专业技术水平的高低来决定。为了设计出具有某种输出特性的产品，专业技术人员利用专业知识和技术，对该产品进行整个系统结构的设计，决定系统（产品）的结构与功能。例如，在设计一台机床或一种汽车时，首先就要根据使用的要求，选择其结构型式、传动方式、重要零部件的材料，甚至要考虑到某些关键工艺的方法及实现的可能性。因此，系统设计的好坏，是产品质量的关键。系统设计一般指样机设计以前的工作，样机设计结束，系统设计即告完成。

搞好系统设计，一方面需要有全面的和熟练的专业技术，有丰富的设计和制造方面的经验，但这还不够，还需要有充分的工程经济方面的知识，需要掌握国内外有关的技术情报资料，善于对各种不同的方案进行全面的技术和经济评价。在系统设计阶段，为了选择最佳的方案，有时要进行某些模拟试验，以便取得所需要的数据和结论。重要的系统设计，必须经过可行性分析，包括经济可行性分析和技术可行性分析，并明确质量控制的要求和措施。系统设计一般是凭经验估计、推测并决定产品结构及性能参数，对质量、成本的综合考虑还不周密。产品结构一旦复杂，常常难以正确估算和确定组成产品的各零部件及其参数对产品质量特征值的影响以及它们之间的相互作用，还需要开展参数设计和容差设计，以进一步考察各种参数对产品质量特征值的影响，并定量地找出经济合理的最佳参数组合。

### 2. 参数设计

参数设计是在系统设计的基础上，运用统计方法，对处于干扰下的产品后续过程，包括产品的制造、产品储运和产品的使用，根据非线性原理，选择最佳的产品结构、性能、材料等参数及组合，以保证产品的输出特性具有较好的稳定性。参数设计的目标是产品整体质量最优，成本最低，并且产品质量的形成对各种干扰因素（尤指噪声因素）的抵制力最强，即所谓的质量鲁棒性最好。

产品质量要用产品给社会和用户带来的损失大小来衡量。通常顾客总是期望购买的产品在给定的使用条件下和寿命期内，既能达到既定的目标性能，同时又无害、无副作用。这便是顾客心目中的"理想质量"，也是人们评价产品质量的参考点。由于产品间的差异、使用环境的不同，实际上产品会偏离理想的质量。这种偏离不仅给使用者带来损失，也对制造厂商造成损失，甚至对社会也会造成不同程度的损失。可以用这种损失大小来度量产品的质量。损失越小，质量越高，购买的人就会越多，厂家的利润也会越多。理想产品的损失为零。损失与利润统一的观点在激烈的市场竞争中已被越来越多的人所接受。例如：购买一辆汽车，若每次使用（无论是在炎热的夏天还是在寒冷的冬天）都有完美的性能表现，而且不污染空气，那么这种车的质量就高；相反，若一辆车经常抛锚，使开车人延迟到达目的地，有时还会引起车祸，这种车由于给顾客带来了很大损失，其质量自然就很低。

参数设计采用两个层次的实验设计。第一个层次是用内正交表来安排参数名义值的不同组合（试验方案）。第二个层次是对内正交表中每一试验方案，均安排一张相应的正交表来考虑所有误差因素对该试验方案结果的影响。由每张外正交表首先获得试验方案的信噪比，然后对内正交表进行信噪比方差分析，确定相对最稳定的方案。必要时，可考虑进一步对所确定的最稳定方案的参数值做适当调整，以满足产品的性能及其方差要求。

### 3. 容差设计

容差就是容许偏差，即公差。参数设计确定了系统各件参数的最佳组合之后，进一步需要确定这些参数波动的容许范围，就是容差设计。通过参数设计，完成对最佳参数组合的选择，确定参数中心值。但实际上由于设计和制造中各种因素变化的影响，不可能正好达到中心值，而是围绕着中心值有所波动。为此，必须对其制定允许波动的公差范围，这就需要进行容差设计。容差设计的主要任务就是优化选择参数的允许偏差值。偏差值小，意味着产品及零部件加工精度和质量等级高，但相应的产品的成本也会提高；反之，则加工精度和质量等级低，成本也随之降低。

容差设计在参数设计给出的最优条件的基础上，确定各参数最合适的公差。在考察各参数的波动对产品质量特征值影响的大小后，从经济角度考虑有无必要对影响大的参数给予较小的公差。这样做，一方面可以进一步减少质量特征值的波动，提高产品的稳定性，减少质量损失；另一方面由于采用更高质量等级的零部件，使产品的成本有所提高。因此，容差设计要综合考虑产品质量、成本、市场等问题，找出最佳的设计方案。

容差设计的主要工具是质量损失函数和正交多项式回归。通过容差设计，研究容差范围与经济损失函数的关系，并对各种容差情况下的经济效益进行分析计算，实现质量和成本的综合平衡。例如，可以把对产品输出特性值影响大而成本低的零部件的公差范围收得紧一些，而把对特性值影响较小而成本又高的零部件的公差范围放得宽一些。容差设计中，除了选择合理的容差范围外，还需要有一个评定由质量波动造成经济损失的方法，即需要计算质量损失函数。

### 8.6.5 并行设计

#### 1. 并行设计的基本概念

并行设计要求在产品设计的同时，并行地设计产品生命周期各有关的过程，并在设计中全面考虑产品从概念设计到报废整个生命周期中的所有因素，包括质量、成本、过度与顾客需求等。

并行设计具有如下一些主要特点：（1）强调在产品早期设计阶段，就考虑到产品实现过程甚至整个生命周期中所有的因素，力求做到综合优化设计，最大限度避免设计错误。（2）强调一体化、协同、并行地对产品及其实现过程进行设计。一个复杂的产品往往需要开发人员共同完成大量的产品及相关过程的设计。并行设计强调所有这些人员要并行地进行设计。（3）重视顾客呼声，提倡顾客在整个产品设计和开发过程的参与，以便及时发现并避免不满足顾客需求的问题，确保最终产品拥有最佳的顾客满意度。（4）强调持续改进产品及相关过程的设计，持续改进产品开发过程。

#### 2. 并行设计的关键要素

并行设计涉及管理、过程、产品和环境四个关键要素。图8-8显示了四个关键要素及其相互间的关系。

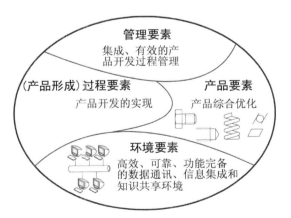

图8-3　并行设计的四个关键要素

并行设计必须打破传统的按部门划分的管理组织模式，建立基于集成开发团队的产品设计和开发管理组织与模式。管理要素主要包括文化管理、组织模式、领导和决策、多坐标（如进程、质量、成本、技术等）管理、活动管理、过程监控和任务管理等。产品形成过程的每一个阶段和环节都对产品的性能有着重要的影响，产品的 TQCSE（time，quality，cost，service，environment）也取决于产品的形成过程。并行设计必须对设计和开发过程进行策划、组织和控制，并实现过程集成。产品要素指产品本身的结构、性能、可制造性、可装配性、可维修性等。环境要素主要包括硬件和软件设施、信息、工具、方法、模型、集成框架和应用平台，用于支持产品设计和开发过程中的信息交换与共享。

### 3. 并行设计基本原则

（1）关注早期设计阶段。

早期设计上的"先天不足"可分为三类。第一类属纯设计问题，具体表现为所设计的产品在结构、工作原理和性能等方面存在问题，达不到对产品的要求；第二类是面向后续过程的问题，即所做的设计在后续过程中难以，如质量难以保证、成本过高，或制造、装配、测试等周期过长等；第三类是面向市场或用户的问题，不能很好地满足市场或用户对产品的需求。并行设计强调要坚持"关注早期设计阶段"的原则，力争在早期设计阶段将全部设计缺陷都消除掉。

（2）重视顾客需求。

许多情况下，顾客往往难以在一开始就对要求设计与开发的产品提出具体、准确的要求，顾客的要求常常伴随产品设计与开发工作的不断进展而逐步完善。顾客需要已不仅局限于对最终产品质量的要求，常常渗透到对整个产品形成过程的关注。为此，要充分重视顾客需求，尤其重视顾客在早期的产品设计阶段及整个产品开发过程中的积极参与，及时响应顾客需求变化，并认真接受顾客对产品开发工作的监督。

（3）突出人的作用。

产品设计和开发是一项创造性很强的工作，大量的设计通常由设计人员凭借经验及直观感觉进行原创性设计及评价，产品开发过程各阶段矛盾与冲突的化解、问题的处理与协调，也必须由产品开发人员完成。在产品设计和开发中，要坚持"突出人的作用"的原则。

（4）协同工作。

串行设计模式，常常过分地强调分工，使得各专业部门以各自利益为重，遇到问题相互推诿，不利于技术协作和工作协调，难以有效地实施一体化设计和全局综合优化设计，并客观上阻碍了信息交流与共享在产品开发中发挥重要作用。并行设计强调必须采取协同化的工作方式，加强产品设计和开发过程中的工作协同与知识共享。

（5）综合优化设计。

"并行"意味着除并行地完成产品的各项设计工作外，还要同时进行有关过程的设计，包括工艺过程设计、生产计划、质量设计、营销计划、采购计划、市场及风险预测、产品服务计划等，并实现它们的综合优化。

（6）持续改进。

持续改进不仅意味着产品的持续改进，也意味着产品设计和开发过程的持续改进。并行设计强调设计人员要及时交换和共享设计信息，建立协同工作机制和协同工作环境，加强设计协调；上、下游及相互之间构成不断改进设计的反馈回路，发现问题要及时沟通解决；加强设计重用，采用以往的成功设计，以提高设计效率和一次成功率，避免类似错误的重复出现。

### 4. 并行设计的关键技术

（1）集成开发团队。

集成开发团队作为一个独立的团体，获得授权，负责整体产品的设计和开发。团队成员在统一的规划和组织下，共同完成产品及相关过程的设计。他们一方面分管与各自专业领域相关的产品或相关过程的开发和设计，另一方面对其他成员负责的产品及相关过程的开发和设计进行技术审查，并倾听其他成员对其所做开发和设计的反馈意见，发现问题，及时协商解决。并行设计应注重为开发团队创造一个协同的工作环境，并营造协同、和谐的企业文化。

（2）过程建模。

并行设计把产品设计和开发的各个活动视为一个集成的过程，从全局优化的角度对该集成过程进行管理、控制和持续改进。无论是过程的集成还是全局优化或对过程实施管理控制及改进，其基础都是过程模型。产品设计和开发过程建模就是用数学方法（模型）描述产品的设计和开发过程。基于过程模型，就可以对产品设计和开发过程的并行性、集成性、敏捷性和精良性等各种特性进行仿真分析，以指导过程管理及优化改进。

（3）产品数字化定义。

将产品设计人员头脑中的设计构思转换为计算机能够识别的图形、符号和算式，形成产品的计算机内部数据模型，存储于计算机中。不同专业背景的产品设计和开发人员，基于同一数字化产品模型协同、并行地开展产品及相关过程的设计，实施技术交流和协商、协作，并进行产品不同组成单元及阶段的设计综合优化。

（4）产品数据管理。

采用产品数字化定义之后，伴随产品的设计和开发，各产品开发阶段必然生成大量与产品有关的工程设计数据，需要存储在计算机中。要高效、自动化地组织和管理这些数据，以方便产品开发人员有效地存取、浏览或修改这些产品数据，并支持对这些数据进行再利用等。产品数据管理作为产品生命周期信息集成的重要工具和手段，可以帮助不同产品开发阶段或活动的人员协同、并行地开展产品及相关过程的设计。

（5）质量功能展开。

质量功能展开是采用系统化、规范化的方法调查和分析用户的需求，然后将用户的需求作为重要的质量要求和控制参数，通过质量屋的形式，一步一步地转换为产品特征、零部件特征、工艺特征和制造特征等，并将顾客需求全面映射到整个产品开发过程的各项开发活动，用以指导、监控产品的开发活动，使所开发的产品完全满足用户需求。

（6）面向X的设计。

要使开发者们从一开始就考虑到产品生命周期中的所有因素，必须采取面向X的设计，包括面向制造、装配、拆卸、检测、维护、测试、回收、可靠性、质量、成本、安全性以及环境保护等的设计。通过这些面向X的设计，产品设计和开发人员能够在早期的产品设计阶段并行地考虑产品生命周期后续阶段的各种影响因素，实现产品设计的综合优化。

（7）集成框架。

并行设计过程中需要使用许多不同类型的工具软件，集成框架就是要集成这些工具软件，并集成源于这些工具的产品生命周期各种信息模型、并行设计方法，实现异构、分布式计算机环境下的信息集成、功能集成和过程集成。集成框架要具有即插即用的功能，并且要能够集成已有的传统工具软件，支持多厂商、多平台、异构网络和不同操作系统的工具软件的集成。

# 8.7　全面质量管理

## 8.7.1　全面质量管理的概念

费根堡姆于1961年在《全面质量管理》一书中首先提出了"全面质量管理"的概念："全面质量管理是为了能够在最经济的水平上，并且在考虑到充分满足用户要求的条件下进行市场研究、设计、生产和服务，把企业内各部门研制质量、维持质量和提高质量的活动构成一体的一种有效体系。"

如今，全面质量管理得到了进一步的扩展和深化，其含义远远超出了一般意义上的质量管理领域，而成为一种综合的、全面的经营管理方式和理念。ISO 9000族标准（2000年版）中对全面质量管理的定义为：一个组织以质量为中心，以全员参与为基础，目的在于通过让顾客满意和本组织所有成员及社会受益而达到长期成功的管理途径。

具体地说，全面质量管理就是以质量为中心，全体员工和有关部门积极参与，把专业技术、经济管理、数理统计和思想教育结合起来，建立起产品的研究、设计、生产、服务等全过程的质量体系，从而有效地利用人力、物力、财力和信息等资源，以最经济的手段生产出顾客满意，组织及其全体成员以及社会都得到好处的产品，从而使组织获得长期成功和发展。

全面质量管理与传统的质量管理相比较，其特点是：从以事后检验为主转变为以预防为主，即从管理结果转变为管理因素；从就事论事、分散管理转变为以系统的观点为指导进行全面综合治理；从以产量、产值为中心转变为以质量为中心，围绕质量开展组织的经营管理活动；从单纯符合标准转变为满足顾客需要，强调不断改进过程质量来不断改进产品质量。

## 8.7.2　全面质量管理的基本思想

全面质量管理的思想主要体现在以下几方面。

### 1. 以顾客为中心

常言道，没有顾客就没有企业的存在。大量的经验教训充分证明，执着于顾客满意

是企业成功的核心原动力。由此，质量管理要以顾客为中心，坚持"用户至上"和一切为顾客服务的思想，要从顾客的角度，树立并审视所有质量管理策略，做到质量管理始于识别顾客的需要，终于满足顾客的需要，使产品及服务质量全方位满足顾客需求。

**2. 预防为主，防患于未然**

一旦出现了不合格品，质量检验确可拒之于门外，但不出现不合格品才更为重要。质量管理要把工作的重点，从"事后把关"转移到"事前预防"，从管结果转变为管因素，实行"预防为主"的方针，把不合格品消灭在其形成过程中，做到"防患于未然"。

**3. 持续改进**

竞争的加剧、科技的发展，使得市场从来不会满足于质量现状，提高质量始终是市场对产品质量的不懈追求。为此，任何一个组织都应在实现和保持规定的产品质量的基础上，不断提高经营管理水平，持续改进产品形成过程及质量管理体系，进而提高产品的质量。稳定控制基础上的持续改进是全面质量管理的精髓。

**4. 过程方法、体系保障**

产品有一个形成过程，在这个形成过程中离不开人的参与，离不开资源利用，更离不开计划、组织、协调、指导、监督、检查和领导。产品质量管理必须基于产品的形成过程，并以过程为对象实施质量控制；必须采用系统工程的方法，综合考虑所有影响产品质量的因素，建立健全企业的质量管理体系，以此规范产品的形成全过程，保证产品质量。

**5. 突出人的作用**

产品的设计、制造及企业经营管理等各活动都离不开人的参与，而且必须以人为主导。人有着无限的创造力、判断力及处理随机突发事件的应变能力，具有机器无法实现的敏捷性，完全脱离人的参与的产品设计与制造在现阶段是不可行的。要开展质量管理，人是最积极、最重要的因素。为此，要突出人的作用，强调人的主观能动性，促使质量管理成为一项全员共同参与的活动。

## 8.7.3 全面质量管理的特点

**1. 全面的质量管理**

企业的各项活动及各个职能部门都与产品的形成有着直接或间接的关系。质量管理不能仅仅局限于狭义的产品，而应进一步扩展到产品整个形成过程、企业各项经营管理活动、质量管理体系及员工教育等。质量管理不仅要关注产品质量，也必须关注与之密切相关的产品形成过程的质量，关注企业经营管理质量，关注服务和工作质量。

产品是由人设计、制造出来的，如果产品设计和制造过程的质量和企业职工的工作质量得不到提高，很难保证能生产出优质的产品。为此，全面质量管理强调要实施全方位的质量管理，对产品形成过程、质量管理体系、经营管理业务及员工素质都予以充分的关注，提高它们的质量和水平；同时，也要注重质量的经济性，进行成本、生产率和交货期等的一体化管理。

### 2. 全过程的质量管理

任何产品的质量，都有一个产生、形成和实现的过程。所谓"全过程"就是指产品质量的产生、形成和实现的整个过程，包括市场调研、产品设计、工艺制订、采购、工装准备、加工制造、工序控制、检验、销售和售后服务等。全过程中的每一个环节都或轻或重地影响着最终的产品质量状况。为了保证和提高质量就必须把影响质量的所有环节和因素都控制起来。换句话说，就是要保证产品质量，不仅要搞好制造过程的质量管理，还必须搞好设计和使用等过程的质量管理，对产品质量形成全过程各个环节加以管理，形成一个综合性的质量管理体系。要做到以防为主，防检结合，重在提高。

### 3. 全员参与的质量管理

产品质量是企业全体职工、产品形成过程各环节及各项经营管理业务工作质量的综合反映，与企业全体职工的职业素质和技术水平密切相关，与管理者的管理水平和领导能力密切相关。任何一个环节、任何一个人的工作质量都会不同程度地直接或间接地影响产品质量。要提高产品质量，需要企业各个岗位上的全体职工共同努力，使企业的每一个职工都参加到质量管理中来，做到"质量管理，人人有责"。

### 4. 综合多样性的质量管理

影响产品质量和服务质量的因素越来越复杂，既有物的因素，又有人的因素；既有技术的因素，又有管理的因素；既有企业内部的因素，又有随着现代科学技术的发展，对产品质量和服务质量提出了越来越高要求的企业外部因素。要把这一系列的因素系统地控制起来，全面管好，就必须根据不同情况，区别不同的影响因素，广泛、灵活地运用多种多样的现代管理方法来解决质量问题。

常用的质量管理方法有所谓的老七种工具：因果图、排列图、直方图、控制图、散布图、分层图、调查表；还有新七种工具：关联图、KJ法、系统图、矩阵图、矩阵数据分析法、PDPC法、箭条图。除了以上方法，还有质量功能展开（QFD）、田口方法、故障模式和影响分析（FMEA）、头脑风暴法、六西格玛管理、水平对比法、业务流程再造（BPR）等。

## 8.7.4 全面质量管理基本程序

全面质量管理活动的全部过程，就是质量计划的制定和组织实现的过程。这个过程是按照PDCA循环，不停顿地、周而复始地运转的。PDCA循环是全面质量管理所应遵循的科学程序，它是由美国质量管理专家戴明博士首先提出的，所以也叫"戴明环"。

全面质量管理活动的运转，离不开管理循环的转动。这就是说，改进与解决质量问题，赶超先进水平的各项工作，都要运用PDCA循环的科学程序。例如，要提高产品质量，减少不合格品，首先要提出目标，即质量提高到什么程度，不合格品率降低多少，要制定出计划，这个计划不仅包括目标，而且包括实现这个目标需要采取的措施。计划制定之后，就要按照计划去实施。按计划实施之后，要对照计划进行检查，哪些做对了，达到了预期效果；哪些做得不对或者做得不好，没有达到预期的目标；做对了是什么原因，做得不对或者做得不好又是什么问题，都要根据执行效果来检查。最后就是要进行处理，把成功的经验保留下来，制定标准，形成制度，以后再按这个标准工作；对

于实施失败的教训，也要规定标准，吸取教训，不要重蹈覆辙。这样既总结了经验，巩固了成果，也吸取了教训，引以为戒，还要把这次循环没有解决的问题提出来，转到下次PDCA循环中去解决。

## 8.8 质量管理体系

### 8.8.1 质量管理体系的产生和发展

第二次世界大战以后，世界经济呈现出地区化、集团化、全球化的发展趋势，国际贸易和交流日趋频繁。但是，由于国情和技术发展水平存在差异，各国制定的质量管理和质量保证标准，无论在概念上还是质量保证的要求上都存在一定的差别，这严重阻碍了国家间的贸易和技术交流。为解决这一问题，使企业的质量保证能力能够在国际上得到最大可能的统一，以便对企业的质量保证能力进行客观的评价，国际标准化组织自1981年10月开始，在总结和参照有关国家标准和经验的基础上，经过广泛协商，于1987年制定并颁布了ISO 9000质量体系标准，即ISO 9000：1987《质量管理和质量保证标准——选择和使用指南》、ISO 9001：1987《质量体系——设计、开发、生产、安装和服务的质量保证模式》、ISO 9002：1987《质量体系——生产、安装和服务的质量保证模式》、ISO 9003：1987《质量体系——最终检验和试验的质量保证模式》和ISO 9004：1987《质量管理和质量体系要素——指南》五项标准，通称为ISO 9000族标准。

该标准由于其实用性和适时性，受到了世界各国的普遍重视和欢迎，很快就有60多个国家等同或等效采用了该族标准。欧共体在20世纪90年代初做出决定，将ISO 9000族标准作为其成员国建立质量保证体系必须遵循的依据，并要求申请产品认证或向欧共体各国出口产品的厂家均需按ISO 9000族标准的要求建立质量体系。1988年，我国也等效采用了该族标准，编号为GB/T 10300，后于1993年改为等同采用。

由于国际贸易发展的需要，以及标准实施中出现的内容比较适合大中型制造业，不适合其他行业（如教育、金融、服务业等）的问题，国际标准化组织（ISO）于1994年对该族标准进行了修订，形成了三类10项标准，其中ISO 9000发展成ISO 9000—1、ISO 9000—2、ISO 9000—3和ISO 9000—4、ISO 9004发展成ISO 9004—1、ISO 9004—2、ISO 9004—3、ISO 9004—4等标准，形成了1994版ISO 9000族标准，以让更多国家、行业和不同类型的组织都能应用这一系列标准。我国于1994年等同采用1994版ISO 9000族标准。

随着ISO 9000族标准在国际上的广泛应用，以及质量保证、质量管理理论和实践的发展，针对实施中出现的问题，ISO在了解用户意见的基础上，再一次对标准进行了根本性修订，并于2000年12月颁布了新版ISO 9000族标准，通称2000版ISO 9000族标准。这次修订不仅影响了其标准结构，更重要的是影响了质量管理系统（QMS）范例。ISO 9001，ISO 9002及ISO 9003这三个独立的1994年标准综合为一体，组成了一个通用标准ISO 9001：2000，而QMS范例则是从用于实现持续的PDCA过程的最初相符性方法得来的。2000 版 ISO 9000 系列标准的颁布，标志着质量认证已从单纯的质量保证，转为以顾客为关注焦点的质量管理范畴。修订后的 ISO 9000 族标准适合各类组织使用，更加通用和灵活，也更趋于完善。

继 2000 版 ISO 9000 族标准之后，针对其过程实施问题，ISO 在 2005 年和 2008 年分别进行了进一步修订，并相继颁布了 2005 版 ISO 9000 族标准和 2008 版 ISO 9000 族标准。由于公众及各产业对于 2000 版本的肯定，这两次修订对总体框架和逻辑结构都未进行改变，只是增加了一些新的定义，扩大或增加了说明性的注释，部分条款的要求更加明确、更具适用性，对用户更加有利，更便于使用。

针对组织运营过程日益复杂、环境变化日趋快速等带来的 ISO 9000 族标准运行成本高、文件停留在形式上、执行力欠缺等各种问题，ISO 通过多年的逐步修订，于 2015 年颁布了最新版的 2015 版 ISO 9000 族标准。2015 版 ISO 9000 族标准将质量管理的八项原则调整为七项原则，更重要的是在结构上对内容进行了调整，将原核心标准 ISO 19011：2011 纳入管理体系指南，并取消了管理代表、程序文件、质量手册等，新增了 ISO 10004、ISO 10008 和 ISO 10018 等内容。

目前，世界上已有 100 多个国家采用了各种版本的 ISO 9000 族标准。按照此标准进行的质量体系认证、质量体系认可机构的国际互认、质量体系认证审核人员的国际互认、质量体系认证证书的国际互认工作已广泛展开。

### 8.8.2　质量管理体系的概念

"体系"是指若干有关事物或某些意识互相联系而构成的一个整体。在 2000 年版 ISO 9000 系列标准中，"体系"被定义为"相互关联或相互作用的一组要素"（ISO 9000：2000—3.2.1）。2000 年版 ISO 9000 标准将组织的管理体系定义为"建立方针和目标并实现这些目标的体系"（ISO 9000：2000—3.2.2）。一个组织的管理体系可包括质量管理体系、财务管理体系和环境管理体系等多个不同种类的体系。质量管理体系（quality system）作为其中一种，ISO 9000 将其定义为"在质量方面指挥和控制组织的管理体系"（ISO 9000：2000—3.2.3）。

### 8.8.3　实施 ISO 9000 质量体系标准的作用和意义

ISO 9000 族标准是世界上许多发达国家质量管理实践经验的科学总结，具有通用性和指导性。实施 ISO 9000 族标准，可以促进组织质量管理体系的改进和完善，对促进国际经济贸易活动、消除贸易技术壁垒、提高组织的管理水平都能起到良好的作用。概括起来，主要有以下几方面的作用和意义。

#### 1. 有利于提高产品质量，保护消费者利益

现代科学技术的飞速发展，使产品向高科技、多功能、精细化和复杂化方向发展。但是，消费者在采购或使用这些产品时，一般很难在技术上对产品加以鉴别。即使产品是按照技术规范生产的，但当技术规范本身不完善或组织质量管理体系不健全时，就无法保证持续提供满足要求的产品。按 ISO 9000 族标准建立质量管理体系，通过体系的

有效应用，促进组织持续地改进产品和过程，实现产品质量的稳定和提高，无疑是对消费者利益的一种最有效的保护，也提高了消费者（采购商）选购合格供应商的产品的信任度。

**2. 为提高组织的运作能力提供了有效的方法**

ISO 9000族标准鼓励组织在制定、实施质量管理体系时采用过程方法，通过识别和管理众多相互关联的活动，以及对这些活动进行系统的管理和连续的监视与控制，来提供使顾客满意的产品。此外，质量管理体系提供了持续改进的框架，促进组织持续改进和提高。因此，ISO 9000族标准为组织有效提高运作能力和增强市场竞争能力提供了有效方法。

**3. 有利于增进国际贸易，消除技术壁垒**

在国际经济技术合作中，ISO 9000族标准被视为相互认可的技术基础，ISO 9000的质量管理体系认证制度也在国际范围得到互认，并被纳入合格评定的程序之中。世界贸易组织技术壁垒协定（WTO/TBT）是WTO达成的一系列协定之一，它涉及技术法规、标准和合格评定程序。贯彻ISO 9000族标准为国际经济技术合作提供了国际通用的共同语言和准则，取得质量管理体系认证，已成为参与国内和国际贸易、增强竞争能力的有力武器。因此，贯彻ISO 9000族标准对消除技术壁垒、排除贸易障碍起到了积极作用。

**4. 有利于组织的持续改进和持续满足顾客的需求和期望**

顾客要求产品具有满足其需求和期望的特性，这些需求和期望在产品的技术要求或规范中表述。因为顾客的需求和期望是不断变化的，这就要求组织必须持续地改进产品和过程。而质量管理体系要求恰恰为组织改进其产品和过程提供了一条有效途径。因而，ISO 9000族标准将质量管理体系要求和产品要求区分开来，它不是取代产品要求，而是把质量管理体系要求作为对产品要求的补充。这样有利于组织的持续改进和持续满足顾客的需求和期望。

## 8.8.4 质量体系的建立、实施与运行

质量体系的建立过程一般包括五个阶段，即前期准备阶段、调查分析阶段、体系策划阶段、体系文件化阶段和体系建立阶段。

质量体系的实施与运行是执行质量体系文件，实现质量方针和质量目标，保持质量体系持续有效和不断优化的过程。要使所建立的体系真正发挥上述实际效能，关键在于充分做好质量体系实施教育和培训、质量体系试运行的分析和改进、实施证据的记录和保存、实施有效性的验证、有效运行机制的建立和持续改进等工作。

## 8.8.5 质量管理体系审核与认证

企业质量管理活动成绩的好坏，必须根据顾客在购买和使用该企业产品后的满意程度加以客观评价。但是这种信息反馈的时间往往较长，等到顾客投诉不断反馈回来时，工厂已经生产和销售了许多这类有缺陷的产品，造成了一定损失。为了及时发现企业自

身的质量活动所存在的问题及质量管理活动效果如何，产生了质量审核。

ISO 19011：2011《质量体系审核指南》为有关审核方开展质量和环境审核工作提供了科学依据，企业可以此为依据开展质量审核工作。

### 8.8.6 全面质量管理与质量管理体系

建立质量管理体系是全面质量管理的基本要求。推行全面质量管理，必须建立一个完善的、高效的质量管理体系，用以识别、记录、协调、维持和改进在整个企业的经营中，为确保采取必要的质量措施所必需的全部关键性活动。质量管理体系正是这样一个使企业协调一致运转的工作结构，它用文件的形式列出有效的、一体化的技术和管理程序，以便以最好、最实际的方式来指导企业人员、机器及信息的协调活动，从而保证用户对质量满意和在经济上降低质量成本。

通过质量管理体系，把影响产品质量的技术、管理、人员/组织和设备等因素综合在一起，使之为着一个共同目的——在质量方针的指导下，为达到质量目标，而互相配合、努力工作。利用质量管理体系，理顺各类质量活动，使各项质量活动有章可依、有法可循。

建立质量管理体系是全面质量管理的基本要求。推行全面质量管理，必须建立一个完善的、高效的质量管理体系。为指导组织搞好质量管理、建立健全质量管理体系，ISO发布了ISO 9000系列标准。这一标准对如何在一个组织建立健全质量管理体系做了全面阐述，并详细规定了质量管理体系的各要素。任何一个希望搞好质量管理的组织，都应依照ISO 9000系列标准，并针对自身特点及各自产品的实际情况，建立健全质量管理体系，以指导开展质量控制、质量保证和质量改进活动。依据ISO 9000系列标准建立质量管理体系，已成为国际化的趋势和一个组织进入国际市场的必然选择。

# 8.9 六西格玛管理

### 8.9.1 六西格玛管理的内涵

#### 1. 六西格玛统计含义

"西格玛（σ）"在数理统计学上称为"标准差"，用来表示任意一组自然数据或过程输出结果的离散程度，是评估产品和生产过程特性波动大小的统计量。西格玛水平是将过程输出的均值、标准差、目标值、规格限联系起来进行比较，是对过程满足顾客要求能力的一种度量。西格玛水平越高，过程满足顾客的能力越强。

在实际中心与规格中心重合的情况下，在上下规格至中心包含了6个标准差的时候，超出上限或者下限的概率各为0.001 DPMO（DPMO即每百万次机会中的缺陷数）。

例如，在车间制作100个轴承，每个轴承都可能与其他任何一个稍有不同，实际的加工工具、材料、方法以及设备都会影响轴承质量，针对制作轴承的过程，按照衡量标准对每一个轴承加以度量，会发现每个轴承的度量值都可能不同。管理者可以通过对多个轴承制作过程的度量，从中采集大量的数值。分析这些数值会发现，它们的变化程度常常在一定程度上符合一些特定的分布。例如，规定每个轴承要求的均值为80 mm，制作出轴承的分布图如图8-9所示。分布的特性客观地反映了相关的工作质量特性。

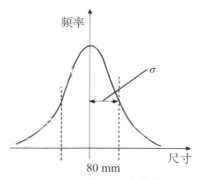

图8-9　轴承的正态分布

不难发现，轴承的尺寸分布符合正态分布，描述上述分布的构成最重要的指标分别是均值$\mu$和标准差$\sigma$。其中均值表明分布的中心位置，标准差反映分布的离散程度。管理学者与科学家试图根据数理统计的原理，客观地评价数据并有效地控制工作过程。为了完成上述工作，需要寻找到一个可以有效地衡量分布规律的标准，而表示一组数据离散程度的指标$\sigma$便成为一个有效的指标。在美国通用电气公司的培训教材中，$\sigma$有两种含义：一是表示一个过程围绕平均值的离散程度；二是用$\sigma$的个数衡量工作过程的质量。

六西格玛是一种衡量标准，西格玛水平越高，质量就越好。但实际的过程受到各方面因素的影响，如人、机、料、法、环、测等的动态变化，致使过程输出的均值出现漂移，这也是正常的。在考虑了过程长期分布中心相对顾客要求的规格中心漂移±1.5$\sigma$时，可能超过上限或者下限的概率为3.4 DPMO。

**2. 六西格玛管理含义**

六西格玛管理立足于过程，以定义、测量、分析、改进、控制的结构化改进过程为核心，强调用定量的方法，综合应用各种统计工具，系统地找出并消除质量形成过程中的缺陷，通过对过程的持续改进，追求卓越质量，提高顾客满意度。

六西格玛管理关注在一个过程中管理者能测量出有多少"缺陷"，以及能否系统地找出消除缺陷的方式，并尽可能比接近"零缺陷"。所以它用比过去更广泛的视角来改进业绩，强调从顾客的关键要求以及企业经营战略的焦点出发来寻求业绩突破的机会，为顾客和企业创造最大价值。六西格玛管理强调对业绩和过程的度量，从而提出具有挑战性的目标和水平对比的平台，并采用各种统计方法来改进业绩。

### 8.9.2　六西格玛管理的原理

六西格玛管理的基本原理是，围绕顾客需求确定实质问题所在，并且以极低的差错率和缺陷率为顾客提供产品和服务，实现趋近于零缺陷的完美质量水平。这就意味着企业必须了解顾客、懂得顾客。它是一种能够严格、集中、高效地提高企业流程管理质量的实施原则和技术，包含众多管理前沿的研究成果，可以指导企业预防发生质量问题，为企业提供有效的方法，以改造企业流程，从而控制不合格品的增加，以"接近零不合格品率"的目标追求带动质量成本的大幅度降低，最终实现财务绩效的显著提升与企业竞争力的重大突破。六西格玛管理实际应用的难点之一是如何确定并且量化质量关键点（critical to quality，CTQ）。作为一种过程改进方法，六西格玛管理一般遵循的是定义、测量、分析、改进和控制。首先定义各个核心过程，把顾客需求和期望转换成一系列质量关键点。然后运行质量改进项目，逐一解决失败领域中的问题。通过反复对照团队、项目范围以及过程，完成对它们的定义。仔细度量关键的质量关键点衡量标准以及预计的影响质量的因素，描述数据和在图表上描绘数据，计算过程的初始性能。使用过程图分析工具、统计推论和根源分析工具进行分析。有选择地改进过程，找到造成过程失败的根本原因，减少缺陷。把过程置于控制之下，重新度量经过改进的过程，引入新的程序和控制图，然后把得到改进的过程反馈给管理者。

在制造业中，为了找到偏离正态分布的根本原因，需要运用先进的统计方法，要求六西格玛的实际应用具有高统计特性。而在服务类项目中，不一定需要先进的统计方法，而先进的统计方法也不适合它们。真正有用的是比较简单但有效的全面质量管理工具。六西格玛管理是一种过程、一种理念、一套工具、一种高层管理者对取得优秀业绩的承诺，其核心是将所有的工作作为一种流程，采用量化的方法分析流程中影响质量的因素，找出关键的因素加以改进，从而将资源的浪费降至最少，同时提高顾客满意度。可以说，六西格玛管理是一种在提高顾客满意度的同时降低经营成本和缩短周期的过程革新方法，通过核心业务能力的提高来提升企业的盈利能力，它是提高企业核心竞争力和持续发展能力的业务层战略之一。可见，六西格玛管理是企业在经营上获得和保持长期成功，并将其经营业绩最大化的综合管理体系和发展战略；是使企业获得快速增长的经营方式之一。

当然，六西格玛也将引起变化，就像组织的过程将受到其文化的影响一样。企业准备引入六西格玛管理时，首先需要一个明确的思路：支持变革原有观念和习惯，支持改进过程。通往变革目标的渠道可以是自上而下的，也可以是自下而上的，自上而下的变革花费的时间比较长，而自下而上的变革似乎困难很大。因为引入六西格玛时，每个层次都面临变革要求，这无疑是一项艰巨的工作。

各个企业都知道优质产品的必要性，并且这种优质标准是尽量趋近于零缺陷的，管理者需要在以下两种情况之间找到一个平衡点：一种情况是不进行质量控制或质量保证，这方面不需要什么开支，但是顾客利益受到了损害，进而使企业的长远利益也受到损害；另一种情况是使每个部分都尽善尽美，总是做到顾客想要什么就交付什么，但是这样一来运行成本就大大增加。企业之所以在质量管理中倡导六西格玛，是因为它可以使公司清楚地认识当前的状况，能够在总成本不变的情况下使平衡点朝完美方向移动。按照六西格玛方法，要通过解决根本原因而不是消除表面迹象来处理问题，要求把注意力集中在关键领域而不是全面铺开，要求度量、理解过程中涉及不良质量成本的各个因素。因此，这里的变革是从战略上突破旧的限制、旧的观念、旧的思路以及习以为常的"干得好好的，为什么要变"的心理状态。

六西格玛是一种灵活的综合性系统方法，通过它来获取、维持和实现使企业效益最大化的成功。它需要对顾客需求的理解，对事实和数据的规范使用、统计分析，以及对

管理、改进、再设计业务流程的密切关注。它意义广泛，包括减少成本、提高生产力、增加市场份额、保留顾客、减少周期循环时间、减少错误、改变公司文化、改进产品，服务等；它是很多事件的综合，但主要是指公共质量衡量标准以及由此引发的质量改进。这些公共质量衡量标准用于度量以顾客为关注焦点的质量。

## 8.9.3 六西格玛管理的特征

六西格玛管理的核心特征是经济性——高顾客满意度和低资源成本。六西格玛努力的目标是使顾客和企业都感到满意。对顾客而言，是以最可接受的价格及时获得最好的产品；对企业而言，则是以最小的成本和最短的周期实现最大的利润。六西格玛管理不是单纯的技术方法的引用，而是针对新问题的一种全新的管理模式，它有六大核心特征。

### 1. 真正关注顾客

在六西格玛管理中，关注顾客是最重要的。例如，对六西格玛管理业绩的测量从顾客开始，通过对 SIPOC（供方、输入、过程、输出、顾客）模型分析来确定六西格玛项目。因此，六西格玛改进和设计是以对顾客满意所产生的影响来确定的，如果企业不是真正关注顾客就无法推行六西格玛管理。

### 2. 以数据和事实驱动管理

六西格玛管理强调一切以数据和事实为依据。通过统计工具对数据进行收集和分析，从中提炼出关键变量和对最优目标的理解。它是一种高度重视数据，依据数字、数据进行决策的管理方法，强调用数据说话，依据数据进行决策，改进一个过程所需要的所有信息都包含在数据中。另外，它通过定义"机会"与"缺陷"，通过计算 DPO（每个机会中的缺陷数）、DPMO（每百万机会中的缺陷数），不但可以测量和评价产品质量，还可以把一些难以测量和评价的工作质量和过程质量，变得像产品质量一样可测量和用数据加以评价，从而有助于获得改进机会，达到消除或减少工作差错及产品缺陷的目的。因此，六西格玛管理法广泛采用各种统计技术工具，使管理成为一种可测量、数字化的科学。

### 3. 行动针对过程

在六西格玛管理法中，一切行动都是针对过程开始的。在企业中，过程就是业务流程中的细节。不管是设计产品和服务、评估绩效，还是提高效率和顾客满意度，甚至运作整个业务，六西格玛管理方法都把业务流程作为成功的关键之处。

### 4. 预防性管理

预防性管理就是指在缺陷出现之前就对其加以干涉，管理业务运作中的盲点或被忽视的要点。具体来说，要有预见地积极管理那些常被忽略的业务运作，并养成习惯；确定远大的目标并且经常加以检视；确定清晰的工作优先次序；注重预防问题而不是疲于处理已发生的危机；经常质疑我们做事的目的，而不是不加分析地维持现状。

六西格玛管理包括一系列工具和实践经验，它用动态的、即时反应的、有预见的、积极的管理方式取代那些被动的习惯，促使企业在当今追求近乎完美的质量水平而不容出错的竞争环境中快速向前发展。

**5. 无边界合作**

无边界合作是通用电气公司原总裁韦尔奇提出的管理模式。即让每个部门、每个员工认识到公司的共同目标，即向顾客提供价值而努力。通过认识到工作各个流程之间的相互依托性，尽可能消除公司或企业内部的障碍，推进组织内部横向和纵向的合作。推行六西格玛管理需要加强自上而下、自下而上和跨部门的团队工作，改善公司内部的协作，并与供应商、顾客密切合作，达到共同为顾客创造价值的目的。这就要求组织打破部门间的界限，甚至组织间的界限，实现无边界合作。

**6. 遵循DMAIC的改进方法**

六西格玛管理有一套全面系统地发现、分析、解决问题的方法和步骤，这就是DMAIC改进方法。通过DMAIC可以使质量持续改进，精益求精。

**7. 强调骨干队伍的建设**

六西格玛管理方法比较强调骨干队伍的建设，其中，倡导者、黑带大师、黑带、绿带是整个六西格玛队伍的骨干。还要对不同层次的骨干进行严格的资格认证制度。如黑带必须在规定的时间内完成规定的培训，并主持完成一项增产节约幅度较大的改进项目。

## 8.9.4 六西格玛管理的核心构成

六西格玛管理的核心构成可以从以下几个方面来分析。

**1. 六西格玛的资源保证——六西格玛的组织构成**

六西格玛管理作为一种管理方式、一项系统的改进活动，必须依靠组织体系的可靠保证和各管理职能的大力推动。因此，导入六西格玛管理时应建立健全组织结构，将经过系统培训的优秀人才安排在六西格玛管理活动的各相应岗位上，规定并赋予明确的职责和权限，从而构建高效的组织体系，为六西格玛管理的实践提供基本条件和必备的资源。

实施六西格玛管理的组织系统，其管理层次一般分为三层，即领导层、指导层和执行层，如图8-10所示。

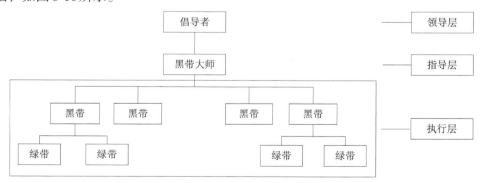

图8-10　六西格玛管理组织结构图

**2. 核心过程模式**

在六西格玛管理中，一旦出现管理或流程问题，解决问题要经过一系列必要的程序，包括：弄清谁是客户以及客户的需求，问题到底是什么；衡量目前状态；分析产生问题的原因；根据分析所得到的原因进行改进；加强对改进措施的控制，并确保改进措施得到执行。总的来说，它是一套不断优化业务流程的方法，六西格玛管理通过科学、有效的量化方法来分析企业业务流程中所有关键因素，通过有效循环改进的方式，逐一对业务流程中的关键因素进行改善，从而不断地使企业获得实实在在的卓越管理能力和竞争力。目前六西格玛流程方法可以分为六西格玛流程改进法和六西格玛流程设计法。

六西格玛管理的改进有两种途径：一是渐进式改进，即对现有过程进行持续改进；二是突破式改进，即对现有过程进行变革性改进。渐进式改进采用的是六西格玛理的过程改进模式——DMAIC（D为定义，M为测量，A为分析，I为改进，C为控制）。突破式改进采用的是过程设计模式——DMADV（D为定义，M为测量，A为分析，D为设计，V为验证）。两种改进模式在六西格玛管理中相互依赖、相互补充。实施过程改进，其效果呈循序渐进式；实施过程设计，其效果呈跳跃突变式。在两者循环交替的过程中，组织不断地追求新的目标，改进永无止境。

### 3. 六西格玛管理核心工具箱

六西格玛管理是以事实为基础，以统计技术为手段的，统计技术是发现数据规律、量化管理目标的科学技术。实际上六西格玛管理方法中涉及各种统计工具，这些工具并不是"全新的方法"，而是在实践中对一些熟知的理论和工具进行提取和改造，构成其核心工具箱。

### 4. 推进项目并实施项目控制

按照项目规划的结果，应用六西格玛理改进模式或设计模式，推行项目，并根据实际的执行情况对照项目计划进行修正。

## 8.9.5  全面质量管理与六西格玛管理

六西格玛管理不断推进，企业界和管理界开展了有关全面质量管理与六西格玛管理的探讨，不少人认为六西格玛管理将会取代全面质量管理。在学术界，正式对全面质量管理与六西格玛管理加以比较或分析的并不多见。六西格玛管理的创始人哈里认为："六西格玛管理所表现出的处理方式、适应性和功能都不同于其他质量管理方法，它是一个全新的、整合的、多层面的系统方法。"尽管哈里没有明确评论六西格玛管理与全面质量管理的关系，但可以看出他认为六西格玛管理与全面质量管理是有所不同的。

布雷弗格等人也认为："六西格玛管理不能仅仅看作对全面质量管理计划中最好一面的重新包装。"从中可以看出，这些学者对于全面质量管理与六西格玛管理的比较分析还是很笼统的，其中潘德等人对于全面质量管理与六西格玛管理做了较为广泛的比较，但所列举的都是全面质量管理的不足。因此，对全面质量管理和六西格玛管理进行全面、具体的比较，以便更深入了解全面质量管理和六西格玛管理是很有必要的。

（1）从二者的起源、概念、本质特征等方面，对全面质量管理与六西格玛管理进行全面的比较和分析如下。

①起源。全面质量管理起源于20世纪80年代初期，它深受日本人提出的全公司范围的质量控制（CWQC）的影响，很快风靡全球；而六西格玛管理是摩托罗拉公司为提

高制造过程的质量于1987年提出的，之后逐渐被通用电气、通用汽车等企业所接受。正是由于1995年通用电气全力推行六西格玛管理取得了显著的成效，受到世人的广泛关注，六西格玛管理才开始流行起来。

②概念。全面质量管理追求顾客满意，持续不断地满足顾客需求，强调人人参与；而六西格玛管理不仅重视顾客的声音，同时也重视股东的利益和追求财务效果，即绩效指标。全面质量管理过于重视质量和顾客满意，但有时公司难以从中获利，而六西格玛管理却十分重视公司获利，这也是全面质量管理在企业中逐步淡化的原因之一。

③本质特征。全面质量管理是一种整体性概念、方法、过程与系统的质量管理框架；而六西格玛管理利用项目，进行突破性的质量改进和过程改进，并与公司的策略结合在一起。全面质量管理关注的层面多，而六西格玛管理却与公司策略结合在一起。

④运作方式。全面质量管理以连续改进为核心，通过全员参与和团队合作的方式推动全面的质量管理活动；而六西格玛管理是以受过良好培训的、结构化角色为主导的团队结构，通过项目管理的方式推动关键过程的改进或再设计。因此，全面质量管理是全员参与的质量改进，而六西格玛管理是通过大量培训和有组织的人力投入进行改进或改造。

⑤关注重点。全面质量管理是全员质量管理，所有过程与系统都是连续改进的着眼点；而六西格玛管理关注由顾客需求确定的关键过程与系统，即全面质量管理关注的过程范围广，六西格玛管理着重于关键过程。

⑥所用方法。全面质量管理通常采用质量管理小组、日常管理、案例分析、统计过程控制、生产过程维护、水平比较等方法；六西格玛管理则采用企业流程再造、DMA-IC、DMADV（定义、测量、分析、设计和验证）、水平比较、结构化角色设计等方法。全面质量管理的方式较为传统，而六西格玛管理采用较为现代的方法，往往能产生良好的效果。

⑦统计工具。二者所使用的工具没有太大的差异，只是全面质量管理所使用的基本统计方法较多，而六西格玛管理所使用的高级统计方法的比重较大。

⑧领导力度。全面质量管理通过各层级主管的以身作则，影响与领导并推动员工自主管理，同时也包括领导者的授权推动　而六西格玛管理通过高层强有力的领导、结构化角色设计，以及项目成果的反馈来推动。对二者来说，主管领导尤其是高层领导的承诺和支持都是很重要的，但全面质量管理是自下而上的，因而主管领导对改进的成败所负责任不多；而对六西格玛管理来说，高层主管对六西格玛管理改进的成败负有直接责任。

⑨激励。在实施全面质量管理成功后，主管对下属的奖励通常是赞许，以精神奖励为主；而六西格玛管理要给予丰厚的物质奖励，如通用电气公司年终奖金的40%是以六西格玛管理项目来考核的，员工也可获得黑带大师和黑带证书。此外，项目成果与员工的提拔升迁密切相关。显然，六西格玛管理的奖励要比全面质量管理诱人得多。

⑩教育培训。全面质量管理强调全体员工的教育与培训，重视培养质量意识、质量观念以及改进方法，注重新老七种工具的培训；而六西格玛管理则在教育和培训方面投

入大量的资金，对结构化的角色采用不同的培训，通常绿带要有两周的教育培训，黑带要有四周的教育培训，黑带大师则要担负起培训教育的责任。特别要指出的是，六西格玛管理的培训是与项目的实施相结合的。由此可以看出，全面质量管理很重视教育和培训，但采取的方法是在教育培训之后再去实施；而六西格玛管理在教育培训上的力度更大，采取边学边实施、再学再实施的方法，而且与激励措施相结合。

⑪变化。全面质量管理的变化是逐步的、渐进的，由于改进的速度不是很快，因此在其他各个方面的变化也是缓慢的　而六西格玛管理的理念就是要带来大幅度的改进，在一定程度上它属于流程再造，因此变化的速度较快。由于六西格玛管理要求的是快速、大幅度的变化，因而能适应当前追求不断创新和快速变化的经营环境。

⑫文化。全面质量管理建立重视质量、重视顾客的质量文化，提倡自动自发、团队合作的精神　而六西格玛管理重视考养经营绩效的理念和实施，通过改进的结果带来企业文化的转变。由此可以看出，全面质量管理强调建立重视质量，重视顾客的企业文化；而六西格玛管理文化的转变较大，同时重视顾客和绩效。

（2）从发展的角度来说，六西格玛管理比全面质量管理具有超前性，体现在以下几方面。

①六西格玛管理强调对关键业务流程的突破性改进，而不是一时一点的局部改进。

②六西格玛管理的开展依赖于企业高层领导的重视，依靠企业领导人和决策者的自觉行动。

③六西格玛管理是一个具有挑战性的诱人目标，这个在每百万次机会中仅出现3.4个缺陷的目标，是人类通过努力可以达到的最完美的质量目标。在六西格玛目标的实现过程中，企业能够获得丰厚的回报。

④六西格玛管理强调顾客驱动，是一种由顾客驱动的管理哲学。这种管理哲学强调以顾客为中心，确立以顾客为中心的经营方针，其目的在于长期获取顾客的满意并使企业持续发展。毕竟，只有顾客买单的先进技术才能推动企业的发展壮大。

⑤六西格玛管理充分体现了跨部门的团队协作，它通常把部门间的相互支持放在首位。在通用电气等大企业中，这种跨部门的相互协作甚至扩大到它们的供应商和分销商。

⑥六西格玛管理关注产生结果的关键因素。有输入才会有输出，任何流程所产生的结果都是输入和因素共同作用的结果。影响结果的因素很多，但通常只有20%是关键因素。六西格玛管理就密切关注这20%的关键因素，也就是抓住问题的本质。

全面质量管理是一种以组织全员参与为基础的质量管理形式。六西格玛管理突破了全面质量管理的不足，强调从上到下的全员参与，人人有责，不留死角。因此，从某种意义上说，六西格玛管理是全面质量管理的继承和发展。

## 思考题

1. 质量的重要性体现在哪些方面？

2. 质量管理经历了哪几个发展阶段？每个阶段的主要特征是什么？

3.简述产品质量的形成过程。

4.试比较产品质量的过程改进方法 PDCA 和 DMAIC 之间的异同。

5.控制图和抽样检验主要用于解决什么场合的质量控制问题？

6.全面质量管理的思想主要体现在哪些方面？

7.六西格玛管理在应用中获得成功的原因是什么？

8.通过本章的学习，查阅相关资料，思考并讨论质量管理的重要性及质量管理发展的新趋势有哪些。

# 第9章
# 物流工程

▶▶本章学习目标

**1. 知识目标**：让学生充分认识物流工程的内涵、研究内容，了解物流工程的发展及现状，熟悉和理解物流工程的相关理论及方法，对物流工程有一个全面清晰的认识。

**2. 能力目标**：让学生认识物流工程肩负的责任和重要性，激励学生关注行业发展，关注专业领域，深入社会实践，联系现实问题，助力乡村振兴；使学生具有全面的学科认知，提高学生的理论理解能力和独立分析、解决实际问题的能力。

**3. 价值目标**：引导学生用综合的思维认识事物，培育学生的科学精神、探索创新精神，提高学生的社会责任感；培养学生具有大局意识、社会责任意识，增强学生对祖国和民族、对社会和环境、对自己的责任感。

### 引导案例　海尔物流的"一流三网"

在海尔，仓库不再是储存物资的水库，而是一条流动的河。河中流动的是按单采购来的生产必需的物资，也就是按订单来进行采购、制造等活动。由于物流技术和计算机信息管理的支持，海尔物流通过3个JIT，即JIT采购、JIT配送和JIT分拨物流来实现同步流程。这样就从根本上消除了呆滞物资、消灭了库存。为实现"以时间消灭空间"的物流管理目的，海尔从最基本的物流容器单元化、集装化、标准化、通用化到物料搬运机械化开始实施，逐步深入到对车间工位的五定送料管理系统、日清管理系统进行全面改革，加快了库存资金的周转速度，库存资金周转天数由原来的30天以上减少到12天，实现JIT过站式物流管理。生产部门按照B2B、B2C订单的需求完成以后，可以通过海尔全球配送网络送达用户手中。目前海尔的配送网络已从城市扩展到农村，从沿海扩展到内地，从国内扩展到国际。全国可调配车辆达1.6万辆，目前可以做到物流中心城市6~8小时配送到位，区域配送24小时到位，全国主干线分拨配送平均4.5天，形成全国最大的分拨物流体系。目前通过海尔的BBP采购平台，所有的供应商均在网上接受订单，使下达订单的周期从原来的7天以上缩短为1小时内，而且准确率达100%。除下达订单外，供应商还能通过网上查询库存、配额、价格等信息，实现及时补货，实现JIT采购。

海尔物流管理的"一流三网"充分体现了现代物流的特征:"一流"是以订单信息流为中心;"三网"分别是全球供应链资源网络、全球配送资源网络和计算机信息网络。"三网"同步流动,为订单信息流的增值提供支持。这种以订单信息流为中心的业务流程再造,通过对观念的再造与机制的再造,构筑起海尔的核心竞争能力。

## 9.1 物流及物流系统

### 9.1.1 物流

物流是由"物"和"流"两个基本要素组成,物流中的"物"指一切可以进行物理性位置移动的物质资料。即"物"的一个重要特点是,必须可以发生物理性位移。物流中的"流",指的是物理性移动,这种移动也称为"位移"。

物流作为一种社会经济运动的形态,自从人类社会有了商品交换就开始出现,已经存在了上千年,但人们开始重视它却还是近几十年的事。随着我国市场经济的发展,物流的重要性被越来越多的人所认识。所谓物流是指物质实体从供给者向需求者的物理性移动。它既包括空间的位移,也包括时间的延续;可以是宏观的流动,如洲际、国际之间的流动,也可以是同一地域、同一环境中的微观运动,如一个生产车间内部物料的流动。因此,物流既存在于流通领域,也存在于生产领域,可以说是无处不在、无孔不入。可见物流在经济活动中居于十分重要的地位。

"物流"概念最早在美国形成,当初被称为"physical distribution",译成汉语是"实物分配"或"货物配送"。它是为了计划、执行和控制原材料、在制品库存及制成品从起源地到消费地的有效率的流动而进行的两种或多种活动的集成。后被日本引入,并结合当时日本的国内经济建设和管理而得到发展。这时,物流已不单纯是从生产者到消费者的"货物配送"问题,还要考虑到从供应商到生产者对原材料的采购,以及生产者本身在产品制造过程中的运输、保管和信息等各个方面综合地提高经济效益和效率问题。

1963年美国物流管理协会对物流的定义是:"物流是为了计划、执行和控制原材料、在制品及产成品从供应地到消费地的有效率的流动而进行的两种或多种活动的集成。"1985年美国物流管理协会将物流的定义更新为:"物流是对货物、服务及相关信息从供应地到消费地的有效率、有效益的流动和储存进行计划、执行与控制,以满足客户需求的过程。"1998年美国物流管理协会又将物流的定义更新为:"物流是供应链流程的一部分,是为了满足客户的需求而对商品、服务及相关信息从原产地到消费地的高效率、高效益的正向和反向流动及储存进行的计划、实施与控制的过程。"这一定义标志着现代物流理论发展到了更高阶段,物流成为供应链的一部分。

加拿大供应链与物流管理协会在1985年给出的物流的定义是:"物流是对原材料、在制品、产成品及相关信息从起运地到消费地的有效率的、有效益的流动和储存进行计划、执行和控制,以满足客户需求的过程。"

欧洲物流协会在1994年发表的《物流术语》中定义物流为:"物流是在一个系统内对人员或商品的运输、安排及与此相关的支持活动的计划、执行和控制,以达到特定的目的。"

日本后勤系统协会在1992年6月将物流改为"后勤"，该协会的专务理事稻束原树1997年对"后勤"下了如下定义：'后勤是一种对于原材料、半成品和成品的有效率流动进行规划、实施和管理的思路，它同时协调供应、生产和销售各部门的利益，最终达到满足客户的需求。"

我国国家标准《物流术语》（GB/T 18354—2021）中将物流定义为"根据实际需要，将运输、储存、装卸、搬运、包装、流通加工、配送、信息处理等基本功能实施有机结合，使物品从供应地向接收地进行实体流动的过程"。

物流的研究范围从围绕产品生产、消费环节的生产物流研究为主发展到综合研究生产物流、服务物流以及相关的信息流；还包括回收物流或逆向物流（reverse logistics）的研究。现代物流的主要内容有：运输（transportation）、存储（warehousing and storage）、包装（packaging）、物料搬运（material handling）、订单处理（order processing）、预测（forecasting）、生产计划（production planning）、采购（purchasing or procurement）、客户服务（customer service）、选址（location）、退货处理（return goods handling）、废弃物处理（salvage and scrap disposal）和其他活动。

进入21世纪以来，物流的概念已向物流管理、供应链管理的概念转变，注重整个物流系统、运作的优化，包括运输合理化、仓储自动化、包装标准化、装卸机械化、加工配送一体化、信息管理网络化等。物流能力与水平是一个国家综合国力的重要标志，因此日益受到各界的关注和重视。

### 9.1.2 物流系统

#### 1. 系统

系统（system）一词源于拉丁文的"systema"。系统论是由生物学家贝塔朗菲创立的。我国著名科学家钱学森对系统是这样描述的："系统是由相互作用而又相互依赖的若干组成部分结合的具有特定功能的有机整体。"这是目前较受公认的定义。

任何一个系统都是由输入、处理和输出三部分组成，再加反馈就构成了一个完整的系统，如图9-1所示。

外部环境向系统提供劳力、手段、资源、能量、信息，称为"输入"。系统以自身所具有的特定功能，对"输入"进行必要的转化处理活动，使之成为有用的产成品，供外部环境使用，称为系统的"输出"。输入、处理、输出是系统的三要素。如一个工厂输入原材料，经过加工处理，得到一定产品作为输出，这就成为生产系统。

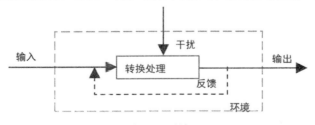

图9-1 系统

### 2. 物流系统

从系统科学的角度来研究物流，是基于一个基本命题：系统是一切事物的存在方式之一，因而事物都可以用系统观点来考察，用系统方法来描述。从系统科学的角度来研究物流，目的不只是弄清楚物流系统的结构、状态、行为、功能等，更重要的是分析物流系统的控制机制与信息反馈过程，了解物流系统在内部动力和外部动力共同推动下的演化过程，以期能够控制物流系统的状态和演化方向。

物流系统是由运输、仓储、包装、搬运、配送、流通加工和物流信息等各环节组成，这些环节也称为物流子系统。其中，运输和仓储是物流系统的主要组成部分，物流信息系统是物流系统的基础，物流通过产品的仓储和运输，尽量消除时间和空间上的差异，满足商业活动和企业经营的要求。作为系统输入的是各个环节所消耗的劳务、设备、材料等资源，经过处理转化，变成系统的输出，即物流服务。物流系统要尽量以最少的费用提供最好的物流服务，具体体现在：按交货期将所订货物适时而准确地交给用户；尽可能地减少用户所需的订货断档；适当配置物流据点，提高配送效率，维持适当的库存量；提高运输、保管、搬运、包装、流通加工等作业效率，实现省力化、合理化；保证订货、出货、配送的信息畅通无阻；使物流成本降到最低。

物流系统是指在一定的时间和空间里，由需要位移的物资（包括安装设备、搬运装卸机械、运输工具、仓储设施、人员和通信联系等若干相互制约的动态要素）所构成的具有特定功能的有机整体。

物流系统是由运输、储存、包装、装卸、搬运、配送、流通加工、信息处理等基本功能要素构成的，在这里输送、储存、包装、装卸、搬运、物流信息等是外部环境向系统提供的"输入"过程；系统对这些输入的内容进行处理转化，之后将其送至客户手中，变成全系统的输出，即物流服务，如图9-2所示。

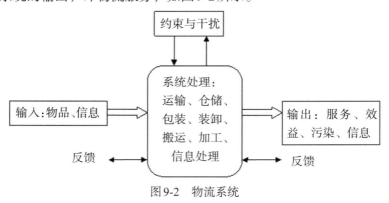

图9-2　物流系统

在物流系统集成时要注意系统中存在的一些制约关系，如物流服务与物流成本之间的制约关系、各物流服务子系统之间的制约关系、构成物流成本各环节费用之间的关系等，这些关系称为二律背反，因此必须从系统工程的角度出发，合理处理这些关系。一般地，物流系统可以分为物流运作子系统和信息子系统。物流运作子系统是在包装、仓储、运输、搬运、流通加工等操作中运用各种先进技术将生产商与需求者联结起来，使整个物流活动网络化，提高效率。物流信息子系统是运用各种先进沟通技术保障与物流

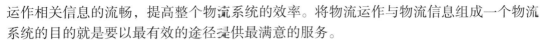

运作相关信息的流畅，提高整个物流系统的效率。将物流运作与物流信息组成一个物流系统的目的就是要以最有效的途径提供最满意的服务。

### 3. 物流系统的目的

物流系统的目的是实现物品的空间效益和时间效益，在保证社会再生产顺利进行的前提条件下，实现各种物流环节的合理衔接，并取得最佳的经济效益。物流系统是社会经济大系统的一个子系统或组成部分。

（1）物流系统的构成要素：①人。人是系统中最活跃、最重要的因素。②财。财是指物流活动中不可缺少的资金。②物。物是指物流作业对象、工具、物质消耗、信息等。④目标。

（2）物流系统的功能要素，包括运输、储存、包装、装卸、搬运、流通加工、配送、信息处理等。

（3）物流系统的支持要素，包括体制、制度、法律、规章、行政、命令、标准化系统等。

（4）物流系统的物质基础要素，包括物流设施、物流装备、物流工具、物流技术及网络等。

（5）物流系统的结构要素，主要是方式、节点和连线。方式是指运输手段，主要有汽车、火车、船舶、飞机、管道等；节点是指各种运输手段进行换载的基地，如货站、配送中心、仓库、港口、机场等；连线是指公路、铁路、航空线、航海线等。

## 9.1.3 企业物流、社会物流和综合物流

根据物流系统所涉及社会主体范围不同，可以把物流分为企业物流、社会物流和综合物流。

### 1. 企业物流

企业物流（internal logistics）是指在生产经营过程中，物品从原材料供应，经过生产加工，到产成品销售，以及伴随生产消费过程中所产生的废弃物的回收及再利用的完整循环活动。企业物流是从企业角度研究与之有关的物流活动。企业物流是企业生产力经营活动的重要组成部分，是创造"第三利润"的源泉，是具体的、微观的物流活动的领域。生产是商品流通之本，生产的正常进行需要各类物流活动的支持。生产的全过程从原材料的采购开始，便要求有相应的供应物流活动，将所采购的材料运送到位，生产顺利进行；在生产的各工艺流程之间，也需要原材料、半成品物流过程，即所谓的生产物流，以实现生产的流动性；部分余料可重复利用的物资的回收，就需要回收物流；废弃物的处理则需要废弃物流。因此，整个生产过程实际上就是系列化的物流活动。

企业为了保持自身的生产节奏，不断组织原材料、零部件、燃料、辅助材料供应的物流活动，这种物流活动对企业生产的正常、高效起着重要作用。企业供应物流不仅要保证供应的目标，而且要以最低成本、最少消耗、最快速度组织供应物流活动，企业竞争的关键在于如何降低物流过程成本，这是企业物流最大的难点。因此，企业供应物流必须解决有效的供应网络、供应方式、零库存等问题。

### 2. 社会物流

社会物流（external logistics）是全社会范围内，企业外部及企业相互之间错综复杂的物流活动的总称。从物流的空间范围方面进行分类，社会物流包括城市物流、区域物流等，这里不作详细介绍。社会物流是以全社会为范畴、面向广大用户的物流，它涉及在商品流通领域发生的所有物流活动，具有宏观性和广泛性，因此也被称为宏观物流。由于社会物流对国民经济的发展具有重大影响，因此社会物流是物流的主要研究对象。

### 3. 综合物流

综合物流（comprehensive logistics）是指物质资料在生产者与消费者之间，以及生产过程各阶段之间流动的全过程。简单地说，综合物流包含了社会物流与企业物流两部分的物流全过程。它涉及供应部门向车间和企业供应生产资料的供应物流；商品物质实体从生产者到消费者流动的销售物流；物资在本企业内部各工序之间流动的生产物流；对生产过程和消费过程中所出现的废弃物进行综合化、系统化，以期发挥更大的整体功能，更好地提高社会经济效益。

## 9.2  物流工程和物流管理

### 9.2.1  物流工程

#### 1. 物流工程的含义

物流工程（logistics engineering）是以物流系统为研究对象，研究物流系统的规划设计与资源优化配置、物流运作过程的计划与控制以及经营管理的工程领域。

现代物流作为一门新兴的综合性边缘科学，在发达国家已有较早、较全面的研究，并形成了一系列的理论和方法，在指导其物流产业的发展中发挥了重要作用。物流工程是管理与技术的交叉学科，它与交通运输工程、管理科学与工程、工业工程、计算机技术、机械工程、环境工程、建筑与土木工程等领域密切相关。

#### 2. 物流工程的研究对象

物流工程以物流系统及其有关活动为研究对象，进行各种物质系统的分析、规划、设计、管理与控制，并注重信息流在系统中的作用，以求实现系统整体的最优效益。因此物流工程是有关物流系统构成、规划设计、优化配置和持续完善的理论、技术和方法等知识及其经验应用过程。

一般来说，物流工程研究物流系统的设计、运营与控制问题，涉及产品和服务采购、运输、仓储和配送的整个过程，关键是物料和信息的流动。物流工程是以物流系统为研究对象，研究物流系统的规划设计与资源优化配置、物流运作过程的计划与控制以及经营管理的工程领域。由于物流所涉及问题具有广泛性和复杂性，因此需要从系统工程这一解决复杂性问题的专门学科的角度来研究物流活动。

虽然物流工程要借助系统工程的方法，但物流工程不仅仅是"物流系统工程"或"物流"＋"系统工程"，它还涉及许多其他工程技术的应用，它是关于物流系统分析、设计、改善、控制和管理的学科，是管理与技术的交叉学科，它与交通运输工程、管理科学与工程、工业工程、计算机技术、机械工程、环境工程、建筑与土木工程等领域密

切相关。虽然物料在物流系统内的流动离不开物料搬运的硬技术，物流工程并不仅仅是研究"物料搬运"的专门工程技术，否则与机械工程及自动化就没有区别，更重要的是通过各种搬运与存储手段与方式的合理规划与配置，可以达到物流系统通常的6R目标——恰当的产品、数量、质量、状态、时间和地点。

因此，物流工程作为一门学科，研究有关物流系统构成、规划设计、优化配置和持续完善的理论、技术和方法及其应用体系。与物流管理和供应链管理偏重于战略、运作与控制不同的是，物流工程更重视定量和工程方法的应用，如规划设计理念与方法、建模与优化求解、设施设备的合理选择与配置等，是用来解决物流系统设计与运作中出现问题的工具。

物流工程的研究对象就是物流系统及其相关活动。从物流系统的大小范围来看，一般将社会物资的包装、储运、调配（如物资调配、港口运输等系统）等区域活动称为"大物流"，而把工厂布置和物料搬运等企业内活动发展而来的物流（material flow）系统称为"小物流"。这些物流系统广泛存在于社会生产、经营和管理的各个领域，具体来说有以下形态：企业物流系统，包括制造企业及其延伸的供应链；运输及仓储业物流系统；社会物资流通调配系统；社区、城市、区域规划系统；服务和管理系统，如办公室、商店、餐饮、医院、游乐园等涉及人员、物料和信息流动的系统。

### 3. 物流工程的特征

物流工程是一门工程背景很强的学科。

一方面，物流工程要运用运筹学和系统工程等理论知识来解决实际问题和优化系统，以低成本、高效率、高质量地实现物料的移动。另一方面，物流工程的发展和物流系统的构建也离不开与其相关的工程技术，这些相关的工程技术促进了物流工程的形成。

物流工程侧重从工程技术角度（包括系统工程的理论和方法）来研究物流系统的设计、实现和运行等问题，它涉及从物流系统规划，到设计、实施，再到运行和管理的全过程。物流工程要借助系统工程的方法，但物流工程不等于"物流+系统工程"。它还涉及许多其他工程技术的应用，是关于物流系统分析、设计、改善、控制和管理的学科，是管理与技术的交叉学科。

## 9.2.2 物流管理

物流管理（logistics management）是指在社会在生产过程中，根据物质资料实体流动的规律，应用管理的基本原理和科学方法，对物流活动进行计划、组织、指挥、协调、控制和监督，使各项物流活动实现最佳的协调与配合，以降低物流成本，提高物流效率和经济效益。现代物流管理是建立在系统论、信息论和控制论的基础上的。物流管理的内容包括三个方面的内容：对物流活动诸要素的管理，包括运输、储存等环节的管理；对物流系统诸要素的管理，即对其中人、财、物、设备、方法和信息等六大要素的管理；对物流活动中具体职能的管理，主要包括物流计划、质量、技术、经济等职能的管理等。

美国物流管理协会在2003年对于物流管理的定义是："物流管理是供应链管理的一

部分，是对货物、服务及相关信息从起源地到消费地的有效率、有效益的正向和反向流动和储存进行的计划、执行和控制，以满足顾客要求。"

### 9.2.3　物流工程与物流管理的区别

物流工程是运用工程分析与设计的手段来实现所要求的物流系统（规划、设计、设备、工具等），是按照系统工程的原理，进行物流系统的规划、设计、组织、建立及经营管理等的组织管理的技术。其目的是有效构造高性能的物流系统。物流工程是静态的概念。

物流管理是对给定的物流系统，通过组织、计划、财务、控制等手段来实现物流系统高效、低成本和高质量地运行。它是对物流活动进行计划、组织、指挥、监督、控制、调节工作的总和。通过对物流活动的管理，有效提高物流系统的运转效率。物流管理是动态的过程。

物流管理和物流工程都是为了提供高效的物流运作，以满足客户需求并提升企业竞争力。两者都需要对物流流程进行整体规划和组织，关注物流效率和成本。同时，两者也都需要关注各种物流资源的合理配置和优化，以提高物流供应链的协同性和整体效率。

物流工程更加注重对物流过程中的各个环节进行科学的分析和设计，强调方法的工程化和技术的应用。同时，物流工程更加侧重于具体的操作和流程改进，需要深入了解流程细节和实际问题。物流管理则更加注重对整个物流系统的控制和协调，强调人员的管理和组织运作。同时，物流管理的决策和处理也更加综合、全面，需要考虑多个因素的影响和作用。

物流工程注重技术和设施的优化，而物流管理则注重组织和管理的优化。两者的目的是一致的，都是要提高物流效率和降低成本，但其方法和实现途径有所不同。

物流工程和物流管理各自的功能范围如表9-1所示。

**表9-1　物流工程和物流管理各自的功能范围**

| 物流工程 | 物流管理 |
| --- | --- |
| 物流系统规划与设计 | 区域物流管理 |
| 物流运输与搬运设计 | 企业物流管理（制造业物流管理） |
| 物流的设备与器具设计 | 物流企业管理（第三方企业物流管理） |

## 9.3　物流工程的发展

### 9.3.1　物流工程的发展历程

#### 1. 18世纪80年代

物流工程起源于早期制造业的工厂设计。1776年亚当·斯密在其著作《国富论》中提及"专业分工能提高生产率"的理论，提出通过设计生产过程，使劳动力得以有效地利用。经过产业革命后，工厂生产方式逐步取代小手工作坊，但工厂的设计与内部管理仅凭经验，未能摆脱小作坊生产模式。美国发明家惠特雷在18世纪末将生产过程分为

若干工序，使每个工序形成简单操作的成批生产，提出"零件互换性"这一概念。

### 2. 19世纪20年代到20世纪40年代

以泰勒为首的工程师对工厂、车间、作坊进行了一系列调查研究，细致地分析、研究了工厂内部生产组织方面存在的问题，倡导科学管理。当时工厂设计的活动主要有三项，包括操作法工程、工厂布置和物料搬运。其中，操作法工程研究的重点是工作测定、动作研究等工人的活动；工厂布置研究机器设备、运输通道和场地的合理配置；物料搬运是对原材料到制成品的物流控制。第二次世界大战后，工厂的规模和复杂程度增大。工厂设计不仅要运用复杂的系统设计运筹学、统计学、概率论，同时，系统工程、计算机技术也得到了普遍应用。工厂设计和物流分析中运用的系统工程的概念和系统分析方法，逐渐被推广、扩展到非工业设施，包括各类服务设施，如机场、医院、超市等。"工厂设计"一词逐渐被"设施规划""设施设计"替代。

### 3. 20世纪50年代

管理科学、工程数学、系统分析等理论的形成、发展和广泛应用，为工厂设计由定性分析转向定量分析创造了条件。学者们陆续发表关于工厂设计的著作，如缪瑟的《系统布置设计》和《物料搬运系统分析》，爱伯尔的《工厂布置与物料搬运》等。

### 4. 20世纪70年代

这一时期，行业内逐渐推出一系列计算机辅助工厂布置程序，如位置配置法、相互关系法、自动设计法等。这些程序以搬运费用最少、相互密切度最大等为出发点，目标是产生一个优质的工厂布置方案。成组技术的发展，为小批量、多品种加工厂的设计提供了工艺过程选择和规划乃至整个生产关系管理合理化的科学方法。

### 5. 20世纪80年代

在物流系统分析中，人们利用计算机仿真技术进行方案比较和优选，进行复杂系统的仿真研究，包括从原材料运输到仓库、制造、后勤支持系统的方针，仓储系统的分析与评价，设施设计的动态、柔性问题的研究，以及利用图论、专家系统、模糊集理论进行多目标优化问题的探讨等。

### 6. 20世纪90年代

人们结合现代制造技术、柔性制造系统、集成制造系统等进行物料搬运和平面布置研究，物流系统也从以实物配送为主的研究，扩大到从产品订货开始直到销售的整个物流过程，一体化物流逐步在全球范围内蓬勃发展起来。

## 9.3.2 物流工程的在我国的发展

### 1. 20世纪50—60年代

我国进行工厂设计的过程中，一直沿用苏联的设计方法，注重设备选择的定量运算，对设备的布置以及整个车间和厂区的布置则以定性布置为主。这种思路在新中国成立之初起到了积极作用。但是随着科学技术的不断发展与进步，人类生存与居住的空间逐渐缩小，仍然完全按照粗放型布局来新建或者改建一个工厂已经不能适应我国经济发展的需要。

### 2. 20世纪80年代

美国物流专家缪瑟来华讲授系统布置设计（systematic layout planning，SLP）、物料搬运设计（SHA）、系统化工业设计规划（SPIF）；日本物流专家河野力等在北京、西安等地举办国际物流技术培训班，系统地介绍物流的合理化技术和企业物流诊断技术。此后，物流工程研究在我国迅速得以发展，国际交流日益频繁，各国专家相继来访。

### 3. 20世纪90年代

工业工程作为正式的学科在我国出现，设施设计与物流技术被人们重视，物流工程的重要性也逐步被社会认可为国民经济中的重要组成部分。提高物流效率、降低物流成本，向用户提供优质服务，实现物流合理化、现代化，成为广大企业的共识。

### 4. 21世纪

我国的物流设施建设发展很快，物流工程实践能更好地满足供应链物流系统价值增值的需要，如价值过程技术（value process technology，VPT）系统集成设计法，得以应用到越来越多的企业运营活动中。

## 9.4 物流工程的研究内容

物流工程从物流系统整体出发，侧重于运用管理工程、技术工程等方面的相关理论和方法，研究物流活动的规划、设计和运行，选择最优方案，实现低费用、高效率、高质量的组织与管理过程。物流工程主要涉及物流系统规划与设计、系统预测与选址技术、物流设施规划与布置、物流设备选择与管理等研究内容。

### 9.4.1 物流系统规划与设计

不同层次、不同功能的物流系统其规划设计的内容也不同。对于社会物流系统而言，其规划设计主要涉及一定区域范围内物流设施的网络布点问题，如长三角经济圈物流系统规划、京津冀区域物流发展规划。对于特定运作对象而言，其规划设计要考虑不同物流对象的特征，如农产品物流系统规划、电子商务物流系统规划、冷链物流系统规划。当然，对于企业物流系统而言，其规划设计的核心内容是企业内部物流网络的优化、物流运营流程的重构。

这部分内容从物流系统分析开始，包括生产物流系统分析基础、物料流动（物流）分析；接下来是规划设计的方法与程序，如系统规划设计与可行性研究、系统规划评价与选择。物流系统规划设计的还有一项主要内容就是选址与网络布点问题，从单个设施的选址到供应链物流网络的选址与资源分配都是企业经营的战略性问题。

### 9.4.2 系统预测与选址技术

物流系统预测主要根据物流系统的过去和现在的发展规律，借助科学的方法和手段对物流活动未来的发展趋势进行描述、分析，形成科学的假设和判断。综合使用定性、定量的选址方法，结合物资运输、搬运和储存的具体要求，合理选择物流节点选址方案，使之以最低的成本、最快捷的速度完成物流过程。研究重点主要包括预测技术、物流节点选址、站场布局规划、搬运车辆的计划与组织方法、仓储网络规划与设计、库存优化与控制等。

### 9.4.3　物流设施规划与布置

物流设施的规划与布置是物流工程的重要内容之一，属于设施设计范畴，主要包括平面布置设计、地点选址、物料搬运系统设计、建筑设计、公用工程设计和信息系统设计等，即根据物流系统（如工厂、学校、医院、办公楼、商店等）应完成的功能（提供产品或服务），对系统各项设施（如设备、土地、建筑物、公用工程）、人员、投资等进行系统的规划和设计，用于优化人员流、物流和信息流，从而有效、经济、安全地实现系统的预期目标和系统管理的蓝图。资源利用、设施布置、设备选用等各种设想都要体现在设施规划与设计中，设施规划与设计对系统能否取得预想的经济效益和社会效益起着决定性作用。一般地，设施规划与设计所需要的费用只占总投资的 2%～10%，但对系统会带来重影响。在设计、建造、安装、投产的各个阶段，如果系统要加以改进，所需要的费用会逐步上升，等到运行后再改进，则事倍功半，有时甚至不可能。所以在设计规划阶段投入足够的时间、精力和费用是十分必要的。

对于社会物流系统，设施设计是指在一定区域范围内（国际或国内）物资流通设施的补点网络问题，如原油输送的中间油库、炼油厂、管线布点等的最优方案；而对于企业物系统，设施设计的核心内容是工厂、车间内部的设计与平面布置、设备的布局，以追求流系统路线的合理化，通过改变和调整平面布置调整物流，达到提高整个生产系统经济效益的目的。

### 9.4.4　物流设备选择与管理

物流设备是贯穿物流系统全过程、深入每个作业环节、实现物流各项作业功能的物质基础要素。物流设备作为现代物流系统的重要组成部分，其选择与配置是否合理直接影响着物流功能的实现，也影响着系统的效益。通过正确理解物流设备在系统中的作用，科学选择和管理物流设备，如社会物流中的集装箱、罐、散料包装、搬运设备的选择与管理等，可以有效提高物流运作效率和服务质量，降低物流成本，极大地促进物流业的快速发展。它主要包括：仓库及仓库搬运设备的研究、各种搬运车辆和设备的研究、流动和搬运器具的研究等。

## 9.5　物流工程常用技术

### 9.5.1　物流工程分析方法

物流工程分析以系统思想为基础，进行物流活动相关信息的收集与处理，考虑多个目标、多个层次的具体情况，有效地应用分析方法，最终作出决策，解决企业的物流问题。常见的物流系统分析与设计方法、价值工程理论等内容，为科学指导企业物流相关基础建设、开展物流量预测奠定基础。

#### 1. 物流系统分析技术

物流系统分析的目的是将某一系统设计（改进）成最合理的、最优化的物流系统。通过物流系统分析拟订方案的费用、效果、功能和可靠性等各项技术经济指标，为决策者提供预流。在系统分析的基础上，对各种因素进行优化、选优，逐级协调各组成部分之间的关系，并有机地综合起来，形成一个各部分能巧妙结合、协调一致的最优系统。

系统分析是运用逻辑、思维推理的方法对问题进行分析，分析时要提问一系列的"为什么"，直到问题得到圆满解答。系统分析的要点可归纳为"5W1H"，即 What、Why、When、Where、Who、How。例如，当专家接受了某个物流系统的开发任务时，必须首先设定问题，然后才能对问题进行分析研究，找到解决问题的对策。此时参照5W1H分析法进行问答，很容易抓住问题的要点，找到解决问题的关键。

实践证明，对于技术比较复杂、投资费用大、建设周期长、存在不确定性的、相互矛盾的物流系统而言，系统分析是非常重要、不可缺少的一环。只有做好物流系统分析工作，才能设计出良好的系统设计方案，避免技术上的返工和经济上的重大损失。

### 2. 物流价值工程理论

物流系统整体规划设计的思想是 VPT 分析。其主要思路是分析特定物流存在的价值流，并结合实际情况和未来发展，确定战略价值流、主要价值流以及支持价值流。战略价值流是整个规划的指导思想，是支撑价值流经营战略、经营目标、自身价值得以实现必不可少的一部分。每一个价值流都是通过详细的作业过程来实现的，并且需要相关的设备支持和技术支撑，因此针对每一个价值，都有自己的实现过程、技术，由此组成过程流及技术流。

物流价值工程是通过相关领域的协作，对所研究的物流系统的功能与费用进行系统分析，不断创新，旨在提高系统整体价值的思想方法和管理技术。

### 3. 系统布置设计

系统布置设计是一种条理性很强，对作业单位物流与非物流相互关系密切程度进行分析，求得合理布置的技术。它通过对环境输入/输出情况、物料性质、流动路线、系统状态、搬运设备与器具、库存等内容进行全面、系统的调查与分析，找出问题，为物流系统的设施新建和重新布置提供强有力的支持和帮助，节省企业大量人力和财力，帮助物流系统解决设施布置与设计的复杂任务，求得最佳系统设计方案。

## 9.5.2　物流预测技术

物流预测是物流运筹的基础，是物流部门进行规划和控制的重要手段，在物流活动中起着非常重要的作用。它可以为物流企业揭示出物流市场未来发展的趋势和方向，可以对物流企业活动中可能出现的各种情况进行预测，从而能够避免或者减少对企业自身发展不利情况的发生。常用的物流预测方法主要包括定性法、历史映射法、因果法和组合预测方法。

### 1. 物流预测的含义

预测就是根据过去和现在的已知因素，运用人们的知识、经验和科学方法，对未来进行预计，并推测事物未来的发展趋势。在物流领域，物流预测是指对物流的流向、流量资金周转及供求规律等进行调查研究，获得各种资料和信息，运用科学的方法，预测一定时期内的物流状态，能够为国民经济发展的战略决策，为生产和流通部门及企业经营管理和决策提供科学依据。国民经济的发展速度，经济结构的变动，基本建设规模，能源、冶金等工业的规模、速度与布局，运输结构的变化都能够对物流预测产生影响。

### 2. 定性法

定性法是利用判断、直觉、调查或比较分析对未来作出定性估计的方法，适用于影响预测的相关信息通常是非量化的、模糊的、主观的情况。当我们试图预测新产品成功与否，政府政策是否变动或新技术的影响时，定性法可能是唯一适用的方法。常见的定性法有以下几种。

（1）专家会议法：假设几个专家能够比一个人预测得更好，预测时没有秘密，且鼓励沟通。采用召开调查会议的方式，将有关专家召集在一起，向他们提出要预测的题目，让他们通过讨论做出判断。专家会议法效率高，费用较低，一般能很快取得一定的结论。但可能存在权压、诱压等影响，不易达成一致。

（2）德尔菲法（delphi method）：也叫专家调查法，是由美国兰德公司研究提出的一种预测方法。其主要思想是依靠专家小组背靠背的独立判断，来代替面对面的会议，使不同专家意见分歧的幅度和理由都能够表达出来，经过客观的分析，达到符合客观规律的一致意见。德尔菲法简明直观，避免了专家会议法的许多弊端。但也存在专家的选择、函询调查表的设计、答卷处理等难度较大、时间跨度较大等问题。

（3）管理人员预测法：管理人员预测法有两种形式，一种形式是管理人员根据自己的知识、经验和已掌握信息，凭借逻辑推理或直觉进行预测；另一种形式是高级管理者召集下级有关管理人员举行会议，听取他们对预测问题的看法。在此基础上，高级管理人员对大家提出的意见进行综合、分析，然后依据自己的判断得出预测结果。管理人员预测法简单易行，对时间和费用的要求较少，若能发挥管理人员的集体智慧，可以提高预测结果的可靠性。日常性的预测大都可以采用这种方法进行。但此方法过于依赖管理人员的主观判断，极易受管理人员的知识、经验和主观因素影响，若使用不当，容易造成重大决策失误。

（4）群众评议法：是指将要预测的问题告知有关的人员、部门，甚至间接相关的人员、部门或者顾客，请他们根据自己所掌握的资料和经验发表意见。然后将大家的意见综合起来，得到预测结果。由于所预测的问题往往与群众息息相关，所以更能激发他们的积极性和创造性，并经常能从他们那里得到一些真知灼见。群众评议法的最大优点就是做到最大限度集思广益。但不同人的知识、经验、岗位等不同，使他们对问题的认识千差万别，所以预测者很难得到一个统一的预测结果。

### 3. 历史映射法

历史映射法是指利用历史中变化幅度不大或基本不变的数据信息直接映射出将会产生的物流活动的相关数据信息。其基本前提是未来的时间模式将会重复过去，至少大部分重复过去的模式。

随着新数据的获得，这类模型可以跟踪变化，因此，模型可以随趋势和季节性模式的变化而调整。如果数据变化急剧，那么模型只能在变化发生之后才呈现。正因为如此，人们认为这些模型的映射滞后于时间序列的根本性变化，很难在转折点出现之前发出信号。如果预测是短期的，那么这一局限性并不严重，除非变化特别剧烈。历史映射法中应用较广泛的方法有算术平均法、加权平均法、移动平均法、指数平法、最小二乘法等。

### 4. 因果法

物流活动中两个或多个变量存在因果关系时可采用这种方法。因果法的基本前提是预测变量的水平取决于其他相关变量的水平。因果模型有很多不同形式，包括统计形式，如回归和计量经济模型；描述形式，如投入—产出模型、生命周期模型和计算机模拟模型。每种模型都从历史数据模式中建立预测变量和被预测变量的联系，从而有效地进行预测。

### 5. 组合预测方法

任何一种预测方法都只能部分地反映预测对象未来发展的变化规律，通过多种预测途径进行预测，可以更全面地反映事物发展的未来变化。

## 9.5.3 物流网络规划与设计

物流网络是进行一切物流活动的载体。运输路径与节点相互联系、相互匹配，通过不同的连接方式与结构组成，形成不同的物流网络。物流网络节点的位置与数量直接决定物流网络的结构，也决定了物流运输路径的安排。物流网络的规划与设计是物流运作的重要设计环节，也对物流网络效率的提高和物流成本的控制起到重要作用。

### 1. 物流网络

物流网络是为适应物流系统化和社会化的要求而发展起来的，是物流过程中相互联系的组织和设施的集合，是物流系统的空间网络结构，是物流活动的载体。物流网络决策包括物流节点的类型、数量和位置，节点所服务的相应客户群体，节点的连接方式以及货物在节点之间空间转移的运输方式等。

物流活动是在物流网络上的路径和节点处进行的。其中，在路径上进行的物流活动主要是运输，包括集货运输、干线运输、配送运输等；在节点处完成的主要物流活动有包装、装卸、保管、分货、配货、流通加工等。物流网络的主要构成要素包括物流节点，以及节点间的连接方式，即路径。在一个物流网络中，不同层级、不同类型的节点之间必须通过不同的运输方式和运输路径有效地连接起来。

### 2. 物流网络规划与设计的内容

物流网络规划与设计就是确定产品（货物）从供应地到需求地的结构，包括使用什么类型的物流节点、节点的数量与位置、分派给各节点的产品和客户、产品在节点之间的运输方案等。物流网络规划与设计属于战略性决策，需要同时考虑节点和路径两方面的决策内容。节点规划的主要决策内容包括：确定合适的节点类型；确定恰当的节点数量；确定每个节点的位置；确定每个节点的规模；确定分派给各节点的产品和客户。线路规划的主要决策内容包括：确定运输方式，确定运输路径，确定运输方案，确定运输装载方案。由于规划涉及的区域范围大小及经济特征、企业类型、产品属性等往往差异较大，因此不同物流网络规划与设计的内容也存在较大差异。

### 3. 物流节点选址规划

简单来说，物流节点选址是在一个具有若干供应点及若干需求点的经济区域内，选一个地址设置物流节点的规划问题。

物流节点选址的目标是使物品通过物流节点的汇集、中转、分发，直到输送到需求的全过程的效益最好。在实际的物流系统中，物流节点的数量对实现物流节点的选址目标有着重要的影响。一个物流系统中物流节点数量的增加，可以减少运输距离、降低运输成本、提高服务效率、减少缺货率。但是当物流节点数量增加到一定程度时，单个订单的量过小，增加了运输频率，并且达不到运输批量，从而导致运输成本大幅上涨，同时往往会引起库存量的增加以及由此引起的库存成本的增加。因此，确定合适的物流节点数量就成为节点选址的主要内容之一。

**4. 物流运输路径优化**

在配送运输过程中，配送路径合理与否，对配送速度、成本、效益影响很大。设计合理、高效的配送路径不仅可以减少配送时间、降低作业成本、提高物流配送中心的效益，而且可以更好地为客户服务，提高客户的满意度，维护物流配送中心良好的形象。

配送路径优化是指对一系列的发货点和收货点，组织适当的行车路径使车辆有序地通过它们，在满足一定的约束条件（如车辆载重量和容积限制、行驶里程限制）下，力求实现一定的目标（如行驶里程最短、使用车辆尽可能少）。配送作业情况复杂多变，不仅存在配送点多、货物种类多、路网复杂、路况多变等情况，而且服务区域内需求网点分布不均匀，使该类问题成为一个无确定解的多项式难题，需要利用启发式算法去求得近似优解。

# 9.6 物流设备选择与管理

## 9.6.1 运输设施设备

运输作为社会经济赖以存在和发展的基础，是整个物流活动的核心，也是调整产业结构、提高劳动生产率、改善人民生活水平的动因。发达的运输活动有利于促进资源开发、带动区域分工和市场专业化，开拓市场空间。物流运输设施设备是指在运输线路上，可供人们长期使用的，用于组织开展运输活动、装卸货物并使它们发生水平位移的各种系统、建筑、仪器、工具等的总和。按运行方式不同，运输设施设备可分为公路运输设施设备、铁路运输设施设备、水路运输设施设备、航空运输设施设备和管道运输设施设备五大类。

**1. 公路运输设施设备**

随着公路设施的改善和高等级公路的迅速发展，公路运输已经成为物流活动的重要组成部分，在国民经济和综合运输体系中的地位及作用越来越显著。广义的公路运输是指用一定的运载工具（人力车、畜力车、拖拉机和汽车等）沿公路（土路、有路面铺装的道路高速公路）实现旅客或货物空间位移的过程。而狭义的公路运输是指汽车运输。

公路是指按照国家行业标准——《公路工程技术标准》（JTG B01—2014）修建，并经公路主管部门验收认定的城市间、城乡间、乡间主要供汽车行驶的公共道路。公路包括路基、路面、桥梁、涵洞、隧道。截至2023年年底，全国四级公路里程已达

527.01万公里，其中高速公路里程达18.36万公里。

汽车是具有独立的动力装置，能够自行驱动且可实现非轨道无架线运行的陆上运输工具，是公路运输装备的核心。按照用途不同，汽车可分为载客汽车、载货汽车和专用汽车三类。

**2. 铁路运输设施设备**

铁路运输是现代化货物运输的方式之一，适用于担负远距离的大宗客、货运输，在我国国民经济中占有重要地位。我国地域辽阔、人口众多，不论在目前还是在未来，铁路运输都是综合交通运输网络中的骨干和中坚量。铁路交通运输是指由内燃机、电力或蒸汽机车牵引的列车在固定的重型或轻型钢轨上行驶的系统，可分为城市间的铁路交通运输系统及区域内和城市内的有轨交通运输系统种主要类型。

截至2023年年底，中国铁路网覆盖99%的20万人口以上城市，铁路营业里程达到15.9万公里，其中高速铁路（以下简称"高铁"）营业里程4.5万公里，位居世界第一。全国铁路电气化率和复线率分别达到75.2%和60.3%，分别位居世界第一、世界第二。

铁路机车和铁路铁路运输装备是指通过铁路轨道运行的各种机车与车辆。铁路运输装备以铁路轨道进行导向，车辆通过带凸缘的钢轮沿钢轨内侧行驶，轨道起着支撑车辆和导向的作用，而驾驶员的作用仅是控制车辆的行驶速度。

铁路机车是铁路运输的基本动力。由于铁路车辆大都不具备动力装置，列车的运行和车辆在车站内有目的地移动均需机车牵引或推送。根据动力来源不同，机车可分为蒸汽机车、内燃机车、电力机车三种。

铁路车辆是运送旅客和货物的工具，它自身不具备动力，需要连挂成列车后由机车牵引运行的铁道运输装备。按照铁路运输任务的不同，铁路车辆可分为客车和货车两大类。其中，货车是指以运输货物为主要目的的铁路车辆。有些铁路车辆并不直接参加货物运输，而是用于铁路线路施工、桥架架设及轨道检测等作业，但这些车辆也归入货车类。

铁路车站也称火车站，是供铁路部门办理客、货运输业务和列车技术作业的场所。早期的车站通常是客货两用。但是现在，货运一般已集中在主要的车站。大部分的铁路车站都是在铁路的旁边，或者是路线的终点。部分铁路车站除了供乘客上下及货物装卸外，也有供机车及车辆维修或添加燃料的设施。多家铁路公司一起使用的车站一般称为联合车站或转车站。铁路车站按照作业性质，一般可分为客运站、货运站和客货运站。按照技术作业分为编组站、区段站和中间站。一般车站以一项业务和一项作业为主，兼办其他业务业。有的车站同时办理若干项主要业务和作业。

铁路调度通信网的网络结构根据铁路运输调度体制来安排，按照干线、局线、区段三级调度，可分为铁路干线调度通信系统、局线调度通信系统和区段调度通信系统三层网络结构。

**3. 水路运输设施设备**

水路运输是指利用船舶以及其他航运工具，在江、河、湖、海以及人工水道上运送旅客和货物的一种运输方式。水路运输量占全球总运输量的70%以上，可见水路运输是交通运输的重要组成部分，它具有点多、面广和运输线长的特点，也是国际货物运输的主要手段。

按照贸易种类不同，水路运输可以分为外贸运输和内贸运输。按照船舶的航行区域不同，水路运输可以分为内河运输、沿海运输和远洋运输。按照运输对象不同，水路运输可以分为货物运输和旅客运输两大类。按照船舶营运组织形式不同，水路运输可以分为定期船运输、不定期船运输和专用运输。

港湾是指具有天然掩护的，可供船舶停泊或临时避风之用的水域，通常是天然形成的。港口则通常是由人工建筑而成的，具有完备的船舶航港口行、靠泊条件和一定的客货运设施的区域。港口是水路运输的重要设施，具有水路联运设备和条件，是供船舶安全进出和停泊的运输枢纽。港口由水域、陆域以及水工建筑物等组成。港口水域包括港外水域和港内水域；港陆域包括码头与泊位、仓库与堆场、铁路与道路、起重机械与运输机械等。

航道是指在内河、湖泊、港湾等水域内供船舶安全航行的通道，由可通航水域、助航设施和水域条件组成。现代水上航道已不仅仅是天然航道，而是包括人工水道、运河、进出港航道以及保证航行安全的航行标志系统和现代通信导航设备系统在内的工程综合体。

货船是专门运输各种货物的船只，是物流运载的工具。货船有干货船和液货船之分。

航标是航行标志的简称，是标示航道方向、界限与碍航物的标志，是帮助引导船舶航行、船舶定位和标示碍航物与表示警告的人工标志。航标包括过河标、沿岸标、导标、过渡导标、首尾导标、侧面标、左右通航标、示位标、泛滥标和桥涵标等。航标设置在通航水域及其附近，用于表示航道、锚地、碍航物、浅滩等，或作为定位、转向的标志等。航标也用于传送信号，如标示水深、预告风情、指挥狭窄水道交通等。永久性航标的位置、特征、灯质、信号等都已载入各国出版的航标表和海图中。航标的主要功能包括四项：船舶定位，是指为航行船舶提供定位信息；表示警告，即提供碍航物及其他航行警告信息；交通指示，是指根据交通规则指示航行方向，指示特殊区域，如锚地、测量作业区、禁区等。

### 4. 航空运输设施设备

航空运输是指利用航空器及航空港进行空中客、货运输的一种方式。作为交通运输体系的重要组成部分之一，航空运输与其他运输方式分工协作，相辅相成，共同满足社会对运输的各种需求。航空运输因其突出的高速直达性，在整个交通运输体系中具有特殊的地位，促进了全球经济、文化的交流和发展，具有很大的发展潜力。在各种航空器中，飞机是主要的运输工具，因此航空运输主要指的是飞机运输。航空运输体系不仅包括飞机、机场、空中交通管理系统和飞行航线，还包括商务运行机务维护、航空供应、油料供应、地面辅助及保障系统等。这些组成部分有机结合、分工协作，共同完成航空运输的各项业务活动。

机场是供飞机起飞、着陆、停驻、维护、补充给养及组织飞行保障活动所用的场所，包括相应的空域及相关的建筑物、设施与装置。它是民航运输网络中的节点，是航空运输的起点、终点和经停点。从交通运输角度来看，民航运输机场是空中运输和地面运输的转接点。它一方面要面向空中，送走起飞的飞机，迎来着陆的飞机；另一方面要面向陆地供客、货和邮件进出。机场实现运输方式的转换，因此也可以称作航空站（简称"航站"）。

飞机系统主要有飞机操纵系统、液压传动系统、燃油系统、空气调节系统、防冰系统等。飞机操纵系统用于传递驾驶员的操纵动作，驱动舵面或其他有关装置，改变和控制飞行姿态。飞机采用液压传动系统控制操纵系统、起落架系统等。燃油系统用于储存飞机所需的燃油，并保证飞机在各种飞行姿态和工作条件下，按照要求的压力和流量连续可靠地向发动机供油。此外，燃油还可以用来冷却飞机上的有关设备和平衡飞机等。

飞机载货时，由于起降过程倾角大、空中气流频繁变化、飞机颠簸，舱内货物若任意放置、不加约束，容易四处飘散甚至互相冲撞，不但会造成货物损坏，而且会对飞行安全造成威胁。因此，货物通常放置在集装设备内，舱内设有固定集装设备的设施。航空集装设备主要是指为提高运输效率而采用的集装箱、集装板等成组装设备。航空集装箱是根据飞机货舱的形状设计的，以保证货舱有限空间的最大装载率，所以空运集装箱有一部分是截角或圆角设计。为使用这些设施，飞机甲板和货舱都设置了与之相应的固定系统。由于航空运输的特殊性，这些集装设备无论是从外形构造还是从技术性能指标方面来看，都具有其自身的特点。

**5. 管道运输设施设备**

管道运输是指用加压设施加压流体（液体或气体）或流体与固体混合物，通过管道将其输送到使用地点的一种运输方式。所输送的货物主要是油品（原油和成品油）、天然气（包括油田伴生气）、煤浆以及其他矿浆。其运输形式是依靠物体在管道内顺着压力方向循序移动实现的，和其他运输方式的重要区别在于管道设备是静止不动的。管道运输是大宗流体货物运输最有效的方式。在当今世界，大部分的石油、绝大部分的天然气都是通过管道来运输的。虽然石油的远洋运输以大型油轮运输最为经济，但是在石油开发到成品油交付用户的整个生产、销售链中，管道运输几乎是不可缺少的环节。

### 9.6.2 集装物流器具

借助于各种不同的方法和器具，把有包装或无包装的物料，整齐地汇集成一个便于装卸和搬运，并且在整个物流运输过程中保持一定形状的单元被称为集装单元，集装单元是物流活动中的重要组成部分，采用集装单元可以提高整个物流系统的运作效率。以集装单元为基础来进行装卸、运输、保管等作业，统称为"集装单元化运输"。

**1. 集装与集装单元**

集装单元就是把各式各样的物料集装成一个便于储存和运输的单元。不能把集装单元器具单纯地看作一个容器，它是物料的载体，是物流自动化、机械化作业的基础。标准化后的单元化容器作为物流设施设备、物流系统设计的基础，同时也是高效联运、多式联运的必要条件。因此有人称集装单元化是物料装卸、搬运作业的革命性改革。

集装单元器具是指便于物料集装成为一个完整、统一的重量或体积单元并在结构上便于机械搬运和储存的器具。集装单元器具包括箱盒、周转箱、平托盘、托盘箱（笼）、集装袋、集装箱等。

### 2. 物流周转箱

物流周转箱作为国际标准物流容器之一，广泛用于机械、汽车、电工、家电、食品等行业，零件周转便捷，堆放整齐，便于管理。同时，它具有耐酸碱、耐油污、清洁方便等特点。其合理的设计、优良的品质，适用于工厂物流中的运输、配送、储存、流通加工等各环节。物流周转箱可从不同角度进行分类，按照结构的不同，可分为标准、可堆叠式插式和可折叠式四种。

### 3. 托盘

根据我国国家标准《物流术语》（GB/T 18354—2021），托盘被定义为"在运输、搬运和储存过程中，将物品规整为货物单元时，作为承载面并包括承载面上辅助结构件的装置"。托盘的基本结构是由两层铺板中间夹以纵梁（或垫块），或单层铺板下设纵梁（或垫块、支腿）或单层铺板上面加装立柱、挡板而成。托盘的最小高度应能方便地使用叉车或托盘搬运车。

托盘具有自重小、装盘容易、保护性较好、易堆垛保管货物、可节省包装材料、降低包装成本、节省运输费用等优点。但托盘有自重和体积，减少了仓库的有效载重和空间，增加了空托盘回收、保管、整理的麻烦，且需要较宽的通道。

托盘作为重要的物流器具，是使静态货物转变为动态货物的载体，有"活动的货台""可移动的地面"之称，它贯穿于集成物流的各个环节。托盘的推广应用与否，直接关系到物流机械化、自动化程度的高低，关系到物流系统现代化水平的高低。可以说，如果不实现托盘化物流，就没有快速、高效和低成本的一体化物流。

### 4. 集装箱

不同的国家、地区、组织在相应的标准、公约和文件中对集装箱都有具体的规定，但是其表述都有一定的差异。目前，包括中国在内的许多国家基本上都采用国际标准化组织对集装箱的定义。该定义如下。

集装箱是一种运输设备，它应具备以下条件：

（1）具有足够的强度，可长期反复使用。

（2）便于一种或多种运输方式的运送，途中转运时箱内货物不需要换装。

（3）设有快速装卸和搬运的装置，特别便于从一种运输方式转移到另一种运输方式。

（4）便于货物装满或卸空。

（5）具有 1 m³ 及以上的内容积。

但集装箱这一术语并不包括车辆和一般包装。总而言之，集装箱是一种具有足够强度和一定的规格，在一种或多种运输方式运送货物时，无须中途换装，可直接在发货人的仓库装货，运到收货人的仓库卸货，并能反复使用，不包括车辆和一般包装在内的一种运输设备。

### 5. 集装袋

集装袋的变形体有集装网、集装罐、集装筒等。集装袋是一种大容积的运输包装袋，盛装重量可在1吨以上。集装袋的顶部一般装有金属吊架或吊环等，便于铲车或起重机的吊装、搬运。卸货时可打开袋底的卸货孔，即行卸货，非常方便。它适用于装运颗粒状、粉粒状的货物。

集装袋占用空间少。空袋可折叠，体积小；满袋虽然容量大，但是比小袋包装节省空间。

与传统的麻袋、纸袋搬运散装物料相比，集装袋容量大，袋上有专用吊环，便于起重设备吊运，装料和卸料速度快，可以减少搬运次数，使装卸效率提高 2～4 倍，降低搬运工人的劳动强度，节省人力。

集装袋由强度很高的材料制成，经久耐用，可以重复使用多次，防水性好，填满后置于室外也能防潮。使用它可节省包装材料费 15%～30%，有效地保护货物，减少运输中的损耗，降低货损货差率。

**6. 集装箱吊具**

集装箱吊具是一种装卸集装箱的专用吊具，它通过其端部横梁四角的旋锁与集装箱的角配件连接，由司机操作控制旋锁的开闭，进行集装箱装卸作业。集装箱吊具是按照 ISO 标准设计和制造的。按照集装箱吊具的结构特点，集装箱吊具可分为固定式吊具、主从式吊具、子母式吊具、双吊式吊具和伸缩式吊具五种形式。

### 9.6.3 装卸系统与机械

装卸系统是将物流系统中各环节连接为一体的重要部分，物流环节中装卸系统的优劣直接关系到整个物流系统的运转质量和效率，同时装卸系统又是缩短物流周转时间、节约流通费用的重要组成部分，一旦装卸系统出现问题，物流其他环节就会受到影响。

**1. 装卸系统**

装卸是指物品在指定地点以人力或机械装入运输设备或从运输设备上卸下的过程。物料装卸是指在同一场所范围内进行的、以改变物料的存放状态和空间位置为主要目的的活动，即对物料、产品、零部件或其他物品进行搬上、卸下、移动的活动。

无论是商品的运输、储存和保管，还是商品的配送、包装和流通加工，都离不开物料装卸。物料装卸在物流系统运转的各个环节中起着承上启下、相互联结的作用。因此，合理、有效地开展物料装卸工作，对于促进物流活动的顺利进行、提高企业经济效益有着十分重要的作用。

装卸系统的要素包括如下几项。

（1）劳动力：包括装卸、操作人员等。

（2）装卸设施设备：包括机械设备、附属工具等，是完成装卸搬运工作的重要手段。

（3）货物：装卸搬运工作的对象，不同的货物会对应不同的装卸工艺。

（4）装卸工艺；装卸搬运的工作方法，装卸工艺的优劣会直接影响到装卸工作的效率。

（5）信息管理：指导装卸工作安全高效完成的重要保障。

**2. 装卸机械**

装卸机械通常是指起重机械，它是一种循环、间歇、运动的机械，用来垂直升降货物或兼作货物的水平运动，以满足货物的装卸、转载等作业要求。完整的装卸机械作业流程包括取物、提升、平移、下降、卸载，然后返回到装载位置等环节，此后进行往复循环。因此，工作内容重复循环是装卸机械的基本特点；装卸机械以装卸为主要功能，搬运能力差，搬运距离短；装卸机械移动困难，通用性不强，多为固定设备；装卸机械的作业方式均为从货物上方起吊，因此在作业过程中对作业空间的高度要求较高。

装卸机械是现代企业实现生产过程和物流作业机械化、自动化，改善物料搬运条件，降低劳动强度，降低运输成本，提高生产效率，保证作业质量，加快车、船等运载设备运转必不可少的重要机械设备。

### 9.6.4　仓储系统及设备

仓储系统是物流工程中极其重要的一环，布置合理的仓储系统可以有效地提高物流运作效率及降低物流运作成本，而搬运及仓储设备的选用则直接关系到仓储系统布局的合理性。

#### 1. 仓库

仓库在中国可以追溯到5 000多年前的母系氏族社会，那时就出现了"穴库"。在西安半坡村的仰韶遗址可以看到仓库的雏形。《诗经·小雅》也有"乃求千斯仓"之句，可知仓库建筑源远流长。与旧式仓库不同，现代仓库更多考虑经营上的收益而不仅仅是为了储存。现代仓库从运输周转、储存方式和建筑设施等方面都重视通道的合理布置、货物的分布方式和堆积的最大高度，并配置经济有效的机械化、自动化存取设施，以提高储存能力和工作效率，降低运营成本。

现代仓库一般由装卸搬运及仓库设备，辅之以消防设备及管理用房等构成。仓库是物流运作过程中的基础设施，在物流作业中发挥着重要作用。现代仓库不仅具有存储功能，而且具有分拣、集货及增值等功能。同时依靠信息技术，仓库可以对各种类型的物资进行再加工处理。

按照仓库主体结构分类，仓库通常分为单层仓库与多层仓库。单层仓库多采用门式钢架结构。随着对用地效率要求的提高，多层仓库开始成为主流。由于楼面的荷载较大，因此多层仓库通常采用钢筋混凝土框架结构或钢框架结构。

#### 2. 物料搬运与仓储设备

物料（包括原材料、燃料、动力、工具、半成品、零配件和成品等）的实体流动过程是物流运作的基础，也是仓储流程的重要组成部分。对物料实体进行移动和储存的功能主要是由物料搬运与仓储设备完成的，不同的物料搬运与仓储设备系统都配有不同的机械部件，用于完成相应的具体作业功能。因此，物料搬运与仓储设备是物流运作的技术基础，是物流运作的具体实施工作单元，也是顺利完成仓储作业的基础。物料搬运与仓储设备包括输送和分拣设备、起重机械、集装化机械设备及仓储设备。

输送和分拣设备是指用于搬移、升降、装卸、短距离运输和分拣货物或物料的机械。它是物流系统中使用频率最高、使用量最多的一类机械设备。它既可以用于车辆货物的装卸，也可以用于仓储与堆场的装卸运输，同时还可以用于生产线的物料流动及短距离输送。输送和分拣设备是实现装卸搬运机械化作业的物质技术基础，也是实现装卸搬运合理化的重要工具。

起重机械是现代企业实现物流作业机械化、自动化，改善物料搬运效率，降低劳动强度，提高生产率的必不可少的重要机械设备，在港口、仓储、车站、工厂和建筑工地等场所都得到了广泛的运用。

集装化机械设备是指用集装单元化的形式进行储存、运输、装卸搬运作业的物流设备与器具。它是集装单元系统的主要组成部分，主要有集装箱、托盘和滑板等。使用集装化机械设备能把离散货物集装成集装单元，有利于组织联运，加快货物周转速度，并保证货物安全。

仓储设备是在仓储作业过程中，进行运作、管理以及保证作业安全的必备的各种机械设施的总称。仓储设备有很多种，由于仓储物品的不同，如尺寸、重量、材质等性质的不同，使用的设备也不同，如液体需要用简装包装，而木材等长条形物品需要用悬臂式货架。

## 9.6.5　输送系统及设备

输送设备是以连续的方式沿着一定的路径从装货点到卸货点输送散装货物和成件货物的机械设备。输送设备可以进行水平、倾斜输送，也可以组成空间输送线路，输送线路一般是固定的。输送设备不仅具有输送能力强、运距长等特点，而且可以在输送过程中完成若干工艺操作，因此应用十分广泛。

### 1. 物料输送系统

物料输送可以理解为物料的运输与传送。物料输送系统是由一系列的相关设施和装置组成的，用于一个过程或者逻辑动作系统当中，合理并协调地将物料进行移动、储存或控制的系统。输送机在一个区间内能连续搬运大量货物，搬运成本非常低廉，搬运时间比较短，货流稳定。因此，它被广泛用于现代物流系统中。从国内外大量的自动化立体仓库、配送中心、大型货场来看，其设备除起重机械以外，大部分都是连续输送机组成的搬运系统，如进出库输送机系统、自动分拣输送机系统、自动装卸输送机系统等。在现代化搬运系统中，输送机承担着重要的作用。整个搬运系统均由中央计算机控制，形成了一整套复杂完整的货物输送、搬运系统，大量货物或物料的进出库、装卸、分类、分拣、识别、计量等工作均由输送机系统来完成。

### 2. 物料输送设备

输送设备是指以连续的方式沿着一定的路径，从装货点到卸货点输送散料或成件包装货物的机械，也称输送机械。输送设备与起重设备相比，它输送货物是沿着一定的线路连续进行的；工作构件的装载和卸载都是在运动过程中进行的，无须停机，启动、制动少；被输送的散料以连续形式分布于承载构件上，输送的成件货物也同样按照一定的次序以连续的方式移动。

输送设备是输送系统中的主要组成部分，也是"装卸搬运"的主要组成部分，而输送系统又是物流子系统之一。输送系统是物流中"物"的有效流动的重要保证，没有"运输"就没有流动，没有"传送"就没有物流和生产作业的顺利运行，输送和装卸是货物不同运动（相对静止）阶段之间互相转换的纽带。输送设备在现代物流系统中，特别是在车站、仓库、港口、货栈内，承担大量货物的运输工作，同时也是现代化立体仓库中的辅助设备，它具有把各物流站点连接起来的作用。

输送设备是物流活动高效率运行的重要工具与支撑。在生产车间，输送设备起着人与工位、工位与工位、加工与储存、加工与装卸输送之间的衔接作用，该设备还具有暂存物料和缓冲物料的功能。对输送设备的合理运用，可以使各工序之间衔接得更加紧密，进一步提高生产效率。

## 思考题

1. 怎样理解物流工程和物流管理的区别？

2. 物流的主要内容有哪些？

3. 分析讨论物流工程的主要研究内容。

4. 结合本章对物流工程的论述，分析讨论物流工程对企业管理的意义。

5. 通过本章的学习，查阅相关资料，思考并讨论在当前中国"一带一路"倡议、"中国制造 2025"战略背景下，物流工程所面临的机遇和挑战。

# 第10章

# 安全管理

▶▶ 本章学习目标

1. **知识目标**：了解安全生产的相关知识，理解安全生产管理的含义，了解安全生产管理的产生和发展，准确认知安全生产管理的目标；熟悉事故致因理论，理解和掌握安全生产管理的原理和原则，能清楚理解我国安全生产管理的方针和制度。

2. **能力目标**：掌握安全管理的基本原理、方法及专业技能，了解我国安全管理等现状，能准确认知安全问题，牢固树立安全意识，初步培养运用安全科学和安全管理学知识解决实际问题的能力，提升自主思维能力和创新能力。

3. **价值目标**：展现我国"以人为本，生命至上，科学救援"的理念，进而凸显我国在以人为本和求真务实精神引领下的优越性，引导学生树立正确价值观、人生观、世界观，增强学生的民族自豪感和信心，激发学生报效祖国、为国争光的爱国之志。

## ✍ 引导案例　装置失效酿苦果，违章作业是祸根

违章作业是安全生产的大敌，十起事故，九起违章。在实际操作中，有的人为图一时方便，擅自拆除了自以为有碍作业的安全装置；更有一些职工，工作起来，就把"安全"二字忘得干干净净。2000年10月13日，某纺织厂职工朱某与同事一起操作滚筒烘干机进行烘干作业。5时40分朱某在向烘干机放料时，被旋转的联轴节挂住裤脚口摔倒在地。待旁边的同事听到呼救声后，马上关闭电源，使设备停转，才使朱某脱险。但朱某腿部已严重擦伤。引起该事故的主要原因就是烘干机马达和传动装置的防护罩在上一班检修作业后没有及时罩上。2001年5月18日，四川广元某木器厂木工李某用平板刨床加工木板，木板尺寸为300 mm×25 mm×3 800 mm，李某进行推送，另有一人接拉木板。在快刨到木板端头时，遇到节疤，木板抖动，李某疏忽，因这台刨床的刨刀没有安全防护装置，右手脱离木板而直接按到了刨刀上，瞬间李某的四个手指被刨掉。在一年前，该木器厂为了消除无安全防护装置这一隐患，专门购置了一套防护装置，但装上用了一段时间后，操作人员嫌麻烦，就给拆除了，结果不久就发生了这起事故。上述两个事故都是由人的不安全行为违章作业，机械的不安全状态失去了应有的安全防护装置和安全管理不到位等因素共同作用造成的。安全意识薄弱是造成伤害事故的思想根源，我们一定要牢记：所有的安全装置都是为了保护操作者生命安全和健康而设置的。机械装

置的危险区就像一只吃人的"老虎"，安全装置就是关老虎的"铁笼"。一旦拆除了安全装置，这只"老虎"就随时会伤害操作者的身体。

# 10.1 安全生产的含义及本质

## 10.1.1 安全生产的含义

安全，顾名思义"无危则安，无缺则全"，安全意味着不危险，这是人们长期来总结出来的一种传统认识。

所谓"安全生产"，是指在生产经营活动中，为了避免造成人员伤害和财产损失的事故而采取相应的事故预防和控制措施，使生产过程在符合规定的条件下进行，以保证从业人员的人身安全与健康，设备与设施免受损坏，环境免遭破坏，保证生产经营活动得以顺利进行的相关活动。

《辞海》中将"安全生产"解释为：为预防生产过程中发生人身、设备事故，形成良好劳动环境和工作秩序而采取的一系列措施和活动。

《中国大百科全书》中将"安全生产"解释为：旨在保护劳动者在生产过程中安全的一项方针，也是企业管理必须遵循的一项原则，要求最大限度地减少劳动者的工伤和职业病，保障劳动者在生产过程中的生命安全和身体健康。

《中国大百科全书》将安全生产解释为企业生产的一项方针、原则和要求，《辞海》则将安全生产解释为企业生产的一系列措施和活动。根据现代系统安全工程的观点，上述解释只表述了一个方面，都不够全面。

概括地说，安全生产是指采取一系列措施使生产过程在符合规定的物质条件和工作秩序下进行，有效消除或控制危险和有害因素，无人身伤亡和财产损失等生产事故发生，从而保障人员安全与健康、设备和设施免受损坏、环境免遭破坏，使生产经营活动得以顺利进行的一种状态。

"安全生产"这个概念，一般意义上讲，是指在社会生产活动中，通过人、机、物料、环境、方法的和谐运作，使生产过程中潜在的各种事故风险和伤害因素始终处于有效控制状态，切实保护劳动者的生命安全和身体健康。也就是说，为了使劳动过程在符合安全要求的物质条件和工作秩序下进行，防止人身伤亡财产损失等生产事故，消除或控制危险有害因素，保障劳动者的安全健康和设备设施免受损坏、环境免受破坏的一切行为。

安全生产是安全与生产的统一，其宗旨是安全促进生产，生产必须安全。搞好安全工作，改善劳动条件，可以调动职工的生产积极性；减少职工伤亡，可以减少劳动力的损失；减少财产损失，可以增加企业效益，无疑会促进生产的发展；而生产必须安全，则是因为安全是生产的前提条件，没有安全就无法生产。

## 10.1.2 安全生产的本质

安全生产是国家一项长期基本国策，是保护劳动者的安全、健康和国家财产，促进社会生产力发展的基本保证，也是保证社会主义经济发展，进一步实行改革开放的基本条件。因此，做好安全生产工作具有重要的意义。对于安全生产来说，任何时候都离不开如下四个本质特点。

（1）保护劳动者的生命安全和职业健康是安全生产最根本、最深刻的内涵，是安全生产本质的核心。它充分揭示了安全生产以人为本的导向性和目的性，它是我们党和政府以人为本的执政本质、以人为本的科学发展观的本质、以人为本构建和谐社会的本质在安全生产领域的鲜明体现。

（2）突出强调最大限度的保护。所谓最大限度的保护，是指在现实经济社会所能提供的客观条件的基础上，尽最大的努力，采取加强安全生产的一切措施，保护劳动者的生命安全和职业健康。根据目前我国安全生产的现状，需要从三个层面上对劳动者的生命安全和职业健康实施最大限度的保护：一是在安全生产监管主体，即政府层面，把加强安全生产、实现安全发展，保护劳动者的生命安全和职业健康，纳入经济社会管理的重要内容，纳入社会主义现代化建设的总体战略，最大限度地给予法律保障、体制保障和政策支持。二是在安全生产责任主体，即企业层面，把安全生产、保护劳动者的生命安全和职业健康作为企业生存和发展的根本，最大限度地做到责任到位、培训到位、管理到位、技术到位、投入到位。三是在劳动者自身层面，把安全生产和保护自身的生命安全和职业健康，作为自我发展、价值实现的根本基础，最大限度地实现自主保护。

（3）突出在生产过程中的保护。生产过程是劳动者进行劳动生产的主要时空，因而也是保护其生命安全和职业健康的主要时空，安全生产的以人为本，具体体现在生产过程中的以人为本。同时，它还从深层次揭示了安全与生产的关系。在劳动者的生命和职业健康面前，生产过程应该是安全地进行生产的过程，安全是生产的前提，安全又贯穿于生产过程的始终。如果二者发生矛盾，当然是生产服从于安全，当然是安全第一。这种服从，是一种铁律，是对劳动者生命和健康的尊重，是对生产力最主要最活跃因素的尊重。如果不服从、不尊重，生产也将被迫中断，这就是人们不愿见到的事故发生的强迫性力量。

（4）突出一定历史条件下的保护。这个一定的历史条件，主要是指特定历史时期的社会生产力发展水平和社会文明程度。强调一定历史条件的现实意义在于：一是有助于加强安全生产工作的现实紧迫性。我国是一个正在工业化的发展中大国，经济持续快速发展与安全生产基础薄弱形成了比较突出的矛盾，处在事故的"易发期"，如果不抓好安全生产就容易发生事故，对劳动者的生命安全和职业健康威胁很大。做好这一历史阶段的安全生产工作，任务艰巨，时不我待，责任重大。二是有助于明确安全生产的重点行业取向。由于社会生产力发展不平衡、科学技术应用不平衡、行业自身特点的特殊性，在一定的历史发展阶段必然形成重点的安全生产产业、行业、企业，如煤矿、建筑施工等行业、企业。工作在这些行业的劳动者，其生命安全和职业健康更应受到重点保护，更应加大这些行业安全生产工作的力度，遏制重特大事故的发生。三是有助于处理好一定历史条件下的保护与最大限度保护的关系。最大限度保护应该是一定历史条件下的最大限度，受一定历史发展阶段的文化、体制、法制、政策、科技、经济实力、劳动者素质等条件的制约，搞好安全生产离不开这些条件。因此，立足现实条件，充分利用和发挥现实条件，加强安全生产工作，是我们的当务之急。同时，最大限度保护是引

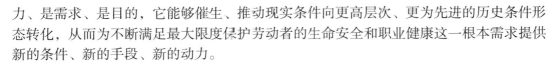

力、是需求、是目的，它能够催生、推动现实条件向更高层次、更为先进的历史条件形态转化，从而为不断满足最大限度保护劳动者的生命安全和职业健康这一根本需求提供新的条件、新的手段、新的动力。

### 10.1.3 安全生产的基本原则

我国宪法第四十二条提出"加强劳动保护，改善劳动条件"，这是国家和企业安全生产所必须遵循的基本原则，安全生产管理的一切要求均应符合这一原则。安全生产有如下八项基本原则。

**1."以人为本"的原则**

这是要求在生产过程中，必须坚持"以人为本"的原则。在生产与安全的关系中，一切以安全为重，安全必须排在第一位。必须预先分析危险源，预测和评价危险、有害因素，掌握危险出现的规律和变化，采取相应的预防措施，将危险和安全隐患消除在萌芽状态。

**2."谁主管、谁负责"的原则**

这是企业各级领导在生产过程中必须坚持的原则。安全生产的重要性要求主管者也必须是责任人，要全面履行安全生产责任。企业主要负责人是企业经营管理的领导，应当肩负起安全生产的责任，在抓经营管理的同时必须抓安全生产。企业要全面落实安全工作领导责任制，形成纵向到底、横向到边的严密的责任网络。企业主要负责人是企业安全生产的第一责任人，对安全生产负有主要责任。同时，企业还应与所属各部门和各单位层层签订安全工作责任状，把安全工作责任一直落实到基层单位和生产经营的各个环节。同样，企业内部各部门、各单位主要负责人也是部门、单位安全工作的第一责任人，对分管工作的安全生产也应负有重要领导责任。

**3."管生产必须管安全"的原则**

这是指企业各级领导和全体员工在生产过程中必须坚持在抓生产的同时抓好安全工作。它体现了安全与生产的统一，生产和安全是一个有机的整体，两者不能分割更不能对立起来，应将安全寓于生产之中。

**4."安全具有否决权"的原则**

这是指安全生产工作是衡量工程项目管理的一项基本内容，它要求对各项指标考核，评优创先时首先必须考虑安全指标的完成情况。如果安全指标没有实现，即使其他指标顺利完成，仍无法实现项目的最优化，安全具有一票否决的作用。

**5."三同时"原则**

这是指要求一切企业、事业单位在进行新建、改建和扩建等生产性基本建设项目中的职业安全、卫生技术和环境保护等劳动安全卫生措施和设施必须符合国家规定的标准，必须与主体工程同时设计、同时施工、同时投产使用，以确保建设项目竣工投产后，符合国家规定的劳动安全卫生标准，保障劳动者在生产过程中的安全与健康。

**6."四不放过"原则**

原则一：事故原因未查清不放过。在调查处理事故时，要把事故原因分析清楚，找出导致事故发生的真正原因，不能敷衍了事，不能在尚未找到事故主要原因时就轻易下结论。

原则二：责任人员未处理不放过。对事故责任者要严格按照安全事故责任追究规定和有关法律、法规的规定进行严肃处理，不能放过任何犯罪人员。

原则三：整改措施未落实不放过。在调查处理工伤事故时，不能认为原因分析清楚了，有关人员也处理了就算完成任务了。必须针对事故发生的原因，提出并落实整改措施，防止同类事故的再次发生。

原则四：有关人员未受到教育不放过。必须使事故责任者和广大群众了解事故发生的原因及造成的危害，并深刻认识到搞好安全生产的重要性，使大家从事故中吸取教训，在今后工作中更加重视安全工作。

### 7. "三个同步"原则

这是指安全生产与经济建设、企业深化改革、技术改造同步规划、同步发展、同步实施的原则。企业在考虑经济发展，进行机制改革、技术改造时，安全生产要与之同时规划，同时组织实施，同时运作投产。目前，要坚决防止部分企业在改制时，将安全管理的规章制度、管理机构和人员进行弱化、淡化，或取消安全生产管理机构，这是有违安全生产要求的，取消安全生产机构违反了安全生产法，违反了安全生产许可证条例。

### 8. "五同时"原则

企业的生产组织领导者必须在计划、布置、检查、总结、评比生产工作的同时进行计划、布置、检查、总结、评比安全工作的原则。企业生产组织及领导者在计划、布置、检查、总结、评比生产的时候，同时计划、布置、检查、总结、评比安全工作，把安全生产工作落实到每一个生产组织管理环节中去。"五同时"原则要求企业在管理生产的同时必须认真贯彻执行国家安全生产方针、法律法规，建立健全各种安全生产规章制度。

## 10.1.4 安全生产"五要素"及其关系

### 1. 安全生产"五要素"

安全生产"五要素"是指安全文化、安全法制、安全责任、安全科技和安全投入。

安全文化，是指存在于单位和个人中有关安全问题的种种特性和态度的总和。其核心安全意识，是存在于人们头脑中，支配人们行为有关安全问题的思想。对公民和职工要加强宣传教育工作，普及安全常识，强化全社会的安全意识，强化公民的自我保护意识。对安全监管人员，要树立"以人为本"的执政理念，时刻把人民生命财产安全放在首位，切实落实"安全第一、预防为主、综合治理"的安全生产方针。对行业和企业，要确立具有自己特色的安全生产管理原则，落实各种事故防范预案，加强职工安全培训，确立"三不伤害"，即不伤害自己、不伤害别人、不被别人伤害的安全生产理念。

安全法制，是指建立健全安全生产法律法规和安全生产执法。首先要认真学习和宣传《中华人民共和国安全生产法》（以下简称《安全生产法》）及其配套法规和安全标准。其次，行业、企业要结合实际建立和完善安全生产规章制度，将已被实践证明切实可行的措施和办法上升为制度和法规。逐步建立健全全社会的安全生产法律法规体系，用法律法规来规范政府、企业、职工和公民的安全行为，真正做到有章可循、有章必循、违章必纠，体现安全监管的严肃性和权威性，使"安全第一"的思想观念真正落实到日常生产生活中。

安全责任，主要是指安全生产责任制度的建立和落实。企业是安全管理的责任主体，企业法定代表人、企业"一把手"是安全生产的第一责任人。第一责任人要切实负起职责，要制定和完善企业安全生产方针和制度，层层落实安全生产责任制，完善企业规章制度，治理安全生产重大隐患，保障发展规划和新项目的安全"三同时"。各级政府是安全生产的监督管理主体，要切实落实地方政府、行业主管部门及出资人机构的监管责任，科学界定各级安全生产监督管理部门的综合监管职能，建立严格而科学合理的安全生产问责制，严格执行安全生产责任追究制度，深刻吸取事故教训。

安全科技，是指安全生产科学与技术研究和应用。企业要采用先进实用的生产技术，组织安全生产技术研究开发。国家要积极组织重大安全技术攻关，研究制定行业安全技术标准、规范。积极开展国际安全技术交流，努力提高我国安全生产技术水平。采用更先进的安全装备及安全技术手段是实现对危险生产过程有效控制的不可或缺的技术措施。比如重点监管危险化工工艺装置应实现自动化控制，系统具备紧急停车功能，构成一级、二级危险化学品重大危险源的危险化学品罐区应实现紧急切断功能，涉及毒性气体、液化气体、剧毒液体的一级、二级危险化学品重大危险源的危险化学品罐区应配备独立的安全仪表系统。

安全投入，是指保证安全生产必需的资源投入，包括人力、物力、财力的投入。企业应是安全投入的主体，致力于建立企业安全生产投入长效机制。

**2. 安全生产"五要素"之间的关系**

安全生产"五要素"既相对独立又相辅相成，共同构成一个有机统一的整体。安全文化是安全生产工作基础中的基础，是安全生产工作的精神指向，其他的各个要素都应该在安全文化的指导下展开。安全文化又是其他各个要素的目的和结晶，只有在其他要素健全成熟的前提下，才能培育出"以人为本"的安全文化。安全法制是安全生产工作进入规范化和制度化的必要条件，是开展其他各项工作的保障和约束；安全责任是安全法制进一步落实的手段，是安全法律法规的具体化；安全科技是保证安全生产工作现代化的工具；安全投入为其他各个要素能够开展提供物质的保障。

安全文化的最基本内涵就是人的安全意识。建设安全生产领域的安全文化，前提是要加强安全宣传教育工作，普及安全常识，强化全社会的安全意识，强化公民的自我保护意识。安全要真正做到警钟长鸣、居安思危、常抓不懈。

安全法制是保障安全生产的最有力武器，是体现安全生产管理之强制原理、实现安全生产的客观要求。因此，保障安全生产必须建立和完善安全生产法规体系，必须强化安全生产法治建设。安全生产法规健全，安全生产法规能够落实到位，安全生产标准执行达标，这是企业生产经营的最基本的要求和前提条件。

安全生产责任制是安全生产制度体系中最基础、最重要的制度。安全责任制的实质是"安全生产，人人有责"。建立和完善安全生产责任体系，不仅要强化行政责任问责制、严格执行安全生产行政责任追究制度，还要依法追究安全事故罪的刑事责任，并随着市场经济体制的完善，强化和提高民事责任或经济责任的追究力度。

安全科技是实现安全生产的手段。"科技兴安"是现代社会工业化生产的要求，是实现安全生产的最基本出路。安全是企业管理、科技进步的综合反映，安全需要科技的支撑，实现科技兴安是每个决策者和企业家应有的认识。安全科技水平决定安全生产的保障能力，因此，安全科技是事故预防的重要力量。只有充分依靠科学技术的手段，生产过程的安全才有根本保障。

安全投入是安全生产的基本保障。安全生产的实现，需要安全投入的保障作为基础；提高安全生产的能力，需要为安全付出成本。没有安全投入的保障，其他四要素就很难充分发挥作用。

## 10.2　安全生产管理及发展

### 10.2.1　安全生产管理

管理定义自古即有，但什么是"管理"，从不同的角度出发，可以有不同的理解。从字面上看，管理有"管辖""处理""管人""理事"等意，即对一定范围的人员及事务进行安排和处理。但是这种字面的解释无法严格地表达出管理本身所具有的完整含义。

关于管理的定义，至今仍未得到公认和统一。长期以来，许多中外学者从不同的角度出发，对管理作出不同的解释，其中较有代表性的有：管理学家赫伯特·西蒙认为"管理就是决算"。当前，美国、日本以及欧洲各国的一些管理学著作或者管理学教材中，也对管理有不同的定义，如："管理就是由一个或者更多的人来协调他人的活动，以便收到个人单独活动所不能收到的效果而进行的活动。""管理就是计划、组织、控制等活动的过程。""管理是筹划、组织和控制一个组织或者一组人的工作。""给管理下一个广义而又切实可行的定义，可把它看成是这样的一种活动，即它发挥某些职能，以便有效地获取、分配和利用人的努力和物质资源，来实现某个目标。""管理就是通过其他人来完成工作。"上述定义可以说是从不同的侧面、不同的角度揭示了管理的含义，或者是揭示管理某一方面的属性。但可以对"管理"作如下定义能够全面概括管理这个概念的内涵和外延，即：管理是指一定组织中的管理者，通过实施计划、组织、人员配备、指导与领导、控制等职能来协调他人的活动，使别人同自己一起实现既定目标的活动过程。

安全管理是指国家或企事业单位安全部门的基本职能。它运用行政、法律、经济、教育和科学技术手段等，协调社会经济发展与安全生产的关系，处理国民经济各部门、各社会集团和个人有关安全问题的相互关系，使社会经济发展在满足人们的物质和文化生活需要的同时，满足社会和个人的安全方面的要求，保证社会经济活动和生产、科研活动顺利进行、有效发展。

安全生产管理是指对安全生产工作进行的管理和控制。企业主管部门是企业经济及生产活动的管理机关，按照"管理生产同时管理安全"的原则，在组织本部门、本行业的经济和生产工作中，同时也负责安全生产管理。组织督促所属企业事业单位贯彻安全生产方针、政策、法规、标准。根据本部门、本行业的特点制定相应的管理法规和技术法规，并向劳动安全监察部门备案，依法履行自己的管理职能。

## 10.2.2　安全生产管理的目标

我国是制造业大国，为了向制造业强国迈进，国家也在制定和执行产业升级战略。在这一过程中，我们的制造业除了需要加大科技投入，还面临劳动力成本、能源成本上升压力，并且需要在 QHSE（质量、职业健康与安全、环保）体系管理方面的提升以塑造良好的企业形象。

（1）安全生产方面。主要包括：生产安全事故控制指标（事故负伤率及各类安全生产事故发生率）、安全生产隐患治理目标、安全生产、文明施工管理目标。

生产安全事故，是指生产经营单位在生产经营活动（包括与生产经营有关的活动）中突然发生的，伤害人身安全和健康，或者损坏设备设施，或者造成经济损失的，导致原生产经营活动（包括与生产经营活动有关的活动）暂时中止或永远终止的意外事件。

安全生产事故隐患是指作业场所、设备及设施的不安全状态，人的不安全行为和管理上的缺陷，是引发安全事故的直接原因。重大事故隐患是指可能导致重大人身伤亡或者重大经济损失的事故隐患。加强对重大事故隐患的控制管理，对于预防特大安全事故有重要的意义。

（2）生产目标方面。这是指减少和控制危害，减少和控制事故，尽量避免生产过程中由于事故造成的人身伤害、财产损失、环境污染以及其他损失。

（3）生产管理方面，包括安全生产法治管理、行政管理、监督检查、工艺技术管理、设备设施管理、作业环境和条件管理等。

（4）基本对象，指企业的员工，涉及企业中的所有人员、设备设施、物料、环境、财务、信息等各个方面。

## 10.2.3　安全生产管理的产生和发展

安全问题是伴随着社会生产而产生和发展的。人类"钻木取火"的目的是利用火，如果不对火进行管理，火就会给使用的人们带来灾难。可以说防火技术是人类最早的安全管理技术之一。

在公元前 27 世纪，古埃及第三王朝在建造金字塔时，组织 10 万人用 20 年的时间开凿地下甬道、墓穴及建造地面塔体。对于如此庞大的工程，生产过程中没有安全管理是不可想象的。

我国古代在生产中就积累了一些安全防护的经验。早在公元前 8 世纪西周时期的《周易》一书中就有"水火相忌""水在火上，既济"的记载，说明用水灭火的道理。自秦人开始兴修水利以来，几乎历朝历代都设有专门管理水利的机构。隋代医学家巢元方《诸病源候论》一书中就记有凡进古井深洞，必须先放入羽毛，如观其旋转，说明有毒气上浮，便不得入内。公元 989 年，北宋木结构建筑物匠师俞皓在建造开宝寺灵感塔时，每建一层都要在塔的周围安设帷幕遮挡，既避免施工伤人，又利于操作。而且，北宋时期的消防组织已相当严密。据《东京梦华录》记载，当时的首都汴京消防组织相当完善，消防管理机构不仅有地方政府，而且有军队担负值勤任务。明代科学家宋应星所著的《天工开物》中记述了采煤时防止瓦斯中毒的方法："深至五丈许，方始得煤，初见煤端时，毒气灼人。有将巨竹凿去中节，尖锐其末，插入炭中，其毒烟从竹中透上……"这其中就有着安全管理的雏形。

18世纪下半叶，工业革命使工业生产发生了巨大变革，企业内部的分工协作使得企业管理应运而生。在工业革命后的一段时期内，工人们在极其恶劣的环境下，每天从事超过10个小时的劳动，伤亡事故接连发生，工人健康受到严重摧残。而资本家认为频繁发生的伤亡事故是工业进步必须付出的代价，他们对工人的伤亡不负任何责任。为了生存，工人们进行了反抗资本家残酷压榨的斗争，社会上的进步人士也同情工人的悲惨遭遇。迫于工人的反抗和社会舆论的压力，到了19世纪初，英国、法国、比利时等国相继颁布了安全法令。例如1802年，英国通过了纺织厂和其他工厂学徒健康风纪保护法；1810年，比利时制定了矿场检查法案及公众危险防止法案；1829年，普鲁士规定了工厂雇用童工限制并附带有工厂检查规定等。当时，尽管"安全"带有一种慈善和人道主义的观念，但一定程度上推动了安全管理和保险事业的发展。

20世纪初，伴随着现代工业兴起和快速发展，重大生产事故和环境污染也相继发生，造成了大量的人员伤亡和巨大的财产损失，给社会带来了极大危害。如1984年12月3日凌晨，印度中央邦的博帕尔市美国联合碳化物公司属下的联合碳化物（印度）有限公司，设于博帕尔贫民区附近的一所农药厂发生毒气泄漏事故。当时有2 000多名博尔贫民区居民立即丧命，后来更有2万人死于这次灾难，20万博帕尔居民永久残疾。由于这次大灾难，世界各国化学集团改变了原先拒绝向社区通报的态度，亦加强了安全管理。

联合碳化物公司是一家跨国集团，当时在美国所有大公司中名列第37位，在世界上38个国家设有子公司，从事多门类产品生产，雇用超过10万人，资产100亿美元。该事故发生后，该公司股票价值下跌4.4亿美元，而且因这次惨剧要向印度政府赔偿4.7亿美元，亦要出售该集团持有的印度分公司50%股权，用于兴建治疗受影响居民的医院和研究中心。最终该集团在2001年，成为美国陶氏化工（Dow）集团的全资附属公司。

2004年12月3日（事故发生20周年），英国广播公司播出访问片段，一名声称陶氏化工的代表宣布公司愿意清理灾难现场和赔偿死伤者。播出后陶氏化工的股价在23分钟内下跌4.2%，市值约20亿美元。虽然事后表明这只是一个恶作剧，但这也正反映出恶性事故对企业生存和社会稳定的巨大影响力。

正是由于这一系列恶性事故的发生，人们不得不在一些企业设置专职安全人员从事安全管理工作，有些企业主不得不花费一定的资金和时间对工人进行安全教育。20世纪30年代，很多国家设立了安全生产管理的政府机构，发布了劳动安全卫生的法律法规，逐步建立了较完善的安全教育、管理、技术体系，初具现代安全生产管理雏形。1929年美国的Heinrich发表了《工业事故预防》一书，比较系统地介绍了当时的安全管理思想和经验，是安全管理理论方面的代表性著作。在其后的时间里，工业生产迅速发展，管理科学中新理论、新观点不断涌现，安全管理内容也不断充实、发展。《工业事故预防》一书差不多每10年修订一次，努力反映当代最新的安全管理理论和实践。

进入20世纪50年代，经济的快速增长使人们的生活水平迅速提高，工人强烈要求不仅要有工作机会，还要有安全与健康的工作环境。一些工业化国家进一步加强了安全生产法律法规体系建设，在安全生产方面投入大量的资金进行科学研究，产生了一些安全生产管理原理、事故致因理论和事故预防原理等安全管理理论，以系统安全理论为核心的现代安全管理方法、模式、思想也基本形成。

到20世纪末，随着现代制造业和航空航天技术的飞速发展，人们对职业安全卫生问题的认识也发生了很大变化，安全生产成本、环境成本等成为产品成本的重要组成部分职业安全卫生问题成为非官方贸易壁垒的利器。在这种背景下，"持续改进""以人为本"的安全管理理念逐渐被企业管理者所接受，以职业健康安全管理体系为代表的企业安全生产风险管理思想开始形成，现代安全生产管理的理论、方法、模式及相应的标准、规范逐渐成熟。

现代安全生产管理理论、方法、模式自20世纪50年代开始进入我国。在20世纪60~70年代，我国开始吸收并研究事故致因理论、事故预防理论和现代安全生产管理思想。20世纪80~90年代，我国开始研究企业安全生产风险评价、危险源辨识和监控，一些企业管理者开始尝试安全生产风险管理。20世纪末，我国几乎与世界工业化国家同步研究并推行了职业健康安全管理体系。进入21世纪以来，我国有些学者提出了系统化的企业安全生产风险管理理论雏形，认为企业安全生产管理是风险管理，管理的内容包括危险源辨识、风险评价、危险预警与监测管理、事故预防与风险控制管理及应急管理等。该理论将现代风险管理完全融入安全生产管理之中。

## 10.3 事故致因理论

事故致因理论是从大量典型事故的本质原因的分析中所提炼出的事故机理和事故模型。这些机理和模型反映了事故发生的规律性，能够为事故原因的定性、定量分析，事故的预测预防，以及改进安全管理工作，从理论上提供科学的、完整的依据。随着科学技术和生产方式的发展，事故发生的本质规律在不断变化，人们对事故原因的认识也在不断深入，因此先后出现了十几种具有代表性的事故致因理论和事故模型。

### 10.3.1 事故致因理论的发展

在20世纪50年代以前，资本主义工业化大生产飞速发展，美国福特公司的大规模流水线生产方式得到广泛应用。这种生产方式利用机械的自动化迫使工人适应机器，包括操作要求和工作节奏，一切以机器为中心，人成为机器的附属和奴隶。与这种情况相对应，人们往往将生产中的事故原因推到操作者的头上。

1919年，格林伍德和伍兹提出了"事故倾向性格"论，后来纽伯尔德在1926年以及法默在1939年分别对其进行了补充。该理论认为，从事同样的工作和在同样的工作环境中，某些人比其他人更易发生事故，这些人是事故倾向者，他们的存在会使生产中的事故增多；如果通过人的性格特点区分出这部分人而不予雇佣，则可以减少工业生产中的事故。这种理论把事故致因归咎于人的天性，但是后来的许多研究结果并没有证实此理论的正确性。

1936年由美国学者海因里希所提出的事故因果连锁理论。海因里希认为，伤害事故的发生是一连串的事件，按一定因果关系依次发生的结果。他用五块多米诺骨牌来形象地说明这种因果关系，即第一块牌倒下后会引起后面的牌连锁反应而倒下，最后一块牌即为伤害。因此，该理论也被称为"多米诺骨牌理论"。多米诺骨牌理论建立了事故致因的事件链这一重要概念，并为后来者研究事故机理提供了一种有价值的方法。

海因里希曾经调查了75 000件工伤事故，发现其中有98%是可以预防的。在可预防的工伤事故中，以人的不安全行为为主要原因的占89.8%，而以设备的、物质的不安全状态为主要原因的只占10.2%。按照这种统计结果，绝大部分工伤事故都是由于工人的不安全行为引起的。海因里希还认为，即使有些事故是由于物的不安全状态引起的，其不安全状态的产生也是由于工人的错误所致。因此，这一理论与事故倾向性格论一样，将事件链中的原因大部分归于操作者的错误，体现出时代的局限性。

第二次世界大战爆发后，高速飞机、雷达、自动火炮等新式军事装备的出现，带来了操作的复杂性和紧张度，使得人们难以适应，常常发生动作失误。于是，产生了专门研究人类的工作能力及其限制的学问——人机工程学，它对战后工业安全的发展也产生了深刻的影响。人机工程学的兴起标志着工业生产中人与机器关系的重大改变。以前是按机械的特性来训练操作者，让操作者满足机械的要求；现在是根据人的特性来设计机械，使机械适合人的操作。

这种在人机系统中以人为主、让机器适合人的观念，促使人们对事故原因重新进行认识。越来越多的人认为，不能把事故的发生简单地说成操作者的性格缺陷或粗心大意所致，应该重视机械的、物质的危险性在事故中的作用，强调实现生产条件、机械设备的固有安全，才能切实有效地减少事故的发生。

1949年，葛登利用流行病传染机理来论述事故的发生机理，提出了"用于事故的流行病学方法"理论。葛登认为，流行病病因与事故致因之间具有相似性，可以参照分析流行病因的方法分析事故。

流行病的病因有三种：（1）当事者（病者）的特征，如年龄、性别、心理状况、免疫能力等；（2）环境特征，如温度、湿度、季节、社区卫生状况、防疫措施等；（3）致病媒介特征，如病毒、细菌、支原体等。这三种因素的相互作用，可以导致人的疾病发生。与此相类似，对于事故，一要考虑人的因素，二要考虑作业环境因素，三要考虑引起事故的媒介。

这种理论比只考虑人失误的早期事故致因理论有了较大的进步，它明确地提出事故因素间的关系特征，事故是三种因素相互作用的结果，并推动了关于这三种因素的研究和调查。但是，这种理论也有明显的不足，主要是关于致因的媒介。作为致病媒介的病毒等在任何时间和场合都是确定的，只是需要分辨并采取措施防治；而作为导致事故的媒介到底是什么，还需要识别和定义，否则该理论无太大用处。

1961年由吉布森提出，并在1966年由哈登引申的"能量异常转移"论，是事故致因理论发展过程中的重要一步。该理论认为，事故是一种不正常的，或不希望的能量转移，各种形式的能量构成了伤害的直接原因。因此，应该通过控制能量或者控制能量的

载体来预防伤害事故，防止能量异常转移的有效措施是对能量进行屏蔽。

能量异常转移论的出现，为人们认识事故原因提供了新的视野。例如，在利用"用于事故的流行病学方法"理论进行事故原因分析时，就可以将媒介看成是促成事故的能量，即有能量转移至人体才会造成事故。

20世纪70年代后，随着科学技术不断进步，生产设备、工艺及产品越来越复杂，信息论、系统论、控制论相继成熟并在各个领域获得广泛应用。对于复杂系统的安全性问题，采用以往的理论和方法已不能很好地解决，因此出现了许多新的安全理论和方法。

在事故致因理论方面，人们结合信息论、系统论和控制论的观点、方法，提出了一些有代表性的事故理论和模型。相对来说，20世纪70年代以后是事故致因理论比较活跃的时期。

20世纪60年代末（1969年）由瑟利提出，20世纪70年代初得到发展的瑟利模型，是以人对信息的处理过程为基础描述事故发生因果关系的一种事故模型。这种理论认为，人在信息处理过程中出现失误从而导致人的行为失误，进而引发事故。与此类似的理论还有1970年的海尔模型，1972年威格里沃思的"人失误的一般模型"，1974年劳伦斯提出的"金矿山人失误模型"，以及1978年安德森等人对瑟利模型的修正等。

这些理论均从人的特性与机器性能和环境状态之间是否匹配和协调的观点出发，认为机械和环境的信息不断地通过人的感官反映到大脑，人若能正确地认识、理解、判断，作出正确决策和采取行动，就能化险为夷，避免事故和伤亡；反之，如果人未能察觉、认识所面临的危险，或判断不准确而未采取正确的行动，就会发生事故和伤亡。由于这些理论把人、机、环境作为一个整体（系统）看待，研究人、机、环境之间的相互作用、反馈和调整，从中发现事故的致因，揭示出预防事故的途径，所以，也有人将它们统称为系统理论。

动态和变化的观点是近代事故致因理论的又一基础。1972年，本尼尔提出了在处于动态平衡的生产系统中，由于"扰动"（perturbation）导致事故的理论，即P理论。此后，约翰逊于1975年发表了"变化—失误"模型，1980年塔兰茨在《安全测定》一书中介绍了"变化论"模型，1981年佐藤音信提出了"作用—变化与作用连锁"模型。

近十几年来，比较流行的事故致因理论是"轨迹交叉"论。该理论认为，事故的发生不外乎人的不安全行为（或失误）和物的不安全状态（或故障）两大因素综合作用的结果，即人、物两大系列时空运动轨迹的交叉点就是事故发生的所在，预防事故的发生就是设法从时空上避免人、物运动轨迹的交叉。与轨迹交叉论类似的理论是"危险场"理论。危险场是指危险源能够对人体造成危害的时间和空间的范围。这种理论多用于研究存在诸如辐射、冲击波、毒物、粉尘、声波等危害的事故模式。

事故致因理论的发展虽还很不完善，还没有给出对事故调查分析和预测预防方面的普遍和有效的方法。然而，对事故致因理论的深入研究，必将在安全管理工作中产生以下深远影响：（1）从本质上阐明事故发生的机理，奠定安全管理的理论基础，为安全管理实践指明正确的方向。（2）有助于指导事故的调查分析，帮助查明事故原因，预防同类事故的再次发生。（3）为系统安全分析、危险性评价和安全决策提供充分的信息和依据，增强针对性，减少盲目性。（4）有利于认定性的物理模型向定量的数学模型发展，为事故的定量分析和预测奠定基础，真正实现安全管理的科学化。（5）增加安全管理的理论知识，丰富安全教育的内容，提高安全教育的水平。

### 10.3.2 事故频发倾向论

#### 1. 事故频发倾向

侧重于容易发生事故的个人。（单因素事故致因理论——人）

优点：在事故的预防中能从人出发。

缺点：过分强调了人的个性特征在事故中的影响，把工业事故的原因归因于少数事故倾向者，忽略了人与生产环境的统一。许多研究结果表明，事故频发倾向者并不存在，因此，事故频发倾向论事实上已被排除在如今的事故致因理论讨论之外。

#### 2. 事故遭遇倾向

在关注到个人在事故中的定位的同时（事故的发生不仅与人的内在特性有关，还与人的工作经验、熟练程度等方面有关），也认为事故与生产作业条件有关。但分析影响因素不全面，而且没有进一步分析导致事故的根本原因。然而从职业适合性的角度来看，关于事故频发倾向的认识也有一定的可取之处，对于工人选拔有一定的参考价值。（但是在生活中，有的人的性格品行还是在一定程度上决定了他工作的责任心和细心程度，个别粗心乃至工作态度随便的人，还是容易在工作时发生事故。所以，这一理论有一定的科学性。）

### 10.3.3 事故致因连锁理论

#### 1. 海因里希因果连锁理论

海因里希是最早提出事故因果连锁理论的，他用该理论阐明导致伤亡事故的各种因素之间，以及这些因素与伤害之间的关系。该理论的核心思想是：伤亡事故的发生不是一个孤立的事件，而是一系列原因事件相继发生的结果，即伤害与各原因相互之间具有连锁关系。

海因里希提出的事故因果连锁过程包括如下五种因素。

（1）遗传及社会环境（M）。遗传及社会环境是造成人的缺点的原因。遗传因素可能使人具有鲁莽、固执、粗心等对于安全来说属于不良的性格；社会环境可能妨碍人的安全素质培养，助长不良性格的发展。这种因素是因果链上最基本的因素。

（2）人的缺点（P）。即由于遗传和社会环境因素所造成的人的缺点。人的缺点是使人产生不安全行为或造成物的不安全状态的原因。这些缺点既包括诸如鲁莽、固执、易过激、神经质、轻率等性格上的先天缺陷，也包括诸如缺乏安全生产知识和技能等的后天不足。

（3）人的不安全行为或物的不安全状态（H）。这二者是造成事故的直接原因。海因里希认为，人的不安全行为是由于人的缺点而产生的，是造成事故的主要原因。

（4）事故（D）。事故是一种由于物体、物质或放射线等对人体发生作用，使人员受到或可能受到伤害的、出乎意料的、失去控制的事件。

（5）伤害（A）。即直接由事故产生的人身伤害。

上述事故因果连锁关系，可以用5块多米诺骨牌来形象地加以描述。如果第一块骨牌倒下（即第一个原因出现），则发生连锁反应，后面的骨牌相继被碰倒（相继发生）。

该理论积极的意义就在于，如果移去因果连锁中的任一块骨牌，则连锁被破坏，事故过程被中止。海因里希认为，企业安全工作的中心就是要移去中间的骨牌——防止人的不安全行为或消除物的不安全状态，从而中断事故连锁的进程，避免伤害的发生。

海因里希的理论有明显的不足，如它对事故致因连锁关系的描述过于绝对化、简单化。事实上，各个骨牌（因素）之间的连锁关系是复杂的、随机的。前面的牌倒下，后面的牌可能倒下，也可能不倒下。事故并不是全都造成伤害，不安全行为或不安全状态也并不是必然造成事故，等等。尽管如此，海因里希的事故因果连锁理论促进了事故致因理论的发展，成为事故研究科学化的先导，具有重要的历史地位。

### 2. 博德事故因果连锁理论

博德在海因里希事故因果连锁理论的基础上，提出了与现代安全观点更加吻合的事故因果连锁理论。

博德的事故因果连锁过程同样为五个因素，但每个因素的含义与海因里希的都有所不同。

（1）管理缺陷。对于大多数企业来说，由于各种原因，完全依靠工程技术措施预防事故既不经济也不现实，只能通过完善安全管理工作，经过较大的努力，才能防止事故的发生。企业管理者必须认识到，只要生产没有实现本质安全化，就有发生事故及伤害的可能性。因此，安全管理是企业管理的重要一环。

安全管理系统要随着生产的发展变化而不断调整完善，十全十美的管理系统不可能存在。由于安全管理上的缺陷，总有能够造成事故的其他原因出现。

（2）个人及工作条件的原因。这方面的原因是由于管理缺陷造成的。个人原因包括缺乏安全知识或技能、行为动机不正确、生理或心理有问题等；工作条件原因包括安全操作规程不健全，设备、材料不合适，以及存在温度、湿度、粉尘、气体、噪声、照明、工作场地状况（如打滑的地面、障碍物、不可靠支撑物）等有害作业环境因素。只有找出并控制这些原因，才能有效地防止后续原因的发生，从而防止事故的发生。

（3）直接原因。人的不安全行为或物的不安全状态是发生事故的直接原因。这种原因是安全管理中必须重点加以追究的原因。但是，直接原因只是一种表面现象，是深层次原因的表征。在实际工作中，不能停留在直接原因这种表面现象上，而要追究其背后隐藏的管理上的缺陷原因，并采取有效的控制措施，从根本上杜绝事故的发生。

（4）事故。这里的事故被看作人体或物体与超过其承受阈值的能量接触，或人体与妨碍其正常生理活动的物质的接触。因此，防止事故就是防止接触。可以通过对装置、材料、工艺等的改进来防止能量的释放，或者操作者提高识别和回避危险的能力，佩戴个人防护用具等来防止接触。

（5）损失。人员伤害及财物损坏统称为损失。人员伤害包括工伤、职业病、精神创伤等。

在许多情况下，可以采取恰当的措施使事故造成的损失最大限度地减小。例如，对受伤人员进行迅速正确的抢救，对设备进行抢修以及平时对有关人员进行应急训练等。

### 3. 亚当斯事故因果连锁理论

亚当斯提出了一种与博德事故因果连锁理论类似的因果连锁模型，具体见表10-1。

表10-1　亚当斯因果连锁模型

| 管理体系 | 管理失误 | | 现场失误 | 事故 | 伤害损坏 |
|---|---|---|---|---|---|
| 目标<br><br>组织<br><br>机能 | 领导者在下述方面决策失误或没作决策：<br>方针政策<br>目标<br>规范<br>责任<br>职级<br>考核<br>权限授予 | 安全技术人员在下述方面管理失误或疏忽：<br>行为<br>责任<br>权限范围<br>规则<br>指导<br>主动性<br>积极性<br>业务活动 | 不安全行为<br><br>不安全状态 | 伤亡事故<br><br>损坏事故<br><br>无伤害事故 | 对人<br><br>对物 |

在该理论中，事故和损失因素与博德理论相似。这里把人的不安全行为和物的不安全状态称作现场失误，其目的在于提醒人们注意不安全行为和不安全状态的性质。

亚当斯理论的核心在于对现场失误的背后原因进行了深入的研究。操作者的不安全行为及生产作业中的不安全状态等现场失误，是由于企业领导和安技人员的管理失误造成的。管理人员在管理工作中的差错或疏忽，企业领导人的决策失误，对企业经营管理及安全工作具有决定性的影响。管理失误又是由企业管理体系中的问题所导致，这些问题包括：如何有组织地进行管理工作，确定怎样的管理目标，如何计划、如何实施等。管理体系反映了作为决策中心的领导人的信念、目标及规范，它决定了各级管理人员安排工作的轻重缓急、工作基准及指导方针等重大问题。

### 4. 北川彻三事故因果连锁理论

前面几种事故因果连锁理论把考察的范围局限在企业内部。实际上，工业伤害事故发生的原因是很复杂的，一个国家或地区的政治、经济、文化、教育、科技水平等诸多社会因素，对伤害事故的发生和预防都有着重要的影响。

日本学者北川彻三正是基于这种考虑，对海因里希的理论进行了一定的修正，提出了另一种事故因果连锁理论，见表10-2。

表10-2　北川彻三事故因果连锁理论

| 基本原因 | 间接原因 | 直接原因 | | |
|---|---|---|---|---|
| 学校教育的原因<br>社会的原因<br>历史的原因 | 技术的原因<br>教育的原因<br>身体的原因<br>精神的原因<br>管理的原因 | 不安全行为<br>不安全状态 | 事故 | 伤害 |

在北川彻三的因果连锁理论中，基本原因中的各个因素，已经超出了企业安全工作的范围。但是，充分认识这些基本原因因素，对综合利用可能的科学技术、管理手段来改善间接原因因素，达到预防伤害事故发生的目的，是十分重要的。

## 10.3.4　能力意外转移理论

### 1. 能量意外转移理论的概念

在生产过程中能量是必不可少的，人类利用能量做功以实现生产目的。人类为了利用能量做功，必须控制能量。在正常生产过程中，能量在各种约束和限制下，按照人们的意志流动、转换和做功。如果由于某种原因能量失去了控制，发生了异常或意外的释放，则称发生了事故。

如果意外释放的能量转移到人体，并且其能量超过了人体的承受能力，则人体将受到伤害。吉布森和哈登从能量的观点出发，曾经指出：人受伤害的原因只能是某种能量向人体的转移，而事故则是一种能量的异常或意外的释放。

能量的种类有许多，如动能、势能、电能、热能、化学能、原子能、辐射能、声能和生物能，等等。人受到伤害都可以归结为上述一种或若干种能量的异常或意外转移。麦克法兰特认为："所有的伤害事故（或损坏事故）都是因为：①接触了超过机体组织（或结构）抵抗力的某种形式的过量的能量；②有机体与周围环境的正常能量交换受到了干扰（如窒息、淹溺等）。因而，各种形式的能量构成伤害的直接原因。"根据此观点，可以将能量引起的伤害分为如下两大类。

第一类伤害是由于转移到人体的能量超过了局部或全身性损伤阈值而产生的。人体各部分对每一种能量的作用都有一定的抵抗能力，即有一定的伤害阈值。当人体某部位与某种能量接触时，能否受到伤害及伤害的严重程度如何，主要取决于作用于人体的能量大小。作用于人体的能量超过伤害阈值越多，造成伤害的可能性越大。例如，球形弹丸以 4.9 N 的冲击力打击人体时，最多轻微地擦伤皮肤，而重物以 68.9 N 的冲击力打击人的头部时，会造成头骨骨折。

第二类伤害则是由于影响局部或全身性能量交换引起的。例如，因物理因素或化学因素引起的窒息（如溺水、一氧化碳中毒等），因体温调节障碍引起的生理损害、局部组织损坏或死亡（如冻伤、冻死等）。

能量转移理论的另一个重要概念是：在一定条件下，某种形式的能量能否产生人员伤害，除了与能量大小有关以外，还与人体接触能量的时间和频率、能量的集中程度、身体接触能量的部位等有关。

用能量转移的观点分析事故致因的基本方法是：首先确认某个系统内的所有能量源；然后确定可能遭受该能量伤害的人员，伤害的严重程度；进而确定控制该类能量异常或意外转移的方法。

能量转移理论与其他事故致因理论相比，具有两个主要优点：一是把各种能量对人体的伤害归结为伤亡事故的直接原因，从而决定了以对能量源及能量传送装置加以控制作为防止或减少伤害发生的最佳手段这一原则；二是依照该理论建立的对伤亡事故的统计分类，是一种可以全面概括、阐明伤亡事故类型和性质的统计分类方法。

能量转移理论的不足之处是：由于意外转移的机械能（动能和势能）是造成工业伤害的主要能量形式，这就使得按能量转移观点对伤亡事故进行统计分类的方法尽管具有理论上的优越性，然而在实际应用上却存在困难。它的实际应用尚有待于对机械能的分类做更加深入细致的研究，以便对机械能造成的伤害进行分类。

**2. 应用能量意外转移理论预防伤亡事故**

从能量意外转移的观点出发，预防伤亡事故就是防止能量或危险物质的意外释放，从而防止人体与过量的能量或危险物质接触。在工业生产中，经常采用的防止能量意外释放的措施有以下几种。

（1）用较安全的能源替代危险大的能源。例如：用水力采煤代替爆破采煤；用液压动力代替电力等。

（2）限制能量。例如：利用安全电压设备；降低设备的运转速度；限制露天爆破装药量等。

（3）防止能量蓄积。例如：通过良好接地消除静电蓄积；采用通风系统控制易燃易爆气体的浓度等。

（4）降低能量释放速度。例如：采用减振装置吸收冲击能量；使用防坠落安全网等。

（5）开辟能量异常释放的渠道。例如：给电器安装良好的地线；在压力容器上设置安全阀等。

（6）设置屏障。屏障是一些防止人体与能量接触的物体。屏障的设置有三种形式：第一，屏障被设置在能源上，如机械运动部件的防护罩、电器的外绝缘层、消声器、排风罩等；第二，屏障设置在人与能源之间，如安全围栏、防火门、防爆墙等；第三，由人员佩戴的屏障，即个人防护用品，如安全帽、手套、防护服、口罩等。

（7）从时间和空间上将人与能量隔离。例如：道路交通的信号灯；冲压设备的防护装置等。

（8）设置警告信息。在很多情况下，能量作用于人体之前，并不能被人直接感知到，因此设置各种警告信息是十分必要的，如各种警告标志、声光报警器等。

以上措施往往几种同时使用，以确保安全。此外，这些措施也要尽早使用，做到防患于未然。

## 10.3.5 基于人体信息处理的人失误事故模型

这类事故理论都有一个基本的观点，即：人失误会导致事故，而人失误的发生是由于人对外界刺激（信息）的反应失误造成的。

### 1. 威格里斯沃思模型

威格里斯沃思在1972年提出，人失误构成了所有类型事故的基础。他把人失误定义为"（人）错误地或不适当地响应一个外界刺激"。他认为：在生产操作过程中，各种各样的信息不断地作用于操作者的感官，给操作者以"刺激"。若操作者能对刺激作出正确的响应，事故就不会发生；反之，如果错误或不恰当地响应了一个刺激（人失误），就有可能出现危险。危险是否会带来伤害事故，则取决于一些随机因素。

威格里斯沃思的事故模型可以用图10-1所示的流程关系来表示。该模型绘出了人失误导致事故的一般模型。

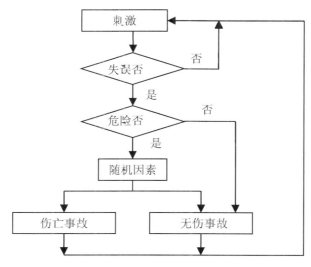

图10-1　威格里斯沃思事故模型

### 2. 瑟利模型

瑟利把事故的发生过程分为危险出现和危险释放两个阶段，这两个阶段各自包括一组类似人的信息处理过程，即知觉、认识和行为响应过程。在危险出现阶段，如果人的信息处理的每个环节都正确，危险就能被消除或得到控制；反之，只要任何一个环节出现问题，就会使操作者直接面临危险。在危险释放阶段，如果人的信息处理过程中的各个环节都是正确的，则虽然面临着已经显现出来的危险，但仍然可以避免危险释放出来，不会造成伤害或损害；反之，只要任何一个环节出错，危险就会转化成伤害或损害。瑟利模型如图10-2所示。

由图10-2可以看出，两个阶段具有类似的信息处理过程，每个过程均可被分解成6个方面的问题。下面以危险出现阶段为例，分别介绍这6个方面问题的含义。

第一个问题：对危险的出现有警告吗？这里警告的意思是指工作环境中是否存在安全运行状态和危险状态之间可被感觉到的差异。如果危险没有带来可被感知的差异，则会使人直接面临该危险。在生产实际中，危险即使存在，也并不一定直接显现出来。这一问题给我们的启示，就是要让不明显的危险状态充分显示出来，这往往要采用一定的技术手段和方法来实现。

第二个问题：感觉到了这警告吗？这个问题有两个方面的含义：一是人的感觉能力如何，如果人的感觉能力差，或者注意力在别处，那么即使有足够明显的警告信号，也可能未被察觉；二是环境对警告信号的"干扰"如何，如果干扰严重，则可能妨碍对危险信息的察觉和接受。根据这个问题得到的启示是：感觉能力存在个体差异，提高感觉能力要依靠经验和训练，同时训练也可以提高操作者抗干扰的能力；在干扰严重的场合，要采用能避开干扰的警告方式（如在噪声大的场所使用光信号或与噪声频率差别较大的声信号）或加大警告信号的强度。

第三个问题：认识到了这警告吗？这个问题问的是操作者在感觉到警告之后，是否理解了警告所包含的意义，即操作者将警告信息与自己头脑中已有的知识进行对比，从而识别出危险的存在。

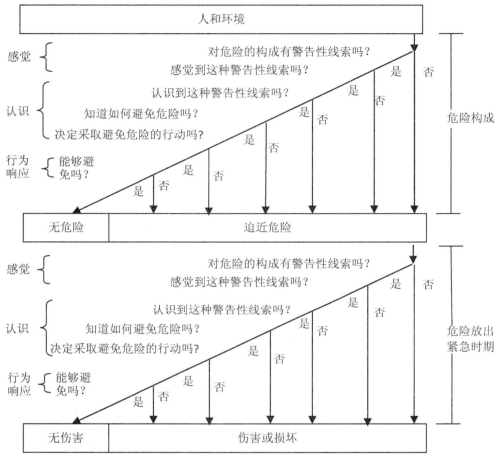

图10-2　瑟利模型

第四个问题：知道如何避免危险吗？这个问题问的是操作者是否具备避免危险的行为响应的知识和技能。为了使这种知识和技能变得完善和系统，从而更有利于采取正确的行动，操作者应该接受相应的训练。

第五个问题：决定要采取行动吗？表面上看，这个问题毋庸置疑，既然有危险，当然要采取行动。但在实际情况下，人们的行动是受各种动机中的主导动机驱使的，采取行动回避风险的"避险"动机往往与"趋利"动机（如省时、省力、多挣钱、享乐等）交织在一起。当趋利动机成为主导动机时，尽管认识到危险的存在，并且也知道如何避免危险，但操作者仍然会"心存侥幸"而不采取避险行动。

第六个问题：能够避免危险吗？这个问题问的是操作者在作出采取行动的决定后，是否能迅速、敏捷、正确地作出行动上的反应。

上述六个问题中，前两个问题都是与人对信息的感觉有关的，第3～5个问题是与人的认识有关的，最后一个问题是与人的行为响应有关的。这6个问题涵盖了人的信息处理全过程并且反映了在此过程中有很多发生失误进而导致事故的机会。

瑟利模型适用于描述危险局面出现得较慢，如不及时改正则有可能发生事故的情况。对于描述发展迅速的事故，也有一定的参考价值。

### 3. 劳伦斯模型

劳伦斯在威格里斯沃思和瑟利等人的人失误模型的基础上，通过对南非金矿中发生的事故的研究，于1974年提出了针对金矿企业以人失误为主因的事故模型（见图10-3），该模型对一般矿山企业和其他企业中比较复杂的事故情况也普遍适用。

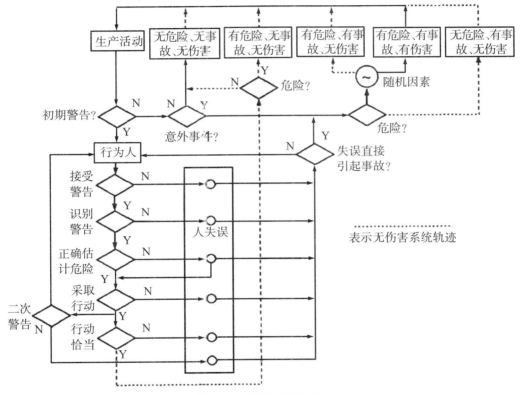

图10-3　劳伦斯事故模型

在生产过程中，当危险出现时，往往会产生某种形式的信息，向人们发出警告，如突然出现或不断扩大的裂缝、异常的声响、刺激性的烟气等。这种警告信息叫作初期警告。初期警告还包括各种安全监测设施发出的报警信号。如果没有初期警告就发生了事故，则往往是由于缺乏有效的监测手段，或者是管理人员事先没有提醒人们存在危险因素，行为人在不知道危险存在的情况下发生的事故，属于管理失误造成的。

在发出了初期警告的情况下，行为人在接受、识别警告，或对警告作出反应等方面的失误都可能导致事故。

当行为人发生对危险估计不足的失误时，如果他还是采取了相应的行动，则仍然有可能避免事故；反之，如果他麻痹大意，既对危险估计不足，又不采取行动，则会导致事故的发生。这里，行为人如果是管理人员或指挥人员，则低估危险的后果将更加严重。

矿山生产作业往往是多人作业、连续作业。行为人在接受了初期警告、识别了警告并正确地估计了危险性之后，除了自己采取恰当的行动避免伤害事故外，还应该向其他人员发出警告，提醒他们采取防止事故的措施。这种警告叫作二次警告。其他人接到二次警告后，也应该按照正确的系列对警告加以响应。

劳伦斯模型适用于类似矿山生产的多人作业生产方式。在这种生产方式下，危险主要来自自然环境，而人的控制能力相对有限，在许多情况下，人们唯一的对策是迅速撤离危险区域。因此，为了避免发生伤害事故，人们必须及时发现、正确评估危险，并采取恰当的行动。

### 10.3.6 轨迹交叉论

轨迹交叉论的基本思想是：伤害事故是许多相互联系的事件顺序发展的结果。这些事件概括起来不外乎人和物（包括环境）两大发展系列。当人的不安全行为和物的不安全状态在各自发展过程中（轨迹），在一定时间、空间发生了接触（交叉），能量转移于人体时，伤害事故就会发生。而人的不安全行为和物的不安全状态之所以产生和发展，又是多种因素作用的结果。

轨迹交叉理论的示意图如图10-4所示。图中，起因物与致害物可能是不同的物体，也可能是同一个物体；同样，肇事者和受害者可能是不同的人，也可能是同一个人。

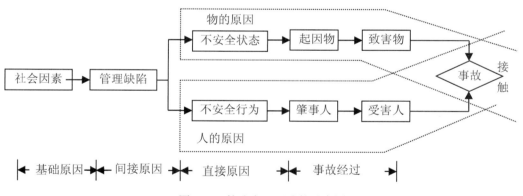

图10-4 轨迹交叉理论的示意图

轨迹交叉理论反映了绝大多数事故的情况。在实际生产过程中，只有少量的事故仅仅由人的不安全行为或物的不安全状态引起，绝大多数的事故是与二者同时相关的。例如：日本劳动省通过对50万起工伤事故调查发现，只有约4%的事故与人的不安全行为无关，而只有约9%的事故与物的不安全状态无关。

在人和物两大系列的运动中，二者往往是相互关联、互为因果、相互转化的。有时人的不安全行为促进了物的不安全状态的发展，或导致新的不安全状态的出现；而物的不安全状态可以诱发人的不安全行为。因此，事故的发生可能并不是如图10-4所示的那样简单地按照人、物两条轨迹独立地运行，而是呈现较为复杂的因果关系。

人的不安全行为和物的不安全状态是造成事故的表面的直接原因，如果对它们进行更进一步的考虑，则可以挖掘出二者背后深层次的原因。这些深层次原因的示例见表10-3。

表10-3　事故发生的原因

| 基础原因（社会原因） | 间接原因（管理缺陷） | 直接原因 |
| --- | --- | --- |
| 遗传、经济、文化、教育培训、民族习惯、社会历史、法律 | 生理和心理状态、知识技能情况、工作态度、规章制度、人际关系、领导水平 | 人的不安全状态 |
| 设计、制造缺陷，缺乏标准 | 维护保养不当、保管不良、故障、使用错误 | 物的不安全状态 |

轨迹交叉理论作为一种事故致因理论，强调人的因素和物的因素在事故致因中占有同样重要的地位。按照该理论，可以通过避免人与物两种因素运动轨迹交叉，来预防事故的发生。同时，该理论对于调查事故发生的原因，也是一种较好的工具。

## 10.4　安全生产管理的原理与运用

安全生产管理是指针对人们在生产过程中的安全问题，运用有效的资源，发挥人们的智慧，通过人们的努力，进行有关决策、计划、组织和控制等活动，实现生产过程中人与机器设备、物料和环境的和谐，达到安全生产的目标。

安全生产管理作为管理的主要组成部分，遵循管理的普遍规律，既服从管理的基本原理与原则，又有其特殊的原理与原则。安全生产管理原理是从生产管理的共性出发，对生产管理中安全工作的实质内容进行科学分析、综合、抽象与概括所得出的安全生产管理规律。安全生产管理原则是指在生产管理原理的基础上，指导安全生产活动的通用规则。

安全生产管理包括系统原理、人本原理、弹性原理/强制原理、预防原理及责任原理六个基本原理。

### 10.4.1　系统原理

**1. 系统原理的概念**

系统原理是现代管理学一个最基本的原理。它是指人们在从事管理工作时，运用系统的观点、理论和方法，对管理活动进行充分的分析，以达到管理的优化目标，即用系统理论观点和方法来认识和处理管理中出现的各种问题。

所谓系统是指由两个或两个以上相互联系、相互作用的要素组成的具有特定结构和功能的有机整体。任何一个管理对象均可看成一个系统，人们在分析和解决问题时，应从整体出发去研究事物间的联系。

系统可以分为若干个子系统，如安全生产管理系统是生产管理的一个子系统，而安全生产管理系统又包括安全管理人员、安全管理规章制度、安全生产操作规范等若干个子系统。

### 2. 系统原理的运用原则

运用系统原理时应遵循整分合原则、动态相关性原则、反馈原则、封闭原则。

（1）整分合原则。

现代管理活动必须从系统原理出发，把任何管理对象、问题，视为一个复杂的社会目的组织系统。首先，从整体上把握系统的环境，分析系统的整体性质、功能，确定总体目标；然后围绕着总体目标，进行多方面的合理分解、分工，以构成系统的结构与体系；在分工之后，要对各要素、环节、部分及其活动进行系统综合，协调管理，形成合理的系统流通构成，以实现总体目标。这种对系统的"整体把握、科学分解、组织综合"的要求，就是整分合原则。

概括地说，整分合原则是指为了实现高效率管理，必须在整体规划下明确分工，在分工基础上进行有效的综合。在这个原则中，整体是前提，分工是关键，综合是保证。因为，没有整体目标的指导，分工就会盲目而混乱；离开分工，整体目标就难以高效实现。如果只有分工，而无综合或协作，那么也就无法避免和解决分工带来的分工各环节的脱节及横向协作的困难，不能形成"凝聚力"等众多问题。管理必须有分有合，先分后合，这是整分合原则的基本要求。

由于系统的层次性，从整体上看，整分合也是相对的。现代管理活动形成总体上的整分合，就具体某一方面，局部管理活动，也同样体现出许多小的、局部的整分合。

整分合原则是指首先在整体规划下明确分工，在分工基础上再进行有效的综合。该原则在安全管理工作中的意义如下。

整——企业领导确定整体目标，制定规划与计划，进行宏观决策。此阶段，要把安全放在首要位置加以考虑。

分——明确分工，层层落实，确保每个人都明确自己的责任和义务。

合——展现全员的凝聚力，对各部门、人员进行协调控制，实现全面有效的安全管理。

运用该原则，要求企业管理者在制定整体目标和进行宏观决策时，必须把安全生产纳入其中，在考虑资金、人员和体系时，都必须将安全生产作为一项重要内容考虑。

（2）动态相关性原则。

动态相关性原则告诉我们，构成管理系统的各要素不仅是运动和发展的，而且是相互联系、相互制约的。如果管理系统的各要素都处于静止状态，就不会发生事故。该原则是指任何企业管理系统的正常运转，不仅要受到系统本身条件的限制和制约，还要受到其他有关系统的影响和制约，并随着时间、地点以及人们的不同努力程度而发生变化。企业管理系统内部各部分的动态相关性是管理系统向前发展的根本原因。所以，要提高安全管理的效果，必须掌握每个管理对象要素之间的动态相关特征，充分利用相关因素的作用。

对安全管理来说，动态相关性原则的应用可以从两个方面考虑。

一方面，正是企业内部各要素处于动态之中并且相互影响和制约，才使得事故存在发生的可能。如果各要素都是静止的、无关的，则事故也就无从发生。因此，系统要素的动态相关性是事故发生的根本原因。

另一方面，为搞好安全管理，必须掌握与安全有关的所有对象要素之间的动态相关特征，充分利用相关因素的作用。例如：掌握人与设备之间、人与作业环境之间、人与人之间、资金与设施设备改造之间、安全信息与使用者之间等的动态相关性，是实现有效安全管理的前提。

下面是一个动态相关性原则的案例。

巷道开挖产生动态过程，一是随着开挖行为的延续，所揭露的岩体必然不同；二是随着开挖行为的延续，岩体的应力必然重新分布；三是随着开挖行为的延续，为使开挖的巷道具有特定的作用，其巷道的结构必然不同。也就是巷道有天井、平巷、斜巷之别，有规格断面之别。但它们又是相关联的，因此生产管理是一个动态的过程，其安全管理也必然要随之变化，于是所采取的安全措施也要具有针对性，安全管理的目的才可能达到。

（3）反馈原则。

反馈原则指的是控制过程中对控制机构的反作用。

成功高效的安全管理工作，离不开灵活、准确、迅速的信息反馈。现代企业管理是一个复杂的系统工程，其内部条件和外部环境在不断变化，管理系统必须及时捕获、反馈各种安全生产信息，及时采取行动，保证安全目标的实现。

（4）封闭原则。

封闭原则是指在任何一个管理系统内部，管理手段、管理过程等必须构成一个连续封闭的回路，才能形成有效的管理活动。

封闭原则告诉我们，在企业安全生产中，各管理机构之间、各种管理制度和方法之间，必须具有紧密的联系，形成相互制约的回路，才能有效。

该原则运用在安全目标管理中时，体现在：对上级指令、法规和决策的执行是否准确有效；对执行中的错误处理情况等实施监督、检查和管理；把监督检查情况通过信息反馈决策立法机构，对决策进行修正，然后再去执行，确保安全目标的实现。

《中华人民共和国安全生产法》（2021）要求生产经营单位"建立健全并落实全员安全生产责任制"，其中的"全员"二字就体现了系统原理对安全生产系统的要求。

## 10.4.2　人本原理

### 1. 人本原理的概念

在管理中必须把人的因素放在首位，体现"以人为本"的指导思想，这就是人本原理。以人为本有两层含义：一是一切管理活动都是以人为本展开的，人既是管理的主体又是管理的客体，每个人都处在一定的管理层面上，离开人就无所谓管理；二是管理活动中，作为管理对象的要素和管理系统各环节，都需要人掌管、运作、推动和实施。

人本原理，就是在管理活动中必须把人的因素放在首位，体现以人为本的指导思想。以人为本有两层含义："一切为了人"和"一切依靠人"。

### 2. 人本原理的运用原则

运用人本原理时应遵循能级原则、动力原则和激励原则。

（1）能级原则。

现代管理认为，单位和个人均具有一定的能量，并且可以按照能量大小的顺序排列，形成管理中的能级。稳定而高效的管理系统是由若干个具有不同能级、不同层次的单位和个人有规律地组合而成的。

能级原则告诉我们：在管理系统中，建立一套合理能级，根据各单位和个人能量的大小安排其地位和任务，即建立一套合理的能级，做到才职相称，才能发挥不同能级的能量，保证管理结构的稳定性和高效性，也是我们常说的"因才适用"。

能级原则确定了系统建立组织结构和安排使用人才的原则。稳定的管理能级结构一般分为四个层次，四个层次能级不同，使命各异，必须划分清楚，不可混淆。

（2）动力原则。

动力原则是指推动管理活动的基本力量是人，管理必须有能激发人的工作能力的动力。动力的产生来自物质、精神和信息，相应地就有三类基本动力。

管理者要综合协调运用这三种动力，正确认识处理个体动力与集体动力、暂时动力与持久动力的关系，掌握好各种刺激的量值，才能实现有效的管理。

（3）激励原则。

激励原则是指利用某种外部诱因的刺激调动人的积极性和创造性，以科学的手段，激发人的内在潜力，使其充分发挥出积极性、主动性和创造性。

企业管理者运用激励原则时，要采用符合人的心理活动和行为活动规律的各种有效的激励措施和手段。企业员工积极性发挥的动力主要来自三个方面：内在动力、外在压力和吸引力。

这三种动力是相互联系的，管理者要善于观察和引导，要因人而异、科学合理地采取各种激励方法和激励强度，从而最大限度地发挥出员工的内在潜力。

### 10.4.3　弹性原理

企业管理必须保持充分的弹性，即必须有很强的适应性和灵活性，以及适应客观事物各种可能的变化，实行有效的动态管理，这称之为企业管理的弹性原理。

管理需要弹性是由于企业系统所处的外部环境、内部条件以及企业管理运动的特殊性造成的。企业的外部环境十分复杂，既有国家的方针、政策、法规等因素，又有国内外的政治、军事、经济变化等因素，还有竞争对手的因素。这些因素都是企业难以控制的，企业根据以往信息所做的分析预测总会与当前的实际有差距。因此，应该摒弃僵化管理，实行弹性管理。

企业内部条件相对来说是可控制的，但可控的程度是有限度的。内部条件既要受到企业资源的限制，又要受到外部环境的影响，其自身也存在许多捉摸不定、难以完全预知的情况。尤其是人这一因素，作为有思维活动、有自由意志的生命，更是会变化不定。企业管理若对此重视不足，只是从理想状态出发，不留任何余地，则往往会处于十分被动的境地。

弹性原理对于安全管理具有十分重要的意义。安全管理所面临的是错综复杂的环境和条件，尤其是事故致因是很难完全预测和掌握的，因此安全管理必须尽可能保持好的

弹性。一是不断推进安全管理的科学化、现代化，加强系统安全性分析和危险性评价，尽可能做到对危险因素的识别、消除和控制；二是采取全方位、多层次的事故预防对策，实行全面、全员、全过程的安全管理，从人、物、环境等方面层层设防。此外，在安全管理中必须注意协调好上下、左右、内外各方面的关系，尽可能取得各级人员的理解和支持。这样安全管理工作才能顺利地开展。

### 10.4.4 强制原理

#### 1. 强制原理的概念

强制原理是指采取强制管理的手段控制人的意愿和行动，使个人的活动、行为等受到安全管理要求的约束，从而实现有效的安全管理。

一般来说，管理均带有一定的强制性。管理是管理者对被管理者施加作用和影响，并要求被管理者服从其意志，满足其要求，完成其规定的任务。不强制便不能有效地抑制被管理者的个性，不能将其调动到符合整体利益和目的的轨道上来。

安全管理需要强制性是由事故损失的偶然性、人的"冒险"心理以及事故损失的不可挽回性所决定的。安全强制性管理的实现，离不开严格合理的法律、法规、标准和各级规章制度，这些法规、制度构成了安全行为规范。同时，还要有强有力的管理和监督体系，以保证被管理者始终按照行为规范进行活动，一旦其行为超出规范的约束，就要有严厉的惩处措施。

#### 2. 强制原理的运用原则

运用强制原理时应遵循安全第一原则和监督原则。

（1）安全第一原则。

安全第一就是要求在进行生产和其他活动的时候把安全工作放在一切工作的首要位置。当生产和其他工作与安全发生矛盾时，要以安全为主，生产和其他工作要服从安全，这就是安全第一原则。

安全第一原则可以说是安全管理的基本原则，也是我国安全生产方针的重要内容。贯彻安全第一原则，就是要求一切经济部门和生产企业的领导者要高度重视安全，把安全工作当作头等大事来抓，要把保证安全作为完成各项任务、做好各项工作的前提条件。在计划、布置、实施各项工作时首先想到安全，预先采取措施，防止事故发生。该原则强调，必须把安全生产作为衡量企业工作好坏的一项基本内容，作为一项有"否决权"的指标，不安全就不准进行生产。

（2）监督原则。

为了促使各级生产管理部门严格执行安全法律、法规、标准和规章制度，保护职工的安全与健康，实现安全生产，必须授权专门的部门和人员行使监督、检查和惩罚的职责，以揭露安全工作中的问题，督促问题的解决，追究和惩戒违章失职行为，这就是安全管理的监督原则。

监督原则是指在安全工作中，为了使安全生产法律法规得到落实，必须明确安全生产监督职责，对企业生产中的守法和执法情况进行监督。安全管理带有较多的强制性，只要求执行系统自动贯彻实施安全法则，而缺乏强有力的监督系统去监督执行，则法规的强制威力是难以发挥的。随着社会主义市场经济的发展，企业成为自主经营、自负盈亏的独立法人，国家与企业、企业经营者与职工之间的利益差别，在安全管理方面也有所体现。具体表现为生产与安全、效益与安全、局部效益与社会效益、眼前利益与长远利益的矛盾。企业经营者往往容易片面追求质量、利润、产量等，而忽视职工的安全与健康。在这种情况下，必须建立专门的监督机构，配备合格的监督人员，赋予必要的强制权力，以保证其履行监督职责，才能保证安全管理工作落到实处。

## 10.4.5 预防原理

### 1. 预防原理的概念

预防原理是指安全管理工作应当以预防为主，即通过有效的管理和技术手段，防止人的不安全行为和物的不安全状态出现，从而使事故发生的概率降到最低。在可能发生人身伤害、设备或设施损坏以及环境破坏的场合，事先采取措施，防止事故的发生。

预防和善后是安全管理的两种工作方法。预防是在有可能发生意外人身伤害或健康损害的场合，采取事前的措施，防止伤害的发生。善后是在事故发生以后所采取的措施和进行的处理工作。显然，预防的工作方法是主动的、积极的，是安全管理应该采取的主要工作方法。

安全管理以预防为主，其基本出发点源自生产过程中的事故是能够预防的观点。除了自然灾害以外，凡是由于人类自身的活动而造成的危害，总有其产生的因果关系，探索事故的原因，采取有效的对策，原则上来说能够预防事故的发生。由于预防是事前的工作，因此，其正确性和有效性十分重要。生产系统一般都是较复杂的系统，事故的发生既有物的方面的原因，又有人的方面的原因，事先很难充分估计。有时，重点预防的问题没有发生，但未被重视的问题却酿成大祸。为了使预防工作真正起到作用，一方面要重视经验的积累，对既成事故和大量的未遂事故进行统计分析，从中发现规律，做到有的放矢；另一方面要采用科学的安全分析、评价技术，对生产中的人和物的不安全因素及其后果做出准确的判断，从而实施有效的对策，预防事故的发生。

### 2. 预防原理的运用原则

运用预防原理时应遵循偶然损失原则、因果关系原则、3E原则和本质安全化原则。

（1）偶然损失原则。

事故所发生的后果（人员伤亡、健康损害、物质损失等），以及后果的大小如何，都是随机的，是难以准确预测的。反复发生的同类事故，并不一定产生相同的后果，这就是事故损失的偶然性。

对于人身事故，美国学者海因里希根据调查统计结果，得出了重伤（包括死亡）、轻伤和无伤害事件发生的概率之比为1：29：300，称为海因里希法则。也有的事故发生没有造成任何损失，这种事故被称为险肇事故。但若再次发生完全类似的事故，会造成多大的损失，只能由偶然性决定而无法预测。

根据事故损失的偶然性，可得到安全管理上的偶然损失原则，无论事故是否造成损失，为了防止事故损失的发生，唯一的办法是防止事故再次发生。这个原则强调，无论事故损失的大小，都必须做好预防工作。在安全管理实践中，一定要重视各类事故，包

括险肇事故（没有造成任何损失的事故），只有连险肇事故都控制住，才能真正防止事故损失的发生。

（2）因果关系原则。

因果，即原因和结果。因果关系是指事物之间存在着一事物是另一事物发生的原因的关系。事故是许多因素互为因果连续发生的最终结果。一个因素是前一因素的结果，而又是后一因素的原因，环环相扣，导致事故的发生。事故的因果关系决定了事故发生的必然性，即决定了事故或迟或早必然要发生。

掌握事故的因果关系，砍断事故因素的环链，就消除了事故发生的必然性，就可能防止事故的发生。事故的必然性中包含着规律性。必然性来自因果关系，深入调查、了解事故因素的因果关系，就可以发现事故发生的客观规律，从而为防止事故发生提供依据。

从事故的因果关系中认识必然性，发现事故发生的规律性，变不安全条件为安全条件，把事故消除在早期起因阶段，这就是因果关系原则。

因果关系原则是指只要诱发事故的因素存在，发生事故是必然的，只是时间或早或迟而已。掌握事故的因果关系，从事故的因果关系中认识必然性，发现事故发生的规律性，变不安全条件为安全条件，砍断事故因素的环链，就消除了事故发生的必然性，把事故消灭在早期起因阶段，防止事故的发生。

（3）3E原则。

造成人的不安全行为和物的不安全状态的主要原因可归纳为技术原因、教育原因、身体和态度的原因、管理原因四个方面。针对这四个方面的原因，可以采取三种防止对策，即工程技术（engineering）对策、教育（education）对策和法则（enforcement）对策。这三种对策就是3E原则。

在应用3E原则时，要针对人的不安全行为和物的不安全状态的四种原因，综合灵活地运用这三种对策，不要片面强调其中某一个对策。具体改进的顺序是：首先是工程技术对策，然后是教育对策，最后才是法制对策。

（4）本质安全化原则。

本质安全化原则来源于本质安全化理论。它是指从一开始和从本质上实现安全化，就可以从根本上消除事故发生的可能性，从而达到预防事故发生的目的。所谓本质上实现安全化指的是设备、设施或技术工艺含有内在的能够从根本上防止发生事故的功能。

本质安全化是安全管理预防原理的根本体现，也是安全管理的最高境界，实际上目前还很难达到，但是我们应该坚持这一原则。本质安全化的含义也不仅局限于设备、设施的本质安全化，而应扩展到诸如新建工程项目，交通运输，新技术、新工艺、新材料的应用，甚至包括人们的日常生活等各个领域中。

## 10.4.6　责任原理

安全管理的责任原理，是指在安全管理活动中，为实现管理过程的有效性，管理工作需要在合理分工的基础上，明确规定组织各级部门和个人必须完成的工作任务和相应责任。责任原理与整分合原则相辅相成，有分工就必须有各自的责任，否则所谓的分工就是"分"而无"工"。

在安全管理实践中，我们通常所说的"安全生产责任制""一岗双责""权责对等"都反映了安全管理的责任原理，安全生产责任制、事故责任问责制等都是责任原理的具体化。

此外，国际社会推行的SA 8000社会责任标准，也是责任原理的具体体现。SA 8000即"社会责任标准"，是全球首个道德规范国际标准，是以保护劳动环境和条件、保障劳工权利等为主要内容的管理标准体系，其主要内容包括对童工、强迫性劳动、健康与安全、结社自由和集体谈判权、歧视、惩戒性措施、工作时间、工资报酬、管理系统等方面的要求。其中与安全相关的有：

（1）企业不应使用或者支持使用童工，不得将其置于不安全或不健康的工作环境或条件下。

（2）企业应具备避免各种工业与特定危害的知识，为员工提供健康、安全的工作环境，采取足够的措施，最大限度地减少工作中的危害隐患，尽量防止意外或伤害的发生；为所有员工提供安全卫生的生活环境，包括干净的浴室、厕所、可饮用的水，洁净安全的宿舍，卫生的食品存储设备等。

（3）企业支付给员工的工资不应低于法律或行业的最低标准，必须足以满足员工基本需求，对工资的扣除不能是惩罚性的。

SA 8000规定了企业必须承担的对社会和利益相关者的责任，其中有许多与安全生产紧密相关。目前，我国的许多企业均发布了年度社会责任报告。

在安全管理活动中，运用责任原理，建立健全安全管理责任制，构建落实安全管理责任的保障机制，促使安全管理责任主体到位，且强制性地安全问责、奖罚分明，才能推动企业履行应有的社会责任，提高安全监管部门监管力度和效果，激发和引导好广大社会成员的责任心。

## 10.5　我国安全生产管理的方针和制度

### 10.5.1　我国安全生产管理的方针

所谓方针，是指国家和政党在一定历史时期内，为达到一定目标而确定的指导原则。我国安全生产管理的方针是：安全第一，预防为主、综合治理。

安全生产工作应当以人为本，坚持安全发展，坚持安全第一、预防为主、综合治理的方针，强化和落实生产经营单位的主体责任，建立生产经营单位负责、职工参与、政府监管、行业自律和社会监督的机制。2021年修正并实施的《中华人民共和国安全生产法》明确提出安全生产工作应当以人为本，将坚持安全发展写入了总则，对于坚守红线意识、进一步加强安全生产工作，具有重要意义。

安全生产工作应当以人为本，坚持安全发展，坚持安全第一、预防为主、综合治理的方针，强化和落实生产经营单位的主体责任，建立生产经营单位负责、职工参与、政府监管、行业自律和社会监督的机制。要求在生产过程中，必须坚持"以人为本"的原则。在生产与安全的关系中，一切以安全为重，安全必须排在第一位。必须预先分析危险源，预测和评价危险、有害因素，掌握危险出现的规律和变化，采取相应的预防措施，将危险和安全隐患消灭在萌芽状态，企业的各级管理人员，坚持"管生产必须管安全"和"谁主管、谁负责"的原则，全面履行安全生产责任。

"安全第一"体现了人们对安全生产的一种理性认识，这种理性认识包含两个层面。第一层面，生命观。它体现人们对安全生产的价值取向，也体现人们对人类自我生命的价值观。人的生命是至高无上的，每个人的生命只有一次，要珍惜生命、爱护生命、保护生命。事故意味着对生命的摧残与毁灭，因此，在生产活动中，应把保护生命的安全放在第一位。第二层面，协调观，即生产与安全的协调观。任何一个系统的有效运行，其前提是该系统处于正常状态。因此，"正常"是基础，是前提。从生产系统来说，保证系统正常就是保证系统安全。安全就是保证生产系统有效运转的基础条件和前提条件，如果基础和前提条件不保证，就谈不到上有效运转。因此，应把安全放在第一位。

"预防为主"体现了人们在安全生产活动中的方法论，事故是由隐患转化为危险，再由危险转化而成。因此，隐患是事故的源头，危险是隐患转化为事故过程中的一种状态。要避免事故，就要控制这种转化，严格说，是控制转化的条件。那么，什么时候控制最有效？事物有一个普遍的发展规律，那就是事故形成的初始阶段，力量小，发展速度慢，这个时候消灭该事物所花费的精力最少，成本最低。根据这个规律，消除事故的最好办法就是消除隐患，控制隐患转化为事故的条件，把事故消除在萌芽状态。因此，应把预防方法作为事故控制的主要方法。

"综合治理"就是要综合利用政府监管机制、企业自我防范机制、从业人员自我约束机制、社会监督机制以及中介机构支持与服务机制；实行管行业必须管安全、管业务必须管安全、管生产经营必须管安全的原则，强化和落实生产经营单位主体责任与政府监管责任；持续提高我国的安全生产水平。虽然在企业的生产活动中存在诸多的危险有害因素，但只要始终保持如履薄冰的高度警觉，预防措施得当并加强监督管理，事故是可以被预防或大大减少的。

根据"安全第一，预防为主"的方针，在生产活动中，要把劳动者的安全与健康放在第一位，确保生产的安全，即生产必须安全，也只有安全才能保证生产的顺利进行。而实现安全生产的最有效措施就是积极预防，主动预防。在每一项生产中都应首先考虑安全因素，经常地查隐患，找问题，堵漏洞，自觉形成一套预防事故，保证安全的制度。同时要正确处理安全生产中安全与生产对立统一关系，克服思想的片面性。安全与生产是互相联系、相互依存、互为条件。生产过程中的不安全、不卫生因素会妨碍生产的顺利进行，当对生产过程中的不安全、不卫生因素采取措施时，有时会影响生产进度，会增加生产上的开支。这种矛盾通过正确处理又是统一的，生产中的不安全、不卫生因素通过采取安全措施后，可以转化为安全生产。搞安全措施，表面上看，有时会耽误一些生产或增加一些开支，但从整体上看，劳动条件改善了，劳动生产率又会大大提高。

安全生产的方针转变为所有员工的思想意识和具体行动，对于搞好安全生产至关重要。特别是随着科学技术的发展，工厂生产的产品越来越多，生产工艺越来越复杂，工艺条件要求越来越高，同时潜伏的危险性也就越来越大，对安全生产的要求也越来越高。这就更要求生产中工艺操作、设备运行、人员操作等过程中的危险进行超前预测，科学预防，从而有效地避免事故的发生。我国安全生产方针是我国对安全生产工作的基本指导思想和总体要求，生产经营单位在生产的组织与管理过程中，要认真贯彻落实安全生产方针。

### 10.5.2　我国安全生产工作机制

安全生产工作事关广大人民群众的根本利益，事关改革发展和稳定大局，历来受到党和国家的高度重视。安全生产管理体制和机制也随着我国法治建设、经济发展和体制改革的进程而不断完善。

安全生产是一项系统工程，需要多方面统筹协调、综合施策、标本兼治、齐抓共管，同时要充分调动全社会力量，群防群治，才能达到预期目标。

《安全生产法》第三条明确规定：建立生产经营单位负责、职工参与、政府监管、行业自律和社会监督的机制。

#### 1. 生产经营单位负责

生产经营单位负责就是要求生产经营单位对本单位的安全生产负责。我国安全生产工作的实践证明：生产经营单位是保障安全生产的根本和关键所在。强调生产经营单位负责，是建立安全生产工作机制的根本和核心。

生产经营单位是生产经营活动的主体，也是安全生产的责任主体，对本单位的安全生产保障负责，也需对事故后果承担主要责任。《安全生产法》对生产经营单位应当具备法定的安全生产条件、生产经营单位主要负责人的安全生产职责、安全生产投入、安全生产责任制、安全生产管理机构以及安全生产管理人员的职责及配备、从业人员安全生产教育和培训、安全设施与主体工程"三同时"、安全警示标志、安全设备管理、危险物品安全管理危险作业和交叉作业安全管理、发包及出租的安全管理、事故隐患排查治理、有关从业人员安全管理等多方面进行了规定。

生产经营单位要自觉接受政府的有效监管、行业部门的有效指导和社会的有效监督。承担安全生产的主体责任。确保企业持续稳定发展，确保安全生产目标的实现。

#### 2. 职工参与

职工参与就是要求从业人员积极参与本单位的安全生产管理，正确履行相应的权利和义务。积极参加安全生产教育培训，提高自身安全生产水平，增强自我保护意识和安全生产意识。

职工是生产经营活动的直接参与者。对生产过程中的危险有害因素及过程控制的利弊感受最深，生产经营单位制定或者修改有关安全生产的规章制度及技术文件时，应充分听取职工的意见和建议。

安全生产关系到职工的人身安全。很多生产事故中职工往往既是受害者也是肇事者。保障职工对安全生产工作的参与权、知情权、监督权和建议权，是保障职工切身利益的需要，也有利于充分调动职工的积极性，发挥其主人翁作用；同时，做好安全生产

工作需要职工积极配合，承担民主管理、民主监督、遵章守纪等义务。没有职工的参与和配合，不可能真正做好安全生产工作。

### 3. 政府监管

政府监管就是要切实履行各级政府及其监管部门的安全生产监督管理职责。坚持党政同责、一岗双责、齐抓共管、失职追责。

在强化和落实生产经营单位主体责任、保障职工参与的同时，还必须充分发挥政府在安全生产方面的监管作用。以国家强制力为后盾，保证安全生产法律、法规以及相关标准得到切实遵守。及时查处、纠正安全生产违法行为，消除事故隐患。这是保障安全生产不可或缺的重要方面。

健全完善安全生产综合监管和行业监管相结合的工作机制，强化各级应急管理部门对安全生产工作的综合监管，全面落实行业主管部门的专业监管和行业管理指导职责。各部门要加强协作，形成监管合力，在各级政府统一领导下，严厉打击违法生产、经营等影响安全生产的行为。对拒不执行监管监察指令的生产经营单位，要依法依规从重处罚。

### 4. 行业自律

行业自律主要是指行业协会组织、各类第三方安全技术服务公司要自我约束，依法发挥社会主义市场经济体制下独特的不可或缺的作用。

一方面，各个行业都要遵守国家法律、法规和政策，另一方面行业组织要通过行规、行约制约本行业生产经营单位的行为。有关协会组织依照法律、行政法规和规章，为生产经营单位提供安全生产方面的信息、培训等服务，促进生产经营单位发挥自律作用，加强安全生产管理，促使生产经营单位能从自身安全生产的需要和保护从业人员生命健康的角度出发自觉开展安全生产工作，切实履行生产经营单位的法定职责和社会职责。

### 5. 社会监督

社会监督就是要充分发挥社会监督的作用，任何单位和个人都有权对违反安全生产的行为进行检举和控告。

安全生产工作涉及方方面面，必须充分发挥包括工会、基层群众自治组织、新闻媒体以及社会公众的监督作用，实行群防群治。有关部门和地区要进一步畅通安全生产的社会监督渠道，设立举报电话，接受人民群众的公开监督，将安全生产工作置于全社会的监督之下。

上述五个方面中，生产经营单位负责是根本，职工参与是基础，政府监管是关键，行业自律是发展方向，社会监督是实现预防和减少生产安全事故的重要推动力量。五个方面互相配合、互相促进，共同构成五位一体的安全生产工作机制。

## 10.5.3　我国安全生产管理的重要制度

### 1. 安全生产责任制度

安全生产责任制是企业安全管理的核心，企业主体责任能不能得到全面落实，重要的一点就是企业各级领导、各类人员必须明确自己的安全职责。

企业开展安全标准化建设，很重要的一个环节就是要建立健全安全生产责任制。所有创建企业无一例外的都要重新修订安全生产责任制,将尘封已久的安全生产责任制进行全面的、有针对性的修改和完善,使安全生产责任制纵向到底、横向到边,实现全方位覆盖,不留死角。

安全工作不是一朝一夕的事情,也不是一个人的能力所能解决的,它受到多种因素的制约。只有加强生产过程监督,下大力规范现场安全措施,加强对人员违章现场处理,不断规范现场作业行为,推行标准化作业,将安全工作真正从事后分析转移到过程监督中,实现安全管理关口前移,才是加强安全生产工作的有效措施。

安全生产责任制度就是对各级领导干部、各个部门、各类人员所规定的在他们各自职责范围内对安全生产应负的责任的制度。"管生产必须管安全"的原则,确定了各级领导在安全生产管理中的职责。早在新中国成立初期,我国就提出了这项制度。1963年国务院发布的《国务院关于加强企业生产中安全工作的几项规定》中的第一项就是安全生产责任制。2001年国务院第302号令《国务院关于特大安全事故行政责任追究的规定》,进一步明确了地方人民政府主要领导人和政府有关部门正职负责人对安全生产所承担的领导责任。2002年6月29日第九届全国人民代表大会常务委员会第二十八次会议通过的《中华人民共和国安全生产法》规定了生产经营单位以及各级人民政府等相关部门的安全生产职责,提出生产经营单位必须"建立、健全安全生产责任制度""有关部门依法履行安全生产监督管理职责""国家实行生产安全事故责任追究制度"等管理要求,安全生产责任制度已成为安全生产管理中最为重要的一项制度。

### 2. 安全生产保障管理制度

安全生产保障管理制度是安全生产管理中不断发展的一项管理制度,它从安全生产的技术保障(即技术措施的管理要求)发展到提出关于各项资金保障的管理要求,直到提出安全生产条件保障的管理要求,丰富了安全生产管理的内容,体现了安全生产管理的本质安全。企业安全生产资金保障制度应满足安全劳动防护、安全教育培训宣传、安全生产技术措施以及安全生产奖励等资金投入的需要。

1963年发布的《国务院关于加强企业生产中安全工作的几项规定》中的第二项规定就是"关于安全技术措施计划",2002年颁布的《中华人民共和国安全生产法》提出了生产经营单位必须"完善安全生产条件"、生产经营单位主要负责人必须"保证本单位安全生产投入的有效实施",2003年4月国务院颁布的《工伤保险条例》提出为了保障因工作遭受事故伤害或者患职业病的职工获得医疗救治和经济补偿,促进工伤预防和职业康复,分散用人单位的工伤风险,要求各类企业应当依照本条例规定参加工伤保险,为本单位全部职工或者雇工缴纳工伤保险费。2004年实施的《安全生产许可条例》明确规定了生产企业生产前必须具备13项安全生产条件。这一系列法律法规逐步完善,确保了安全生产保障措施的进一步落实。安全生产能否有效进行,安全生产保障制度是关键。

### 3. 安全生产教育培训制度

企业安全生产教育培训制度是全员教育培训,不但对施工现场操作工人要进行安全生产教育培训,而且要对管理人员包括企业领导进行教育培训。企业要有年度教育培训计划，施工现场要建立职工培训学校，要有针对性地开展教育培训，以确保安全生产教育培训工作的落实。

安全生产教育培训制度是安全生产管理中最重要制度之一。安全生产管理最重要的因素是人。人是最关键但又是最不确定的因素，只有通过不断的教育培训，提高人们的安全生产意识、管理水平和操作技能，安全生产才有保障。早在1963年发布的《国务院关于加强企业生产中安全工作的几项规定》中的第三项规定就提出了"关于安全生产教育"的管理要求。全员安全生产教育培训是安全生产教育培训的一项重要管理内容，即生产单位负责人、安全生产管理人员和特种作业人员必须参加安全生产教育培训和考核，其他生产单位人员、各安全生产管理部门及其他有关单位的人员也必须参加教育培训。2007年3月24日建设部、中央文明办、教育部、全国总工会、共青团中央联合发文《关于在建筑工地创建农民工业余学校的通知》提出建立农民工培训学校，其中重要的一项内容就是开展安全生产教育培训，以提高进城务工人员的安全生产意识和技能。

### 4. 安全生产检查制度

安全生产检查制度不但包含企业组织的安全生产检查，还应包含施工现场日常安全生产检查的管理制度，做到施工现场专职安全生产管理人员每天进行日常安全生产检查，每周、每月和每季度进行安全生产例行检查，危险性较大的专项施工有专人现场监督检查，重大节假日前有计划地组织安全生产检查，以及根据形势需求开展专项内容的安全生产检查和随机抽查等。

安全生产检查制度是我国安全生产管理的一项重要管理制度。早在1963年发布的《国务院关于加强企业生产中安全工作的几项规定》中的第四项规定就提出了"关于安全生产的定期检查"的管理要求，目前已形成了定期检查、节假日前后大检查、专项安全检查和安全月活动等多种形式的企业内部安全生产检查，以及企业内部安全检查、企业外部的安全监督检查相结合的安全生产检查。企业外部的安全生产监督检查主要指各级政府及安全生产监管部门对企业安全生产的检查监督管理，也包括中介机构的安全生产监测和评价工作，其中建设工程监理活动中的安全监督是近几年形成的一种重要的安全生产监管形式，正在不断完善。

### 5. 安全生产许可制度

安全生产许可制度是近年来形成的我国安全生产管理的一项重要管理制度。2004年1月，《安全生产许可条例》开始施行。目前主要是针对矿山企业、建筑施工企业、危险化学品生产企业、烟花爆竹生产企业和民用爆破器材生产企业等"五大高危企业"施行安全生产许可制度。安全生产许可管理制度的核心内容就是企业必须具备安全生产条件。安全生产许可证颁发管理机关必须对企业安全生产条件进行审核，符合条件的颁发安全生产许可证，不符合的不予颁发安全生产许可证。企业没有安全生产许可证的不得从事生产活动。企业在从事生产活动中不再具备安全生产条件的，将被暂扣或吊销安全生产许可证。

安全生产许可制度的建立进一步完善了安全生产管理制度，它将所有安全生产管理内容归结到一个方面，即安全生产条件。安全生产管理部门、生产企业的安全管理部门以及其他有关单位关注的焦点应为安全生产条件，所以安全生产条件不仅仅是安全生产许可制度的核心管理内容，而且也是整个安全生产管理的核心内容，过去相应的各项安全生产管理制度在安全生产许可制度下更加明确。如建筑施工企业的安全生产管理归结到12项安全生产条件，它所涉及的建筑施工企业"三类人员"安全生产任职考核制度，建筑工程安全施工措施备案制度，建筑工程开工安全条件审查制度，施工现场特种作业人员持证上岗制度，施工起重机械使用登记制度，建筑工程生产安全事故应急救援制度，危及施工安全的工艺、设备、材料淘汰制度等多项管理制度均是安全生产条件的管理要求。

工程监理单位及其有关人员应当了解和熟悉安全生产许可制度，用全新的管理理念和管理方法指导施工现场的安全生产监管工作。施工现场工程监理人员在安全生产检查中应核查企业是否具有安全生产许可证，没有安全生产许可证的企业不得进入施工现场从事生产活动。

### 6. 安全生产管理人员考核管理制度

安全生产管理人员考核管理制度是安全生产管理的一项重要管理内容。安全生产管理人员是否取得安全生产考核合格证书是安全生产条件考核内容之一。例如建筑施工企业的安全生产管理人员包括企业主要负责人、项目负责人和专职安全生产管理人员，其中企业主要负责人和项目负责人包括企业技术负责人和项目技术负责人等，人们称之为"三类人员"。在建设工程监理活动中，对项目负责人和专职安全生产管理人员是否取得安全生产考核合格证书的检查也是一项重要的监管内容。

### 7. 特种作业人员考核管理制度

特种作业人员是指从事特殊作业的从业人员。特种作业人员是从业人员的一部分，但又不同于一般的从业人员。特种作业人员所从事的岗位危险性较大，直接关系到生产企业安全生产。《中华人民共和国安全生产法》第三十条规定，生产经营单位的特种作业人员必须按照国家有关规定经专门的安全作业培训，取得相应资格，方可上岗作业。《安全生产许可证条例》规定"特种作业人员经有关业务主管部门考核合格，取得特种作业操作资格证书"为企业安全生产条件之一。例如架子工、起重机械工、施工升降操作工、施工现场临时用电电工、电焊工、吊篮作业人员等为建筑施工企业的特种作业人员。进入施工现场的特种作业人员是否取得特种作业操作资格证书是建设工程监理活动的一项检查内容。

### 8. 生产安全事故报告与处理制度。

企业制定的生产安全事故报告与处理制度一方面要符合国家制定的《生产安全事故报告和调查处理条例》管理要求，做到及时报告、妥善处理；另一方面要根据企业管理的实际制定更加严格的管理要求。要落实事故报告的责任，杜绝缓报、谎报和隐瞒不报事故的事件发生，做到及时报告事故、及时组织抢救，一旦发生事故能够做到把事故损失减少到最低点。同时，企业内部要建立月事故报告制度及零事故报告制度，把重大隐患也作为企业内部"事故"进行管理，防患于未然，要根据事故特征制定相应的应急救援预案，建立救援组织、配备救援器材并及时组织演练，要落实工伤保险各项管理要求。

## 思考题

1. 何谓安全生产"五要素"? 如何理解"五要素"之间的相互关系?
2. 系统原理对现代安全管理实践有何指导意义?
3. 阐述我国现行的安全生产方针及其内涵。
4. 如何建立和完善生产经营单位的安全生产责任制度?
5. 在安全生产管理工作中如何落实安全生产方针?

# 第11章

## 智能制造

▶ 本章学习目标

1. **知识目标**：了解智能制造的基本概念，了解智能制造的发展及现状，熟悉和理解智能制造的相关理论及方法，对智能制造有一个全面清晰的认识。

2. **能力目标**：使学生正确掌握质量管理学的基本规律和基本知识，引导学生树立质量意识，培养学生具有应用所学知识分析和处理企业实际问题的能力，以及运用常用统计方法分析和解决质量问题的能力。

3. **价值目标**：帮助学生树立一个国家拥有质量过硬的产品才能走向世界的意识，帮助学生培养严谨求实、一丝不苟、勇于创新、精益求精的工匠精神，让学生深刻认识"质量意识、严谨求实、爱岗敬业"的重要性，从而激发学生的使命感和责任感。

### ✍ 引导案例　超大型高端冰箱互联工厂

青岛海尔特种制冷电器有限公司（简称"中德冰箱互联工厂"）主要生产超大型、超高端冰箱产品。该工厂以灯塔工厂标准建造，将设计、研发、采购、制造、模块商全流程并联，探索智能制造互联工厂新模式，以用户为中心，由大规模制造向大规模个性化定制转型，利用COSMOPlat工业互联网平台赋能，围绕冰箱的制造全流程，建设信息化、数字化集成系统，实现了用户定制直达工厂、订单自动匹配和准时交付、生产全流程追溯可视、产品质量实时监控和产品性能的分析优化，有效提升了用户体验、产品品质和生产效率，智能制造综合应用效果显著。

1. 实施路径

（1）互联工厂整体规划。中德冰箱互联工厂根据模块化制造原则进行设计，共分为两个厂房，一号厂房主要用于冰箱箱体生产及箱门体配套，二号厂房主要用于箱体内胆成型和门体的生产。工厂布局设计前期采用BIM模型，提前模拟了设备及能源配套等配合问题，采用"一个流"设计原则减少了库存和工序之间周转，提升了产品品质和生产效率。工厂内搭建了APS、MES等数字化系统，并与集团级应用系统如PLM、ERP、MDM等集成形成智能运营决策平台（BI），实现了智能装备互联互通、应用系统无缝集成、数据可视及分析，全流程全维度上下游业务互联互通。

（2）建设智能化生产线体。自动、柔性、智能化的高端线体是满足用户最佳体验的

基础，也是中德冰箱互联工厂的特点之一。工厂从冰箱的模块制造及检测设备、整机装配及检测设备、模块的输送设备三方面研发和应用了全球家电行业最领先的高端线体。

（3）建立完善的智能制造体系。基于核心流程的指标体系，搭建全流程最具竞争力的智能制造运营团队。建立数据分析标准及管理准则，对管理智能制造升级改善点进行PDCA闭环，持续优化，实现工厂智能制造模式持续升级。

（4）实现数字化运营管理模式。利用智能设备互联互通、应用系统无缝集成、数据可视及分析，建立中德冰箱互联工厂数据运营决策平台，营造工厂数据文化，用数据说话；通过数据发现问题，找到业务/IT/流程的改善点，闭环优化。以数字化作为支撑，实现了工厂智能制造模式持续升级。中德冰箱互联工厂共实施9大智能制造系统达成Q、D、C、P、S、M目标引领，通过大数据分析平台的预警报警信息传至智慧运营系统进行跟踪闭环，达成智能化运营模式，实现由传统经营管理向数字化经营管理转型升级，建立了完善的智能制造体系，智能制造竞争力持续迭代升级。

2. 实施成效

中德冰箱互联工厂投产后，企业生产效率提高15%以上，物流效率提升30%，部分工序用人节省接近80%，企业综合运营成本降低22.5%，缩短产品升级周期31.6%，降低企业不良品率25.4%，OEE提升19%，平均每年利润增加20%。中德冰箱互联工厂自建设以来，获得首批"国家智能制造标杆企业"称号，获得工业4.0引领园区奖，获得"金长城智慧制造工厂"称号。它在高端制造领域引领技术和信息化智能化方案的创新实践在业内已得到广泛认可，引导白电企业关注和应用智能化技术，有效地帮助解决行业现有问题，对冰箱行业产生良好的示范效应，更好地满足冰箱行业快速发展的需求，进一步提升我国高端冰箱制造企业国际竞争力，促进行业发展。2019年，中德冰箱互联工厂入选国家智能制造标杆企业。

# 11.1　智能制造的概念和内容

## 11.1.1　智能制造的概念

智能制造，源于人工智能的研究，一般认为智能是知识和智力的总和，前者是智能的基础，后者是指获取和运用知识求解的能力。"智能制造"可以从制造和智能两方面进行解读。首先，制造是指对原材料进行加工或再加工，以及对零部件进行装配的过程。通常，按照生产方式的连续性不同，制造可分为流程制造与离散制造（也有离散和流程混合的生产方式）。智能是由"智慧"和"能力"两个词语构成。从感觉到记忆到思维这一过程，称为"智慧"，智慧的结果产生了行为和语言，将行为和语言的表达过程称为"能力"，两者合称为"智能"。因此，将感觉、记忆、回忆、思维、语言、行为的整个过程称为智能过程，它是智慧和能力的表现。

德国"工业4.0"、美国工业互联网和"中国制造2025"这三大国家战略虽在表述上不一样，但本质上异曲同工，核心都是智能制造。智能制造尚处于不断发展过程中，社会各界的认识和理解各有不同。目前，国际和国内还没有关于智能制造的准确定义，但工信部组织专家给出了一个比较全面的描述性定义。

智能制造是基于新一代信息技术，贯穿设计、生产、管理、服务等制造活动各个环节，具有信息深度自感知、智慧优化自决策、精准控制自执行等功能的先进制造过程、系统与模式的总称。它具有以智能工厂为载体、以关键制造环节智能化为核心、以端到端数据流为基础、以网络互联为支撑等特征，可有效缩短产品研制周期、降低运营成本、提高生产效率、提升产品质量、降低资源能源消耗。这实际上指出了智能制造的核心技术、管理要求、主要功能和经济目标，体现了智能制造对于我国工业转型升级和国民经济持续发展的重要作用。

### 11.1.2 智能制造的内容

智能制造应当包含智能制造技术（intelligent manufacturing technology，IMT）和智能制造系统（intelligent manufacturing system，IMS）。智能制造系统不仅能够在实践中不断地充实知识库，而且还具有自学习功能，有搜集与理解环境信息和自身的信息，并进行分析判断和规划自身行为的能力。

智能制造技术是用计算机模拟、分析，对制造业智能信息收集、存储、完善、共享、继承、发展而诞生的先进制造技术。智能制造技术利用计算机模拟制造业领域的专家的分析、判断、推理、构思和决策等智能活动，并将这些智能活动和智能机器融合起来，贯穿应用于整个制造企业的子系统（经营决策、采购、产品设计、生产计划、制造装配、质量保证和市场销售等），以实现整个制造企业经营运作的高度柔性化和高度集成化，从而取代或延伸制造环境领域的专家的部分脑力劳动，并对制造业领域专家的智能信息进行收集、存储、完善、共享、继承和发展，是一种极大提高生产效率的先进制造技术。

智能制造系统是一种由智能机器和人类专家共同组成的人机一体化智能系统，它在制造过程中能进行智能活动，诸如分析、推理、判断、构思和决策等。通过人与智能机器的合作共事，去扩大、延伸和部分地取代人类专家在制造过程中的脑力劳动。它把制造自动化的概念更新，扩展到柔性化、智能化和高度集成化。

智能制造是面向产品全生命周期，实现泛在感知条件下的信息化制造。智能制造技术是在现代传感技术、网络技术、自动化技术、拟人化智能技术等先进技术的基础上，通过智能化的感知、人机交互、决策和执行技术，实现设计过程、制造过程和制造装备智能化，是信息技术、智能技术与装备制造技术的深度融合与集成。智能制造，是信息化与工业化深度融合的大趋势。

## 11.2 智能制造国内外发展现状

### 11.2.1 智能制造发展概述

智能制造源于人工智能的研究。人工智能就是用人工方法在计算机上实现的智能。随着产品性能的完善化及其结构的复杂化、精细化，以及功能的多样化，产品所包含的设计信息和工艺信息量猛增，随之生产线和生产设备内部的信息量增加，制造过程和管理工作的信息量也必然剧增，促使制造技术发展的热点与前沿，转向了提高制造系统对于爆炸性增长的制造信息处理的能力、效率及规模上。先进的制造设备离开了信息的输入就无法运转，柔性制造系统（FMS）一旦被切断信息来源就会立刻停止工作。专家认为，制造系统正在由原先的能量驱动型转变为信息驱动型，这就要求制造系统不但要具备柔性，而且还要表现出智能，否则是难以处理如此大量而复杂的信息工作量的。同时，瞬息万变的市场需求和激烈竞争的复杂环境，也要求制造系统表现出更高的灵活、敏捷和智能。因此，智能制造越来越受到重视。纵览全球，虽然总体而言智能制造尚处于概念和实验阶段，但各国政府均将此列入国家发展计划，大力推动实施。1992年美国执行新技术政策，大力发展关键重大技术，包括信息技术和新的制造工艺，智能制造技术自在其中，美国政府希望借助此举改造传统工业并启动新产业。

加拿大制定的1994—1998年发展战略计划，认为未来知识密集型产业是驱动全球经济和加拿大经济发展的基础，发展和应用智能系统至关重要，并将具体研究项目选择为智能计算机、人机界面、机械传感器、机器人控制、新装置、动态环境下系统集成。

日本1989年提出智能制造系统，且于1994年启动了先进制造国际合作研究项目，包括公司集成和全球制造、制造知识体系、分布式智能系统控制等。

欧洲联盟的信息技术相关研究有ESPRIT项目，该项目大力资助有市场潜力的信息技术。1994年又启动了新的R&D项目，选择了39项核心技术，其中三项（信息技术、分子生物学和先进制造技术）均突出了智能制造的重要性。

我国在20世纪80年代末也将"智能模拟"列入国家科技发展规划的主要课题，在专家系统、模式识别、机器人、汉语机器理解方面取得了一批成果。后来科技部正式提出了"工业智能工程"，作为技术创新计划中创新能力建设的重要组成部分，智能制造是该项工程中的重要内容。

由此可见，智能制造正在世界范围内兴起，它是制造技术发展，特别是制造信息技术发展的必然，是自动化和集成技术向纵深发展的结果

智能装备面向传统产业改造是升和战略性新兴产业发展需求，重点包括智能仪器仪表与控制系统、关键零部件及通用部件、智能专用装备等。它能实现各种制造过程自动化、智能化、精益化、绿色化，带动装备制造业整体技术水平的提升。

中国机械科学研究总院原副院长屈贤明指出，现今国内装备制造业存在自主创新能力薄弱、高端制造环节主要由国外企业掌握、关键零部件发展滞后、现代制造服务业发展缓慢等问题。而中国装备制造业"由大变强"的标志包括：国际市场占有率处于世界第一，超过一半产业的国际竞争力处于世界前三，成为影响国际市场供需平衡的关键产业，拥有一批国际竞争力和市场占有率处于全球前列的世界级装备制造基地，原始创新突破，一批独创、原创装备问世等多个方面。

2021年，工信部、国家发展改革委等8部门印发《"十四五"智能制造发展规划》，提出了我国智能制造"两步走"战略。到2025年，规模以上制造业企业大部分实

现数字化网络化，重点行业骨干企业初步应用智能化；到2035年，规模以上制造业企业全面普及数字化网络化，重点行业骨干企业基本实现智能化。

### 11.2.2　智能制造早期的研究与认识

对智能制造的研究可追溯到20世纪80年代，1989年Kusiak首次明确提出了"智能制造系统"一词，并将智能制造定义为"通过集成知识工程、制造软件系统和机器人控制来对制造技工们的技能与专家知识进行建模，以使智能机器可自主地进行小批量生产"。此时，智能制造的概念是从技术方面阐述的，主要是描述一种面向生产制造过程的工程技术。最初智能制造的概念强调它是由智能机器和人类专家共同组成的人机一体化智能系统，在制造过程中能进行智能活动，诸如分析、推理、判断、构思和决策，通过人与智能机器的合作共事，扩大、延伸和部分地取代人类专家制造过程中的脑力劳动。

早期关于智能制造的特征描述包括科学和技术两个方面。在科学方面，智能制造具有下列特征：多信息感知与融合、知识的表达/获取/存储/处理、联想记忆功能、自学习/自适应/自组织/自维护、智能分解与集成、容错功能和智能控制等；在技术方面，呈现出以"信息的泛在感知→自动实时处理→智能优化决策"为核心，将信息通信、自动化与制造技术等多学科交叉融合，实现"制造活动—产品价值网络"（横向）、"设备层—控制层—管理层"（纵向）和"设计—生产—销售—售后"（产品全生命周期）的多种集成。

早期的智能制造研究包括智能制造技术和智能制造系统两个方面。智能制造技术主要研究内容包括：智能制造基础理论（如制造经验与知识的表达、自适应控制理论、智能控制系统理论与方法等）、智能化单元技术（柔性制造单元）、智能机器技术等。智能制造系研究主要解决两个方面的问题：一方面是在制造系统中用机器智能替代人的脑力劳动，使脑力劳动自动化；另一方面是在制造系统中用机器智能替代熟练工人的操作技能，使得制造过程不再依赖于人的"手艺"（或"技艺"），或是在维持自动生产时，不再依赖于人的监视和决策控制，使得制造系统的生产过程可以自主进行。

### 11.2.3　对智能制造内涵认识的发展

美国能源部早期开展了对智能制造的研究，认为智能制造是先进传感、仪器、监测、控制和过程优化的技术和实践的组合，它们将信息和通信技术与制造环境融合在一起，实现工厂和企业中能量成本、能量、生产率和成本的实时管理。

在美国国家制造业创新网络中，由能源部资助的清洁能源智能制造创新研究院发布的智能制造环境2017—2018路线图指出，智能制造是2030年左右可以实现的制造方式，并对智能制造定义如下：智能制造（smart manufacturing，SM）是一系列涉及业务、技术、基础设施及劳动力的实践活动，通过整合运营技术/信息技术（operation technology/information technology，OT/IT）的工程系统，实现制造的持续优化。

该定义给出四个维度——业务、技术、基础设施、劳动力，并把"业务"放在第一位，把智能制造的最终目的定位在持续优化，强调了智能制造是为业务服务、智能化与优化同步并以此为目的的观点。此外，该定义关注"劳动力"的实践活动，强调了人在智能制造中的地位。

在制造强国战略研究中，智能制造的内涵表述为：智能制造是制造技术与数字技术、智能技术及新一代信息技术的融合，是面向产品全生命周期的具有信息感知、优化决策、执行控制功能的制造系统，旨在高效、优质、柔性、清洁、安全、敏捷地制造产品和服务用户。智能制造的内容包括：制造装备的智能化、设计过程的智能化、加工工艺的优化、管理的信息化和服务的敏捷化/远程化等。其中，关于智能制造的主要技术特征有三个方面：①信息感知——智能制造需要大量的数据支持，通过有效利用高效、标准的方法实时进行信息采集、自动识别，并将信息传输到分析决策系统；②优化决策——通过面向产品全生命周期的信息挖掘提炼、计算分析、推理预测，形成优化制造过程的决策指令；③执行控制——根据决策指令，通过执行系统控制制造过程的状态，实现稳定、安全地运行。

在工信部发布的《智能制造发展规划（2016—2020年）》中也对智能制造给出了定义：智能制造是基于新一代信息通信技术与先进制造技术深度融合，贯穿于设计、生产、管理、服务等制造活动的各个环节和生命周期，具有自感知、自学习、自决策、自执行、自适应等功能的新型生产方式。

### 11.2.4 工业4.0时代智能制造的内涵

工业4.0是正在发生之中的新工业革命，面临着一系列的新变化和新挑战。在工业4.0时代，"优质、高效、低耗、绿色、安全"仍然是智能制造的主要目标，但对其内涵赋予了新的意义。基于对工业革命与现代制造概念形成及发展的分析，以及对制造业和制造技术发展目标的认识，进一步分析工业4.0时代的特征，对工业4.0时代的智能制造内涵有了进一步的认识。

智能制造是先进制造技术与新一代信息技术、新一代人工智能技术等新技术深度融合形成的新型制造系统和制造技术，它以产品全生命周期价值链的数字化、网络化和智能化集成为主线，以企业内部纵向管控集成和企业外部网络化协同集成为支撑，以实际生产系统及其对应的各层级数字孪生映射融合构建的CPPS为核心，建立起具有动态感知、实时分析、自主决策和精准执行功能的智能工厂，进行虚实融合的智能生产，实现高效、优质、低耗、绿色、安全的制造和服务。

## 11.3 关于智能制造发展的国家战略

制造业在世界工业化进程中始终发挥着主导作用。在经济全球化和信息技术革命的推动下，国际制造业的生产方式正在发生着重大变革。近年来，主要工业国家纷纷制定各种发展计划，促进传统制造业向先进制造业（advanced manufacturing industry）转变，加快发展先进制造业，已经成为世界制造业发展的新潮流。

在先进制造技术领域，美国、德国、日本等国家在全球一直处于领先地位，这些国家科技实力强，工业基础好，技术积累多，市场占有率高，而且在国家层面上，近些年出台多项引导和支持先进制造技术发展的计划，均以数字化、网络化和智能化为主要方向，对各国制造技术领域的科技发展和产业振兴，起到了极其重要的引领、鼓励和支持作用。

### 11.3.1 德国"工业4.0"和《国家工业战略2030》

#### 1. 德国"工业4.0"

2013年4月，德国在汉诺威工业博览会上正式提出了"工业4.0（Industrie 4.0）"。德国"工业4.0"原本是一个由德国联邦教研部与联邦经济技术部联合资助的研究项目，由德国工程院、弗劳恩霍夫协会、西门子公司等联合建议和推动形成，由德国电气和电子工业联合会、机械设备制造业联合会以及信息、通信与新媒体协会共同发布。德国"工业4.0"已上升为德国的国家工业发展战略，其目的是提高德国工业的竞争力，在新一轮工业革命中占领先机。德国"工业4.0"得到了德国科研机构和产业界的广泛认同，并在全球产生重大影响。

在德国"工业4.0"中提出了四次工业革命的划分，并指出现在面临的以智能制造为主导的第四次工业革命，它将通过充分利用信息通信技术和赛博（Cyber）空间虚拟系统相结合的手段，推动制造业向智能化转型，这也是德国"工业4.0"的核心。

德国"工业4.0"包括如下主要内容：

一个核心——赛博物理系统CPS。

两大主题——智能工厂（包括智能服务）和智能生产。

三项集成——通过价值网络实现的横向集成、垂直集成和网络化制造、贯穿整个价值链的端到端数字化集成。

八个领域——标准化和参考架构、管理复杂系统、全面宽频的基础设施、安全和保障、工作的组织和设计、培训和持续的职业发展、规章制度、资源利用效率。

德国"工业4.0"一经推出，受到了世界各国的高度关注，它不仅给德国工业生产与服务模式、价值创造过程、产业链分工等带来深刻的变化，还对全球的工业版图产生深远的影响。

#### 2. 德国《国家工业战略2030》

2019年2月，德国政府又发布了德国《国家工业战略2030》，其主要内容如下。

（1）主要目标：①与工业利益相关者一起，努力确保或重新赢回相关领域在德国、欧洲乃至全球的经济技术实力、竞争力和工业领先地位。②长期确保与扩大德国整体经济实力、国民就业与繁荣。③到2030年，逐步将工业在德国和欧盟的总增加值（gross value added，GVA）中所占的比重分别扩大到25%和20%。

（2）现状：德国始终坚持以工业为基础的经济模式，是全球成绩斐然的工业大国。德国工业具有极强的竞争力和创造力，其工业在国内总增加值GVA中所占的比重达到

23%。德国已经或仍处于领先地位的关键工业领域包括：钢铁、铜及铝工业；化工产业；设备和机械制造；汽车产业；光学产业；医学仪器工业；环保技术产业；国防工业；航空航天工业；增材制造（3D打印）等。

（3）挑战：德国工业目前在如下方面受到来自其他国家的挑战：低工资、低生产成本；电信技术、计算机和消费电子（智能手机、平板电脑等）；创新型碳纤维材料；汽车（减排、替代性交通工具与电动汽车、自动驾驶、新营运模式）；平台经济互联网；人工智能应用；新生物技术；高端创新领域等。同时，一些新的变化趋势也正在显现：颠覆性技术发展与生产力提高使得一些国家和地区原有的工作岗位减少，但同时新的、创新型的、面向未来的工作机会也可能不会出现在这些国家和地区。如果德国和欧洲未能在颠覆性技术方面取得领先地位，其发展就有可能受到严重影响。

德国最主要的国家竞争对手已经做出行动，并且都在重新定位。具有代表性的如：①美国政府的"美国优先"和"再工业化"，广泛支持在人工智能、数字化、自主驾驶和生物技术方面的研发。②日本正努力保持在人工智能、联网机器和机器人技术以及汽车工业等领域的优势地位。③我国提出的"中国制造2025""中国新时代科技基金""一带一路"倡议。

（4）改变游戏规则的突破性创新：①只有拥有并掌握新技术的国家才能始终在竞争中保持有利地位。只有改变游戏规则，才能实现突破性创新。②大型互联网平台拥有大量的资金和数据，正在成为创新的驱动力，改变全世界的附加价值链。③未来更进一步的突破性技术可能是纳米技术和生物技术、新材料和轻量级建筑技术以及量子计算的发展。

（5）改变世界规则的创新速度：与过去相比，今天的创新速度大大加快。在20世纪初，人们已经知道了电视、传真和移动电话的原理，然而花费了数十年才通过技术发展实现了应用与商业化。而在过去的15年里，创新的速度已经大大加快，尤其是在信息技术相关领域。人工智能的应用也会加快创新的速度。未来必须在较短的时间内迅速决定是否要加入某一领域的创新竞争，而且与早期创新周期相比，这种决定的可逆性要小得多。

（6）德国工业政策的参考点：在德国经济中，掌握工业技术的主导能力是保持德国未来生存能力的决定性挑战。德国经济必须能够经受住所有主要领域的全球竞争，特别是在关键技术和突破性创新方面。

对于德国来说，工业在经济附加值总额中所占的比重不仅仅是一个参考点，更是一个重要的目标。同时，这也是判断德国是否朝着正确方向发展的一个重要指标。

保持一个闭环的工业增值链是非常重要的。如果增值链的所有部分，从基础材料的生产，到零部件制造和加工，再到分配、服务、研发，都集中于一个经济地区，将使各个环节更具抵抗力，也更能实现价值链的增值或扩大竞争优势。

中小企业是德国的特色优势，强化对中小企业的支持也至关重要，许多中小企业已经用高度专业化的产品及其应用（隐形冠军群）"征服"了部分世界市场，他们具有强大的技术专长和竞争力，需要个性化的优惠与扶持。

而对于德国与欧洲的龙头企业来说，规模是关键。随着综合的全球市场的出现，越来越多的领域开始出现一个问题：若要成功地参与国际竞争或提供特定的产品和服务，就越来越需要投入大量的资金，例如大型商用飞机只能由具有一定规模的公司建造；铁路系统的建设与现代化需要开展众多大型工程，需要大量的资金；大型互联网平台也需要庞大的资金。因此，在工厂建设、国际金融、银行业以及许多产业，需要与国际竞争者处于同一水平的具有相当规模、实力雄厚的参与者。

## 11.3.2 美国工业互联网和先进制造业领导力战略

### 1. 美国工业互联网

美国通用电气（General Electric，GE）公司于2012年提出工业互联网（Industria lnternet）的概念，随后美国五家企业（GE、IBM、思科、英特尔和AT&T）联合组建了工业互联网联盟（Industrial Internet Consortium，IIC）。

2013年6月，GE提出了"工业互联网革命（Industrial Internet Revolution）"，指出工业互联网是一个开放、全球化的网络，将人、数据和机器连接起来，其目标是升级那些关键的工业领域。如今在全世界有数百万种机器设备，从简单的电动摩托到尖端的核磁共振成像（MRI）设备，还有数万种复杂机械集群，从发电的电厂到运输的飞机。"工业互联网"将使工业系统与高级计算、分析、传感技术及互联网进行高度融合。

2015年6月，IIC发布工业互联网参考架构（Industrial Internet Reference Architecture，IIRA）。IIRA包括商业视角、使用视角、功能视角和实现视角四个层级（来自ISO/IEC/ IEEE 42010：2011），并论述了系统安全、信息安全、灵活性、互操作性、连接性、数据管理、高级数据分析、智能控制、动态组合九大系统特性。IIRA为工业互联网系统的各要素及相互关系提供了通用语言，开发者可为系统选取所需的要素，更快地实现和交付系统。

工业互联网的关键元素包括：（1）智能装备：以全新的方法将现实世界中的机器、设备、团队和网络通过先进的传感器、控制器和软件应用程序连接起来。（2）高级分析：使用基于物理的分析法、预测算法、自动化和材料科学、电气工程及其他关键学科的专业知识来理解机器设备与大型系统的运作方式。（3）工作人员：建立员工之间的实时连接，连接各种工作场所的人员，以支持更加智能的设计、操作、维护以及高质量的服务与安全保障。

工业互联网将以上元素融合起来，它通过智能机器间的互联最终实现"人—机"连接，以及数据端到端的流动和跨系统的流动，在数据流动技术基础上，结合软件和大数据分析，形成智能化变革，形成新的模式和新的业态。

### 2. 先进制造业美国领导力战略

2018年10月，美国国家科学技术委员会下属的先进制造技术委员会发布了《先进制造业美国领导力战略》报告，提出了三大目标（见表11-1），展示了未来4年内的行动计划。

表11-1 《先进制造业美国领导力战略》提出的三大目标和任务

| 目标 | 任务 | 优先计划 |
|---|---|---|
| 开发和转化新的制造技术 | 抓住智能制造系统的未来 | 智能和数字制造、先进工业机器人、AI基础设施、制造业网络安全 |
| | 开发世界领先的材料和加工技术 | 高性能材料、增材制造、关键材料 |
| | 确保通过国内制造获得医疗产品 | 低成本分布式药物制造、连续制造、组织和器官的生物制造 |
| | 保持电子设计和制造领域的领导地位 | 半导体设计工具和制造、新材料/器件和结构 |
| | 加强粮食和农业制造业的机遇 | 食品安全与加工测试和可追溯性、粮食安全生产和供应链、改善生物基产品 |
| 教育、培训和集聚制造业劳动力 | 吸引和发展未来制造业劳动力 | 以制造业为重点的STEM教育、制造工程教育、工业界和学术界的伙伴关系 |
| | 更新和扩大职业及技术教育途径 | 职业和技术教育、培养技术熟练的技工 |
| | 促进学徒和获得行业认可的证书 | 制造业学徒计划、学徒和资格认证计划登记制度 |
| | 熟练工人与所需行业相匹配 | 劳动力多样性、劳动力评估 |
| 增强国内制造业供应链的能力 | 加强中小制造商在先进制造业中的作用 | 供应链增长、网络安全扩展和教育、公私合作伙伴关系 |
| | 鼓励制造业创新的生态系统 | 制造业创新生态系统、新业务形成与发展、研发转化 |
| | 加强国防制造业基础 | 军民两用、购买"美国制造"、利用现有机构 |
| | 加强乡村社区的先进制造业 | 促进乡村繁荣的先进制造业、资本准入/投资和商业援助 |

（1）影响美国先进制造业创新和竞争力的因素。①技术的快速发展与经济力量的结合正在改变产品和服务的构思、设计、制造、分配和支持方式。②先进制造业的发展需要大力发展制造业技术及基础设施。③可靠和可预测的知识产权是投资先进制造业的关键点。④新兴市场、进出口贸易都受到先进制造业的影响。⑤保护和推进美国工业的贸易政策对于美国先进制造战略的成功至关重要。⑥制造业推动全球经济发展。制造业与基础设施发展、创造就业机会以及国内生产总值（GDP）增长密切相关。⑦坚实的国防工业基础，包括具有弹性供应链的、创新和可赢利的国内制造业是国家头等大事，对经济繁荣和国家安全至关重要。⑧先进制造业劳动力需要在科学、技术、工程和数学（STEM）方面做好高水平的准备。⑨联邦、州和地方政府必须共同努力，来支持先进制造业。

（2）目标和任务。该报告提出三大目标，并针对每个大目标，确定了若干个具体战略目标以及相应的一系列需要优先发展的任务，指定了负责参与实施的主要联邦政府机构。三大目标是：①开发和转化新的制造技术。②教育、培训和集聚制造业劳动力。③增强国内制造供应链的能力。

（3）战略计划的着力点。①未来智能制造系统：智能与数字制造；先进工业机器人；人工智能基础设施；制造业的网络安全。②先进材料和加工技术：高性能材料；增材制造（additive manufacturing）；关键材料。③本国制造的医疗产品：低成本、分布式药物制造；连续制造（CM）；生物组织与器官制造。⑤国际领先的集成电路设计与制造：半导体设计工具和制造；新材料/器件和架构。⑤粮食与农业制造业：食品安全与加工、测试和可追溯性；粮食安全生产和供应链；改善生物基产品。

（4）几个关注点。该报告指出将通过促进美国制造技术开发和转化、培育劳动力及增强国内制造业供应链能力来扩大美国制造业就业，确保国防工业基础和繁荣经济，并明确提出要采取贸易保护政策促进制造业发展。

报告提出不应再把制造业与产品开发整体价值链分离，而是共同发展。并且在优先开发和转化的技术中不仅关注智能制造、人工智能、工业互联网、先进材料、连续制药、半导体等先进技术，也强调了普通药品、关键材料、食品及农产品等技术的重要性。这一态度表明为扩大就业及保证国内供应链安全，美国不再只关注有更高利润的产品设计及高端制造技术，也开始重视一般/低端制造业在其国内的发展。

报告还强调了知识产权对制造业的重要性，认为可靠的知识产权和法律体系才能有效激励私营部门投资制造研发。

### 11.3.3　日本工业价值链和超智能社会5.0

第二次世界大战后日本制造业迅猛发展，20世纪60年代的工业年均增长率高达13%。20世纪70年代，日本基本实现了工业现代化。到20世纪80年代，日本已经超越欧洲几大工业国，而且在汽车、半导体等领域超过美国，成为世界第二大制造国，综合竞争力仅次于美国。全球最大的500家工业企业中，日本占了29%，日本国民生产总产值的49%来自制造业。日本制造业的优势主要集中在机械设备制造、汽车及关键零部件领域，其中半导体制造设备、机床、数码相机等出口分别占35.2%、28.1%和20.1%。

20世纪90年代后，日本经济进入了长达10多年的衰退停滞期，但这并没有影响到其先进制造业的发展。日本历来主张通过政府干预，用产业政策来引导和鼓励高新技术产业发展。早在1980年，日本就颁布了《推进创造性科学技术规划》，1985年又制定了《促进基础技术开发税制》，实行税金扶持政策。1995年，日本政府提出"科技创新立国"战略，颁布了日本有关科技的根本大法，即《科学技术基本法》，之后又通过了《科学技术基本计划》，后来又颁布了《振兴制造业基础技术基本法》。这一切都使得日本政府和地方机构在制定高新技术产业政策时有法可依，具有很强的法律制度保证性，依靠法律的强制性和激励性来推动先进制造业的发展。

近年来，由于德国的"工业4.0"和美国的工业互联网可能带来全球制造业的巨变，日本政府和产业界对"日本可能落后"表现出强烈危机感。2015年6月日本经产省颁布了《2015年版制造白皮书》，提出倘若错过德国和美国引领的"制造业务模式"的变革，"日本的制造业难保不会丧失竞争力"。因此，日本制造业要积极发挥信息技术的作用，建议转型为利用大数据的"下一代"制造业。

日本制造业发展的特点主要表现在五个方面：一是以耐用消费品产业为先导，大力发展重化工业和新兴产业；二是大力引进先进技术，并强调技术的消化和创新，快速推

进技术产品市场化，能对市场变化及时作出响应；三是推进自动化大规模生产，而且强调节能、环保；四是推行专业化协作和产业集群化，以几家高关联大企业为中心，形成联系紧密的产业群；五是强调管理科学化，不断创新生产管理模式。

2016 年 12 月 8 日，日本工业价值链参考框架（Industrial Value Chain Reference Architecture，IVRA）正式发布，标志着日本智能制造策略正式落地。IVRA 是日本智能制造独有的顶层框架，相当于美国工业互联网联盟的参考框架（IIRA）和德国"工业4.0"参考框架（RAMI 4.0），共有 180 多家机构作为工业价值链促进会（Industrial Value Chain Initiative，IVI）的主要成员参与（其中包括 100 多家企业），知名的企业如丰田、山崎马扎克、日立、欧姆龙、博世、安川电机、索尼等，都加入了 IVI。

日本智能制造三大战略：一是推动工业价值链的发展，建立日本制造的联合体王国；二是通过机器人创新计划，以工业机械、中小企业为突破口，探索领域协调及企业合作的方式；三是利用 IoT（Interent of Things，物联网）推进与其他领域合作的新型业务的创新。

2016 年，日本政府推出"超级智慧社会（Super Intelligent Society）"战略，又称为"社会 5.0（Society 5.0）"，提出人类社会由狩猎社会、农耕社会、工业社会，逐渐变迁为信息社会，科技产业生态体系正因开放式创新而不断改变，包括物联网、机器自动化、人工智能、大数据、智能医疗等先进科技正同步发生在你我的身边。这些科技看似彼此独立，却又唇齿相依，不仅带动产业经济与社会结构发生巨大变化，也导致了一场非连续性的颠覆性创新，正悄悄改变现有的生活方式。"社会 5.0"制定了包含物联网、大数据、人工智能与机器自动化等在内的科技挑战目标，同时描绘了 20 年后人类的生存环境。无论在生活环境还是产业环境的背后，都有着高度计算机化、智能化的身影。在工业领域，将在广泛的工业解决方案范围内引入转型变革，如制造、物流、销售、运输、医疗、金融和公共服务等，构建智能社会和支持系统，以实现智能社会发展的目标，为社会增添新的价值。其主要内容包括网络安全、物联网系统架构技术、大数据分析、人工智能、设备技术创新、网络创新和边缘计算等。

该战略报告预期到 2035 年时，"社会 5.0"的超级智能社会将呈现如下的面貌：包括单件物品的快速定制服务，可利用大数据提供多样的定制化服务；能源自给自足的城市再造，如智慧能源管理；居家生活的健康管理，可将信息与通信技术应用于居家生活；日常生活使用的设施，例如利用虚拟现实与机器人提高生活便利性；营建工程从规划到维护管理，可利用人工智能、机器人来提供自动化与效率化的服务；多样化防灾、减灾系统可利用信息解析来进行高效率的救灾与支持；农产品的订购栽培，能借助大数据拟定经营策略，供应高附加价值农作物。

## 11.3.4  中国制造 2025

我国制造业经过几十年的建设和发展，尤其是近十几年的持续快速发展，已建立起门类齐全、独立完整的产业体系，总体规模大幅提升，行业覆盖面广泛，综合实力不断增强，有力推动了工业化和现代化过程，支撑我国成为世界制造大国。

2012 年，我国制造业增加值达到 2.0793 万亿美元，超过美国的 1.19121 万亿美元，成为全球制造大国。美国竞争力委员会发布的《2013全球制造业竞争力指数》报告表明，我国在当时及其后五年，制造业竞争力指数将保持全球第一。然而，与世界先进水平相比，我国制造业仍然大而不强，在自主创新能力、资源利用效率、产业结构水平、信息化程度、质量效益等方面仍有一定差距，转型升级和跨越发展的任务紧迫而艰巨。

2015年3月，由工信部和中国工程院共同规划的《中国制造2025》正式发布。规划提出：按照国家战略布局要求，实施制造强国战略，加强统筹规划和前瞻部署，到2020年，我国要基本实现工业化，这是第一个百年奋斗目标；到2050年实现第二个百年奋斗目标，迈入世界工业强国的前列。也就是说，力争通过三个十年的努力，到新中国成立100年时，把我国建设成为引领世界制造业发展的制造强国，为实现中华民族伟大复兴的中国梦打下坚实基础。

《中国制造2025》是我国实施制造强国战略第一个十年的行动纲领。其主要框架内容如图11-1所示。

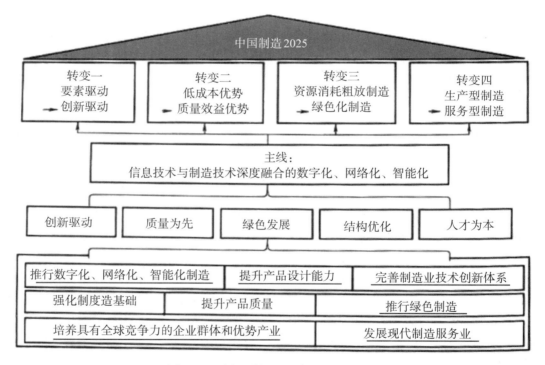

图11-1　《中国制造2025》的框架内容

### 1. 指导思想

创新驱动——坚持把创新摆在制造业发展全局的核心位置，完善有利于创新的制度环境，推动跨领域跨行业协同创新，突破一批重点领域关键共性技术，促进制造业数字化网络化智能化，走创新驱动的发展道路。

质量为先——坚持把质量作为建设制造强国的生命线，强化企业质量主体责任，加强质量技术攻关、自主品牌培育。建设法规标准体系、质量监管体系、先进质量文化，营造诚信经营的市场环境，走以质取胜的发展道路。

绿色发展——坚持把可持续发展作为建设制造强国的重要着力点，加强节能环保技术工艺、装备推广应用，全面推行清洁生产。发展循环经济，提高资源回收利用效率，构建绿色制造体系，走生态文明的发展道路。

结构优化——坚持把结构调整作为建设制造强国的关键环节，大力发展先进制造业，改造提升传统产业，推动生产型制造向服务型制造转变。优化产业空间布局，培育一批具有核心竞争力的产业集群和企业群体，走提质增效的发展道路。

人才为本——坚持把人才作为建设制造强国的根本，建立健全科学合理的选人、用人、育人机制，加快培养制造业发展急需的专业技术人才、经营管理人才、技能人才。营造大众创业、万众创新的氛围，建设一支素质优良、结构合理的制造业人才队伍，走人才引领的发展道路。

### 2.1条主线、4大转变和8项对策

1条主线——以体现信息技术与制造技术深度融合的数字化、网络化、智能化制造为主线。

4大转变——一是由要素驱动向创新驱动转变；二是由低成本竞争优势向质量效益竞争优势转变；三是由资源消耗大、污染物排放多的粗放制造向绿色制造转变；四是由生产型制造向服务型制造转变。

8项对策——推行数字化网络化智能化制造、提升产品设计能力、完善制造业技术创新体系、强化制造基础、提升产品质量、推行绿色制造、培养具有全球竞争力的企业群体和优势产业、发展现代制造服务业。

### 3. 重点领域

2015年9月，国家制造强国建设战略咨询委员会正式发布《<中国制造2025>重点领域技术路线图（2015版）》。该技术路线图围绕经济社会发展和国家安全重大需求，选择《中国制造2025》确定的十大重点领域：新一代信息通信技术产业、高档数控机床和机器人、航空航天装备、海洋工程装备及高技术船舶、先进轨道交通装备、节能与新能源汽车、电力装备、农业装备、新材料、生物医药及高性能医疗器械等，在对这些领域未来十年的发展趋势、发展重点和目标等分析研究的基础上，提出了十大重点领域创新的方向和路径。

十大重点领域及其涵盖的23个重点方向的主要内容如下。（1）新一代信息技术产业领域：集成电路及专用设备、信息通信设备、操作系统与工业软件、智能制造核心信息设备。（2）高档数控机床和机器人领域：高档数控机床与基础制造装备、机器人。（3）航空航天装备领域：飞机、航空发动机、航空机载设备与系统、航天装备、海洋工程装备及高技术船舶。（4）海洋工程装备及高技术船舶领域：海洋工程装备及高技术船舶。（5）先进轨道交通装备领域：先进轨道交通装备。（6）节能与新能源汽车领域：节能汽车、新能源汽车、智能网联汽车。（7）电力装备领域：发电装备、输变电装备。（8）农业装备领域：农业装备。（9）新材料领域：先进基础材料、关键战略材料、前沿新材料。（10）生物医药及高性能医疗器械领域：生物医药、高性能医疗器械。

### 4. 智能制造是《中国制造2025》的主攻方向

我国传统制造业成本较低，但消耗大、环境代价高，已成为未来发展的重大约束。

在经济发展新常态下，我国进入到比较优势逐步削弱、新的竞争优势尚未形成的新旧交替期；同时，投资和出口增速明显放缓，过去主要依靠要素投入、规模扩张的粗放发展模式难以为继，必须尽快形成经济增长新动力，塑造国际竞争新优势。

为迎接面临的机遇与挑战，智能制造是中国制造转型升级、实现由大到强发展的必由之路。智能制造将制造技术与数字技术、智能技术及新一代信息技术融合，以"互联网+"和"人工智能+"为依托，信息处理手段由"人的智能"向"机器智能"转变，工业生产组织方式从"资源依赖"转变为"数据依赖"，构建出一种高度灵活和可重构的生产方式和服务模式，提高整个生产系统的运行效率和资源利用率，实现制造装备的智能化、设计过程的智能化、加工工艺的优化、管理的信息化和服务的敏捷化/远程化等，打造"智能工厂"与"智能生产"，实现传统制造业的数字化转型和智能升级。

**5. 制造强国"三步走"战略**

以智能制造作为中国制造发展的主攻方向，强化智能制造基础能力，突破关键智能技术装备，形成智能制造新模式，将促进传统制造业的转型升级，加速建立制造业竞争新优势，实现制造强国目标。

我国计划通过"三步走"实现制造强国的战略目标。（1）第1步：力争用10年时间，迈入制造强国行列。到2020年，基本实现工业化，制造业大国地位进一步巩固，制造业信息化水平大幅提升。掌握一批重点领域关键核心技术，优势领域竞争力进一步增强，产品质量有较大提高。制造业数字化、网络化、智能化取得明显进展。重点行业单位工业增加值能耗、物耗及污染物排放明显下降。到2025年，制造业整体素质大幅提升，创新能力显著增强，全员劳动生产率明显提高，"两化"（工业化和信息化）融合迈上新台阶。重点行业单位工业增加值能耗、物耗及污染物排放达到世界先进水平。形成一批具有较强国际竞争力的跨国公司和产业集群，在全球产业分工和价值链中的地位明显提升。（2）第2步：到2035年，我国制造业整体达到世界制造强国阵营中等水平。创新能力大幅提升，重点领域发展取得重大突破，整体竞争力明显增强，优势行业形成全球创新引领能力，全面实现工业化。（3）第3步：新中国成立100年时，制造业大国地位更加巩固，综合实力进入世界制造强国前列。制造业主要领域具有创新引领能力和明显竞争优势，建成全球领先的技术体系和产业体系。

可以预期，经过"三步走"的不懈努力和奋斗，到2049年左右，我国制造业大国地位巩固，技术和产业体系领先，创新能力和综合实力强盛，将真正实现制造强国之梦。

## 11.3.5　各国智能制造发展特点比较

如前所述，作为名列全球制造业排行榜前4位的中国、美国、德国和日本，在面向未来高科技创新和制造业发展方面，都基于全球态势和本国国情，考虑战略态势、未来趋势、模式创新、关键技术等诸多因素，制定了各自的国家发展目标和发展战略，并已推进实施。

综合考虑各国制造业和制造技术方面的历史、现状和未来战略，表11-2从技术特点、竞争优势、模式创新和价值创造四个方面，总结了德国、美国、日本和我国在智能制造方面的发展特点。

表 11-2　不同国家智能制造发展特点

| 国别 | 计划名称 | 技术特点 | 竞争优势 | 模式创新 | 价值创造 |
|---|---|---|---|---|---|
| 德国 | Industrie 4.0 | FA/IT 技术提供者 | 面向未来制造的长远标准 | 规模定制化 | 工厂创造价值 |
| 美国 | industrial internet CONSORTIUM | IT 服务平台提供者 | 大数据、人工智能 | 工业物联网、商业创新 | 数据创造价值 |
| 日本 | IVI Industrial Value Chain Initiative つながる!ものづくり | 制造商和智能制造单元 | 制造业从今天到明天的高效迁移 | 开放结构与闭环调节相结合的策略 | 人的知识创造价值 |
| 中国 | MADE IN CHINA 中国制造 2025 | "两化"深度融合 | 产业转型升级 | 互联网+ | 从成本、速度转向创新、质量创造价值 |

　　德国作为制造业基础雄厚的工业大国，技术上是工厂自动化（factory automation，FA）和信息技术（information technology，IT）的全球提供者，一直以先进的工厂自动化系统、高品质的机械产品和制造装备以及信息技术产品的提供者身份立足于世界制造业，创新和质量是"德国制造"的精髓。德国的精密机床、光学仪器、汽车、医疗仪器、电子通信产品等享誉全球；德国面向未来制造的长远标准是德国制造业竞争优势的无形的强大基础支撑；未来将在大规模定制化生产方面实现模式创新，为全球用户提供更多更好的大规模定制化产品和服务，成批量地满足各种用户个性化需求；在价值创造方面，则以工厂大量生产出优质产品并行销全球而创造价值。

　　美国具有强大的工业体系和工业技术基础，曾经多年保持全球制造业第一的位置，在航空航天、数字制造、先进工业机器人、高性能材料、医疗产品及药物、工业软件等方面具有领先优势，近年来的"再工业化"和"工业互联网革命"，使美国制造业呈现出新的增长趋势。从技术特点角度，美国是全球 IT 服务平台提供者，将着重发展新一代 IT 技术和产业，尤其是促进工业互联网和物联网与制造技术的结合，推进和扩大在制造业的应用；在竞争优势方面，美国面向未来，紧紧抓住大数据和人工智能的发展契机，以期在新的战略制造高点上形成领先竞争优势；在模式创新方面，则在过去以互联网创新改变了人们互联通信、社交和消费模式之后，将以工业物联网、工业互联网为基础实现商业模式再创新，实现"人—机—物"互联，再创交通、工业生产的新场景和新模式；在价值创造方面，美国将由传统的以物质财富生产为主的价值创造，更多地转向以基于工业物联网、大数据、云计算和人工智能的数据作为新的财富，产生和创造价值。

　　日本在制造领域也有深厚的基础和积淀，在精密机械、高端机床、机器人、汽车、集成电路制造装备、电子产品等方面掌握了关键技术，具有明显的竞争优势。近年来，日本进一步强调制造商和智能制造单元的结合，从知识和工程、需求和供应链、递阶层级三个维度体现出智能制造整体技术特点；日本制造业需要从今天积淀的技术、人才和基础实现到明天的高效迁移，才能保持其竞争优势；在模式创新方面，突出开放结构与闭环调节相结合的策略；在价值创造上，更加关注人的价值、知识的价值，以此为基础创造新的价值。

从2014年开始，我国制造业增加值已跃居全球首位，成为名副其实的制造大国。我国高度重视发展制造业，技术上倡导和注重信息化与工业化的"两化"深度融合；以数字化转型、智能化升级来加快实现制造业从低端向中高端的转型升级；在模式创新上，将以"互联网+"和"智能+"为重点，加快制造业在供应链、产品设计、生产过程、营销和服务等方面的模式创新；从过去注重发挥"成本、速度"的优势创造价值，转向追求通过创新发展、提升质量和塑造品牌，来实现价值创造。

## 11.4　智能制造的系统架构

为落实国务院《中国制造2025》的战略部署，加快推进智能制造发展，发挥标准的规范和引领作用，指导智能制造标准化工作的开展，工业和信息化部、国家标准化管理委员会共同组织制定了《国家智能制造标准体系建设指南（2015年版）》。该标准于2015年12月29日正式发布，对智能制造系统架构给出了一个认知度较高的模型。

智能制造系统架构通过生命周期、系统层级和智能功能三个维度构建完成，主要解决智能制造标准体系结构和框架的建模研究，如图11-2所示。

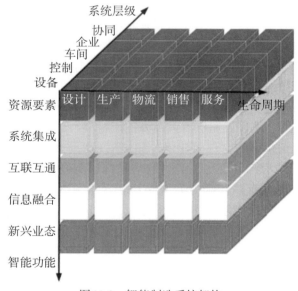

图11-2　智能制造系统架构

### 11.4.1　生命周期

生命周期是由设计、生产、物流、销售、服务等一系列相互联系的价值创造活动组成的链式集合。生命周期中各项活动相互关联、相互影响。不同行业的生命周期构成不尽相同。

### 11.4.2　系统层级

系统层级自下而上共五层，分别为设备层、控制层、车间层、企业层和协同层。智能制造的系统层级体现了装备的智能化和互联网协议（IP）化，以及网络的扁平化趋势。

（1）设备层：包括传感器、仪器仪表、条码、射频识别、机器、机械和装置等，是企业进行生产活动的物质技术基础。

（2）控制层：包括可编程逻辑控制器（PLC）、数据采集与监视控制系统（SCADA）、分布式控制系统（DCS）和现场总线控制系统（FCS）等。

（3）车间层：实现面向工厂/车间的生产管理，包括制造执行系统（MES）等。

（4）企业层：实现面向企业的经营管理，包括企业资源计划系统（ERP）、产品生命周期管理（PLM）、供应链管理系统（SCM）和客户关系管理系统（CRM）等。

（5）协同层：由产业链上不同企业通过互联网络共享信息实现协同研发、智能生产、精准物流和智能服务等。

### 11.4.3　智能功能

智能功能包括资源要素、系统集成、互联互通、信息融合和新兴业态五层。

（1）资源要素：包括设计施工图纸、产品工艺文件、原材料、制造设备、生产车间和工厂等物理实体，也包括电力、燃气等能源。此外，人员也可视为资源的一个组成部分。

（2）系统集成：是指通过二维码、射频识别、软件等信息技术集成原材料、零部件、能源、设备等各种制造资源，由小到大实现从智能装备到智能生产单元、智能生产线、数字化车间、智能工厂，乃至智能制造系统的集成。

（3）互联互通：是指通过有线、无线等通信技术，实现机器之间、机器与控制系统之间、企业之间的互联互通。

（4）信息融合：是指在系统集成和通信的基础上，利用云计算、大数据等新一代信息技术，在保障信息安全的前提下，实现信息协同共享。

（5）新兴业态：包括个性化定制、远程运维和工业云等服务型制造模式。

## 11.5　智能制造系统

### 11.5.1　智能制造系统的含义

智能制造系统（intelligent manufacturing system，IMS）是一种由智能机器和人类专家共同组成的人机一体化系统，它突出了在制造诸环节中，以一种高度柔性与集成的方式，借助计算机模拟的人类专家的智能活动，进行分析、判断、推理、构思和决策，取代或延伸制造环境中人的部分脑力劳动；同时，收集、存储、完善、共享、继承和发展人类专家的制造智能。由于这种制造模式突出了知识在制造活动中的价值地位，而知识经济又是继工业经济后的主体经济形式，所以智能制造就成为影响未来经济发展的制造业的重要生产模式。智能制造系统是智能技术集成应用的环境，也是智能制造模式展现的载体。

一般而言，制造系统在概念上被认为是一个复杂的相互关联的子系统的整体集成，从制造系统的功能角度，可将智能制造系统细分为设计、计划、生产和系统活动四个子系统。在设计子系统中，智能制造突出了产品的概念设计过程中消费需求的影响，功能设计关注了产品的可制造性、可装配性和可维护及保障性。另外，模拟测试也广泛应用智能技术。在计划子系统中，数据库构造将从简单信息型发展为知识密集型。在排序和制造资源计划管理中，模糊推理等多类的专家系统将集成应用。智能制造的生产系统将是自治或半自治系统。在监测生产过程、生产状态获取和故障诊断、检验装配中，将广泛应用智能技术。从系统活动角度，神经网络技术在系统控制中已开始应用，同时应用分布技术和多元代理技术、全能技术，并采用开放式系统结构，使系统活动并行，解决系统集成。

由此可见，IMS理念建立在自组织、分布自治和社会生态学机理上，目的是通过设备柔性和计算机人工智能控制，自动地完成设计、加工、控制管理过程，旨在实现适应高度变化环境的制造的有效性。

### 1. 数字网络通信

数字网络通信（digital network communication，DNC）早期只是作为解决数控设备通信的网络平台，随着客户的不断发展和成长，仅仅解决设备联网已远远不能满足现代制造企业的需求。早在20世纪90年代初，美国Predator Software公司就赋予DNC更丰富的内涵——生产设备和工位智能化联网管理系统，这也是全球范围内最早且使用最成熟的物联网技术——车间内物联网，这也使得DNC成为离散制造业MES系统必备的底层平台。DNC必须能够承载更多的信息。同时DNC系统必须能有效地结合先进的数字化的数据录入或读出，如条码技术、射频技术、触屏技术等，帮助企业实现生产工位数字化。

Predator DNC系统的基本功能是使用1台服务器，对企业生产现场所有数控设备进行集中智能化联网管理（可在64位机上实现对4 096台设备集中联网管理）。所有程序编程人员可以在自己的PC上进行编程，并上传至DNC服务器指定的目录下，而后现场设备操作者即可通过设备CNC控制器发送"下载"指令，从服务器下载所需的程序，待程序加工完毕后再通过DNC网络回传至服务器中，由程序管理员或工艺人员进行比较或归档。这种方式大大减少了数控程序的准备时间，消除了人员在工艺室与设备端的奔波，并且可完全确保程序的完整性和可靠性，消除了很多人为导致的失误，最重要的是通过这套成熟的系统，将企业生产过程中所使用的所有NC程序都能合理有效地集中管理起来。

### 2. 计算机集成制造系统

从广义概念上来理解，计算机集成制造系统（CIMS）、敏捷制造等都可以看作智能自动化的例子。的确，除了制造过程本身可以实现智能化外，还可以逐步实现智能设计、智能管理等，再加上信息集成、全局优化，逐步提高系统的智能化水平，最终建立

智能制造系统。这可能是实现智能制造的一种可行途径。

（1）多智能体系统。

Agent原为代理商，是指在商品经济活动中被授权代表委托人的一方。后来被借用到人工智能和计算机科学等领域，用于描述计算机软件的智能行为，称为智能体。1992年曾经有人预言："基于Agent的计算将成为下一代软件开发的重大突破。"随着人工智能和计算机技术在制造业中的广泛应用，多智能体系统（multi-agent）技术对解决产品设计、生产制造乃至产品的整个生命周期中的多领域间的协调合作提供了一种智能化的方法，也为系统集成、并行设计，以及实现智能制造提供了更有效的手段。

（2）整子系统。

整子系统（holonic system）的基本构件是整子（holon）。holon是从希腊语引申过来的，表示系统中的最小组成个体，整子系统就是由很多不同种类的整子构成的。整子的最本质特征如下。

①自治性：每个整子可以对其自身的操作行为作出规划，可以对意外事件（如制造资源变化、制造任务货物要求变化等）作出反应，并且其行为可控。

②合作性：每个整子可以请求其他整子执行某种操作行为，也可以对其他整子提出的操作申请提供服务。

③智能性：整子具有推理、判断等智力，这也是它具有自治性和合作性的内在原因。整子的上述特点表明，它与智能体的概念相似。由于整子的全能性，有人把整子系统译为全能系统。

整子系统的特点是：敏捷性，具有自组织能力，可快速、可靠地组建新系统；柔性，对于快速变化的市场、变化的制造要求有很强的适应性。除此之外，还有生物制造、绿色制造、分形制造等模式。

## 11.5.2　智能制造系统的基本原理

### 1. 制造原理

从智能制造系统的本质特征出发，在分布式制造网络环境中，根据分布式集成的基本思想，应用分布式人工智能中多Agent系统的理论与方法，实现制造单元的柔性智能化与基于网络的制造系统柔性智能化集成。

### 2. 分布式网络化

智能制造系统的本质特征是个体制造单元的"自主性"与系统整体的"自组织能力"，其基本格局是分布式多自主体智能系统。基于这一思想，同时考虑基于Internet的全球制造网络环境，可以提出适用于中小企业单位的分布式网络化IMS的基本构架。一方面通过Agent赋予各制造单元自主权，使其自治独立、功能完善；另一方面，通过Agent之间的协同与合作，赋予系统自组织能力。

基于以上构架，结合数控加工系统，开发分布式网络化原型系统可由系统经理、任务规划、设计和生产者等四个节点组成。

系统经理节点包括数据库服务器和系统Agent两个数据库服务器，负责管理整个全局数据库，可供原型系统中获得权限的节点进行数据的查询、读取、存储等操作，并为各节点进行数据交换与共享提供一个公共场所，系统 Agent 则负责该系统在网络与外部的交互，通过 Web 服务器在 Internet 上发布该系统的主页，网上用户可以通过访问主页获得系统的有关信息，并根据自己的需求，决定是否由该系统来满足这些需求，系统 Agent 还负责监视该原型系统上各个节点间的交互活动，如记录和实时显示节点间发送和接收消息的情况、任务的执行情况等。

任务规划节点由任务经理和它的代理（任务经理 Agent）组成，其主要功能是对从网上获取的任务进行规划，分解成若干子任务，然后通过招标—投标的方式将这些任务分配给各个节点。

设计节点由 CAD 工具和它的代理（设计 Agent）组成，它提供一个良好的人机界面使设计人员能有效地和计算机进行交互，共同完成设计任务。CAD 工具用于帮助设计人员根据用户要求进行产品设计，而设计 Agent 则负责网络注册、取消注册、数据库管理、与其他节点的交互、决定是否接受设计任务和向任务发送者提交任务等事务。

生产者节点实际是该项目研究开发的一个智能制造系统（智能制造单元），包括加工中心和它的网络代理（机床 Agent）。该加工中心配置了智能自适应。该数控系统通过智能控制器控制加工过程，以充分发挥自动化加工设备的加工潜力，提高加工效率；具有一定的自诊断和自修复能力，以提高加工设备运行的可靠性和安全性；具有和外部环境交互的能力；具有开放式的体系结构以支持系统集成和扩展。

### 11.5.3 智能制造系统的特征

与传统的制造方式相比，智能制造系统具有自律能力和自学习与自维护能力，通过虚拟现实、人机融合，可以自组织超柔性地在整个制造环境中智能继承。

#### 1. 自律能力

自律能力就是搜集与理解环境信息和自身的信息，并进行分析判断和规划自身行为的能力。

一个机器、一个设备要能够自律，首先要能够感知，感知和理解环境信息和自身信息，并进行分析和判断来规划自身的行为和能力。具有自律能力的设备称为智能机器，智能机器在一定程度上表现出独立性、自主性、个性，甚至相互之间能够协调、运行、竞争，要有自律的能力，能够感知环境的变化，能够跟随环境的变化自己作出决策来调整行动。要做到这一点，一定要有强有力的支持度和记忆支持的模型为基础，设备才可能具有自律能力。

#### 2. 自学习与自维护能力

智能制造系统能够在实践中不断地充实知识库，具有自学习功能。同时，在运行过程中自行进行故障诊断，并具备对故障自行排除、自行维护的能力。这种特征使智能制造系统能够自我优化并适应各种复杂的环境。

#### 3. 虚拟现实

这是实现虚拟制造的支持技术，也是实现高水平人机一体化的关键技术之一。虚拟现实技术（virtual reality）是以计算机为基础，融合信号处理、动画技术、智能推理、预测、仿真和多媒体技术为一体；借助各种音像和传感装置，虚拟展示现实生活中的各

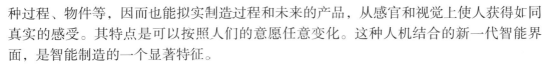

种过程、物件等，因而也能拟实制造过程和未来的产品，从感官和视觉上使人获得如同真实的感受。其特点是可以按照人们的意愿任意变化。这种人机结合的新一代智能界面，是智能制造的一个显著特征。

### 4. 人机融合

众所周知，思维方式大致可分为抽象思维、形象思维、灵感思维三种。

抽象思维是运用概念、判断、推理等反映实际思维过程，又称逻辑思维。抽象思维具有抽象性，能够抛开事物的具体形象，提取其本质，具有抽象性；逻辑抽象思维是对事物本质的合理展开、科学抽取，因而具有逻辑性。

形象思维是借助具体意象展开的思维过程，又称直感思维。因为艺术家、文学家在创作活动中更多地运用形象思维，所以也有人称之为艺术思维。它具有三个特点：以事物具体意象为基础；必须从客观世界获得物质，并运用想象；具有相似性。

灵感思维是指无意识中突然间发生的一种特殊的思维形式，又称顿悟思维或直接思维。它具有两个特点：突发性，灵感思维总是无预感、无预兆地突然出现；与潜意识密切相关，灵感爆发前有一个酝酿过程，常常需要经过艰苦的脑力劳动才能获得。一些学者提出，灵感的传递不在意识的范围之内，而在意识之前，这可称为潜意识阶段。

IMS 不单纯是"人工智能"系统，而是人机一体化智能系统，是一种混合智能。基于人工智能的智能机器只能进行机械式的推理、预测、判断，它只能具有逻辑思维（专家系统），最多做到形象思维（神经网络），完全做不到灵感（顿悟）思维，只有人类专家才真正同时具备以上三种思维能力。因此，想以人工智能全面取代制造过程中人类专家的智能，独立承担起分析、判断、决策等任务是不现实的。人机一体化一方面突出人在制造系统中的核心地位，同时在智能机器的配合下，能更好地发挥出人的潜能，使人机之间表现出一种平等共事、相互"理解"、相互协作的关系，使二者在不同的层次上各显其能、相辅相成。

因此，在智能制造系统中，高素质、高智能的人将发挥更好的作用，机器智能和人的智能将真正地集成在一起，互相配合，相得益彰。

### 5. 自组织超柔性

自组织性是指系统的构造和演化依赖于与外部环境的"特定"干扰，并不断地向结构化、有序和多功能方向发展，随着外部环境的变化，系统的结构和功能也会自动发生变化。在这里，"特定"一词是指这种结构或功能不是由外部施加于系统的。自组织包含三类过程：一是被组织到自组织的过程；二是自组织程度较低到自组织程度较高的过程；三是同一自组织层次上由简单到复杂的过程。

根据工作任务的需要，智能制造系统软件中的各个部分都可以完成特定的工作任务。它的灵活性主要体现在运行方式上，也体现在结构形式上，所以称之为"超柔性"。

## 11.6  智能制造技术

智能制造技术是指利用计算机模拟制造专家的分析、判断、推理、构思和决策等智能活动，并将这些智能活动与智能机器有机地融合起来，将其贯穿应用于整个制造企业的各个子系统（如经营决策、采购、产品设计、生产计划、制造、装配、质量保证和市场销售等），以实现整个制造企业经营运作的高度柔性化和集成化，从而取代或延伸制造环境中专家的部分脑力劳动，并对制造业专家的智能信息进行收集、存储、完善、共享、继承和发展的一种极大地提高生产效率的先进制造技术。

### 11.6.1 智能技术

（1）新型传感技术——具有高传感灵敏度、精度、可靠性和环境适应性的传感技术，采用新原理、新材料、新工艺的传感技术（如量子测量、纳米聚合物传感、光纤传感等），微弱传感信号提取与处理技术。

（2）模块化、嵌入式控制系统设计技术——不同结构的模块化硬件设计技术，微内核操作系统和开放式系统软件技术，组态语言和人机界面技术，以及实现统一数据格式、统一编程环境的工程软件平台技术。

（3）先进控制与优化技术——工业过程多层次性能评估技术，基于大量数据的建模技术，大规模高性能多目标优化技术，大型复杂装备系统仿真技术，高阶导数连续运动规划、电子传动等精密运动控制技术。

（4）系统协同技术——大型制造工程项目复杂自动化系统整体方案设计技术以及安装调试技术，统一操作界面和工程工具的设计技术，统一事件序列和报警处理技术，一体化资产管理技术。

（5）故障诊断与健康维护技术——在线或远程状态监测与故障诊断、自愈合调控与损伤智能识别以及健康维护技术，重大装备的寿命测试和剩余寿命预测技术，可靠性与寿命评估技术。

（6）高可靠实时通信网络技术——嵌入式互联网技术，高可靠无线通信网络构建技术，工业通信网络信息安全技术和异构通信网络间信息无缝交换技术。

（7）功能安全技术——智能装备硬件、软件的功能安全分析、设计、验证技术及方法，建立功能安全验证的测试平台，研究自动化控制系统整体功能安全评估技术。

（8）特种工艺与精密制造技术——多维精密加工工艺，精密成型工艺，焊接、烧结等特殊连接工艺，微机电系统（MEMS）技术，精确可控热处理技术，精密锻造技术等。

（9）识别技术——低成本、低功耗RFID芯片设计制造技术，超高频和微波天线设计技术，低温热压封装技术，超高频RFID核心模块设计制造技术，基于深度三维图像识别技术，物体缺陷识别技术。

### 11.6.2 测控装置

（1）新型传感器及其系统——新原理、新效应传感器，新材料传感器，微型化、智能化、低功耗传感器，集成化传感器（如单传感器阵列集成和多传感器集成）和无线传感器网络。

（2）智能控制系统——现场总线分散型控制系统（FCS），大规模联合网络控制系统，高端可编程控制系统（PLC），面向装备的嵌入式控制系统，功能安全监控系统。

（3）智能仪表——智能化温度、压力、流量、物位、热量、工业在线分析仪表，智能变频电动执行机构，智能阀门定位器和高可靠执行器。

（4）精密仪器——在线质谱/激光气体/紫外光谱/紫外荧光/近红外光谱分析系统，板材加工智能板形仪，高速自动化超声无损探伤检测仪，特种环境下蠕变疲劳性能检测设备等产品。

（5）工业机器人与专用机器人——焊接、涂装、搬运、装配等工业机器人及安防、危险作业、救援等专用机器人。

（6）精密传动装置——高速精密重载轴承，高速精密齿轮传动装置，高速精密链传动装置，高精度高可靠性制动装置，谐波减速器，大型电液动力换挡变速器，高速、高刚度、大功率电主轴，直线电机、丝杠、导轨。智能制造

（7）伺服控制机构——高性能变频调速装置、数位伺服控制系统、网络分布式伺服系统等产品，能够提升重点领域电气传动和执行的自动化水平，提高运行稳定性。

（8）液气密元件及系统——高压大流量液压元件和液压系统，高转速大功率液力偶合器调速装置，智能润滑系统，智能化阀岛，智能定位气动执行系统，高性能密封装置。

### 11.6.3 制造装备

（1）石油石化智能成套设备——集成开发具有在线检测、优化控制、功能安全等功能的百万吨级大型乙烯和千万吨级大型炼油装置、多联产煤化工装备、合成橡胶及塑料生产装置。

（2）冶金智能成套设备——集成开发具有特种参数在线检测、自适应控制、高精度运动控制等功能的金属冶炼、短流程连铸连轧、精整等成套装备。

（3）智能化成型和加工成套设备——集成开发基于机器人的自动化成型、加工、装配生产线及具有加工工艺参数自动检测、控制、优化功能的大型复合材料构件成型加工生产线。

（4）自动化物流成套设备——集成开发基于计算智能与生产物流分层递阶设计，具有网络智能监控功能、动态优化、高效敏捷的智能制造物流设备。

（5）建材制造成套设备——集成开发具有物料自动配送、设备状态远程跟踪和能耗优化控制功能的水泥成套设备、高端特种玻璃成套设备。

（6）智能化食品制造生产线——集成开发具有在线成分检测、质量溯源、机电光液一体化控制等功能的食品加工成套装备。

（7）智能化纺织成套装备——集成开发具有卷绕张力控制、半制品的单位重量、染化料的浓度、色差等物理、化学参数的检测仪器与控制设备，可实现物料自动配送和过程控制的化纤、纺纱、织造、染整、制成品等加工成套装备。

（8）智能化印刷装备——集成开发具有墨色预置遥控、自动套准、在线检测、闭环自动跟踪调节等功能的数字化高速多色单张和卷筒料平版、凹版、柔版印刷装备、数字喷墨印刷设备、计算机直接制版设备（CTP）及高速多功能智能化印后加工装备。

### 11.6.4 运作过程

（1）任一网络用户都可以通过访问该系统的主页获得该系统的相关信息，还可通过填写和提交系统主页所提供的用户订单登记表来向该系统发出订单。

（2）如果接到并接受网络用户的订单，Agent 就将其存入全局数据库，任务规划节点可以从中取出该订单，进行任务规划，将该任务分解成若干子任务，再将这些任务分配给系统上获得权限的节点。

（3）产品设计子任务被分配给设计节点，该节点通过良好的人机交互完成产品设计子任务，生成相应的 CAD/CAPP 数据和文档以及数控代码，并将这些数据和文档存入全局数据库，最后向任务规划节点提交该子任务。

（4）加工子任务被分配给生产者；一旦该子任务被生产者节点接受，机床 Agent 将被允许从全局数据库读取必要的数据，并将这些数据传给加工中心，加工中心则根据这些数据和命令完成加工子任务，并将运行状态信息送给机床 Agent，机床 Agent 向任务规划节点返回结果，提交该子任务。

（5）在系统的整个运行期间，系统 Agent 都对系统中的各个节点间的交互活动进行记录，如消息的收发，对全局数据库进行数据的读 / 写，查询各节点的名字、类型、地址、能力及任务完成情况等。

（6）网络客户可以了解订单执行的结果。

### 11.6.5 发展前景

（1）人工智能技术。因为 IMS 的目标是计算机模拟制造业人类专家的智能活动，从而取代或延伸人的部分脑力劳动，因此人工智能技术成为 IMS 关键技术之一。IMS 与人工智能技术（专家系统、人工神经网络、模糊逻辑）息息相关。

（2）并行工程。对制造业而言，并行工程是一种重要的技术方法学，应用于 IMS 中，将最大限度地减少产品设计的盲目性和设计的重复性。

（3）信息网络技术。信息网络技术是制造过程的系统和各个环节智能集成化的支撑。信息网络同时也是制造信息及知识流动的通道。

（4）虚拟制造技术。虚拟制造技术可以在产品设计阶段就模拟出该产品的整个生命周期，从而更有效，更经济、更灵活地组织生产，成为产品开发周期最短、产品成本最低、产品质量最优、生产效率最高的保证。同时虚拟制造技术也是并行工程实现的必要前提。

（5）自律能力构筑。即收集和理解环境信息和自身的信息，并进行分析判断和规划自身行为的能力。强大的知识库和基于知识的模型是自律能力的基础。

（6）人机一体化。智能制造系统不单单是人工智能系统，而且是人机一体化智能系统，是一种混合智能。想以人工智能全面取代制造过程中人类专家的智能，独立承担分析、判断、决策等任务，目前还无法实现。人机一体化突出人在制造系统中的核心地位，同时在智能机器的配合下，更好地发挥人的潜能，使二者在不同层次上各显其能，相辅相成。

（7）自组织和超柔性。智能制造系统中的各组成单元能够依据工作任务的需要，自行组成一种最佳结构，使其柔性不仅表现运行方式上，而且突出在结构形式上，所以称这种柔性为"超柔性"。

## 11.7　我国智能制造的实施

### 11.7.1　实施过程

2015年5月8日，国务院印发关于《中国制造2025》的通知。通知中明确提出要大力推进智能制造，以带动各个产业数字化水平和智能化水平，加速培育我国新的经济增长动力，抢占新一轮产业竞争制高点。通知中明确了五大工程来推动中国制造2025的落地，智能制造工程为五大工程中的一个。

2015年9月10日，工业和信息化部公布2015年智能制造试点示范项目名单，46个项目入围。这些项目包括沈阳机床（集团）有限责任公司申报的智能机床试点、北京航天智造科技发展有限公司申报的航天产品智慧云制造试点、中化化肥有限公司申报的化肥智能制造及服务试点等。46个试点示范项目覆盖了38个行业，分布在21个省，涉及流程制造、离散制造、智能装备和产品、智能制造新业态新模式、智能化管理、智能服务等6个类别，体现了行业、区域覆盖面和较强的示范性。

工信部在2015年启动实施"智能制造试点示范专项行动"，主要是直接切入制造活动的关键环节，充分调动企业的积极性，注重试点示范项目的成长性，通过点上突破，形成有效的经验与模式，在制造业各个领域加以推广与应用。

时任工信部部长苗圩在会议上表示，智能制造日益成为未来制造业发展的重大趋势和核心内容，是加快发展方式转变、促进工业向中高端迈进、建设制造强国的重要举措，也是新常态下打造新的国际竞争优势的必然选择。而推进智能制造是一项复杂而庞大的系统工程，也是一件新生事物，这需要一个不断探索、试错的过程，难以一蹴而就，更不能急于求成。为此，"要用好试点示范这个重要抓手"。

为了进一步落实中国制造2025，2016年12月8日，工业和信息化部、财政部联合制定了《智能制造发展规划（2016—2020年）》。

2018年12月27日至28日，全国工业和信息化工作会议召开。会议对2019年重点工作进行了部署，其中涉及智能制造、信息消费、5G等领域。

会议提出，瞄准智能制造，打造两化融合升级版。大力推动工业互联网创新发展，继续开展试点示范和创新发展工程，深入实施智能制造工程，研制推广国家智能制造标准。推行人工智能产业创新重点任务"揭榜挂帅"机制。抓好大数据产业发展试点，促进工业大数据发展和应用。

针对持续升级和扩大信息消费，二信部要支持可穿戴设备、消费级无人机、智能服务机器人、虚拟现实等产品创新，推动消费类电子产品智能化升级，引导各地建设一批新型信息消费示范城市。此外，还要加快5G商用部署，扎实做好标准、研发、试验和安全配套工作，加速产业链成熟，加快应用创新。

2021年12月8日，在2021世界智能制造大会上，中国工程院院士周济指出，人才是智能制造发展的第一资源。他提出智能制造要培养和造就三方面高质量人才，即智能制造高技术人才、高技能人才和管理人才；三支工程技术队伍，即主力军制造工程技术人员队伍、骨干力量企业专业队伍和生力军系统建设专业队伍。

2021年，上汽乘用车已形成"以用户为中心，数据驱动"的全生命周期全业务链数字生态。未来，该公司将继续融合云计算、大数据、AI等新技术，持续打造用户智慧出行全生命周期新体验，为用户带来更优质的产品与服务体验，积极推动汽车产业的高质量发展。

2021年12月28日，工业和信息化部等八部门联合印发了《"十四五"智能制造发展规划》。

2022年7月，2022阿里巴巴诸神之战"智能制造赛道"全球总决赛暨智能制造峰会在浙江省宁波市举行。

### 11.7.2　示范试点

为深入贯彻落实《中国制造2025》，加快实施智能制造工程。工业和信息化部于2015年4月制定"智能制造试点示范2015专项行动实施方案"，并确定首批46家智能制造试点示范单位。这46家试点示范单位分为以下六类：

（1）以智能工厂为代表的流程制造试点示范；

（2）以数字化车间为代表的离散制造试点示范；

（3）以信息技术深度嵌入为代表的智能装备和产品试点示范；

（4）以个性化定制、网络协同开发、电子商务为代表的智能制造新业态新模式试点示范；

（5）以物流信息化、能源管理智慧化为代表的智能化管理试点示范；

（6）以在线监测、远程诊断与云服务为代表的智能服务试点示范。

2016年4月，工信部再次制定"智能制造试点示范2016专项行动实施方案"，并确定63家智能制造试点示范单位。这63家试点示范单位分为以下五类：

（1）离散型智能制造试点示范；

（2）流程型智能制造试点示范；

（3）网络协同制造试点示范；

（4）大规模个性化定制试点示范；

（5）远程运维服务试点示范。

通过两年试点示范企业实施效果汇总测算，各指标平均变化情况如下（简称"两提升、三降低"）：

（1）运营成本降低20%；

（2）产品研发周期缩短29%；

（3）生产效率提高25%；

（4）产品不良率降低20%；

（5）能源利用率提高7%。

从试点企业统计情况看，国产软件主要集中于经营管理、物流仓储与生产工艺结合比较紧密的领域，而 MES、PLM、三维设计、虚拟仿真、控制系统、操作系统、数据库等软件仍以国外为主。工业软件的国产化仍然是需要大力支持和发展的方向。

## 思考题

1. 如何认识德国、美国、日本和我国四个国家关于智能制造发展的不同特点？

2. 请在查阅相关文献和资料后，以具体案例或实际数据进一步分析和讨论德国、美国、日本和我国以及其他工业国家制造业及智能制造的发展特点。

3. 根据我国的发展现状，结合世界其他工业国家智能制造的发展特点，谈谈自己对我国智能制造发展的趋势的看法。

# 第**12**章
## 工程职业伦理

▶ **本章学习目标**

**1. 知识目标**：了解、掌握工程师职业的地位、性质与作用，加强对工程师职业伦理标准的认识；对工程师职业伦理规范有整体性认识，能清楚理解工程师在职业活动中的权利与责任，准确认知工程师职业活动中的主要伦理问题。

**2. 能力目标**：引导学生从实际问题中思考伦理道德问题，树立正确的伦理道德观念，使学生初步具备面对较为复杂的工程伦理困境时的伦理意志力和解决问题的能力。

**3. 价值目标**：培养学生的工程师职业精神、正确的伦理道德观念和职业道德素养，提高学生的社会责任感和职业道德素养，培养学生具有道德判断和决策能力，使他们在工程实践中能够承担起应有的责任和义务。

### ✍ 引导案例　2018年问题疫苗事件

2018年7月15日，国家药品监督管理局发布通告指出，长春长生生物科技有限责任公司冻干人用狂犬病疫苗生产存在记录造假等行为。这是长生生物自2017年11月份被发现疫苗效价指标不符合规定后不到一年，再曝疫苗质量问题。2018年7月16日，长生生物发布公告，表示正对有效期内所有批次的冻干人用狂犬病疫苗全部实施召回。7月19日，长生生物公告称，收到《吉林省食品药品监督管理局行政处罚决定书》。2018年7月22日，国家药监局负责人通报长春长生生物科技有限责任公司违法违规生产冻干人用狂犬病疫苗案件有关情况。现已查明，企业编造生产记录和产品检验记录，随意变更工艺参数和设备。上述行为严重违反了《中华人民共和国药品管理法》《药品生产质量管理规范》有关规定，国家药监局已责令企业停止生产，收回药品GMP（药品生产质量管理规范）证书，召回尚未使用的狂犬病疫苗。国家药监局会同吉林省局已对企业立案调查，涉嫌犯罪的移送公安机关追究刑事责任。

2018年7月23日，中共中央总书记、国家主席、中央军委主席习近平对吉林长春长生生物疫苗案件作出重要指示：长春长生生物科技有限责任公司违法违规生产疫苗行为，性质恶劣，令人触目惊心。有关地方和部门要高度重视，立即调查事实真相，一查到底，严肃问责，依法从严处理。要及时公布调查进展，切实回应群众关切。习近平强调，确保药品安全是各级党委和政府义不容辞之责，要始终把人民群众的身体健康放在首位，以猛药去疴、刮骨疗毒的决心，完善我国疫苗管理体制，坚决守住安全底线，全力保障群众切身利益和社会安全稳定大局。

时任国务院总理李克强就疫苗事件作出批示：此次疫苗事件突破人的道德底线，必须给全国人民一个明明白白的交代。国务院立刻派出调查组，对所有疫苗生产、销售等全流程全链条进行彻查，尽快查清事实真相，不论涉及哪些企业、哪些人，都坚决严惩不贷、绝不姑息。对一切危害人民生命安全的违法犯罪行为坚决重拳打击，对不法分子坚决依法严惩，对监管失职渎职行为坚决严厉问责。尽早还人民群众一个安全、放心、可信任的生活环境。

2018年7月24日，吉林省纪委监委启动对长春长生生物疫苗案件腐败问题调查追责。2018年10月16日，国家药监局和吉林省食药监局分别对长春长生生物科技有限责任公司做出多项行政处罚。

新华社、人民日报发表评论《保护疫苗安全的高压线一定要带高压电!》，作为与老百姓生命和健康安全紧密相关的领域，疫苗行业在生产、运输、储存、使用等任何一个环节都容不得半点瑕疵。针对企业故意造假的恶劣行为，要建立严格的惩戒体系，让企业为失信和违法违规行为付出沉重的代价。

对疫苗企业的任何违规行为，不论大小轻重，监管部门都必须从严从快惩处，并做到举一反三，针对发现的问题，认真查找和弥补存在的风险漏洞，进一步加强制度和体系建设，完善监管于生产、销售、运输、仓储、注射等每一个环节，尤其要从源头上防止企业违规行为的发生。

然而，问题是何以会出现如此严重并产生恶劣影响的"问题疫苗"事件？安全标准的不尽完善仅是造成该事件的原因之一，重要的是在该事件发生的过程中，企业、监管部门的责任何在？生产企业中工程师是否履行了自己的职责？工程师应该如何全面地理解和履行自己的职责？如果我们把工程师作为一种职业，工程师的职业责任和职业伦理是什么？

## 12.1  工程职业

传统的工程师"职业"概念中包含了两方面的内容：一是专业技术知识，二是职业道德。而如今工程师"职业"具有更多的内涵，"诸如组织、准入标准，还包括品德和所受的训练及除纯技术外的行为标准"。

### 12.1.1  职业的地位、性质与作用

广义上讲，职业是提供社会服务并获得谋生手段的任何工作。但是本章中所表达的"职业"，尤其是在工程领域中的意义，是指"那些涉及高深的专业知识、自我管理和对公共善协调服务的工作形式"。

与职业相关的概念有行业和产业。"行业""产业"和"职业"都是从经济与社会的维度关注"物"的生产与消费，所不同的是，"行业"和"产业"的视角较少关注"人"的作用，而"职业"则是以'人'为核心来看待"物"。职业把社会中的人们以

"集团"或"群体"的形式联系起来，而这个职业"群体"从一开始就是有一定目标或一定意图并担任一定社会职能的。从这个意义上说，职业是社会组织的一种形式。

涂尔干（Emile Durkheim）认为，社会分工直接产生职业，职业共同体产生于人们共同参与的活动、交往、关系和从事的事业中。职业共同体对外代表整个职业，向社会宣传本职业的重要价值，维护职业的地位和荣誉；对内，职业共同体制定执业标准，通过研究和开发促进职业发展，通过出版专业杂志、举办学术会议和进行教育培训，增强从业人员的知识和技能，提高专业服务水平，并且协调从业人员之间的利益关系。

职业共同体的形成为职业自治（professional autonomy，也可译为"职业自主"）提供了现实条件。在美国工程伦理学家戴维斯（Michael Davis）看来，职业自治即是建立职业的行为规范和技术规范。在具体行业的特质方面，它意味着本行业涉及一个专门的知识领域，本行业的职业共同体坚持职业的理想而非追逐私利，有自身的伦理章程和准入门槛，并为社会提供服务。

职业自治的实质映射了治理的理念。在职业自治过程中，职业的高度专业性话语隐含控制性和受控性的双向逻辑：一方面，对外宣布本职业在专业领域的自主权威，包括职业内部制定的职业规范以及非书面形式的"良心机制"；另一方面，职业共同体所实施的行为受职业以外的社会规范的影响和约束，这些社会规范包括政府或非政府规章、法律制度、社会习俗。这两个向度的管理构成了职业治理的内容。

工程职业的起源伴随着内置于雇主所要求的层级忠诚和隐含在职业主义中的独立性之间的紧张关系。在工业革命初期，工程师要么作为工匠的角色出现，要么受政府机构和经济单位的业主雇佣。19世纪，学徒制盛行于机械制造、矿业以及土木工程领域，这使得雇佣工程师的企业发现将他们的技术员工按首席工程师、驻地工程师和助理工程师等编入科层制结构会更加便捷。在这种科层制的背景下，工程师开始作为一个职业存在。

在20世纪早期的美国，工程师处于从属的职业地位，"工程师的角色代表了职业理想与商业要求之间的妥协"。于是，在职业理想与商业要求之间，工程师开始寻求建立统一的职业社团来维护职业独立和自主，以抵制商业力量对工程职业的影响。工程职业社团的形成、职业标准的设立以及强调职业道德使命、"侍奉道德理想"的伦理章程的建立，标志着工程职业的正式兴起和工程职业伦理的确立。

## 12.1.2　工程社团是工程职业的组织形态

在西方国家，"职业社团是一处探讨工程职业所面临的有争议的伦理问题的恰当的场所。通过颁布职业伦理规范并随着情况的变化定期地更新，以及对拥护职业标准的成员的认可与支持，工程社团能够在其成员中做许多促进职业道德的工作。为职业工程社团伦理委员会服务的任务落在了资深志愿者的肩上。为了满足日益变化的工程实践的需要，伦理委员会应定期地评价社团的伦理规范，以确保其得到及时的更新。社团的资深志愿者也有责任为荣誉委员会服务，并推荐合适的受奖者，以及确保用于表彰杰出的伦理行为的恰当的奖励到位"。

"当一个行业把自身组织成为一种职业的时候，伦理章程一般就会出现。"工程社团的职业伦理章程以规范和准则的形式，为工程师从事职业活动、开展职业行为设立了"确保服务公共善"的职业标准。因此，工程职业包含了知识的高度专业化与关乎公众福祉两个层面。这样，工程师与社会之间就存在一种信托关系。政府和公众相信，只有加强职业的自我管理以及完善职业的行为标准，才能更有效地保护公众的健康、安全与福祉。要满足这一要求，就必须加强工程的职业化进程。工程社团以职业共同体为组织形式，为工程职业化提供了自我管理和科学治理的现实路径；工程共同体的职业治理以工程社团为现实载体，通过制定职业的技术规范与从业者的行为规范方式，实现对工程职业及其从业者的内部治理和社会治理。

技术规范在一定程度上保证了职业团体的权威性和自我管理权力。工程社团制定的技术规范通常是一种行业技术规范，但对涉及安全的行业技术规范，又通过以立法或行政法规的形式而得以实施，比如2010年3月26日，卫生部正式颁布生乳等66个食品质量国家安全标准便是由行业标准上升为国家标准，具有统一性和权威性。行为规范主要通过职业社团的内部规章制度和宗旨体现出来，比如美国电气和电子工程师协会（IEEE）以"促进人类和职业技术的进步"为社团使命。职业的规章制度在某种程度上相当于职业伦理规范，它是"专业人员在将自己视作专业人员在从业时所采纳的一套标准"，此外，它还以"规范清楚地表述了职业伦理的共同标准……伦理章程为职业行为提供一种普遍的和协商一致的标准……"表达了对职业共同体内从业者职业行为的期待。

伦理章程的主要关注点是促进负责任的职业行为。伦理章程的订立、实施、评估、修订的目的，是确保职业共同体内的每一个成员"履行了自己的责任（义务）"。具体来说，它包含以下四层含义：其一，工程师的责任就是他（她）在工程生活中必须履行的角色责任。比如，一个安全工程师具有定期巡视建筑工地的责任，一个运行工程师具有识别某一系统与其他系统相比的潜在利益和风险的责任。其二，工程师不仅"具有作为道德代理人的一般能力，包括理解道德理由和按照道德理由行动的能力"，还可对履行特定义务作出回应。其三，工程师接受自己的工作职责和社会责任，并且自觉地为实现这些义务努力。其四，在具体的工程活动中，工程师能明确区分何为正当的（道德的）行为、何为不正当的行为，进而明白自己的责任是双向的：他（她）既可以对自己行为的功绩要求荣誉，同样也须对行为的危害承担责任。

工程社团通过职业伦理章程呼吁并要求工程师"对自己进行自愿的责任限制，不允许我们已经变得如此巨大的力量最终摧毁我们自己（或者我们的后代）"，其最根本的在于"阻止一种最大的恶"，促进工程师负责任的职业行为。

### 12.1.3　工程职业制度

一般来说，工程职业制度包括职业准入制度、职业资格制度和执业资格制度。其中，工程职业资格又分为两种类型：一种属于从业资格范围，这种资格是单纯技能型的资格认定，不具有强制性，一般通过学历认定取得；另一种则属于执业资格范围，主要是针对某些关系人民生命财产安全的工程职业而建立的准入资格认定制度，有严格的法律规定和完善的管理措施，如统一考试、注册和颁发执照管理等，不允许没有资格的人从事规定的职业，具有强制性。

工程师职业准入制度的具体内容包括高校教育及专业评估认证、职业实践、资格考试、注册执业管理和继续教育五个环节。其中，高校工程专业教育是注册工程师执业资格制度的首要环节，是对资格申请者的教育背景进行的限定。在一些国家，未通过评估认证的专业毕业生不能申请执业资格，或者要再经过附加的、特别的考核才能获得申请资格。职业实践，要求工程专业毕业生具备相应的工程实践经验后方可参加执业资格考试；资格考试，分为基础和专业考试两个阶段，通过基础考试后，才允许参加专业考试。通过资格考试获得资格证书，再进行申请注册，取得执业资格证书，才具备在某一工程领域执业的资格和权力。

职业资格制度是以职业资格为核心，围绕职业资格考核、鉴定、证书颁发等建立起来的一系列规章制度和组织机构的统称。执业资格制度是职业资格制度的重要组成部分，它是指政府对某些责任较大、社会通用性较强、关系公共利益的专业或工种实行准入控制，是专业技术人员依法独立开业或独立从事某种专业技术工作学识、技术和能力的必备标准。参照国际上的成熟做法，我国执业资格制度主要由考试制度、注册制度、继续教育制度、教育评估制度及社会信用制度五项基本制度组成。

注册工程师执业制度是一种对工程专业人员进行管理的制度。它是指在国家范围内，对多个工程专业领域内的工程师建立统一标准，对符合标准的人员给予认证和注册并颁发证书，使其具有执业资格，准许其在从事本领域工程师工作时拥有规定的权限，同时也承担相应的责任。

## 12.2　工程师的权利与责任

在具体的工程实践活动中，工程师需要履行职业伦理章程所要求的各种责任，这也意味着，工程师的权利必须得到尊重。

### 12.2.1　工程师的职业权利

工程师的权利指的是工程师的个人权利。作为人，工程师有生活和自由追求自己正当利益的基本权利，例如在被雇用时不受到基于性别、种族或年龄等因素的不公正歧视的权利。作为雇员，工程师享有作为履行其职责回报的接受工资的权利、从事自己选择的非工作的政治活动的权利、不受雇主的报复或胁迫的权利。作为职业人员，工程师有由他们的职业角色及其相关义务产生的特殊权利。

一般来说，作为职业人员，工程师享有如下八项权利：（1）使用注册职业名称；（2）在规定范围内从事执业活动；（3）在本人执业活动中形成的文件上签字并加盖执业印章；（4）保管和使用本人注册证书、执业印章；（5）对本人执业活动进行解释和辩护；（6）接受继续教育；（7）获得相应的劳动报酬；（8）对侵犯本人权利的行为进行申诉。上述八项权利中，最重要的是第二条和第五条权利。工程师应该了解自身专业能力和职业范围，拒绝接受个人能力不及或非专业领域的业务，如ASCE（美国土木工程师协会）基本准则第二条规定"工程师应当仅在其胜任的领域内从事工作"，AIChE（美国化学工程师协会）第七条也有同样的规定。

雇员权利是作为一个雇员的所有权利，包括道德的或者法律的。它们与职业权利有些交叉，还包括由组织政策或雇用合同形成的机构权利，例如，领取在合同中规定的工资的权利、平等就业机会的权利、隐私权利和反对性骚扰的权利等。

## 12.2.2　工程师的职业责任

责任（responsibility）一词常常用于伦理学、法学伦理以及法律实践中，其核心是要求对自己的行为负责。北京科技大学李晓光教授认为，伦理责任与法律责任不同，法律责任通常是一种事后责任，是行为发生以后所要追究的责任，而伦理责任则针对事前责任而言，具有前瞻性。在传统的道德规范中，仅仅要求公民恪守本分，遵守乡约民俗，自己的所作所为要与自己的社会地位相适应，很明显，这之中并没有充分体现出责任的作用。

随着政治学领域对于市民社会的研究越来越深入，随着政治生活在社会生活中的无孔不入，人们越来越强调社会生活中公民的责任问题，责任已经成为当今社会最普遍的具有主导性的规范概念。

人类的行为会对自然界带来影响，所有的行为都要受行为者的控制（自由意志），如果一切行为都出于被迫，就谈不上责任；由于人有自由意志、有控制能力、有预测能力，人能有效地影响外部世界，因此人要对自己的行为负责。另外值得注意的是，有一些人由于掌握着一般人所不具有的专业技术知识或者特殊的权利，他们的活动所带来的影响相应的就比一般人要大得多，他们也就理所应当要承担更多的责任，例如医生、官员等需要有特殊的规范来约束他们的行为。在汉语的语言习惯中，责任通常与特定的社会角色相联系，倾向于职务责任，一般指某个特定的职位在职责范围内应该履行的情况或由于没有尽到职责而应承担的过失。而汉斯·约纳斯对人类的生存进行了深入的思考，在伦理学中引入了新的维度——责任伦理。责任伦理是对传统伦理学的一个突破。

20世纪七八十年代以来，国际伦理学界，特别是在应用伦理学或职业伦理学中，责任问题引起哲学家或伦理学家们的关注，成为研讨的主题或主线。责任伦理是对传统的德行论和近代的权利论（自然法）、三道义论、目的论伦理学的反思和延伸。工程师的伦理责任直到20世纪初才形成和确立，究其原因，要从工程师的职业特点说起。工程师由于其独特的知识结构，往往是偏重理论技能，而其语言和社交能力则相对比较薄弱，这在一定程度上影响了工程师参与政治活动并且对工程师与其他社会部门的交流造成了障碍；同时，工程师在人们眼中的形象往往都比较刻板、保守，对其他社会事务却缺乏敏感度。但为了实现产品交换的目的，工程师的活动必须以社会需求为导向，要紧跟时代潮流，时刻关注市场变化，随着社会价值观念改变而调整工程技术活动，充分考虑技术产品的社会价值。同时，工程师作为掌握专业技能的技术发明者要对社会公众负责，因为在技术发达的社会中，工程师作为专业人士，凭借其技能，对指出特定的技术可能产生的消极影响负有特殊的责任。并且作为社会成员，要从长期的整体的角度考虑技术的影响，保证自己的作品造福于人类。在与自然环境进行物质、能量交换分配的过程中，工程活动不可避免地对自然环境造成一定的负面影响，对工程项目评价的标准，在过去工程师们都是从功利主义的角度出发，经济效益是其唯一的评判标准，经济效益大于成本核算，则该工程项目就是一个合格的项目，没有将环境的破坏、生态的污染列入成本核算中。加之科学技术对工程活动的不可预测性，工程师对于自然界出现的生态危机负有不可推卸的责任（事后责任），同时，工程师还肩负着保护自然环境、恢复和维护生态平衡以及维持可持续发展的责任（事前责任）。

工程职业伦理章程中已形成制度化的"工程师应当……"的话语系统以他律的方式检视、评估工程师是否在工程生活中践履工程师的义务责任、过失责任和角色责任。"义务责任指的是工程师遵守甚至超越职业标准的积极责任。过失责任指的是伤害行为的责任。角色责任指的是，由于处于一种承担了某种责任的角色中，一个人承担了义务责任，并且也会因为伤害而受到责备。"

首先，工程师必须遵守法律、标准的规范和惯例，避免不正当的行为，要求工程师必须"努力提高工程职业的能力和声誉"，"以一种有益于客户和公众，并且不损害自身被赋予的信任的方式使用专业知识和技能的义务"来避免伤害的产生，承担义务责任。其次，伦理章程严厉禁止工程师随意的、鲁莽的不负责任的行为，并要求工程师对自己工作疏忽造成的伤害承担过失责任。同时，根据已有的工程实践历史及经验，提醒工程师不要因为个人的私利、害怕、无知、微观视野、对权威的崇拜等因素干扰自己的洞察力和判断力，对自己的判断、行为切实负起责任。最后，责任有时涉及一个承担某个职位或管理角色的人，例如，"对不符合适当工程标准的计划和/或说明书，工程师不应当完成、签字或盖章。如果客户或雇主坚持这种不职业的行为，他们应当通知适当的当局"。

### 12.2.3 如何做到权责平衡

工程师在职业活动中要达到权利与责任之间的平衡，是需要实践智慧的，这是一种寻求、标识工程活动中工程师主动践行"应当"责任要求的本质行为或"能力"。

首先，工程师要在胜任工作和可能引发的工程风险之间寻求平衡——与"适当的人、以适当的程度、在适当的时间、出于适当的理由、以适当的方式"进行工程活动。若要如此，工程师就必须养成诸如节制、自律、勤奋、真诚、节俭等美德，才有可能实现其在工程生活中的卓越成就。其次，在工程生活中，尽管"我""它"关系缺乏亲密，但是工程师也必须对"它"承担超出切近的责任，付诸"我"对"它"的善意。最后，工程师在繁复的工程活动中要能始终保持个人完整性（integrity），在工程实践与个人生活中都是一个"完整的人"。在《斯坦福哲学百科全书》中，"完整性"被看作是一个"集体概念"——"完整性本身不是一种美德，它更是一种合成的美德，（它将勇气、忠诚、诚实、守诺等美德组合成为）一个连贯协调的（美德）整体，也就是我们所说的，（形成了一个人）真正意义上的性格"。在工程实践情境中，完整性意指工程师在工程活动中能始终保持自身人格与德行的完整无缺、不受侵蚀；亦即在道德的意义上，要求工程师能忠诚地坚守其价值观并拒绝妥协，在工程实践和个人生活中真实地做自己，能够自愿选择并"正确行动"，主动承担起各种职业责任。

## 12.3  工程师的职业

我们提出了工程界的职业伦理以"工程造福人类"为基本原则，它包含两个大的层面：一是对待社会关系，包括尊重生命、尊重每个人的基本人权，坚守平等原则，利用技术服务社会，增加人类福祉。二是对待人与自然的关系，坚守可持续发展的原则。包括人类对自然的权利与义务，利用自然维护人类生存的权利；对自然给予补偿的义务，维护环境保护的公正性（全球和国际的公正）。这些原则给出了工程活动基本价值目标，这里我们将着重讨论工程师的职业责任内容，它是工程价值目标在工程师职业活动中的具体要求。

### 12.3.1  工程师职业责任的内容

工程师需要承担比普通人更多的社会责任已经得到国际上很多国家的认同，很多国家和地区对工程师的社会责任做出了具体要求。美国工程教育学会（ASEE）于1999年发表声明强调：唯有新一代的工程师接受足够的处理伦理问题的训练，方可在变迁的世界中承担作为一个负责任的科技代理人的工程师的角色，也唯有如此，工程师才能够在21世纪的专业工作中具有竞争力。美国《工程师的伦理规范》规定：在履行自己的职责时，工程师应当把公众的安全、健康和福祉放在首位。澳大利亚、德国等国家也有相关的规定。东亚三国工程院院长在第八届"中日韩（东亚）工程院圆桌会议"上联合发出《关于工程道德的倡议》，希望工程师"在涉及公众安全、健康和福祉方面，在各自的业务活动中凭良心行事"，并要求工程师"在他们的业务活动中，遵守高尚的道德标准，以使工程技术对社会福祉做出贡献，改善人们的生活"。1999年，在匈牙利布达佩斯举行的世界科学大会上，与会代表一致认为，新世纪科学发展应该更加富有"人性"、更有责任感。也就是说，科学应该更自觉地为人类的利益服务，更好地满足人类发展的需求，为对付疾病和抵御自然灾害服务。2000年首届世界工程师大会由世界工程师组织联合会和联合国教科文组织发起，在德国汉诺威召开，商定以后每四年召开一次。2004年在中国上海召开第二次大会，大会主题是"工程师塑造可持续发展的未来"。来自58个国家和地区的3 000多名工程师参加了这次大会，大会通过了《上海宣言——工程师与可持续的未来》。中国工程院院长徐匡迪在大会上讲："工程师的角色正在从物质财富的创造者'转变到'可持续发展的实践者"。他说，"如果一篇文章没写好，大家可以对其评论探讨；如果一个工程师设计的工程是错的，就有可能浪费资源、破坏生态，所以工程师应有更强的社会责任感"。

成为工程大国的中国，对工程师社会责任的内容也在不断地更新。我国能源利用率、矿产资源总回收率、工业用水重复利用率跟西方国家相比都有一定差距，所以节能技术的利用对节约型社会的建设有重要的意义，这是工程师不可推卸的责任。2002年中国科学大会在四川大学召开，会上中国科学院院士、物理化学家张存浩作了"科学道德建设与科技工作者的责任"的专题发言。中国工程院院士、清华大学教授钱易指出，工程师是一个城市和国家的建筑者，在工程实践中应该以节约资源与能源为准则，不再破坏岌岌可危的生态环境，开发并应用环境友好技术，将废物变成可再生的资源。

我国经济正处于高速发展时期，工程师面临着严峻的挑战和难得的机遇：一方面要求工程技术在满足人们物质文化生活需求的同时，还要满足人们对保护生态环境的需要，走绿色化制造和循环经济的道路。重视自己对社会的影响，担负起科技工作者的社会责任，是今天越来越多的工程师的共识，作为社会的一分子应该关心人类的前途、命运和社会的发展，工程师因为比常人更深知工程对社会、对他人的影响，所以应承担更大的社会责任。具体表现在科技活动、工程活动的整个过程中。首先，在科研和工程项目的选择上。项目的选择通常要注意两个方面：一是科研价值与条件，二是社会价值和影响，这两个方面都包含道德因素。其次，在科技成果的运用上。科技是双刃剑，既可能给人类带来福祉，也可能给人类带来灾难，科技工作者应该做出正确的选择，在科技成果的作用不明确时，不能为了经济利益仓促投入生产。最后，科技工作者的社会责任还要延伸到科技活动之外，比如做好科普宣传和工程基本知识的宣传，为政府出谋划策等。

**1. 工程师对职业的伦理责任**

虽然19世纪末之前，在社会、企业和工程师队伍中，伦理责任的观念与工程师职业很少挂钩，但是工程师伦理责任广泛地存在于工程实践过程之中，这是不争的事实。工程师在工程实践中涉及许多的伦理责任问题。比如，工程产品设计时，产品的有用性是不是非法的？从事工程技术研究时，仿造产品是否侵犯他人的知识产权？在对实验的数据处理过程中是否存在修改，改变真实的实验数据？在论文的撰写过程中是否抄袭他人的科研成果？在对科研成果进行验收时，是否对研究成果的缺陷以及对后期的用户可能产生的不利影响进行隐瞒？为了自身的利益，是否夸大产品的使用性能？产品的规格符合已经颁布的标准和准则了吗？有回收产品的承诺吗？美国学者马丁等人通过研究发现，在个别产品的生命周期循环中，从产品设计、生产、制造、成品、使用，一直到产品的报废，整个过程都蕴含着道德问题和伦理问题，工程师的伦理责任贯穿于一个产品生命周期的各个环节。

**2. 工程师对人的伦理责任**

（1）工程师对现场执行人的伦理责任：工程师设计的方案无法达到天衣无缝、面面俱到的效果。在进行生产制作的过程中，现场执行人常常会发现设计方案存在缺陷，并且根据实际的经验以及产品制作的实际情况对设计方案进行优化改进。这时，工程师是拒绝接受现场执行人的优化方案，还是虚心接受现场执行人的提议？

（2）工程师对经理的伦理责任：一般而言，工程师的直接领导者——经理是由公司股东聘请来对企业进行管理经营的，以最小的投入获取最大的利润是其职责所在。为了获利，伦理道德问题常常无法得到经理的重视。根据调查统计，总体来说，企业领导对伦理的标准是消极的。尽管从伦理角度出发，遵循共同规范是首要的，但是个别经理为了自己的利己主义偏好而将其置于次要地位。个别经理会从企业的利益出发，不重视工程产品的安全性和危险性，这对社会福利和公众安全、健康造成一定风险和威胁，在这种情况下，工程师是否会为了自己所承担的伦理责任对企业领导进行直接的检举？

（3）工程师对同行的伦理责任：在同行之间，合作伙伴与竞争对手共同存在。为了经济利益、业绩评比、职位晋升，是贬损和打击对方，还是公平、公正、客观、平等地对待同行？在争取工程项目时，是否丧失了工程师应有的伦理责任，存在对同行进行贿赂的不道德行为？现代工程很多都是大型工程，需要许多不同专业的工程师共同协作才能完成，工程师能不能与同行和匦相处，互相帮助，形成一个团结、合作的共同体？

（4）工程师对用户的伦理责任：工程师设计、制造的产品最终要由顾客和用户使用。产品是否存在安全隐患？是否对用户造成危害？用户使用产品是否方便、舒适？操作是不是简单、容易？产品是否人性化？

### 3. 工程师对社会的伦理责任

20世纪中期之后，随着一批高新技术的出现，产生了许多依托高新技术的工程。由于这些高新技术的复杂性和不确定性，一项工程的设计者和完善者无法完全预测或控制这项工程的最终用途，总是存在意外的后果和出乎预料的可能性。技术过程的不可预见性，即使是对那些掌握着相关领或核心技术的专家来说也是一样。仅有建设工程的良好初衷，并不是工程项目能达到预期效果的根本保证。20世纪70年代以来，许多大型工程发生事故，如摩天大楼的倒塌事故、挑战者号航天飞机爆炸、毒气的泄漏事故、核电站的爆炸事故等工程灾难，给人们的生命财产和周围环境造成了严重的影响，这些工程灾难引发了工程师的自省和理性反思，最终导致了他们伦理责任的转向。这就要求工程师在每从事一个项目时都要将公众的安全、社会福祉置于首位。正如德国技术哲学家拉普所说："在技术发达的社会中，工程师作为专家，凭他的能力，对指出特定技术产生的消极影响负有特殊的责任。"为此，世界各专业工程师协会提倡工程师要从伦理角度对社会公众利益予以重视。比如，1963年美国土木工程师协会（ASCE）修改的伦理规范的第一条基本标准是这样陈述的："工程师在履行他们的职责时，应当将公众的安全健康和福祉放在首要位置。"这一关键性短语成为一个基点，要求提升工程师贡献于公众福祉的意识，而不是仅仅服从于公司管理者的利益和指令。在2002年德国工程师协会制定的工程伦理的基本原则中也特别强调工程师对社会及公众的责任：工程师应对工程团体、政治和社会组织、雇主、客户负责，人类的权利高于技术的利用；公众的福祉高于个人的利益安全性和保险性，高于技术方法的功能性和利润性。

工程师作为工程活动的主持者，必须担负起社会赋予他们的神圣职责，在工程实践活动中必须尊重自然规律，维护人与自然的和谐。要尽量减少人类工程活动对自然环境的冲击，尽可能地把危机和冲突压制在最低限度内。

## 12.3.2　工程师要更好地承担社会责任

为了让未来的工程师更好地承担社会责任，工程教育界与工程界应该做好以下几点。

（1）提高工程师的专业技能是向社会提供服务的必要条件，也是工程师对所从事的职业的客观要求。工程师绝不能满足现状，必须终身不断学习、总结经验，提高自身的专业技术水平，锻炼自身的组织协调能力，防范由于专业技能不足可能给自身带来的风险。

（2）加强工程师职业道德教育是提高从业人员的道德敏感和个人修养，树立正确的利益观和价值观，坚守"工程造福人类"的最高价值。施工安全和工程安全关系到每个人的切身利益，是人本思想的集中体现。任何时候都要坚持"质量第一、安全第一"的观点，严格按设计和工程质量验收规范进行检查验收，绝不能因为个人利益牺牲国家利益和他人利益。

（3）必须建立客观公正、公开、公平的责任评价机制。

（4）必须完善健全的工程法律法规体系。在我国已有很多相关的工程法律法规，但是有些已经难以适应社会发展的需要，一方面我们应该制定相关的新法律法规；另一方面要修改那些不适应形势的旧的法律法规。

（5）要建立道德监督机制，特别是加强公众的监督力度，收集广大群众的建言献策。公众参与可以让决策部门了解更多的观点、意见，从而得到更多的公平决策和科学决策意见。

### 12.3.3 工程师负有工程及工程社会效益的责任

工程师给人们"创造"一个什么样的生存环境，将社会引导向何方，这是关系到每个人的切身利益的大事，也是人们普遍关注的大事。如果工程师没有高度的责任感，对自己的行为不加约束，就可能给社会、他人、环境带来重大的伤害。工程活动对社会和环境日益扩张的影响要求工程师打破技术眼光的局限，对工程活动的全面社会意义和长远社会影响建立自觉的社会责任意识。

可是，工程活动的风险不能通过限制科学研究和技术创新来避免，而必须依赖科学家和工程师强烈的社会责任感来预防，依靠社会对工程行为的职业道德规定来保障。这就是我们说的：工程活动的客观社会性质决定了工程师需要担负社会责任。而工程师的职业技术特点又决定了唯有他有能力预见技术风险。同时，工程师这一职业有相对独立的社会地位，形成了工程师共同体，作为科技的运用者，工程师群体是一个能够承担，也应该承担工程社会责任的群体。航空工程的先驱者、美国加州理工学院教授冯·卡门有句名言："科学家研究已有的世界，工程师创造未有的世界。"现代工程活动使工程师扮演了一个极其重要的社会角色，工程师是现代工程活动的核心，是工程活动的设计者、管理者、实施者和监督者。工程师作为社会的一员，是受过高等教育与训练的精英，他们对人类社会的责任也就由传统走向现代化。

为此，我们还要从制度上进行建设，以便工程师更好地承担职业责任。在制度建设上，我国和西方国家、亚洲发达国家和地区还存在着一定的差距。我们希望在工程管理的完善和工程伦理的建设过程中，不断改善我们的制度环境。

## 12.4 工程职业伦理

工程师职业伦理是工程伦理学的基本组成部分。所谓职业伦理，是指职业人员从业的范围内所采纳的一套行为标准。职业伦理不同于个人伦理和公共道德。对于工程师来说，职业伦理表明了职业行为方式上人们对他们的期待。对于公众来说，具体化到伦理规范中的职业标准，使得潜在的客户和消费者对职业行为可以做出确定的假设，即使他们并没有关于职业人员个人道德的知识。

职业伦理规范实际上表达了职业人员之间以及职业人员与公众之间的一种内在的一

致，或职业人员向公众的承诺——确保他们在专业领域内的能力，在职业活动范围内促进全体公众的福利。因而，工程师的职业伦理规定了工程师职业活动的方向。它还着重培养工程师在面临义务冲突、利益冲突时做出判断和解决问题的能力，前瞻性地思考问题、预测自己行为的可能后果并做出判断的能力。一些工业发达国家把认同、接受、执行工程专业的伦理规范作为职业工程师的必要条件。

各工程社团的职业伦理章程在订立之初，就以敦促工程师遵守职业标准操作程序和规定的职业义务为基本要求。此后，又不断反思诸如切尔诺贝利核电站事故、印度博帕尔毒气泄漏、挑战者号失事等重大灾害性工程事故产生的原因和对人类未来的深远影响，评估章程应用的实际后果，修正在不同工程实践情境下具体的规范条款，细化工程师进行工程活动的诸多责任。

### 12.4.1　工程师职业伦理章程

作为明确的"工程师"职业，从出现至今已有三百余年的发展。工程师群体受到社会进步及科技进步的影响，其职业责任观发生了多次改变，归纳起来经历了从服从雇主命令到"工程师的反叛"、承担社会责任、对自然和生态负责四种不同的伦理责任观念的演变。工程师职业责任观的演变直接导致了工程师职业伦理章程的发展。如今在许多国家，各工程社团往往都把"公众的安全、健康与福祉"放在职业伦理章程第一条款的位置。

无论是西方国家的工程师职业伦理章程，还是中国的工程师职业伦理章程，都突出强调工程师职业的责任。"责任的存在意味着某个工程师被指定了一项特别的工作，或者有责任去明确事物的特定情形带亲什么后果或阻止什么不好的事情发生。"因此，在工程师职业伦理章程中，责任常常归因于一种功利主义的观点，以及对工程造成风险的伤害赔偿问题。1997年，美国土木工程师协会（ASCE）的基本原则从"应当"修改为"必须"——"工程师在履行职业责任时必须将公众的安全、健康和福祉置于首位，并努力遵守可持续发展原则"。"工程师应当这样理解责任，即责任是有伦理层次的，它分布在不同的工程活动和不同的时期中"，即责任的最低层次要求工程师必须遵循职业的操作程序标准和工程伦理章程，其最低限度的目标是避免指责。"这是世界范围内的大多数公司的工程实践哲学。"责任的第二层次是"合理关照"（reasonablecare）。工程师应认识到，一般公众的生命、安全、健康和福祉取决于融入建筑、机器、产品、工艺及设备中的工程判断、决策和实践，即工程师必须评估与一项技术或行为相关的风险，在工程活动中都要考虑到那些可能会给其他人带来伤害的风险，并为公众提供保护。责任的第三层次是要求工程师实践"超出义务的要求"，鼓励"工程师应寻求机会在民事事务及增进社区安全、健康和福祉的工作中发挥建设性作用"，"在反思社会的未来中担负更多的责任，因为他们处在技术革新的前线"。

具体来说，工程师责任包含三个层面的内容，即个人、职业和社会，相应地，责任区分为微观层面（个人）和宏观层面（职业和社会）。责任的微观层面由工程师和工程职业内部的伦理关系所决定，责任的宏观层面一般指的是社会责任，它与技术的社会决策相关。对责任在宏观层面的关注，体现在世界各国各职业社团的工程伦理章程的基本准则中，都把"公众的安全、健康和福祉"作为进行工程活动优先考虑的方面。

在微观层面，其一，各工程社团的职业伦理章程鼓励工程师思考自己的职业责任，比如提高对技术、其适当应用以及潜在后果的了解，"提高能力，以合理的价格在合理的时间内创造出安全、可靠和有用的高质量的软件"。芬伯格认为，工程师通过积极地参与到技术革新进程中，就能引导技术和工程朝更为有利的方面发展，尽可能规避风险。这就期望工程师认真思考自己在当前技术和工程发展中的职业角色并为此承担责任，必须能够在较大的技术和工程发展背景中考虑到自己行为的后果。其二，微观层面的责任要求作为职业伦理规范的一部分，它体现为促进工程师的诚实责任，即"在处理所有关系时工程师应当以诚实和正直的最高标准为指导"，引导工程师在实践中养成诚实正直的美德。

### 12.4.2　作为职业伦理的工程伦理

概括地说，伦理章程是由职业社团编制的一份公开的行为准则，它为职业人员如何从事职业活动提供伦理指导。伦理章程首先是一种伦理要旨，它使职业人员了解他们的伦理要旨是什么。比如，工程师的伦理要旨就是为公众提供常规并重要的服务。伦理章程能提高工程师的伦理意识，进而保证其行为符合社会公众的利益。其次，作为一种指导方针，伦理章程能够帮助工程师理解其职业工作的伦理内涵。为了保证章程的有效性，章程通常只涉及一些普遍性的原则，涵盖工程师主要的责任与义务。再次，伦理章程是作为一种职业成员的共同承诺而存在的，它"可以看作是对个体从业者责任的一种集体认识"。这里有两层含义：其一，伦理章程是（个体）工程师个人责任的承诺。章程规定的行为标准适用于个体工程师，即成为他们的责任与义务，是他们必须遵守的。其二，更重要的是，职业伦理章程是工程师作为工程社团（整体）对社会公众做出的承诺，它保证以促进公众利益的方式，更有效地进行职业的自我管理。

公众的安全、健康、福祉被认为是工程带给人类利益最大的慈善，这使得工程伦理规范在订立之初便确认"将公众的安全、健康和福祉放在首位"为基本价值准则。沿着这个基本思路，世界各国各工程社团制订并实施的职业伦理章程，以外在的、成文的形式强调了工程师在"服务和保护公众、提供指导、给以激励、确立共同的标准、支持负责任的专业人员、促进教育、防止不道德行为以及加强职业形象"这八个方面的具体责任，这是"由职业看来以及由职业社团表现出来的工程师的道德责任"，以他律的形式表达了"职业对伦理的集体承诺"。进而，在现实的工程活动中，由于"工程既关涉产品，也关涉人，而人包括工程师——他们与顾客、同事、雇主和一般公众处于道德（以及经济）关系之中"，所有的工程师都被要求遵行工程伦理章程中载明的责任。

首先，作为职业伦理的工程伦理是一种预防性伦理。正如许多职业工程师的经历所证实的，伦理教训通常仅仅是在某事被忽略或出错的时候才获得的。美国工程与技术认证委员会（ABET）采纳了一种预防性伦理的思想，它试图对行为的可能后果进行预测，以此来避免将来可能发生的更严重的问题。预防性伦理包含两个维度：第一，"工程伦理的一个重要部分是首先防止不道德行为"。作为职业人员，为了预测其行为的可能后果，特别可能具有重要伦理维度的后果，工程师必须能够前瞻性地思考问题。负责任的工程师需要熟悉不同的工程实践情况，清楚地认识自己职业行为的责任，努力把握职业伦理章程中至关重要的概念和原则，作出合理的伦理决定，以避免可能产生的更多的严重问题。第二，工程师必须能够有效地分析这些后果，并判定在伦理上什么是正当的。这有两层含义。其一，职业伦理章程为工程师避免伦理困境提供了一个非常重要的准则——把公众的安全、健康和福祉放在首位。例如，美国化学工程师协会（AIChE）要求工程师"正式向雇主或客户（若有理由，考虑进一步披露）提出建议——如果他们觉得他们职责行动的结果将负面影响公众当前或未来的健康或安全"。这个声明结合最高责任的表述，清楚地表明做雇主的忠实代理人的责任，不能超越在事关公众安全的重要事情上的职业判断。其二，如何让技术成为好的技术，让工程成为好的工程？人的选择至关重要，职业伦理章程为工程师指明了选择的方向，因为，"人类创造性成就的任何方面，都没有工程师的聪明才智更受公众瞩目"。

其次，作为职业伦理的工程伦理是一种规范伦理。责任是工程职业伦理的中心问题。1974年，美国职业发展工程理事会（Engineering Council on Professional Development，ECPD）确立了工程师的最高义务是公众的安全、健康与福祉。现在几乎所有的工程职业伦理章程都把这一观点视为工程师的首要义务，而不是工程师对客户和雇主所承担的义务。

最后，作为职业伦理的工程伦理是一种实践伦理，它倡导了工程师的职业精神。这可以从三个维度来理解。其一，它涵育工程师良好的工程伦理意识和职业道德素养，有助于工程师在工作中主动地将道德价值嵌入工程，而不是作为外在负担被"添加"进去。比如，工程师会自觉关注"安全与效率的标准、技术公司作为从事合作性活动的人们的共同体的结构、引领技术发展的工程师的特性，以及工程作为一门结合先进的技能和对公众友善的承诺的职业的观念"。工程伦理所倡导的"将工作做好""做好的工作"的道德要求与工程职业精神形影相随，其主动思考工程诸多环节中的道德价值，践行对公众负责的职业承诺，将会激励工程师在工程活动中尽职尽责，追求卓越。其二，它帮助工程师树立起职业良心，并敦促工程师主动履行工程职业伦理章程。工程职业伦理章程用规范条款明确了工程师多种多样的职业责任，履行工程职业伦理章程就是对雇主与公众的忠诚尽责，也就对得起自己作为工程师的职业良心。在工程师的职业生涯中，职业良心将不断激励着个体工程师自愿向善并主动在工程活动中进行道德实践，内化个体工程师职业责任与高尚的道德情操，并塑造个体工程师强烈的道德感。其三，它外显为工程师的职业责任感——确保公众的安全、健康与福祉，并以他律的形式表达了"职业对伦理的集体承诺"，即工程师应主动践履"服务和保护公众、提供指导、给以激励、确立共同的标准、支持负责任的专业人员、促进教育、防止不道德行为以及加强职业形象"这八个方面具体的职业责任。

伦理章程可以给工程师职业行为以积极的鼓励，即在道德上给予支持。例如，当雇主或客户要求工程师从事非伦理行为时，面对这样的压力，工程师可以提出，"作为一名职业工程师，我受到伦理章程的约束，章程中明确规定不能……"工程师可以如此来保护自身的职业行为符合伦理规范。章程所提供的道德或法律支持可以使职业的自我管理更为有效。伦理章程向公众展现了职业的良好形象，承诺从事高标准的职业活动并保护公众的利益。

### 12.4.3　工程职业伦理的实践指向

工程职业必须处理好个体工程师、雇主或客户以及社会公众之间的关系。随着工程师职业的不断发展和成熟，工程社团给予工程师的实践指导以及对其职业责任与义务的规定也越来越完善。伦理章程就是被职业社团用于表述其成员的权利、责任和义务的正式文件，它以规范条款的叙述方式表达了工程职业伦理的内容与价值指向。

工程伦理章程从制度或规范的角度规约了工程师"应当如何行动"，并明确了工程师在工程行为的各环节所应承担的各种道德义务。面对当今世界在技术推陈出新和社会快速发展问题上的物质主义和消费主义倾向，伦理章程从职业伦理的角度表达了对工程师"把工程做好"的实践要求，更寄予工程师"做好的工程"的伦理期望，着力培养并塑造工程师的职业精神。伦理章程不仅为"将公众的安全、健康和福祉放在首位，并且保护环境"提供合法性与合理性论证，而且还要求工程师将防范潜在风险、践履职业责任的伦理意识以工程伦理良心的形式内化为自身行动的道德情感，以正义检讨当下工程活动的伦理价值，鼓励工程师主动思考工作的最终目标和探索工程与人、自然、社会良序共存共在的理念，从而形成工程实践中个体工程师自觉的伦理行为模式，主动履行职业承诺并承担相应的责任。

首先，伦理章程要求工程师以一种强烈的内心信念与执着精神主动承担起职业角色带给自己的不可推卸的使命——"运用自己的知识和技能促进人类的福祉"，并在履行职业责任时"将公众的安全、健康和福祉放在首位"，并把这种自愿向善的道德努力升华为良心。良心作为个体工程师自愿向善的道德努力，使工程师在履行职业角色所赋予的责任时不再是为了责任而履责，而是成为他（她）的本质存在形式，即良心是工程师对工程共同体必然义务的自觉意识。这表现在：（1）工程师视伦理章程为工作中的行为准则，为自己的工程行为立法。（2）伦理章程时刻在检视工程师的行为动机是否合乎道德要求，是否在冠冕堂皇之下为了一己私利掩盖某些不为人知的东西，若有，则会出现良心上的不安、谴责与恐惧。"良心是在我自身中的他我"，通过对自己职业行为可能造成的后果的评估，与他人换位，将心比心，设身处地为可能受到工程活动后果不良影响的他人考虑，对自己行为作进一步权衡与慎重选择，也即"己所不欲，勿施于人"。（3）伦理章程敦促工程师在工作中明确自身职业角色和社会义务，及时清除杂念，纠正某些不恰当手段或行为方式，不断向善。（4）伦理章程以其明确的规范帮助工程师摆脱由于无限的自我确信所造成的任意行为，以维护公众的安全健康和福祉为宗旨，引导工程师在平常甚至琐碎的工作中自觉地遵从向善的召唤，主动地为"公众的安全、健康和福祉"担负责任。

其次，伦理章程表征了一种工程社会秩序以及"应当"的工程实践制度状况，以规范的话语形式力促工程—人—自然—社会整体存在的和谐与完整；它作为"应当"的工程社会秩序和"应当"的工程实践的制度正义，表达出工程共同体共同的社会意识。不仅如此，伦理章程更重要的是将这种工程—社会正义意识孕育升华为当今技术—工程—

社会多维时代的社会责任精神。"工程环境中的责任内涵容易受到缺乏控制、不确定性、角色分歧、社会依赖性和悲剧性选择的影响",当风险责任的分配不平衡时,伦理章程会激励工程师产生一种克服不平衡、完善职责义务的内在要求,寻求责任目标的一致,"对责任在工程实践中的分配做出前瞻性判断",尽可能在责任分配上达到公平和完整。

最后,从职业伦理的角度,主动防范工程风险、自觉践履职业责任,增进工程与人、自然、社会的和谐关系,都是工程师认同和诉求的工程伦理意识,是人给自己立法。基于这种共识,伦理章程要求工程师在具体的工作中,把施行负责任的工程实践这一道德要求变为自己内在的、自觉的伦理行为模式,主动履行职业承诺并承担相应的责任。在工程职业伦理章程建立的逻辑链环中,工程师的自律一方面凸显出人的存在总是无法摆脱经验的领域;另一方面,又表现出人对工程实践中风险的主动认识,以及对行业的职业责任、具体工作中的角色责任和防御风险、造福公众的社会责任的主动担当。伦理章程将自律建立在工程师自觉认识、理解、把握工程—人—自然—社会整体存在的客观必然性的前提和基础之上,督促工程师对公众的安全、健康和福祉主动维护,它是对自身存在的"应当"反思性把握;作为工程职业精神的伦理倡导,自律是工程师对工程—人—自然—社会整体必然存在的一种道德自觉,而这种自觉的过程引领工程师从朦胧未显的工程伦理意识走向明确自主的对责任的担负。可以说,伦理章程所倡导的工程师自律使被动的"我"成长为自由的"我",从而表现为一种从向善到行善的自觉、自愿与自然的职业精神。

## 12.5　工程师职业伦理规范

工程师应该对什么负责?同谁负责?由谁负责?各工程社团的职业伦理章程对工程师的职业伦理规范作了比较详细的解释,包括:首要责任原则、工程师的职业美德、如何作正确的伦理决策。

### 12.5.1　首要责任原则

"将公众的安全、健康和福祉放在首位"构成工程职业伦理规范的首要原则,这基于两个方面的因素推动:一是时刻在工程风险的凌厉威胁之下,在工程—人—自然—社会中人的存在困境;二是面向文明的发展与未来的生活、人的生存需要。

风险与工程相伴相生,这使得人始终被动地处于存在困境中,"公众的安全、健康和福祉"成为工程—人—自然—社会存在中人的最大现实利益,又构成工程师在履行职业义务时必须首要考虑的现实来源。在任何情况下,个人总是"从自己出发的",出于对安全的关注和对可能由工程及其活动引发的灾难进行防护的考虑,在最大限度避免潜在的、未来的、可能的工程风险给人带来生命及财产的伤害,因而工程职业伦理章程的制定基本上是以工程师承担相应于职业角色的道德义务与责任,在工程活动中做出或多或少的自我牺牲为特质的。

### 1. 对安全的义务

风险与安全的关系十分密切，根据工程学和统计学的规律，一个工程项目不确定性越大，它也就越不安全。所以，工程职业伦理章程中关于安全的条款是与减少不确定性相关的。在美国专业工程师学会（NSPE）的相关章程中，要求工程师进行安全的设计，其定义安全设计的术语为"公认的工程标准"。例如，Ⅲ.2.b款要求"对不符合工程应用标准的计划书和/或说明书，工程师不应加以完善、签字或盖章"；Ⅱ.1.a款则要求工程师"在公众的安全、健康、财产或幸福面临风险的情况下"，如果他们的职业判断遭到了否决，那么他们有责任"向他们的雇主、客户或其他适当的权力机构通报这一情况"，尽管"其他适当的权力机构"还有待于澄清，但它应该包含地方建筑规范的执行者和管理机构。在工程实践中，减少风险最普遍的观念之一就是"安全要素"的概念。例如，如果一条人行道的最大负载是1 000千克，那么一位谨慎的工程师将按3 000千克的承载力来设计图纸，即以3倍的安全要素对日常用途的人行道进行设计。

工程职业伦理章程对风险的控制，不仅要求工程师通过自我反思而形成自我认识，更需要现实的行动，例如，"工程师应当公开所有可能影响或者看上去影响他们的判断或服务质量的已知的或潜在的利益冲突""工程师应努力增进公众对工程成就的了解，防止对工程成就的误解"。"工程师在履行其职业责任时，应当把公众的安全、健康和福祉放在首位，并且遵守可持续发展的原则"。

### 2. 可持续发展

ASCE的章程是这样定义"可持续发展"的："可持续发展是一个变化的过程，在这个过程中，投资的方向、技术的导向、资源的分配、制度的改革和作用应（直接）满足人们当前的需求和渴望，同时不危及自然界承载人类活动的能力，也不危及子孙后代满足他们自我需求和渴望的能力。"可持续发展着眼于人类发展的整体利益和长远利益，将自然纳入伦理的调整范围，并通过"人为自己立法"的积极行动，对工程实施有约束的发展模式，不仅实现代内发展的可持续性，还要确保代际发展的可持续性。在现代欧美国家，"可持续发展"已经成为全社会和各工程主体的首要责任，并在工程的具体运作中，"考虑总的、直接的和最终的所有（工程）产品和进程的环境影响……充分、平衡地考虑社会、后代人和（自然界）其他物种的利益……与把原材料转化为最终产品相联系，施加控制于产品和进程的所有即时的和最终影响"。

职业伦理章程中的可持续发展观正是基于善之前提下人类享有应然的全面发展权利，但同时也要求工程师对自然世界主动承担起节约资源、保护环境的责任。它强调工程不能仅仅着眼于当前的物质和经济的需要，更应站在为人类安全、健康和福祉的基础上着眼于全面发展、生态良好、生活富裕、社会和谐的未来。

### 3. 忠诚与举报

工程师背负着多种价值诉求，而这些不同的价值诉求常常将工程师拉向对立的方向，举报正是这些冲突的一种结果。举报涉及诸多伦理问题，其中比较突出的一个问题是：举报是不是工程师对雇主忠诚的一种背叛？

马丁和辛津格认为，举报"不是医治组织的最好的方法，它仅仅是一种最后的诉求"。在采取揭发行动之前，应当注意几个实际建议和常识性规则：（1）除了特别少见的紧急情况外，首先应当努力通过正常的组织渠道反映情况和意见；（2）发现问题迅速表达反对意见；（3）以通达的、体贴的方式反映情况；（4）既可以通过正式的备忘录，也可以通过非正式的讨论，尽可能使上级知道自己的行动；（5）观察和陈述要准确，保存好记录相关事件的正式文件；（6）向同事征询建议以避免被孤立；（7）在把事情向机构外部通报之前，征求所在职业学会伦理委员会的意见；（8）就潜在的法律责任问题咨询律师的意见。

一个举报者之所以甘冒事业风险，毅然选择举报，正是由于他意识到了自己所肩负的社会责任。例如，在著名的挑战者号灾难中，当著名的举报者罗杰·博伊斯乔利被问到是否对自己的举报行为感到后悔时，他说，他为他的工程师身份感到自豪，作为一名工程师，他认为他有义务提出最好的技术判断，去保护包括宇航员在内的公众的安全。因此，站在公众的立场，举报体现了工程师对社会的忠诚。其实，选择举报是举报者的一种无奈之举，组织应该对举报负主要责任。在许多工程伦理案例中可以发现，举报者在举报之前，其实已经通过各种组织所认可的途径表达自己的意见，但组织对举报者的警告完全漠视，以致最后他不得不选择举报。

## 12.5.2 工程师的职业美德

工程师最综合的美德是负责任的职业精神。在弗罗曼看来，很好地完成自己工作的工程师是道德上善良的工程师，而做好工作是以胜任、可靠、发明才智、对雇主忠诚以及尊重法律和民主程序等更具体的美德来理解的。

### 1. 诚实可靠

工程师的职业生活常常要求强调其些道德价值的重要性，比如诚实可靠。因为工程师的职业活动事关公众的安全、健康和福祉，人们要求和期望工程师自觉地寻求和坚持真理，避免有所欺骗的行为。

NSPE 伦理准则的 6 条基本守则中有 2 条涉及诚实可靠。第三条守则要求工程师"只以客观和诚实的方式发布公共声明"，而第五条守则要求工程师"避免欺骗行为"。这些要求统称为诚实责任，也是工程职业伦理所要求的职业美德。工程师必须是客观的、诚实的，不能欺骗。诚实可靠禁止工程师撒谎，还禁止工程师有意歪曲和夸大，禁止压制相关信息（保密的信息除外），禁止要求不应有的荣誉以及其他旨在欺骗的误传。而且，诚实可靠还包括没能做到客观的过失，例如因疏忽而没能调查相关信息和个人的判断受到扭曲。

几乎所有的工程社团的职业伦理章程都提出了对工程师诚实可靠的要求。IEEE 伦理章程准则 3 鼓励所有成员"在基于已有的数据作出声明或估计时，要诚实或真实"；准则 7 要求工程师"寻求、接受和提供对技术工作的诚实批判"。美国机械工程师学会（ASME）基本原则 2 规定，工程师必须"诚实和公正"地从事他们的职业，"只能以一种客观的和诚实的态度来发表公开声明"。

### 2. 尽职尽责

从职业伦理的角度来看，工程师的"尽职尽责"体现了"工程伦理的核心"，它"是以胜任、可靠、发明才智、对雇主忠诚以及尊重法律和民主程序等更具体的美德来理解的"。例如,"工程师只在自己能力范围内提供服务","在处理所有关系时,工程师应当以诚实和正直的最高标准为指导","对于系统存在的任何危险的迹象,必须向那些有机会和/或有责任解决它们的人报告"。

作为工程师行为要求、评价的准则,胜任、诚实、忠诚、勇敢等个人品格无疑具有规范的意义。"将公众的安全、健康和福祉放在首位;只在自己能力胜任的领域从事业务;仅以客观的和诚实的方式发布公开声明;作为忠实的代理人或受托人为每一位雇主或客户服务;避免欺骗性行为;体面地、负责任地、合乎道德地以及合法地行事,以提高本职业的荣誉、声誉和作用"意味着在工程实践中工程师诸多的职业责任。"尽职尽责"亦被理解为个体工程师内在的德性和品格。因此,工程职业伦理章程在工程活动的道德实践中敦促工程师要逐渐形成内在的诸如胜任、诚实、勇敢、公正、忠诚、谦虚等美德。

### 3. 忠实服务

服务是工程师开展职业活动的一项基本内容和基本方式。"诚实、公平,忠实地为公众、雇主和客户服务"已然是当代工程职业伦理规范的基本准则。

服务是工程师为公众提供工程产品、集聚社会福利、满足社会发展和实现公众善需要的行为或活动,从而呈现出工程师与社会、公众之间基于正谊谋利的帮助关系。因为工程实践的过程充满了风险和挑战,工程活动的目标和结果可能存在不可准确预估的差距,工程产品也极有可能因为人类认识的局限性而对社会发展和公众生活存有难以预测的危害。所以在各工程社团的职业伦理章程中,都开宗明义地指出"工程师所提供的服务需要诚实、公平、公正和平等,必须致力于保护公众的健康、安全和福祉"。工程活动及其产品通过商业化的服务行为满足社会和公众的需要,并通过"引进创新的、更有效率的、性价比更高的产品来满足需求,使生产者和消费者的关系达到最优化状态",促进社会物质繁荣与人际和谐。由此看来,服务作为现代社会中人类工程活动的一个伦理主题,是经济社会运行的商业要求(正谊谋利、市场竞争),服务意识赋予现代工程职业伦理价值观以卓越的内涵。

作为一种精神状态,忠实服务是工程师对自身从事的工程实践伦理本性的内在认可;作为一种现实行为,忠实服务表现为工程师对践行"致力于保护公众的健康、安全和福祉"职责的能动创造。

## 12.5.3 应对职业行为中的伦理冲突

工程师职业伦理章程为工程师提供了公认的价值观和职业责任选择,但是,在实际的工程实践情境中,工程师面临的问题不仅仅局限于伦理准则,还有具体实践境域下的角色冲突、利益冲突和责任冲突。

### 1. 回归工程实践以应对角色冲突

工程师在社会生活中不可避免地扮演着多重角色,不同的角色有不同的责任、追求以及他人的期待。当工程师作为职业人员的时候,他是一个职业人;工程师受雇于企业,他还是雇员;工程师可能在企业当中担任管理者的角色;此外他作为社会人,也是社会公众的一员，他还是家庭中的一员，甚至是某些社会组织中的成员。角色冲突导致了工程师所处的道德行为选择困境。首先，作为职业人，工程师一方面受雇于企业；另一方面，工程师有自己的职业理想。当企业的决策明显会危害到社会公众的健康福祉，或者工程师能预测到这种危害时，工程师就面临着角色冲突，这就是戴维斯所说的工作追求和更高的善的追求之间的冲突。工程师同时作为职业人员和企业的雇员，二者产生冲突的时候，则面临着忠于职业还是忠于企业的选择。其次，工程师作为社会公众的一员，和众多公众一样要遵守一般道德。通常情况下，工程师把公共善的实现放在首位，与一般道德的价值方向一致，不会产生冲突。但是工程活动是一项复杂的社会实践，涉及企业、工程师群体以及社会公众甚至政府。当工程师实践过程中的行为与一般道德要求相冲突的时候，他就陷入了角色冲突。最后，工程师还可能是企业的管理者。工程师与管理者的职业利益不同，这使得他们成为同组织中的两个范式不同的共同体。当企业的决策可能对公众安全、健康和福祉造成威胁时，处于企业决策者位置的工程师就面临着角色道德冲突。

工程师角色冲突的解决有赖于宏观与微观方面建立一套机制。宏观层面的工程职业建设，为问题的解决提供制度保证和理论基础；微观层面对工程师个体的道德心理进行关怀，培育工程师的道德自主性，为制度建立内在的道德基础。首先，职业建设为解决冲突提供宏观制度背景。工程职业的技术标准和伦理标准是工程职业建设的两个最主要的方面，技术标准是职业在工程质量方面的承诺，而伦理标准是对职业人员职业行为的承诺。其次，增强工程师个体道德自主性的实践。只有当工程师把规范条文内化为自己的道德原则，从内心认同接受的时候，才能自觉地产生道德行为，作出合理的道德选择。最后，回归工程实践。角色冲突的出现和解决构成了工程实践的一部分，伴随着工程实践的始终，而工程实践也就是角色冲突的不断产生和不断解决。

### 2. 保持多方信任以应对利益冲突

工程中的利益冲突问题是工程伦理和工程职业化中的一个重要话题。工程中利益冲突的种类既包括了个体利益（工程师）与群体利益（公司）之间的冲突，也包括个体利益（工程师）与整体利益（社会公众）之间的冲突，同时也包括群体利益（公司）与整体利益（社会公众）之间的冲突。

首先是公司与社会公众之间的利益冲突。作为营利性的组织，公司所作的决策都是遵循利益最大化的原则；而当公司的这种实现自身利益的活动影响到社会公众的利益（即安全、健康与福祉）的时候，公司与社会公众之间的利益冲突就发生了。

其次是工程师与公司之间的利益冲突。工程师受雇于公司，有责任以自己的职业技能作出准确和可靠的职业判断，并代表雇主的利益。但工程师与公司之间也时常会发生利益冲突，其中有两种情形：（1）当雇主或客户提出的要求违背工程师的职业伦理，或者可能危害到社会公众的安全、健康或福祉时，工程师是坚持己见与雇主或客户进行抗争，还是屈服于雇主或客户的要求，而不顾及社会公众的利益；（2）外部私人利益影响了工程师的职业判断，使其产生偏见，而作出不利于公司利益的判断。

最后是个体工程师与社会公众之间的利益冲突。不同于其他的一般职业，工程中利益冲突的对象并不只局限于工程师个体和公司群体这两方面，还常常会涉及"公众"这一重要的利益主体。工程师既是公司的一员，也是社会的一员。工程师既要考虑公司的利益，也同样要为社会公众的安全、健康与福祉负责。这里也有两种冲突的情形：（1）当工程师面对公众利益与私人利益的选择时，就会产生利益冲突；（2）当公司利益与公众利益发生冲突，雇主或客户所提出的要求影响到工程师的职业判断，进而使社会公众的安全、健康与福祉受到损害时，工程师与公众之间也会产生利益冲突。

在工程师的日常工作中经常会发生利益冲突的情形。工程师该如何应对可能发生的利益冲突？这就要求工程师尽可能地回避利益冲突。具体到工程实践情境，包含以下五种"回避"利益冲突的方式：（1）拒绝，比如拒收卖主的礼物；（2）放弃，比如出售在供应商那里所持有的股份；（3）离职，比如辞去相关委员会中的职务，因为公司的合同是由这个委员会加以鉴定的；（4）不参与其中，比如不参加对与自己有潜在关系的承包商的评估；（5）披露，即向所有当事方披露可能存在的利益冲突。前四种方式都归于"回避"的方法。回避利益冲突的方法就是放弃产生冲突的利益。通过回避的方法来处理利益冲突总是有代价的，即有个人损失的发生。其中不同的是，"拒绝"是被动地失去可获得的利益，而"放弃"是主动放弃个人的已有利益。而"披露"能够避免欺骗，给那些依赖于工程师的当事方知情同意的机会，让其有机会重新选择是找其他工程师来代替，还是调整其他利益关系。

### 3. 权益与变通以应对责任冲突

责任冲突是指工程师在工程行为及活动中进行职责选择或伦理抉择的矛盾状态，即工程师在特定情况下表现出的左右为难而又必须作出某种非此即彼选择的境况。在具体的工程实践场景中，相互冲突的责任往往表现在个人利益的正当性、群体利益的正当性、原则的正当性。因此，工程师需要作四类提问。

第一，该行动对"我"有益吗？在有些情况下，如果工程师认为某一行动是有益行动，只要能显示这种行动对自己有益，就能证明自己的这种认识是正确的。

第二，该行动对社会有益还是有害？工程师在进行伦理思考时，不能仅考虑这一行动对自己是否有益，还应该进一步考虑该行动对受其影响的所有人是否有益。

第三，该行动公平或正义吗？我们所有人都承认的公平原则是，同样的人（同等的人）该受到同样的（同等的）待遇。进而，这引出了下一个问题，该行动侵犯别人的权利吗？

第四，"我"有没有承诺？假如有过承诺，那么应该信守承诺，做这件事就又有了一个正当理由。

通过上述反思，工程师至少可以寻找到一个满意的方案。工程社团职业伦理章程常常提供解决困境的直截了当的答案，但也有矛盾的地方。公认的准则是把公众的安全、健康和福祉放在首要位置，但是当公众利益与雇主、客户利益冲突时，如何做到诚实和公平？这就需要在具体的伦理困境中的权宜与变通。

我们来看一个案例。

戴维德是一位固体废物处理的专业工程师。在他所工作的麦迪森县，固体废物规划委员会计划在该县一处人烟稀少的地方建立公共废物填埋场。然而，该县少数富人想买下紧挨着这个拟议中的填埋场的一大片土地，因为他们打算建一座有豪华住宅环绕的私人高尔夫球场。富人们认为那里是麦迪森县最美丽的地区之一，在拟议地点建立垃圾填埋场会损害他们安居休闲的权利，因此建议将垃圾填埋场改建到县内贫民集中居住的地区，这样方便废物运输、清理和及时填埋；或者将垃圾填埋场迁址到临近麦迪森县最贫瘠地区的土地上，因为只有8 000人（麦迪森县有10万居民）住在那里。

戴维德该如何化解公众利益与雇主利益的冲突？如何诚实公平地履行自己的职业责任和雇员责任？

第一，戴维德必须耐心地倾听富人、城中贫民和郊区居民的权益要求，而且，也不能轻视乃至忽视任何选择下环境可能遭受的最坏影响。富人们有休闲娱乐、提高生活质量的权利，城中贫民和郊区居民也有健康生活和安居不受侵扰的权利；而且，为了使后代人也能安乐生活在这个地方，戴维德还要考虑在任一区域建设垃圾填埋场可能对环境和生态造成的负面影响。

第二，戴维德要设身处地地思考他们提出的各种权益要求，深度权衡利益之间的矛盾与冲突，仔细比较各利益的受众面和影响程度；同时，梳理规范、准则对戴维德提出的责任要求，针对以上利益诉求考察并初步筛选已给出的行动方案。

第三，尊重生活传统给予自己的道德信念与良知，忠实于工程实践与个人真实生活的统一，戴维德将再度甄选已给出的三个行动方案（一个政府提出的，两个富人们提出的），寻找出利益诉求的矛盾焦点：哪种利益是根本利益？哪种利益更贴近于"好的生活"的实现？

第四，戴维德要慎思自己工程行为的伦理优先顺序：富人们休闲娱乐、提升生活品质的权益需要尊重，城中贫民和郊区居民生命健康和安乐生活的权益需要维护，环境的可持续发展有利于子孙后代的幸福生活。在这些利益中，最基本的权利是人的生存和健康，这是任何其他权利实现的必要前提，也是当代人追求"好的生活"的必需条件。因此，保护城中贫民和郊区居民的生命健康和生活成为戴维德行动的首要考虑；其次是尽可能降低污染影响，保护生态环境；最后才是考虑富人们的娱乐休闲权利。

第五，用道德敏感性"过滤"规范对自己的责任要求，身临其境地"想象"已给出三个方案的可能后果，更新对规范的认识，将温暖关怀"你""它"的道德情感现实转化为改进富人们提出的第二方案的意志冲动，即在原方案的基础上，增加对居住于郊区的8 000人以给予足够的经济补偿，政府也要在城内或城郊其他地方给予他们不差于此前生活标准和居住条件的妥善安置；同时，在填埋场附近建造污染监测站，招标生物清洁公司及时处理已发生的或潜藏的污染风险，维持该地区的生态平衡。

良好工程目标的实现固然离不开工程师"遵行责任"开展工程活动，但其最终的真正实现还是依赖于工程师是否能在整个工程生活中践履各层次责任并始终彰显卓越的力量。因此，工程师要按照伦理章程的规范要求遵循职责义务，根据当下的工程实际反思、认识、实践规范提出的道德要求，变通、调整践履责任的行为方式，不断探索和总结"正确行动"的手段、途径。

**思考题**

1. 结合工程活动的特点，思考为什么在工程实践中会出现伦理问题。

2. 结合本章内容，思考工程伦理与工程师伦理之间有什么联系和区别。

3. 结合本章对工程职业和工程职业伦理的论述，结合本章参考案例，谈谈你对工程职业精神的理解。

4. 很多从事具体工作的职业工程师认为，在现实的工作情境中，工程师采取某项职业行动的动机是什么无关紧要，重要的是做正确的事情。请结合工业工程的特点和本章对工程师职业伦理规范的阐释，参考国内外工程师职业社团的伦理章程，思考并讨论工业工程师在从事职业活动时"负责任行为"的标准。

5. 通过本章的学习，查阅相关资料，思考并讨论在当前中国"一带一路"倡议、"中国制造2025"战略背景下"职业工程师"的标准。

# 参考文献

[1] 秦现生，丛杭青，王前，等. 质量管理学[M]. 2版. 北京：科学出版社，2019.

[2] 梁工谦. 质量管理学[M]. 3版. 北京：中国人民大学出版社，2018.

[3] 伊俊敏. 物流工程[M]. 2版. 北京：电子工业出版社，2009.

[4] 吴耀华，王莹，肖际伟，高淇峰. 现代物流系统技术的研究现状及发展趋势[J]. 机械工程学报，1999，35（004）：1-5.

[5] 张乐乐，冯爱兰. 现代物流与传统物流的比较分析[J]物流技术，2005（7）：4.

[6] 朱长征，朱云桦. 物流工程（微课版）[M]. 北京：清华大学出版社，2023.

[7] 刘景良. 安全管理[M]. 4版. 北京：化学工业出版社，2021.

[8] 饶国宁，娄柏. 安全管理[M]. 南京：南京大学出版社，2021.

[9] 刘强. 智能制造概论[M]. 北京：机械工业出版社，2021.

[10] 国务院. 中国制造2025[EB/OL]. （2015-05-08）[2024-08-20]. https://www. gov. cn/gongbao/content/2015/content_2873744. htm.

[11] 工业和信息化部，国家标准化管理委员. 国家智能制造标准体系建设指南（2015年版）[R/OL]. （2015-12-29）[2024-08-20]. https://www. gov. cn/xinwen/2015-12/30/content_5029681. htm.

[12] 工业和信息化部，财政部. 智能制造发展规划（2016—2020年）[EB/OL]. （2016-12-08）[2024-08-20]. https://www. gov. cn/xinwen/2016-12/08/content_5145162. htm.

[13] 工业和信息化部. 2015智能制造试点示范专项行动实施方案[EB/OL]. （2015-03-20）[2024-08-20]. https://www. gov. cn/xinwen/2015-03/20/content_2836524. htm.

[14] 工业和信息化部. 智能制造试点示范2016专项行动实施方案[EB/OL]. （2016-04-11）[2024-08-20]. https://www. gov. cn/xinwen/2016-04/11/content_5063034. htm.

[15] 国家制造强国建设战略咨询委员会. 中国制造2025蓝皮书（2016）[M]. 北京：电子工业出版社，2016.

[16] 李正风，丛杭青，王前，等. 工程伦理[M]. 2版. 北京：清华大学出版社，2019.

[17] 倪家明，罗秀，肖秀婵等. 工程伦理[M]. 杭州：浙江大学出版社，2020.

[18] 汪应洛，哀治平. 工业工程导论[M]. 北京：中国科学技术出版社，2001.

[19] 贾国柱. 高等院校工业工程专业本科培养计划国内外比较研究[J]. 工业工程与管理，2005（3）：130-134.

[20] 陈明，张比鹏，王宏祥. 教学质量视域下工业工程专业实践教学体系建设探析[J]. 辽宁工业大学学报，2014，16：38-40.

[21] HEYWOOD D. The place analogies in science education[J]. Cambridge Journal of Education，2002，32（2）：233.

[22] COPENHAVER W H. Liability and professional issues facing engineers in industry[C]// Textile, Fiber & Film Industry Technical Conference, IEEE. IEEE, 1992.

[23] DE WIT H. Strategies for internationalisation of higher education: a comparative study of Australia, Canada, Europe and the United States of America[M]. New York: Routledge，1995.

[24] 刘洪伟，齐二石. 基础工业工程[M]. 北京：化学工业出版社，2011.

[25] 罗振璧，朱耀祥，张书桥. 现代制造系统[M]. 北京：机械工业出版社，2004.

[26] 理查德B. 蔡斯，尼古拉斯J. 阿奎拉诺，F. 罗伯特·雅各布斯. 生产与运作管理：制造与服务[M]. 宋国防，译. 北京：机械工业出版社，1999.

[27] 爱尔沙德 E. A，鲍切尔 T. O，等. 生产系统分析与控制[M]. 北京：航空工业出版社，1991.

[28] THOMOPOULOS N T. Mixed model line balancing with smoothed station assignments [J]. Management Science, 1970, 16(9):593-603.

[29] 周亮，宋华明，韩玉启. 基于遗传算法的随机型生产线负荷平衡机械制造[J]. 机械制造，2003，41（3）：23-25.

[30] 卢讳，阐树林. 基于订单生产的多品种装配流水线的平衡[J]. 上海大学学报（自然科学版）. 2002，8（4）：311-316.

[31] 葛安华，孙晶. 应用基础工业工程理论提高装配线的生产效率[J]. 工业工程，2008，11（3）：5.

[32] 刘光富，马婷婷. 基于eM-plant的水洗机装配线平衡分析[J]. 工业工程与管理，2007（3）：104-108.

[33] SCHOLL A. Balance and sequence of assembly lines[M]. Heidelberg, Germany: Physica-Verl, 1999:26-34.

[34] 阐树林. 基础工业工程[M]. 北京：高等教育出版社，2005.

[35] SCHOLL A, VO S. Simple assembly line balancing:heuristic approaches[J]. Publications of Darmstadt Technical University, Institute for Business Studies (BWL), 1994, 2(3): 217-244.

[36] 陈诚和. 基于仿真优化的制造企业生产线平衡问题研究[D]. 合肥：合肥工业大学，2007.

[37] 周海磊. 汽车排气系统精益生产线布局规划和设计[D]. 上海：上海交通大学，2010.

[38] JACKSON J R. A computing procedure for a line balancing problem[J]. Management Science, 1956, 2(3):261-271.

[39] 顾涛. 压缩机缸体生产线平衡改善[D]. 上海：上海交通大学，2009.

[40] 吴杰明. 应用FOG方法提高生产线平衡率浅析[J]. 上海电力学院学报，2004，20（2）：49-53.

[41] SCHOLL A, KLEIN R. Balancing assembly lines effective:a computational comparison [J]. European Journal of Operational Reasaerch,1998,114:51-60.

[42] 汪应洛. 工业工程基础[M]. 北京：中国科学技术出版社，2005.

[43] 范忠志，张树武，孙义. 基础工业工程[M]. 北京：机械工业出版社，2001.

[44] 朱华炳，王龙. 基于ECRS原则与工序重组的电机装配线产线平衡改善[J]. 机械设计与制造，2013（1）：224-225，229.

[45] 吴晓艳. 装配生产线平衡的研究[D]. 上海：上海交通大学，2007.

[46] 兰秀菊，陈勇，等. SMT生产线平衡的持续改善分析[J]. 工业工程与管理，2006（2）：109-111.

[47] 朱振杰. 机械产品装配线平衡问题优化研究[D]. 济南：山东大学，2010.

[48] 徐亮. 工业工程在大型超市管理中的应用[J]. 企业经济，2009（8）：45-47.

[49] 张庆，庄品. 基础工业工程[M]. 北京：科学出版社，2009.

[50] 朱序璋. 人机工程学[M]. 西安：西安电子科技大学出版社，2006.

[51] 周一鸣，毛恩荣. 车辆人机工程学[M]. 北京：北京理工大学出版社，1999.

[52] SANDERS M S,MCCORMICK E J. Human factors in engineering and design[M]. 6th ed. McGraw-Hill Publishing Co., 1987.

[53] 钱学森. 论系统工程[M]. 长沙：湖南科学技术出版社，1988.

[54] 许国志. 系统科学与工程研究[M]. 上海：上海科技教育出版社，2000.

[55] 许国志，顾基发，车宏安. 系统科学[M]. 上海：上海科技出版社，2000.

[56] 钱学森，许国志，王寿云. 组织管理的技术——系统工程[N]文汇报，1978-09-27.

[57] 钱学森. 大力发展系统工程尽早建立系统科学体系[N]光明日报，1979-11-10.